LES FONCTIONS D'EXCEL

GUIDE DE RÉFÉRENCE

Dans la collection
Guide de référence

J.-P. COUWENBERGH. – **3ds max 6**.
N°11436, 2004, 720 pages.

J. STEINER. – **Excel 2003**.
N°11434, 2004, 656 pages.

J. STEINER. – **Word 2003**.
N°11433, 2004, 480 pages.

A. CAOUISSIN.– **Dreamwaever MX 2004**.
N°25501, 2004, 1032 pages.

B. FABROT. – **Linux Red Hat 9 et Fedora 1.0**.
N°25497, 2004, 330 pages.

J.-P. COUWENBERGH. – **AutoCAD 2004**.
N°25499, 2003, 736 pages.

J.-M. CULOT. – **Apache 2**.
N°25490, 2003, 320 pages.

J.-P. COUWENBERGH. – **Le guide pratique
et complet de la couleur**.
N°25489, 2003, 396 pages.

P. COLLIGNON. – **L'informatique au
service des handicapés**.
N°25483, 2003, 296 pages.

S. BAILLY. – **S'éditer**.
N°25472, 2003, 256 pages.

J.-P. COUWENBERGH. – **AutoCAD 3D et
Autodesk VIZ**.
N°25459, 2003, 544 pages.

Chez le même éditeur

J. WALKENBACH. – **VBA pour Excel 2003**.
N°11432, 2004, 980 pages.

P. MORIE, B. BOYER. – **Excel 2003 Initiation**.
N°11417, 2004, 198 pages.

P. MORIE, B. BOYER. – **Excel 2003 Avancé**.
N°11418, 2004, 200 pages.

P. MORIE, B. BOYER. – **Excel 2002 Initiation**.
N°11237, 2003, 200 pages.

P. MORIE, B. BOYER. – **Excel 2002 Avancé**.
N°11238, 2003, 200 pages.

Jack Steiner

Les fonctions d'Excel

Guide de référence

OEM
EYROLLES

Éditions OEM-Eyrolles
61, Bld Saint-Germain
75240 Paris Cedex 05
www.editions-eyrolles.com

Direction de la collection : gheorghi@grigorieff.com
Maquette et mise en page : M2M

Sommaire

Introduction 7

PARTIE I : Les fonctions d'Excel 13

Chapitre 1 : La pratique des fonctions. 15

Chapitre 2 : Fonctions de base de données et de listes 39

Chapitre 3 : Fonctions de date et d'heure 61

Chapitre 4 : Fonctions externes. 87

Chapitre 5 : Fonctions financières 99

Chapitre 6 : Fonctions d'information 141

Chapitre 7 : Fonctions logiques, de comptage et conditionnelles. . 157

Chapitre 8 : Fonctions mathématiques et trigonométriques . . . 169

Chapitre 9 : Fonctions de recherche et de référence 231

Chapitre 10 : Fonctions scientifiques 265

Chapitre 11 : Fonctions statistiques 293

Chapitre 12 : Fonctions de texte et de données 337

Chapitre 13 : Fonctions de synthèse pour l'analyse des données . . 365

Chapitre 14 : Fonctions personnalisées 377

PARTIE II : Outils mathématiques. **389**

Chapitre 15 : Tableaux croisés dynamiques 391

Chapitre 16 : Consolider des données. 417

Chapitre 17 : Hypothèses de travail, valeurs cibles et simulation. . 435

Chapitre 18 : Le Solveur pour des simulations complexes 459

Chapitre 19 : Suppléments et astuces 477

Annexes : Raccourcis clavier 507

Index 525

Table des matières. 535

INTRODUCTION

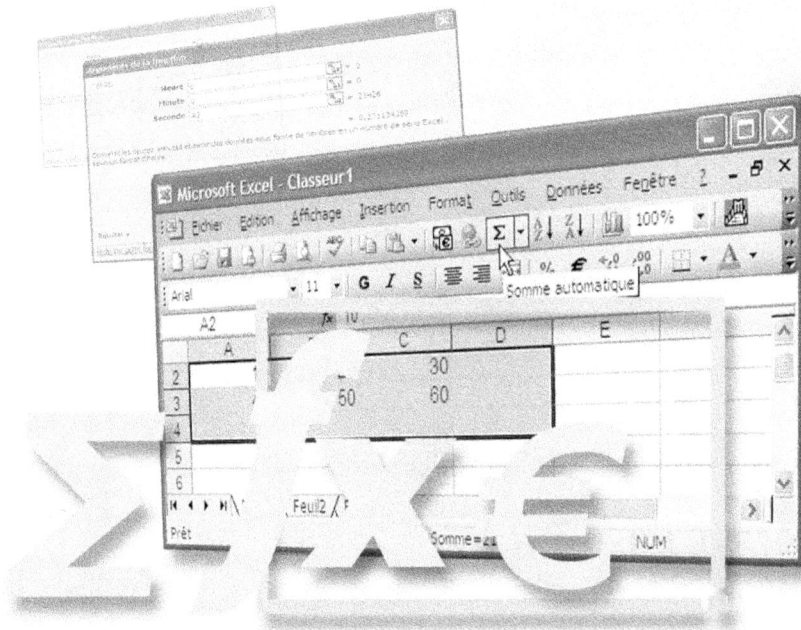

Microsoft Excel est un puissant tableur. Il dispose d'une collection impressionnante de fonctions.

Les fonctions sont des formules prédéfinies qui effectuent des calculs simples ou complexes. Par exemple, la fonction SOMME, la plus utilisée, sert tout simplement à additionner des nombres.

La disponibilité de ces fonctions facilite grandement la vie des utilisateurs ; ils n'ont plus besoin de réinventer les formules de calcul les plus courantes dont ils pourraient avoir besoin.

Ces fonctions sont généralement classées en 11 catégories, mais elles peuvent aussi se trouver regroupées dans des catégories croisées. Ces 11 catégories sont :

1. Bases de données.
2. Date et heure.
3. Externes.
4. Financières.
5. Information.
6. Logiques.
7. Mathématiques et trigonométrie.
8. Recherche et matrices.
9. Scientifiques.
10. Statistiques.
11. Texte.

Dans ce livre, chacune de ces catégories est présentée dans un chapitre distinct. Un chapitre de regroupement traite, de plus, des fonctions d'analyse des données.

Toutefois, pour bien maîtriser ces éléments, vous devez au préalable connaître quelques particularités du fonctionnement d'Excel. C'est pourquoi ce livre a été divisé en deux parties comportant les chapitres suivants :

Partie I – Les fonctions d'Excel

- **Chapitre 1. La pratique des fonctions** : tout ce que vous devez connaître avant d'aborder l'étude des fonctions.
- **Chapitre 2. Fonctions de bases de données** : les catégories tout comme les fonctions dans chacune d'elles sont classées par ordre alphabétique, ce qui facilitera vos recherches. Sauf quelques exceptions logiques.
- **Chapitre 3. Fonctions de date et d'heure.**
- **Chapitre 4. Fonctions externes.**
- **Chapitre 5. Fonctions financières.**
- **Chapitre 6. Fonctions d'information.**
- **Chapitre 7. Fonctions logiques, de comptage et conditionnelles.**
- **Chapitre 8. Fonctions mathématiques et trigonométriques.**
- **Chapitre 9. Fonctions de recherche et de référence.**
- **Chapitre 10. Fonctions scientifiques.**
- **Chapitre 11. Fonctions statistiques.**
- **Chapitre 12. Fonctions de texte et de données.**
- **Chapitre 13. Fonctions de synthèse pour l'analyse de données** : un regroupement de fonctions spécifiques.
- **Chapitre 14. Fonctions personnalisées** : oui, vous pouvez créer vos propres fonctions, mais à la condition de maîtriser le langage de programmation VBA (Visual Basic pour Applications).

Partie II – Outils mathématiques

- **Chapitre 15. Tableaux croisés dynamiques** : la présentation de synthèse la plus efficace de vos données et de vos calculs.
- **Chapitre 16. Consolider des données** : les opérations de consolidation, par exemple si vous gérez une société à succursales multiples.
- **Chapitre 17. Hypothèses de travail, valeurs cibles et simulation** : calculez pour prévoir et pour prendre des décisions en toute connaissance de cause.

- **Chapitre 18. Le Solveur pour des simulations complexes** : le plus puissant des outils mathématiques pour échafauder des hypothèses de travail et élaborer des projets ou pour résoudre des problèmes autrement insolubles.

- **Chapitre 19. Suppléments et astuces** : pour parfaire votre maîtrise des fonctions et des formules.

- **Annexes. Raccourcis clavier** : les frappes raccourcies dont vous pourriez ressentir le besoin.

- **Index** : pour rechercher plus facilement des thèmes spécifiques dans ce livre.

Vous pouvez aborder la lecture de ces chapitres dans l'ordre qui vous convient.

PARTIE I

LES FONCTIONS D'EXCEL

CHAPITRE 1
LA PRATIQUE DES FONCTIONS

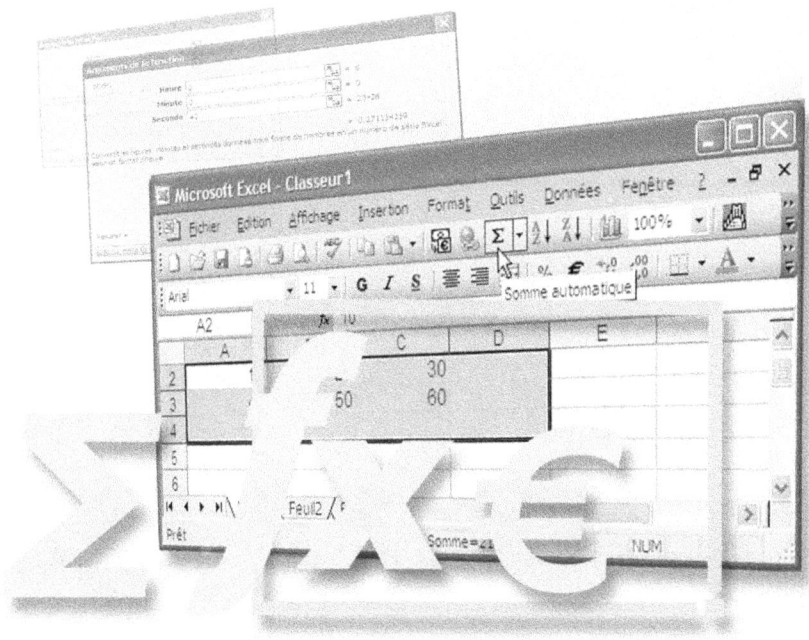

Excel dispose d'une impressionnante collection de fonctions. Les fonctions sont des formules de calcul prédéfinies qui effectuent des opérations en utilisant des valeurs particulières appelées **arguments**, et ce dans un certain ordre (ou **structure**).

Les fonctions permettent d'effectuer des calculs simples ou complexes afin de répondre aux besoins les plus courants des utilisateurs. Ceux-ci n'ont donc plus à réinventer ces formules.

La fonction la plus simple probablement, mais certainement la plus utilisée, est la fonction SOMME. Mais il existe des fonctions plus savantes ou plus complexes, dont certaines ne peuvent d'ailleurs être décryptées et utilisées que par des spécialistes. Ainsi en va-t-il de nombreuses fonctions financières, mathématiques ou statistiques, par exemple.

Ces fonctions sont classées en onze catégories. Pour les exploiter, Excel met à votre disposition plusieurs outils, dont un assistant.

Structure d'une fonction

Excel contient un grand nombre de fonctions. Elles effectuent des calculs en utilisant des valeurs particulières, les **arguments**.

Les arguments peuvent être des nombres, du texte et des valeurs logiques telles que VRAI ou FAUX, des constantes, des formules ou d'autres fonctions, des matrices, des valeurs d'erreur telles que #N/A ou des références de cellules. L'argument doit produire une valeur valable.

Vous avez le droit d'incorporer certaines fonctions dans d'autres, c'est-à-dire d'utiliser une fonction comme argument d'une autre fonction.

Voici la procédure pour écrire convenablement la structure de la fonction dans la cellule active :

1. Vous tapez un signe égal (=) pour démarrer cette fonction, tout comme pour démarrer une formule.

2. Vous tapez le nom de la fonction.

3. Ce nom est suivi par une parenthèse ouvrante, puis par les arguments. Ces derniers, s'il en existe plusieurs, sont séparés par des points-virgules (;).

④ La fonction se termine par une parenthèse fermante.

⑤ Validez en appuyant sur **Entrée** ou en cliquant, dans la barre de formule, sur la petite icône représentant un cochage (✔).

REMARQUE

Certaines fonctions ne nécessitent pas d'arguments. Toutefois, la présence des parenthèses est obligatoire. Elles restent tout simplement vides.

La fonction SOMME sert à additionner les nombres dans une plage de cellules. Son fonctionnement est évident. Une autre fonction, la fonction TAUX, par exemple, calcule le taux d'intérêt d'un investissement en appliquant une formule de calcul déjà passablement complexe. Mais il en existe de plus savantes.

Voici deux exemples de fonctions montrant leur syntaxe et rappelant comment l'on désigne une plage de cellules :

=SOMME(A:A) additionne tous les nombres de la colonne A.

=MOYENNE(A1:B4) calcule la moyenne de tous les nombres de la plage dont les cellules d'angles opposés sont A1 et B4.

NOTE

Vous pouvez écrire le nom des fonctions en majuscules ou en minuscules, peu importe. Le plus souvent, Excel transforme automatiquement les minuscules en majuscules. Nous utiliserons les majuscules pour bien les distinguer.

Saisir la fonction SOMME avec son icône

Pour appliquer cette fonction à l'aide de son icône située dans la barre d'outils **Standard**, et ce, pour mémoire :

① Pour additionner une colonne de chiffres, placez-vous dans la cellule devant recevoir la somme, par exemple immédiatement en dessous. S'il s'agit d'une plage de cellules à additionner dans les deux dimensions, sélectionnez cette plage en y ajoutant la rangée inférieure et la colonne latérale de droite, comme dans la figure 1.1.

2. Cliquez sur l'icône **Somme automatique**, dans la barre d'outils **Standard**. Elle représente la lettre grecque **sigma**.

3. Si vous n'avez pas sélectionné une plage de cellules, SOMME en propose une. Si cette proposition n'est pas la bonne, sélectionnez les cellules voulues.

4. Validez en cliquant sur l'icône représentant un cochage (✓) dans la barre de formule ou en appuyant sur la touche **Entrée**.

5. La ou les sommes sont calculées.

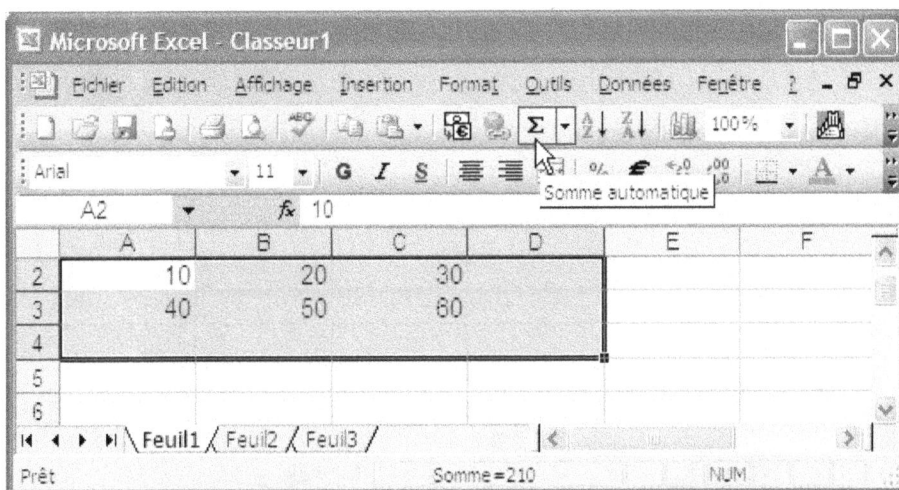

Figure 1.1. La zone des valeurs à additionner dans les deux dimensions a été sélectionnée.

ASTUCE

Au lieu de cliquer sur l'icône **Somme automatique**, vous pouvez appuyer sur **Alt + =** (le signe égal), puis sur **Entrée**.

Appliquer des fonctions courantes

Quelques fonctions courantes, avec SOMME, sont MOYENNE, COMPTEUR, MAX et MIN. Vous les obtenez très simplement en cliquant sur la liste déroulante de l'icône **Somme automatique** (figure 1.2). Cliquez sur l'une de ces fonctions pour en lancer l'application.

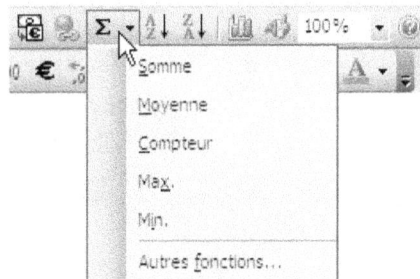

Figure 1.2. Liste déroulante de l'icône Somme automatique.

Vous obtiendrez une liste très proche en cliquant dans la barre d'état sur la zone de calcul rapide, mais cette fois, non pas pour poser une formule mais pour exécuter un véritable calcul rapide (figure 1.3).

Rappelons que cette zone affiche le résultat de la fonction que vous y choisissez après avoir sélectionné les cellules soumises à cette fonction.

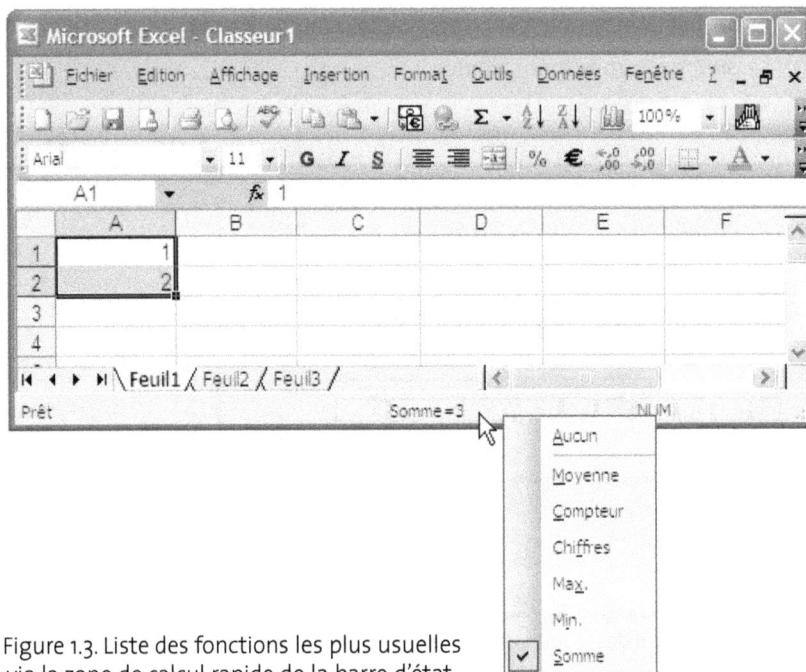

Figure 1.3. Liste des fonctions les plus usuelles via la zone de calcul rapide de la barre d'état.

Utiliser la boîte de dialogue Insérer une fonction

Voici une première approche d'insertion de fonction avec la boîte de dialogue ad hoc. Si vous voulez appliquer une fonction autre que les précédentes, présentées ci-dessus, vous avez le choix :

▸ Cliquez sur l'icône **fx** dans la barre de formule.

▸ Cliquez sur la commande **Autres fonctions**, en bas de la figure 1.2.

La boîte de dialogue spécifique d'insertion d'une fonction apparaît (figure 1.4). C'est, généralement, la bonne méthode pour poser une fonction, mais vous pouvez vous dispenser d'y faire appel. En effet, elle met à votre disposition un assistant qui vous guidera pour la poser correctement.

Dans cette boîte de dialogue **Insérer une fonction** figurent les rubriques suivantes :

▸ **Rechercher une fonction** : tapez une brève description de ce que vous voulez que la fonction fasse, puis cliquez sur **OK**. Une liste de fonctions susceptibles de correspondre à vos besoins s'affichera dans la zone **Sélectionnez une fonction**.

▸ **Rechercher par catégorie** : ouvrez la liste déroulante et, au choix :

■ Sélectionnez **Les dernières utilisées**. Les fonctions que vous avez insérées en dernier lieu s'afficheront par ordre alphabétique dans la zone **Sélectionnez une fonction**.

■ Sélectionnez une catégorie de fonctions. Les fonctions de cette catégorie s'afficheront par ordre alphabétique dans la zone **Sélectionnez une fonction**.

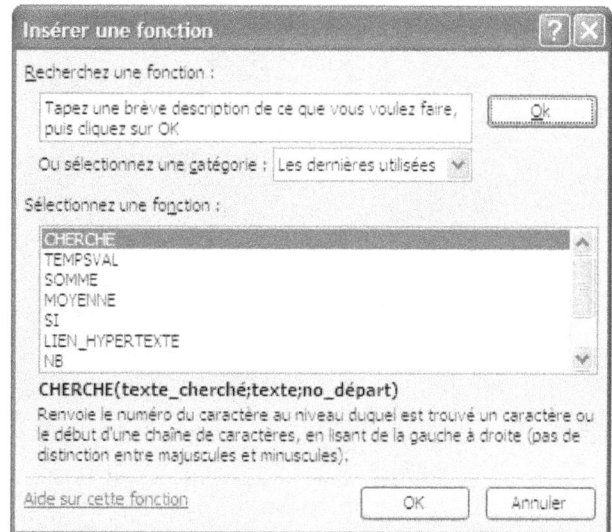

Figure 1.4. Boîte de dialogue d'insertion d'une fonction.

■ Sélectionnez **Toutes**. Toutes les fonctions s'afficheront par ordre alphabétique dans la zone **Sélectionnez une fonction**.

▸ **Sélectionnez une fonction** : dans cette zone, vous pouvez, au choix :

■ Cliquer sur le nom d'une fonction pour afficher sa syntaxe accompagnée d'une brève description en dessous de la zone **Sélectionnez une fonction**.

■ Double-cliquer sur le nom d'une fonction pour afficher la fonction et ses arguments dans l'Assistant Arguments de la fonction, qui vous aide à ajouter les arguments corrects.

▸ **Aide sur cette fonction** : ce lien affiche la rubrique d'aide de référence dans la fenêtre **Aide pour la fonction sélectionnée** dans la zone **Sélectionnez une fonction** (figure 1.5).

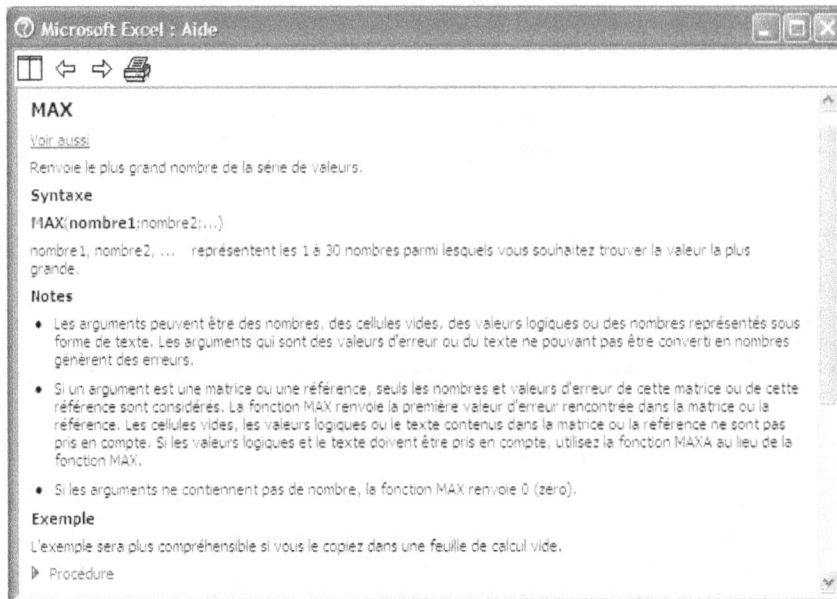

Figure 1.5. Exemple d'aide sur une fonction, ici la fonction MAX.

Poser une fonction à la main

Une autre méthode applicable à toutes les fonctions consiste à insérer la fonction voulue à la main, sans l'aide de la boîte de dialogue ni d'un assistant, en tapant son nom et ses arguments lors de la composition d'une formule. Elle demande une bonne connaissance des fonctions et de leurs spécificités, aussi allons-nous vous expliquer comment procéder autrement par la suite.

Toutes les fonctions se posent ainsi que cela vous a été présenté au début de ce chapitre :

1. Tapez le signe égal (=).
2. Tapez le nom de la fonction.
3. Ouvrez une parenthèse.
4. Entrez les arguments. Les arguments peuvent être des valeurs numériques, des chaînes de texte, des références de cellules et même d'autres formules et fonctions.
5. Fermez la parenthèse.

⑥ Appuyez sur **Entrée** ou validez avec l'icône représentant un cochage (✓) dans la barre de formule.

Prenons l'exemple de la fonction SOMME avec le calcul présenté dans la figure 1.6 :

① Cliquez sur la cellule A4 pour la sélectionner.

② Tapez le signe égal (=) pour démarrer une formule.

③ Tapez le mot SOMME, en majuscules ou en minuscules, peu importe.

④ Tapez une ouverture de parenthèse.

⑤ Tapez les références de la zone de cellules à additionner ou mieux, sélectionnez les cellules dont il faut additionner le contenu.

⑥ Tapez la fermeture de la parenthèse.

⑦ Validez en cliquant sur l'icône représentant un cochage (✓) dans la barre de formule ou en appuyant sur la touche **Entrée**.

Si vous commettez une erreur et si, par exemple, vous tapez d'affilée l'ouverture et la fermeture de la parenthèse, Excel, qui vous surveille, affichera un message d'erreur ; parfois, le programme vous proposera d'effectuer la correction à votre place.

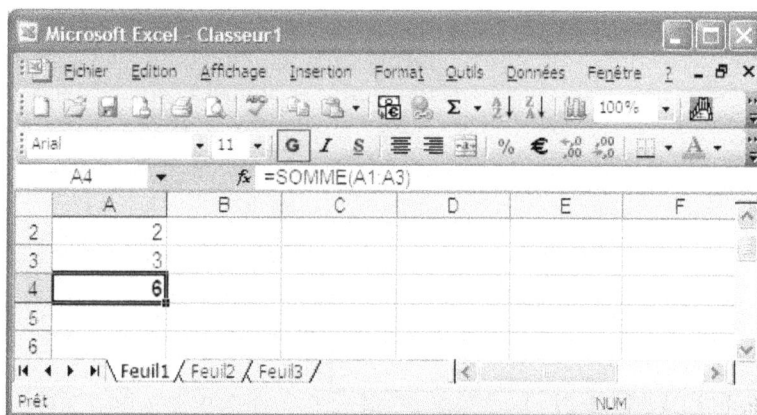

Figure 1.6. Vous pouvez entrer une fonction totalement à la main et directement, si vous êtes suffisamment expert.

Saisir une fonction avec l'assistant

Surtout si vous êtes débutant, vous mettrez en action l'assistant pour créer une formule avec une fonction. Pour saisir complètement une formule contenant une fonction, la procédure courante est la suivante :

① Cliquez sur la cellule dans laquelle vous voulez entrer la formule.

② Cliquez sur l'icône d'insertion d'une fonction, dans la barre de formule (c'est l'icône **fx**). Il n'est pas nécessaire de taper le signe égal (=) au préalable.

3. La boîte de dialogue **Insérer une fonction** apparaît (revoyez la figure 1.4). Dans cette boîte de dialogue :

- Tapez une description de la fonction pour que l'assistant vous aide à la trouver.

- Ou bien sélectionnez la catégorie de votre fonction dans la liste déroulante **Ou sélectionnez une catégorie**, cela afin de réduire la liste des fonctions dans le cadre suivant **Sélectionnez une fonction.**

- Dans cette liste **Sélectionnez une fonction**, vous pouvez choisir **Les dernières utilisées** pour revoir les dernières fonctions que vous avez appliquées ou bien **Toutes** si vous hésitez sur la catégorie.

4. Sélectionnez enfin la fonction voulue dans la colonne **Sélectionnez une fonction**.

5. Une brève note inférieure explique la syntaxe et le rôle de la fonction que vous avez sélectionnée (figure 1.7). Si cela ne vous suffit pas, cliquez sur **Aide sur cette fonction**.

6. Cliquez sur **OK**. Une fenêtre d'assistance, la boîte de dialogue **Arguments de la fonction**, s'affiche à son tour (figure 1.8). Elle reprend la fonction sélectionnée et vous propose ou vous demande ses arguments.

7. Entrez vos arguments ou modifiez ceux qui vous sont soumis, ici toujours pour la fonction SOMME.

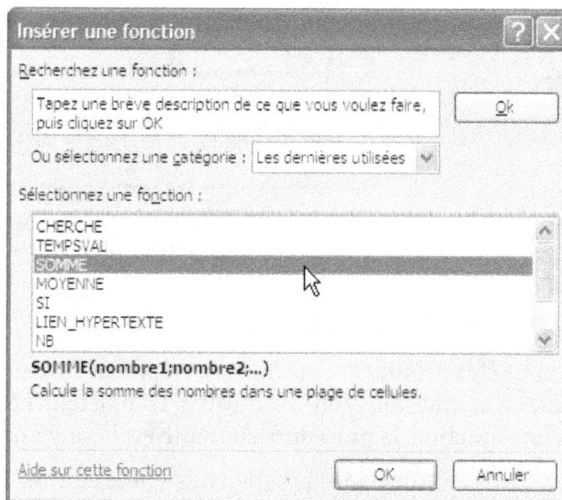

Figure 1.7. Sélection d'une fonction, ici SOMME.

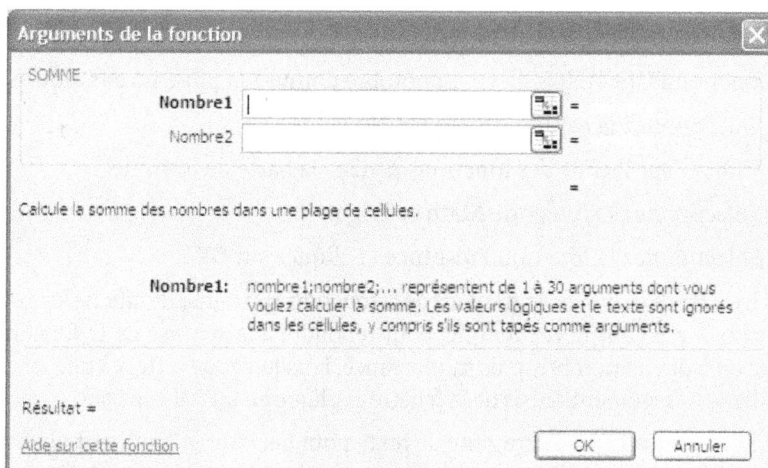

Figure 1.8. La boîte de dialogue Arguments
de la fonction vous assiste pour composer la fonction.

Pour découvrir la feuille de calcul que cette boîte de dialogue peut cacher et pour sélectionner des cellules, au choix :

▸ Déplacez cette boîte de dialogue en pointant n'importe où dans son cadre, puis en la faisant glisser, bouton de la souris enfoncé.

▸ Cliquez sur l'icône de réduction-rétablissement qui apparaît sur la droite de la zone de saisie qui vous intéresse. La boîte de dialogue s'escamote, ne laissant plus apparaître que la ligne d'arguments en cours ; elle dégage le tableau dans lequel vous opérerez vos sélections. Pour la rétablir, cliquez à nouveau sur la même icône ou appuyez sur la touche **Echappement**.

Lorsque votre formule est complète, appuyez sur **Entrée** ou validez avec l'icône de validation.

Exemple de composition de formules avec une fonction

Voici quelques exemples de pose de fonctions à la portée de tout le monde ; en effet, des fonctions telles que les fonctions financières, statistiques ou mathématiques, pour ne citer qu'elles, sont réservées aux experts. Si tel n'est pas encore votre cas, ces exemples vous familiariseront avec l'usage des fonctions.

Elever un nombre à une puissance

La fonction PUISSANCE élève un nombre donné à la puissance indiquée :

1. Sélectionnez la cellule cible.

2. Cliquez sur l'icône des fonctions *fx* dans la barre de formule.

3. Sélectionnez la catégorie **Math et Trigo**.

4. Sélectionnez la fonction **Puissance** et cliquez sur **OK**.

5. La boîte de dialogue **Arguments de la fonction** apparaît. Elle affiche les deux zones que vous devez remplir pour répondre à la syntaxe de la fonction, c'est-à-dire le nombre, puis sa puissance. Lorsque vous activez l'une de ces lignes d'argument, le bas de la fenêtre explique en quoi il consiste.

6. Entrez dans la première zone de texte pour déclarer le nombre à élever à une puissance puis :

   - Tapez le nombre.

   - Si ce nombre figure dans une cellule du tableau, cliquez sur la case de réduction-rétablissement de la ligne **Nombre** pour escamoter la boîte de dialogue. Cliquez sur la cellule contenant ce nombre, puis cliquez à nouveau sur la case de réduction-développement.

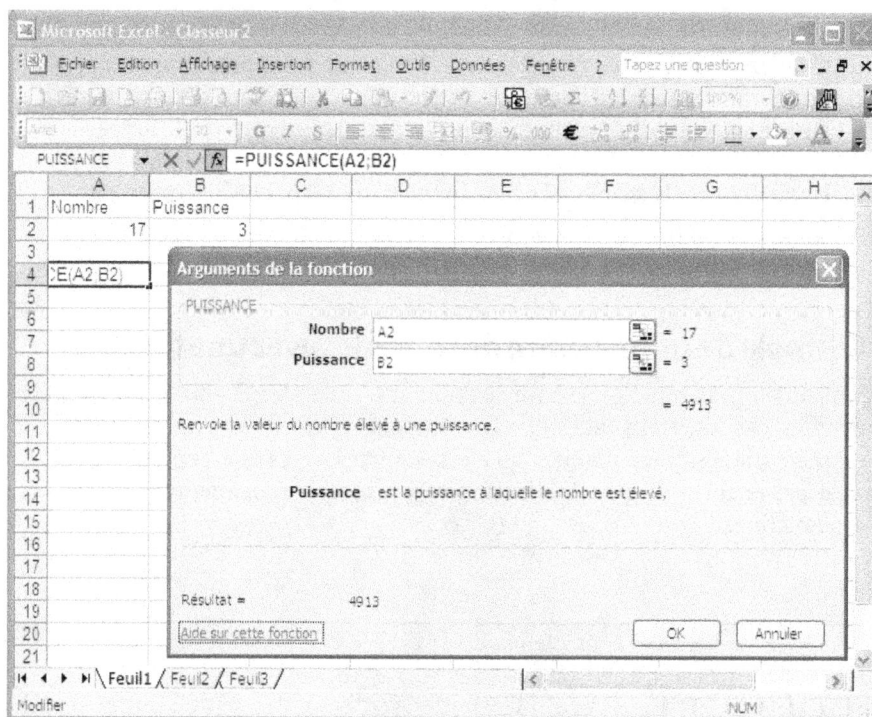

Figure 1.9. Les deux arguments pour élever un nombre à une puissance, ici le nombre 17 à la puissance 3. La boîte de dialogue affiche un résultat dès qu'elle peut en calculer un.

7 Passez dans la seconde zone de texte pour déclarer la puissance et, comme ci-dessus :

- Cliquez sur la case de réduction-rétablissement de la ligne **Puissance** pour escamoter la boîte de dialogue. Cliquez sur la cellule contenant la puissance, puis cliquez à nouveau sur la case de réduction-développement.

- Ou bien tapez directement la puissance (figure 1.9).

REMARQUE

Dans pratiquement tous les cas, vous pouvez soit taper vos arguments, soit sélectionner les cellules qui les contiennent en réduisant la boîte de dialogue. La seconde méthode est fortement conseillée si l'argument se trouve dans une cellule.

---

8 Cliquez sur **OK** ; le résultat s'affiche dans la cellule sélectionnée.

Extraire des caractères d'une chaîne

Voici un deuxième exemple, de texte cette fois. On veut extraire les **n** derniers caractères d'une chaîne de texte, ici les neuf derniers caractères de la chaîne **Catégorie : Outillage**, ce qui procurera **Outillage** à l'évidence. La fonction utilisée est la fonction DROITE :

1 Sélectionnez la cellule cible.

2 Cliquez sur l'icône des fonctions **fx** dans la barre de formule.

3 Sélectionnez la catégorie **Texte**.

4 Sélectionnez la fonction **Droite** et cliquez sur **OK**.

5 La boîte de dialogue **Arguments de la fonction** affiche les deux zones que vous devez remplir pour répondre à la syntaxe de la fonction : il vous faut spécifier le texte, puis le nombre de caractères à extraire.

6 Réduisez la boîte de dialogue **Arguments de la fonction** et cliquez sur la cellule contenant le texte désiré. Encore une fois, remarquez que, lorsque vous activez l'une des lignes d'argument, le bas de la fenêtre explique en quoi il consiste.

7 Passez à la seconde ligne, et désignez la cellule contenant le nombre de caractères à prélever ou bien tapez-le directement.

8 Cliquez sur **OK**, le résultat, **Outillage**, s'affiche dans la cellule cible.

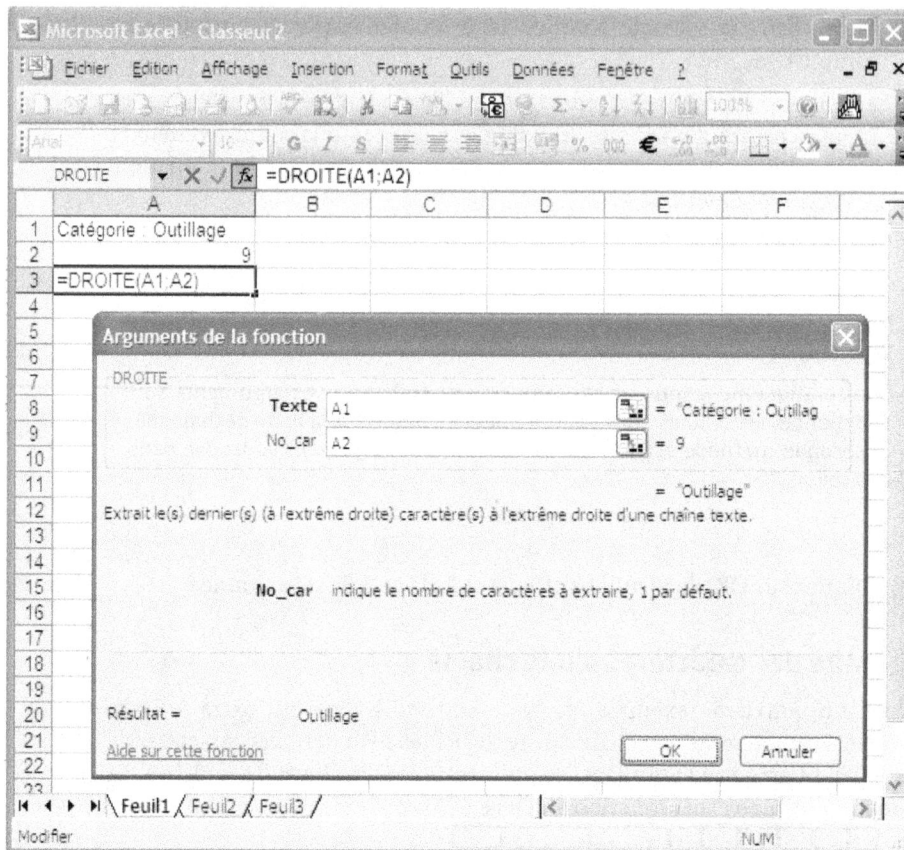

Figure 1.10. Extraction de caractères d'une chaîne.

Transformer des secondes en heures, minutes et secondes

Vous disposez d'un nombre de secondes de **23 426** dans la cellule **A1** et vous voulez le transformer en heures, minutes et secondes. Pour cela, il faut faire appel à la fonction TEMPS. La procédure est la suivante :

1. Formatez la cellule qui recevra l'heure dans le bon format, par exemple **B1**. Pour cela, cliquez dessus avec le bouton droit, cliquez sur la commande **Format de cellule**, sur l'onglet **Nombre** ; dans **Catégorie**, cliquez sur **Heure**, puis sélectionnez le format qui vous convient.

2. Sélectionnez cette cellule.

3. Cliquez sur l'icône des fonctions **fx** dans la barre de formule.

4. Sélectionnez la catégorie **Date et Heure**, puis la fonction TEMPS et cliquez sur **OK**.

⑤ Composez la formule en indiquant o (zéro) à **Heure**, encore o à **Minute**, puis pointez la cellule **A3** pour **Seconde**.

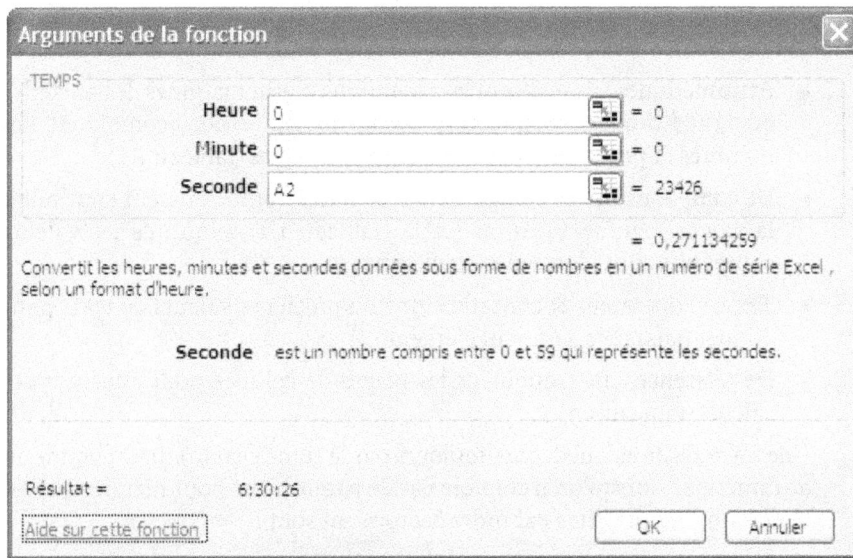

Figure 1.11. Composition de la formule.

⑥ Cliquez sur **OK** (figure 1.11). L'heure apparaît dans la cellule cible en bonne et due forme (figure 1.12)

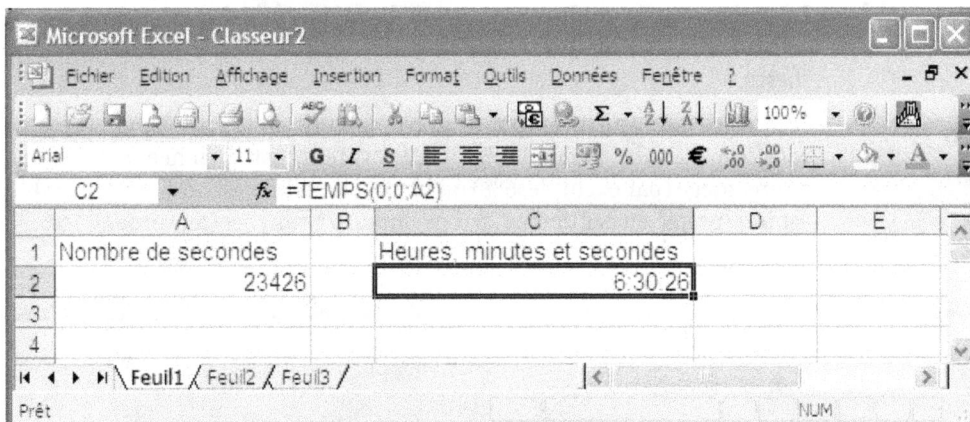

Figure 1.12. Les secondes ont été converties en heures, minutes et secondes.

Toutes les fonctions s'utilisent de la même manière, certaines se révélant toutefois plus difficiles d'accès que d'autres en raison même de leur nature.

Opérateurs reconnus par Excel

Les opérateurs spécifient le type de calcul que vous voulez effectuer sur les éléments d'une formule. Excel propose quatre types d'opérateurs de calcul différents :

- **Arithmétiques** : ils réalisent les opérations mathématiques de base telles que l'addition, la soustraction ou la multiplication, combinent des nombres et produisent des résultats numériques (tableau 1.1).

- **De comparaison** : ils comparent deux valeurs et fournissent en résultat la valeur logique *VRAI* ou *FAUX* (tableau 1.2) selon que les valeurs comparées sont identiques ou différentes.

- **Texte** : l'opérateur **&** concatène une ou plusieurs valeurs de texte pour donner naissance à un seul élément.

- **De référence** : ils combinent les plages de cellules pour effectuer des calculs (tableau 1.3).

Une formule de calcul débute **toujours** par le signe égal (=). Tout comme en arithmétique, lorsqu'on n'emploie pas de parenthèses pour hiérarchiser les opérations, les priorités par ordre décroissant sont :

1. Pourcentage (%).
2. Elévation à puissance (^).
3. Multiplication (∗) et division (/).
4. Addition (+) et soustraction (-).

La division et la multiplication ont la même priorité, de même que la soustraction et l'addition. Pour modifier les priorités, utilisez des parenthèses.

Pour saisir une valeur en pourcentage, il suffit de la faire suivre (avec ou sans espace) du symbole **%**. Cette valeur est affichée comme un pourcentage (par exemple, 6%) ou bien, si la cellule est au format *Nombre*, est interprétée en centièmes ; par exemple, 6% renvoie (retourne) 0,06.

Tableau 1.1. Opérateurs arithmétiques

Opérateur	Caractère	Fonction	Exemple
+	Plus	Addition	2 + 2
–	Moins	Soustraction	2 – 1
–	Moins	Négation	– 1
*	Astérisque	Multiplication	2*3
/	Barre oblique	Division	6/2
%	Pourcent	Pourcentage	20%
^	Accent circonflexe	Exposant	4^2 (équivalent de 4*4)

Tableau 1.2. Opérateurs de comparaison

Opérateur	Caractères	Fonction	Exemple
=	Égal	Egal à	A1=B1
>	Supérieur à	Supérieur à	A1>B1
<	Inférieur à	Inférieur à	A1<B1
>=	Supérieur ou égal à	Supérieur ou égal à	A1>=B1
<=	Inférieur ou égal à	Inférieur ou égal à	A1<=B1
<>	Différent	Différent de	A1<>B1

Tableau 1.3. Opérateurs de référence

Opérateur	Caractère	Fonction	Exemple
:	Deux-points	Affecte une référence à toutes les cellules comprises entre deux références, y compris les deux références	B7:B18
,	Virgule	Combine plusieurs références en une seule	SOMME(B7:B18,D3:D25)
	Espace unique	Intersection affectant une référence à des cellules communes à deux références	SOMME(B5:B15 A7:D7) Dans cet exemple, une cellule telle que B7 est commune aux deux plages

Le tableau 1.4 liste l'ensemble de la hiérarchie des priorités pour tous les opérateurs, et ce par ordre de priorité décroissante.

Tableau 1.4. Préséance des opérateurs

Niveau de priorité	Opérateurs	Commentaire
1	-	Signe négatif (par exemple, -5)
2	%	Pourcentage
3	^	Elévation à puissance
4	* /	Multiplication et division
5	+ -	Addition et soustraction
6	&	Concaténation
7	= < > <= >= <>	Comparaison

Le problème de la division

La division pose un problème d'interprétation. En effet, la barre oblique (/) représente aussi bien le symbole de la division que le séparateur de date, mais le format date a priorité. Sans précaution particulière, la division est donc interprétée comme une date. Par exemple, si vous tapez 1/5, Excel l'interprète comme étant la date du premier mai et non la division de 1 par 5. Pour que cette valeur soit considérée comme une division, il faut d'abord taper un zéro (0) suivi d'un espace, puis cette division. Par exemple, 0 1/5 est affiché comme la fraction 1/5.

Si la cellule est au format **Nombre**, elle fournit le résultat 0,20. Dans tous les cas, le contenu de la barre de formule reste 0,2. Voyez les exemples de la figure 1.13.

	A	B	C	D	E
		B6 ▼		*fx* 01/05/2001	
	A	**B**	**C**	**D**	**E**
4	**On tape**	**La cellule affiche**		**Observations**	
5					
6	1/5	01-mai		Interprété comme une date	
7	0 1/5	1/5		Fraction	
8	1/5	0,20		B8 est au format Nombre	
9					

Figure 1.13. Problème de fractions. Pour introduire une fraction qui ne soit pas interprétée comme une heure, commencez par un 0 suivi par un espace et tapez cette fraction.

Emboîter des fonctions

Une fonction peut parfois être utilisée comme argument d'une autre fonction. On dit alors que l'on emboîte des fonctions.

Par exemple, la formule suivante comporte une fonction SI dans laquelle on a emboîté deux autres fonctions, une fonction MOYENNE qui compare le résultat à la valeur 15 et une fonction SOMME qui, si le test est positif, additionne le contenu des cellules A2:C2 ; sinon, c'est le message final qui s'affiche (figure 1.14) :

```
=SI(MOYENNE(A1:C1)>15;SOMME(A2:C2);"La moyenne est
trop faible")
```

Cette fonction signifie, en langage clair : *si la moyenne des cellules A1:C1 est supérieure à 15, faire la somme de A2:C2 sinon, afficher le message « La moyenne est trop faible ».*

Lorsqu'une fonction emboîtée est utilisée comme argument, elle doit renvoyer le même type de valeur que l'argument. Si l'argument renvoie la valeur VRAI ou FAUX, par exemple, la fonction emboîtée doit aussi renvoyer ce type de valeur. Dans le cas contraire, Excel affiche la valeur d'erreur #VALEUR!

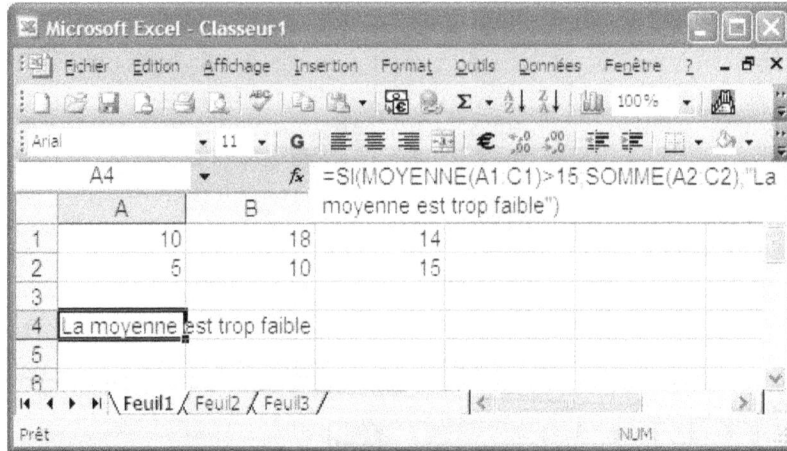

Figure 1.14. Deux fonctions ont été emboîtées dans une fonction SI.

REMARQUE

Une formule peut contenir jusqu'à sept niveaux d'emboîtage. Lorsque la fonction B est utilisée comme argument de la fonction A, la fonction B est dite de **second niveau**. Les fonctions MOYENNE et SOMME, par exemple, sont des fonctions de second niveau, car elles correspondent à des arguments de la fonction SI. Une fonction emboîtée dans la fonction MOYENNE serait une fonction de **troisième niveau**, etc.

Opérateurs de comparaison, valeurs logiques et formules conditionnelles

Les opérateurs de comparaison comparent deux valeurs et fournissent en résultat la valeur logique VRAI ou FAUX. Ils ont été présentés dans le tableau 1.2. La figure 1.15 illustre les réponses apportées aux demandes de comparaison courantes.

Ces valeurs VRAI et FAUX sont appelées **valeurs logiques**. Elles ne connaissent que ces deux états. Elles correspondent à **Oui** et à **Non**. La figure 1.16 illustre deux cas dans lesquels elles interviennent.

On tape	Excel affiche	Commentaire
=2=2	VRAI	Egalité
=2=3	FAUX	
=3>2	VRAI	Plus grand que
=3<2	FAUX	Plus petit que
=3>=2	VRAI	Plus grand ou égal
=3<=2	FAUX	Plus petit ou égal
=3<>2	VRAI	Différent de
=3<>3	FAUX	Différent de

Figure 1.15. Opérateurs de comparaison.

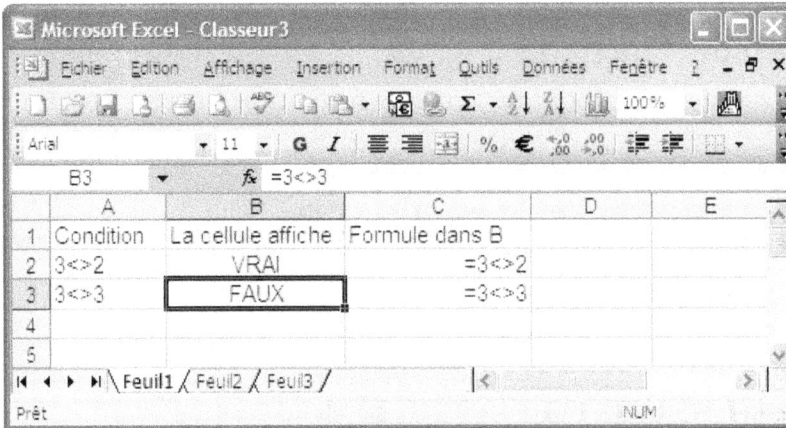

Figure 1.16. Deux cas de comparaison.

Ces opérations de comparaison servent essentiellement à poser des commandes conditionnelles. En voici un exemple simple mais subtil : B2 et B3 contiennent la formule conditionnelle indiquée à droite, la condition correspondante étant présentée à gauche. Le résultat demande un instant de réflexion (figure 1.17).

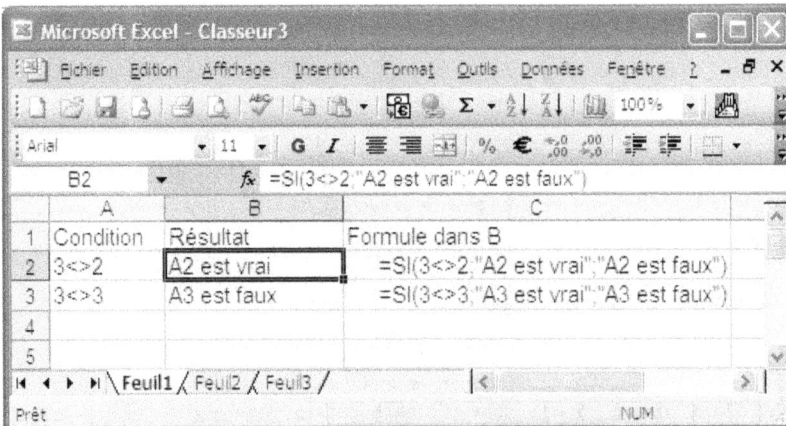

Figure 1.17. La formule conditionnelle et son résultat.

Activer les macros complémentaires pour disposer de leurs fonctions

Il vous faudra, à l'occasion, activer certaines macros complémentaires incluses dans Excel pour disposer de leurs fonctions spécifiques. Une macro est un court programme de commandes.

Les macros complémentaires d'Excel répertoriées dans le tableau suivant sont installées par défaut dans le dossier **Bibliothèque** ou le dossier **Macros complémentaires** ou dans l'un de leurs sous-dossiers, et ce, dans le dossier plus général **C:\Program Files\Microsoft Office\Office** par défaut.

NOTE

Si la macro complémentaire désirée n'est pas répertoriée dans la liste sous **Macros complémentaires disponibles** dans la boîte de dialogue **Macros complémentaires**, vous pourrez éventuellement l'installer depuis le site Web de Microsoft Office.

Macros complémentaires

Macro complémentaire	Description
Utilitaire d'analyse	Ajoute des outils et des fonctions d'analyse financière, statistique et technique.
Utilitaire d'analyse - VBA	Permet aux développeurs de publier des outils et des fonctions d'analyse financière, statistique et technique à l'aide de la syntaxe de l'Utilitaire d'analyse.
Assistant Somme conditionnelle	Crée une formule qui additionne les données dans une plage si les données répondent aux critères spécifiés.
Outils pour l'euro	Met en forme les valeurs en euros et fournit la fonction de feuille de calcul EUROCONVERT pour convertir les monnaies.
Assistant Internet - VBA	Permet aux développeurs de publier des données Excel sur le Web en utilisant la syntaxe de l'Assistant Internet.
Assistant Recherche	Crée une formule pour rechercher des données dans une plage à l'aide d'une autre valeur connue de la plage.
Solveur	Calcule des solutions pour des scénarios de simulation sur la base de cellules modulables et de cellules de contraintes.

Pour activer une macro :

☐1 Cliquez sur le menu **Outils**, puis sur **Macros complémentaires**.

☐2 Activez la case à cocher correspondant à la macro à activer (figure 1.18).

☐3 Cliquez sur **OK**.

Collection des fonctions

Les fonctions sont généralement classées en onze catégories qui sont, par ordre alphabétique :

1. Bases de données.

2. Date et heure.

3. Externes.

4. Financières.

5. Information.

6. Logiques.

7. Mathématiques et trigonométrie.

8. Recherche et matrices.

9. Scientifiques.

10. Statistiques.

11. Texte.

Figure 1.18. Pour activer une macro complémentaire, cochez sa case.

D'autres classements sont concevables. Par exemple, on peut extraire de ces diverses catégories des fonctions plus spécialement destinées à la synthèse de l'analyse de données.

Certaines d'entre elles, beaucoup même, sont destinées à des utilisateurs spécialisés, par exemple à des financiers ou à des statisticiens. Elles vont vous être présentées dans les chapitres suivants par catégorie et par ordre alphabétique, en indiquant leur vocation pour vous aider à effectuer votre choix.

Notez que :

▸ La tradition veut que les noms des fonctions soient écrits en majuscules, mais vous pouvez aussi les noter en minuscules, peu importe. Par défaut, Excel les convertit d'ailleurs en majuscules.

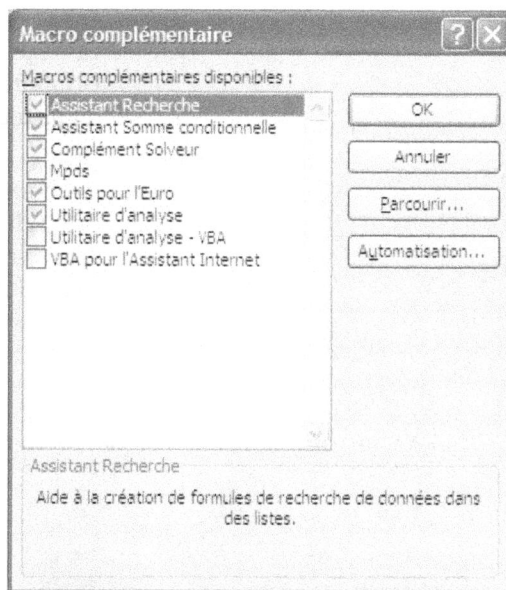

▸ Certaines de ces fonctions peuvent ne pas être disponibles par défaut. Dans ce cas, exécutez la macro complémentaire correspondante, par exemple **Utilitaire d'analyse**, puis activez les fonctions via la commande **Macros complémentaires** du menu **Outils**.

▸ Si vous utilisez un calcul particulièrement complexe dans de nombreuses formules ou si vous effectuez des calculs nécessitant plusieurs formules (parce que les fonctions existantes ne répondent pas à vos besoins), vous pouvez créer des fonctions personnalisées avec le langage **Visual Basic**, ce qui s'adresse à des utilisateurs professionnels.

CHAPITRE 2
FONCTIONS DE BASE DE DONNÉES ET DE LISTES

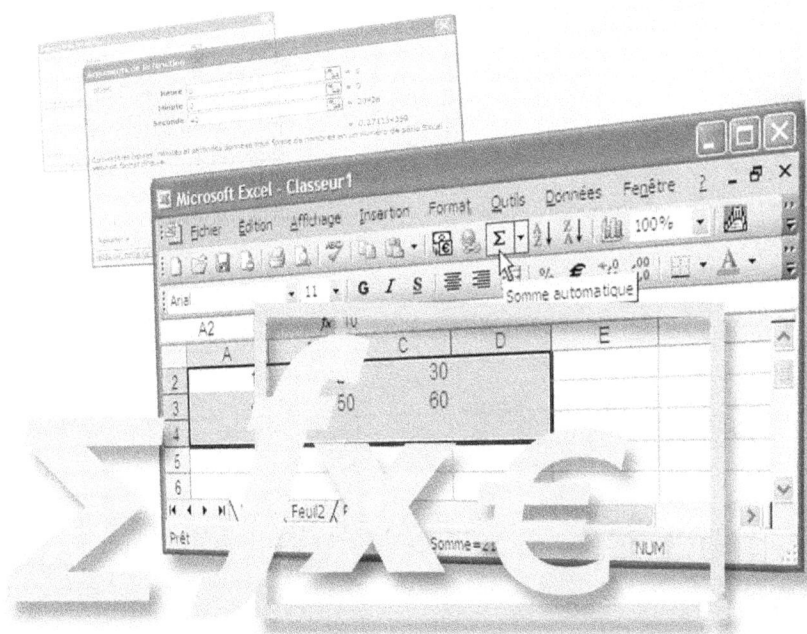

Excel est certes un tableur, mais en tant que tel, il sait gérer des listes et des bases de données. La structure désignée par **liste** ou par **base de données** est un tableau composé de lignes et de colonnes :

▸ Chaque colonne contient des données précises, telles qu'un nom de société, un nom de personne, un prénom, une adresse, etc. On appelle une telle rubrique un **champ**. Souvent, la première ligne de la colonne contient une indication sur la raison d'être de tels champs, par exemple : **Société**, **Nom**, **Adresse**, etc. C'est l'**étiquette** d'en-tête, la ligne d'en-tête regroupant toutes les étiquettes ; elle ne doit pas intervenir dans les tris, les sélections et les autres opérations portant sur la base. Fort heureusement, Excel en détecte généralement automatiquement la présence.

▸ Chaque ligne regroupe tous les champs servant à caractériser totalement une fiche complète de la base de données. On appelle une telle ligne un **enregistrement**. Rappelez-vous que la première ligne est souvent la ligne d'en-tête.

REMARQUE

Le plus souvent, vous pourrez spécifier l'argument champ sous forme :

* De texte, en mettant l'étiquette de la colonne entre guillemets, par exemple "Nom" ou "Société".

* Ou sous la forme d'un nombre représentant la position de la colonne dans la liste : 1 pour la première colonne, 2 pour la deuxième colonne, et ainsi de suite.

Vous rencontrerez aussi la notion de **zone de critères** : il s'agit tout simplement d'une plage réservée de cellules reprenant les noms des champs d'une base de données. Elle sert à sélectionner et à afficher les seuls enregistrements répondant aux critères de sélection que vous posez.

Le menu **Données** d'Excel contient une belle liste de commandes spécifiques consacrées au traitement des bases de données, mais elles sont complétées par les fonctions dédiées aux bases de données.

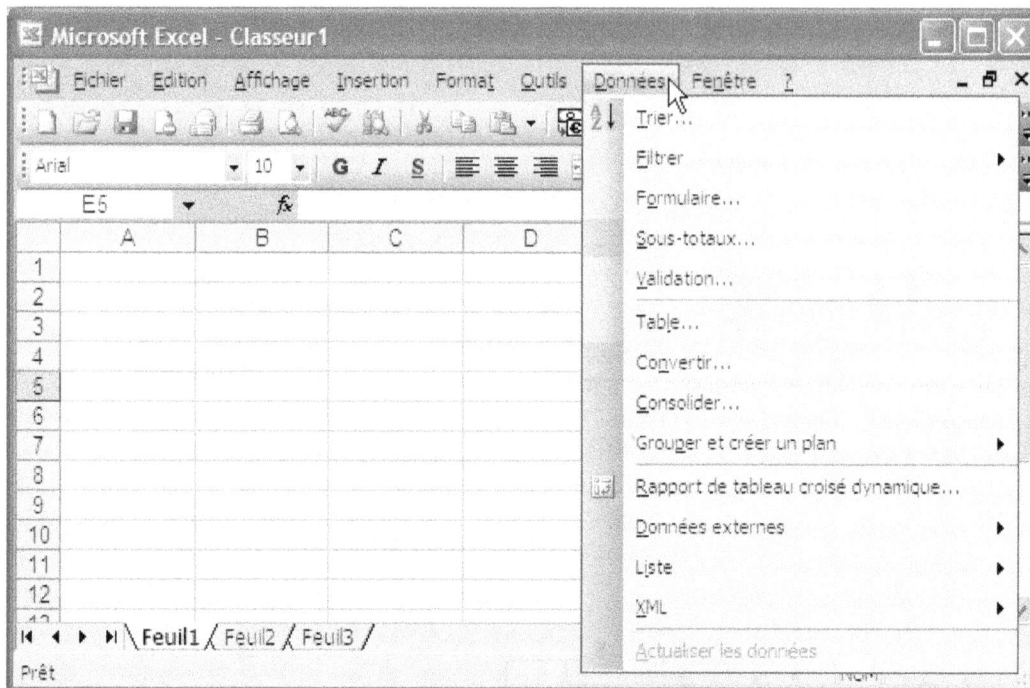

Figure 2.1.

Certaines de ces fonctions sont applicables par tous les utilisateurs alors que d'autres sont réservées aux spécialistes. Elles servent à analyser les valeurs d'une liste pour vérifier si elles répondent à une condition ou à des critères spécifiques.

Une fonction de base de données possède trois arguments :

▸ L'argument **base de données** est la plage contenant la liste ou la base de données. Cette dernière inclut la ligne des étiquettes de colonnes, pour autant qu'il en existe une.

▸ L'argument **champ** est l'étiquette de la colonne concernée. Elle sera indiquée entre guillemets.

▸ L'argument **critère** est la plage contenant une condition que vous spécifiez.

Vous retrouverez systématiquement ces arguments, ce qui fait qu'on ne les redéfinira guère plus.

Fonctions de bases de données

BDECARTYPE	Calcule l'écart-type d'après un échantillon d'entrées de base de données sélectionnées.
BDECARTYPEP	Calcule l'écart-type d'après la totalité d'une population d'entrées de base de données sélectionnées.
BDLIRE	Extrait d'une base de données un enregistrement qui répond aux critères spécifiés.
BDMAX	Renvoie la valeur maximale des entrées de base de données sélectionnées.
BDMIN	Renvoie la valeur minimale des entrées de base de données sélectionnées.
BDMOYENNE	Renvoie la moyenne des entrées de base de données sélectionnées.
BDNB	Compte le nombre de cellules d'une base de données qui contiennent des nombres.
BDNBVAL	Compte les cellules non vierges d'une base de données.
BDPRODUIT	Multiplie les valeurs d'un champ particulier des enregistrements d'une base de données, qui répondent aux critères spécifiés.
BDSOMME	Ajoute les nombres dans la colonne de champ des enregistrements de la base de données, qui répondent aux critères.
BDVAR	Calcule la variance d'après un échantillon d'entrées de base de données sélectionnées.
BDVARP	Calcule la variance d'après la totalité d'une population d'entrées de base de données sélectionnées.
LIREDONNEESTABCROISDYNAMIQUE	Renvoie les données stockées dans un tableau croisé dynamique.

BDECARTYPE

L'écart-type est un outil servant à mesurer la dispersion d'un échantillon autour de sa moyenne ; son carré est la **variance**. L'écart-type répond à une formule de calcul assez complexe.

Cette fonction calcule l'écart-type d'une population sur la base d'un échantillon. Elle utilise les valeurs contenues dans la colonne d'une liste ou d'une base de données qui répondent aux conditions spécifiées.

Syntaxe :

`BDECARTYPE(base_de_données;champ;critères)`

avec :

- `base de données` : la plage de cellules qui constitue la liste ou la base de données. La première ligne de la liste contient généralement les étiquettes de chaque colonne.

- `champ` : la colonne utilisée dans la fonction. Comme cela a été indiqué au début de ce chapitre (et nous ne vous le rappellerons plus), vous pouvez spécifier l'argument champ sous forme de texte en mettant l'étiquette de colonne entre guillemets, par exemple `"Nom"` ou `"Ville"`, ou sous la forme d'un nombre représentant la position de la colonne dans la liste : 1 pour la première colonne, 2 pour la deuxième colonne et ainsi de suite.

- `critères` : la plage de cellules qui contient les conditions spécifiées. Vous pouvez utiliser n'importe quelle plage comme argument critères, à la condition, toutefois, qu'elle comprenne au moins une étiquette de colonne et au moins une cellule située sous l'étiquette de colonne pour spécifier la condition.

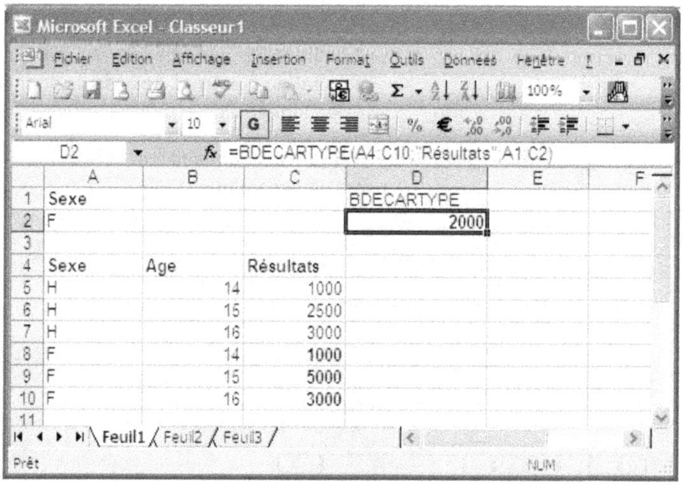

Figure 2.2.

Dans cet exemple, on recherche l'écart-type d'une population féminine (F) dans une base de données couvrant A4 :C10. La zone de critères est A1:C2. Le champ servant à évaluer l'écart-type est Résultats. Toutes les données ont été entrées telles qu'elles apparaissent ici, la fonction ECARTYPE étant ensuite introduite dans D2.

Pour ne pas commettre d'erreur en créant le champ des critères, faites des copier-coller.

BDECARTYPEP

Calcule l'écart-type d'une population en prenant en compte toute la population et en utilisant les valeurs contenues dans la colonne d'une liste ou d'une base de données qui répondent aux conditions spécifiées.

Syntaxe :

```
BDECARTYPEP(base_de_données;champ;critères)
```

Les paramètres sont les mêmes que ci-dessus. Avec le même exemple, les résultats sont les suivants.

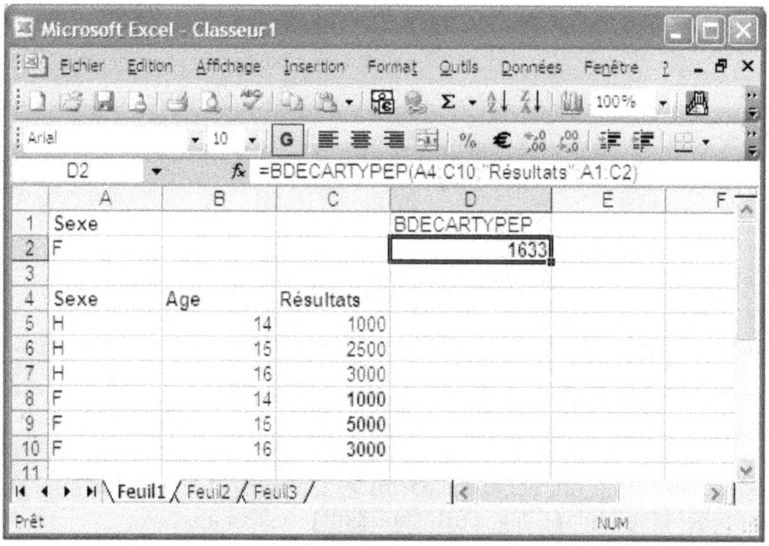

Figure 2.3.

BDLIRE

Extrait une seule valeur répondant aux conditions spécifiées à partir d'une colonne d'une liste ou d'une base de données.

Syntaxe :

`BDLIRE(base_de_données;champ;critères)`

Les arguments sont toujours les mêmes, comme ci-dessus.

Si :

▸ Aucun enregistrement ne répond aux critères, la fonction BDLIRE renvoie la valeur d'erreur **#VALEUR !**

▸ Plusieurs enregistrements répondent aux critères, la fonction BDLIRE renvoie la valeur d'erreur **#NOMBRE !**

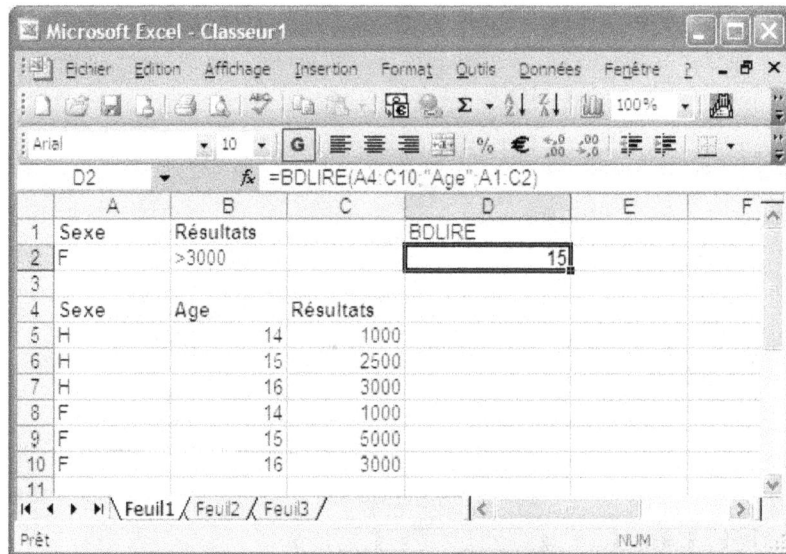

Figure 2.4.

Dans cet exemple, on recherche parmi les femmes (F) un résultat supérieur à 3 000, en demandant l'âge correspondant ; c'est 15 ans.

BDMAX

Renvoie le plus grand nombre de valeurs de la colonne qui répondent aux conditions spécifiées.

Syntaxe :

`BDMAX(base_de_données;champ;critères)`

Les arguments sont toujours les mêmes, comme ci-dessus.

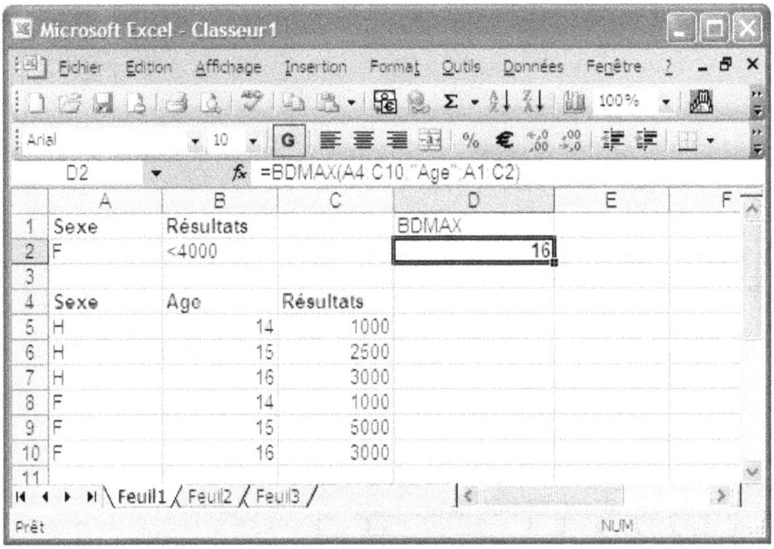

Figure 2.5.

Dans cet exemple, on recherche parmi les femmes (F) le résultat maximal inférieur à 4 000, en demandant l'âge ; c'est 16 ans, avec le score de 3 000.

BDMIN

Renvoie le plus petit nombre de valeurs d'une colonne qui répondent aux conditions spécifiées.

Syntaxe :

`BDMIN(base_de_données;champ;critères)`

Les arguments sont toujours les mêmes, comme ci-dessus.

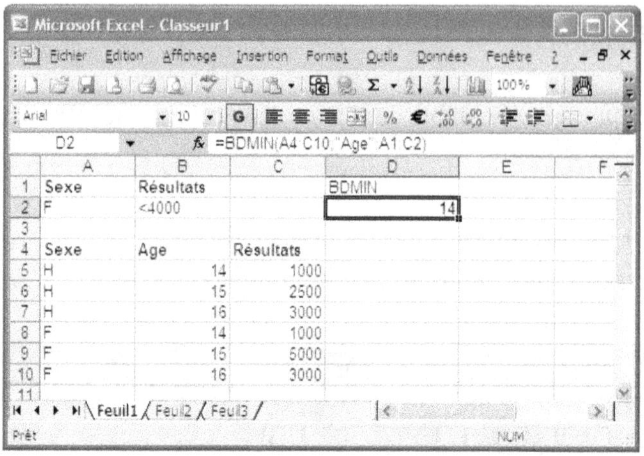

Figure 2.6.

Avec le même exemple que ci-dessus, on obtient l'âge de 14 ans avec le score de 1 000.

BDMOYENNE

Calcule la moyenne des valeurs contenues dans la colonne qui répondent aux conditions spécifiées.

Syntaxe :

`BDMOYENNE(base_de_données;champ;critères)`

Les arguments sont toujours les mêmes, comme précédemment.

On calcule ici la moyenne des scores en omettant tout simplement la condition, afin de prendre en compte toutes les valeurs pour Sexe = F. Bien sûr, on pourrait aussi introduire une condition.

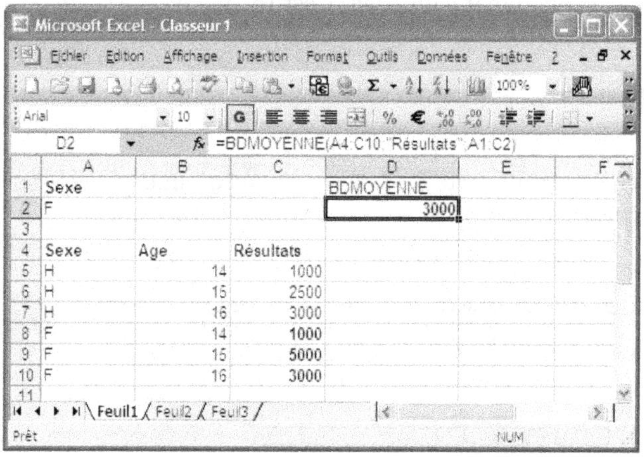

Figure 2.7.

BDNB

Compte les cellules d'une colonne qui contiennent des nombres répondant aux conditions spécifiées. L'argument champ est facultatif ; si vous ne le spécifiez pas, BDNB compte tous les enregistrements de la base de données répondant aux critères.

Syntaxe :

BDNB(base_de_données;champ;critères)

Les arguments sont toujours les mêmes, comme précédemment.

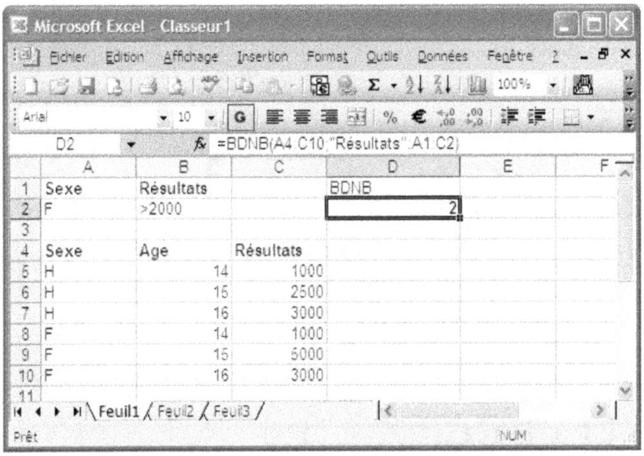

Figure 2.8.

Ici, seuls 2 résultats sont supérieurs à 2 000.

L'argument **champ** est facultatif. Si vous ne le spécifiez pas, la fonction prend en compte tous les enregistrements :

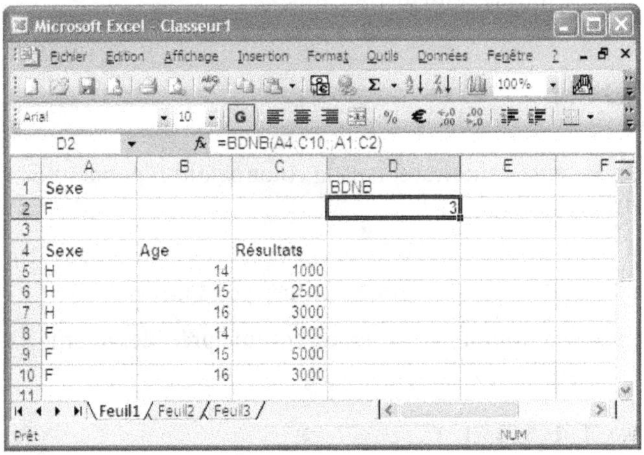

Figure 2.9.

BDNBVAL

Compte toutes les cellules non vides contenues dans une colonne qui répondent aux conditions spécifiées.

Syntaxe :

`BDNBVAL(base_de_données;champ;critères)`

Les arguments sont toujours les mêmes, comme précédemment.

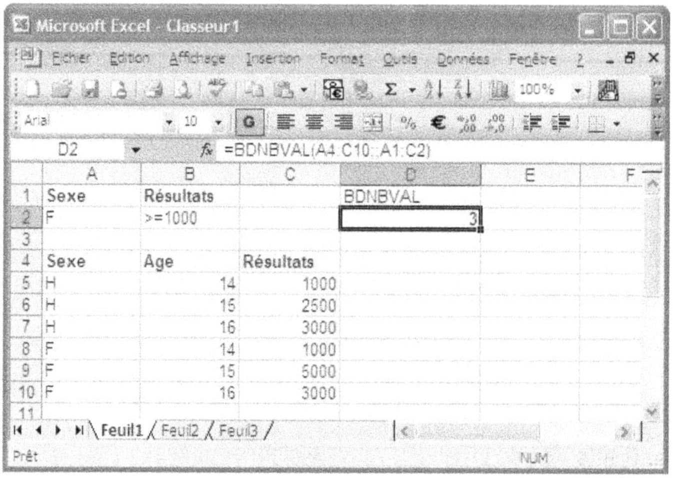

Figure 2.10.

Ici, on compte toutes les cellules pour F dont le contenu est égal ou supérieur à 1 000.

L'argument `champ` est facultatif. Si vous ne le spécifiez pas, la fonction prend en compte tous les enregistrements.

BDPRODUIT

Multiplie les valeurs contenues dans la colonne qui répondent aux conditions spécifiées.

Syntaxe :

`BDPRODUIT(base_de_données;champ;critères)`

Les arguments sont toujours les mêmes, comme précédemment.

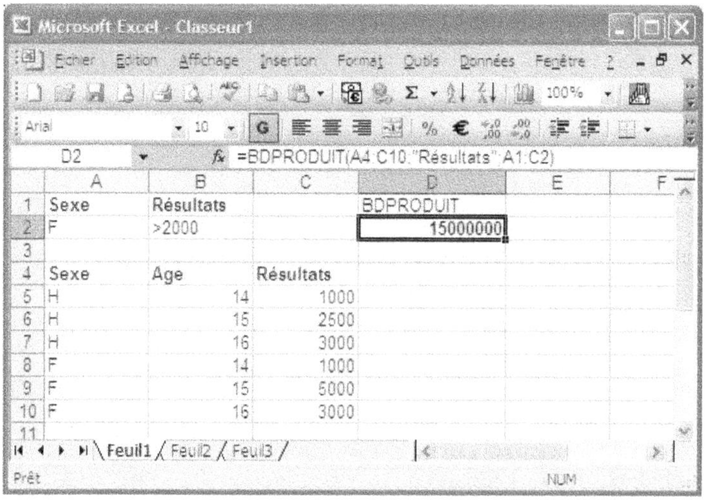

Figure 2.11.

Ici, le critère étant > 2 000 toujours pour F, les valeurs 5 000 et 3 000 ont été multipliées.

BDSOMME

Additionne les valeurs contenues dans la colonne qui répondent aux conditions spécifiées.

Syntaxe :

BDSOMME(base_de_données;champ;critères)

Les arguments sont toujours les mêmes, comme précédemment.

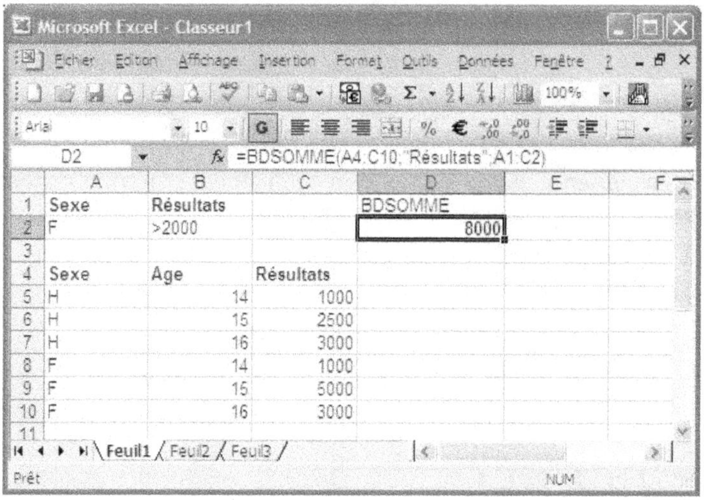

Figure 2.12.

Ici, on effectue la somme des scores pour F avec la condition `Résultat>2000`.

BDVAR

Calcule la variance d'une population sur la base d'un échantillon en utilisant les valeurs contenues dans la colonne qui répondent aux conditions spécifiées.

Syntaxe :

`BDVAR(base_de_données;champ;critères)`

Les arguments sont toujours les mêmes, comme précédemment.

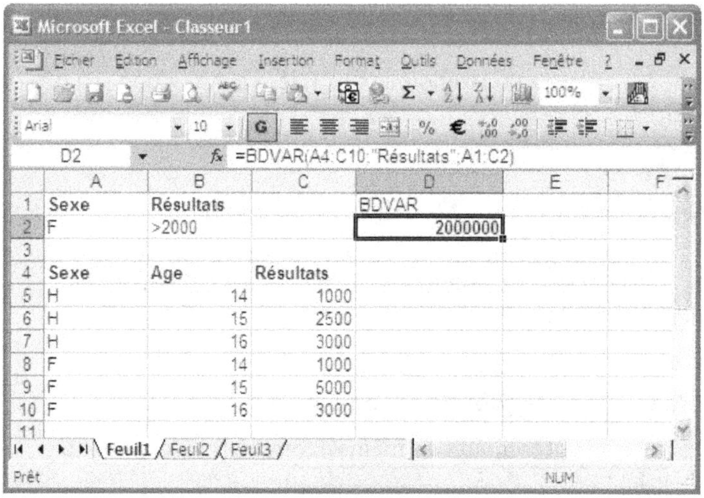

Figure 2.13.

BDVARP

Calcule la variance d'une population en prenant en compte toute la population et en utilisant les valeurs contenues dans la colonne d'une liste ou d'une base de données qui répondent aux conditions spécifiées.

Syntaxe :

`BDVARP(base_de_données;champ;critères)`

Les arguments sont toujours les mêmes, comme précédemment.

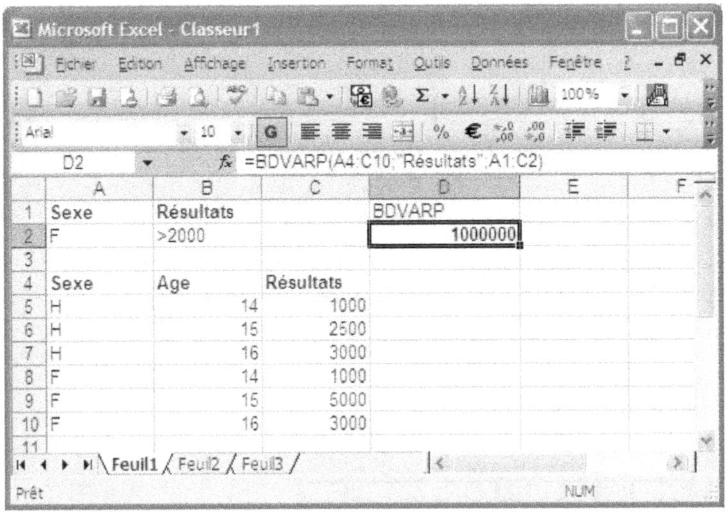

Figure 2.14.

LIREDONNEESTABCROISDYNAMIQUE

Cette fonction sert à extraire les données de synthèse d'un rapport de tableau croisé dynamique. Les données doivent être affichées dans le rapport.

Syntaxe :

```
LIREDONNEESTABCROISDYNAMIQUE(champ_de_données;tableau
croisé;champ1;élément1;champ2;élément2;…)
```

avec :

▸ `champ_de_données` : celui du tableau croisé dynamique.

▸ `tableau croisé` : la cellule supérieure gauche du tableau croisé, en adressage absolu.

▸ `champ1` : le nom d'un champ.

▸ `élément1` : un élément du champ…

Pour cet exemple, on a créé un tableau croisé dynamique :

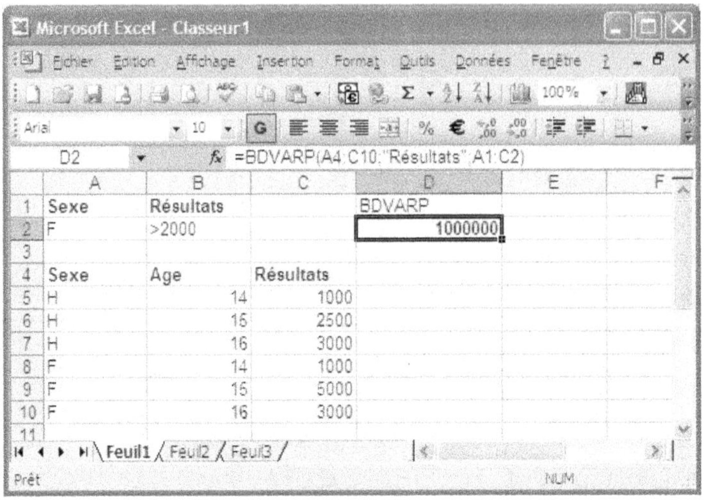

Figure 2.15.

La fonction introduite dans **A12** est :

```
=LIREDONNEESTABCROISDYNAMIQUE("Montant
HT";$A$2;"Client";"Claude";"Date";"17/09/2004")
```

Elle retourne la valeur 700 qui figure dans C8.

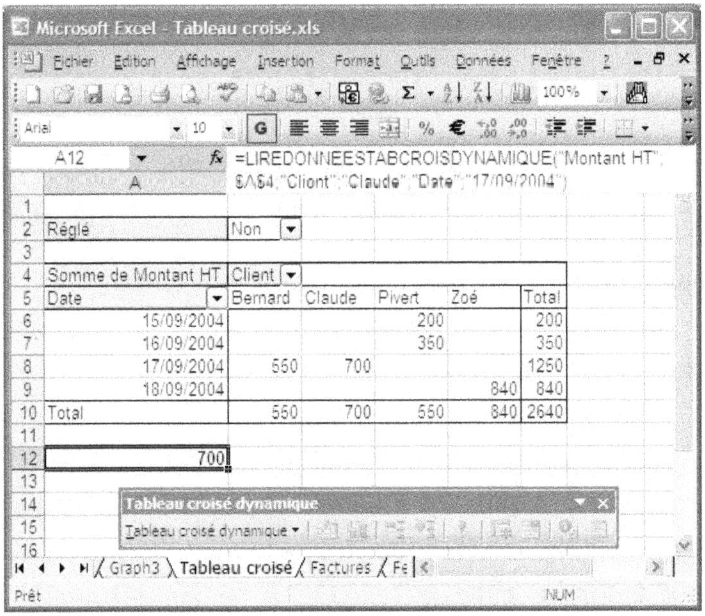

Figure 2.16.

Astuce importante

Pour ne pas avoir à créer vous-même la fonction, un peu longuette, procédez ainsi :

1. Sélectionnez la cellule qui contiendra la formule et le résultat.

2. Tapez le signe égal (=).

3. Cliquez sur la cellule dont vous voulez extraire la valeur, ici sur C8 qui contient 700. Excel compose automatiquement la formule.

Notes complémentaires

▸ Les éléments ou champs calculés ainsi que les calculs personnalisés sont inclus dans les calculs de la fonction.

▸ Si l'argument `tableau_croisé` représente une plage comprenant au moins deux rapports de tableaux croisés dynamiques, les données sont extraites du rapport de tableau croisé dynamique créé en dernier.

▸ Si les arguments `élément` et `champ` désignent une seule cellule, la valeur de celle-ci est renvoyée, qu'il s'agisse d'une chaîne de caractères, d'un nombre, d'une erreur, etc.

▸ Si un élément contient une date, la valeur doit être exprimée sous la forme d'un nombre série ou être remplie par une fonction DATE de manière qu'elle soit conservée si la feuille de calcul est ouverte avec d'autres paramètres régionaux. Si l'argument `tableau_croisé` représente une plage qui ne contient aucun rapport de tableau croisé dynamique, la fonction renvoie la valeur d'erreur `#REF !`

▸ Si les arguments ne décrivent pas un champ affiché ou s'ils comprennent un champ de page non affiché, la fonction renvoie la valeur d'erreur `#REF !`

Applications

Vocabulaire spécifique des bases de données

Dans une base, les données sont fondamentalement organisées en tableaux. Des fonctions spécifiques permettent, ensuite, de rechercher, d'extraire et de procéder à des calculs sur un certain nombre de fiches en tenant compte de critères précis.

Avec Excel, vous n'avez pas besoin d'apporter des modifications particulières à une liste pour la convertir en base de données. La raison est simple : lorsque vous effectuez des tâches propres aux bases de données (telles qu'une recherche, un tri ou un calcul de sous-totaux), Excel identifie automatiquement votre liste en tant que base. En particulier, Excel reconnaît automatiquement la première ligne de titres et l'exclut des opérations de tri.

Dans une base de données, on utilise un vocabulaire spécifique qu'il est important de bien connaître :

▶ On appelle **fiche** (ou **enregistrement**) une ligne d'informations.

▶ Les **étiquettes des colonnes** sont les noms des **champs**, chaque colonne constituant un champ.

▶ Les commandes spécifiques applicables aux bases de données sont, pour l'essentiel, regroupées dans le menu **Données**. Notez qu'une base de données est une liste, mais qu'il peut exister d'autres formes de listes, en fonction de l'organisation des données, sans qu'il s'agisse d'une base de données. Dans ce cas, les fonctions de bases de données leur sont généralement applicables.

Pour créer une base

Voici quelques conseils généraux qui vous seront utiles pour bien créer une base :

▶ Utilisez une seule liste par feuille de calcul. Evitez d'introduire plusieurs listes dans une même feuille. En effet, certaines fonctions de gestion de listes, telles que le filtrage, ne peuvent être utilisées que sur une liste à la fois.

▶ Placez des éléments identiques dans une colonne (un **champ**). Créez la liste de sorte que les mêmes éléments de chaque ligne se retrouvent dans la même colonne.

▶ Séparez la liste de son environnement. Laissez au moins une colonne et une ligne vides entre la liste et les autres données sur une même feuille de calcul. Excel peut alors plus facilement détecter et sélectionner la liste lorsque vous triez, filtrez ou insérez des sous-totaux automatiques.

▶ Affichez les lignes et les colonnes. Vérifiez si les lignes ou les colonnes masquées sont affichées avant de modifier une liste. Lorsque des lignes ou des colonnes ne sont pas affichées, des données peuvent être supprimées par erreur.

▸ Utilisez des étiquettes de colonnes mises en forme. Créez des étiquettes de colonnes dans la première ligne de la liste. Excel utilise les étiquettes afin de créer des rapports et de rechercher et d'organiser des données. Pour les étiquettes de colonnes, utilisez un style de police, d'alignement, de format, de motif, de bordure ou de mise en majuscules différent du format que vous affectez aux données de la liste. Mettez en forme les cellules au format texte avant de taper les étiquettes de colonnes.

▸ Utilisez des bordures de cellules. Si vous voulez séparer les étiquettes des données, utilisez les bordures des cellules, mais surtout, n'introduisez pas des lignes vides ou en pointillés sous les étiquettes.

▸ Evitez de placer des lignes et des colonnes vides dans la liste pour qu'Excel puisse plus facilement détecter et sélectionner la liste sans risque d'erreur.

▸ N'insérez pas d'espaces à gauche et à droite dans les cellules. Les espaces supplémentaires au début ou à la fin d'une cellule affectent le tri et la recherche. Plutôt qu'insérer des espaces, introduisez des retraits.

Fonctions en ET logique

Les critères qui vous ont été présentés dans ces fonctions spécialisées sont restés des critères simples. Vous pouvez toutefois les combiner en ET logique puisqu'il suffit d'ajouter une ligne de critères, sans oublier de le déclarer dans la fonction.

Par exemple, référez-vous à la fonction DBMOYENNE ; dans l'exemple d'accompagnement, on avait simplement demandé la moyenne de toutes les valeurs pour **Sexe = F** sans poser de condition.

Si l'on veut obtenir la moyenne totale, à la fois pour F et pour H, il suffit de l'indiquer sur une ligne suivante. Le champ de critères devient alors **A1:C3**.

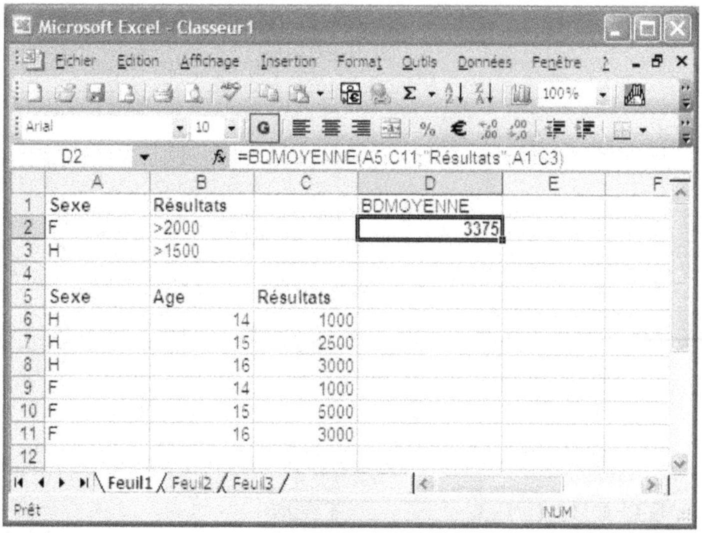

Figure 2.17.

Rechercher dans une base de données

En plus des fonctions spécifiques présentées ci-dessus, vous pouvez appliquer d'autres fonctions issues d'autres catégories, par exemple les fonctions de recherche présentées en détail dans la catégorie et le chapitre **Fonctions de recherche et de référence**. Il s'agit en particulier de :

▶ RECHERCHE : recherche une valeur dans une ligne ou colonne de valeurs triées dans l'ordre croissant. On obtient ensuite la valeur à partir de la même position dans une ligne ou colonne différente. Vous pouvez utiliser cette fonction pour retrouver des valeurs dans des listes ne comportant pas d'étiquettes de lignes ou de colonnes.

▶ RECHERCHEV : recherche une valeur dans une liste comportant des étiquettes de lignes. Cette fonction est utile si votre liste contient des étiquettes de lignes dans la colonne située la plus à gauche et que vous souhaitez effectuer la recherche d'une valeur dans une autre colonne sur la base de l'étiquette de ligne.

▶ RECHERCHEH : permet également de rechercher une valeur dans une liste comportant des étiquettes de lignes. Cette fonction est utile lorsque votre liste contient des étiquettes de colonnes dans la ligne située le plus haut et que vous souhaitez effectuer la recherche d'une valeur dans une autre ligne sur la base de l'étiquette de colonne.

ATTENTION

Par défaut, vous devez trier la liste avant de pouvoir utiliser RECHERCHEV ou RECHERCHEH.

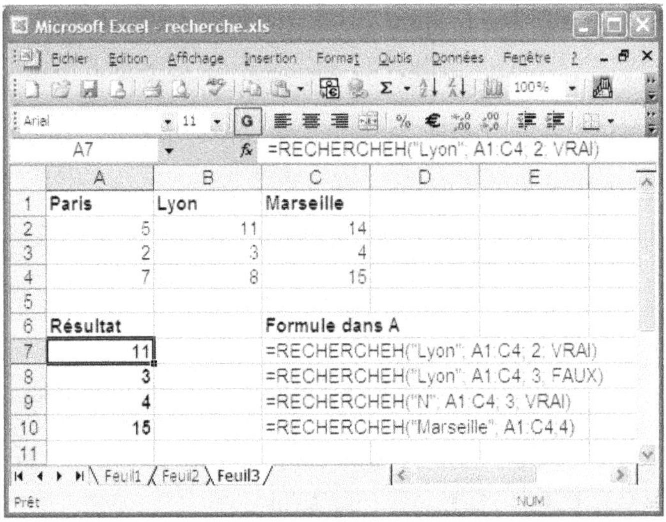

Figure 2.18.

Dans ces exemples :

- En A7, on recherche Lyon. La fonction retourne la valeur située dans la même colonne, en ligne 2.

- En A8, on fait de même, mais on demande la ligne 3.

- En A9, on recherche N dans la ligne 1 pour obtenir la valeur de la ligne 3 dans la même colonne. Comme N n'est pas une correspondance exacte, la valeur immédiatement inférieure, Marseille, est utilisée.

- En A10, on recherche Marseille pour obtenir la valeur de la ligne 4 dans la même colonne.

- INDEX : renvoie une référence dans une cellule à l'intersection d'une ligne et d'une colonne particulières à l'intérieur d'une plage.

- EQUIV : recherche la position relative d'une cellule à l'intérieur d'une plage, à partir d'une valeur que vous souhaitez rechercher.

Vous pouvez utiliser simultanément les fonctions INDEX et EQUIV pour rechercher une valeur dans une liste à partir de l'étiquette de ligne ou de colonne ou à partir des deux étiquettes. Utilisées ensemble, ces fonctions renvoient une valeur à partir de l'étiquette d'une ligne ou d'une colonne. L'assistant **Recherche** utilise INDEX et EQUIV dans les formules qu'il crée. Voyez ce qui en est dit dans le chapitre 9 **Fonctions de recherche et de référence.**

CHAPITRE 3
FONCTIONS DE DATE ET D'HEURE

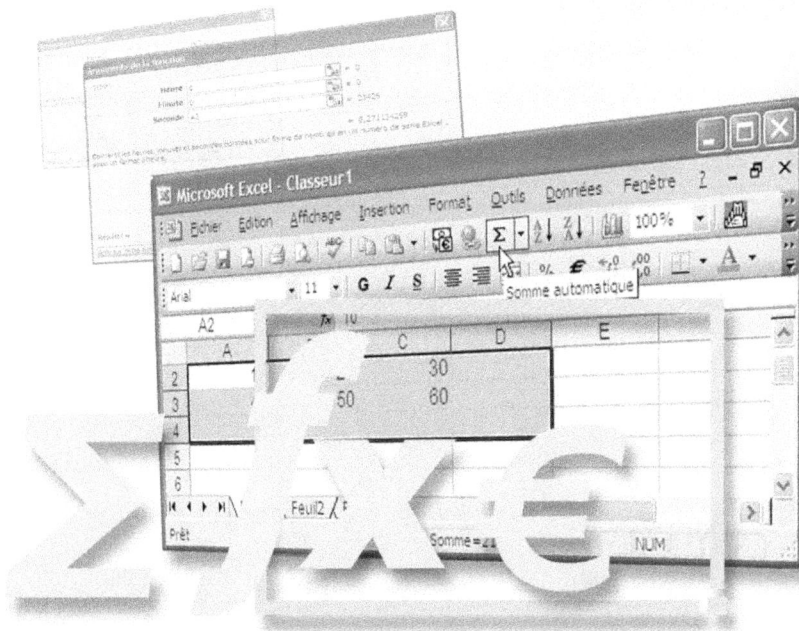

Les fonctions de date et d'heure servent à analyser et à travailler avec des valeurs de date et d'heure introduites dans des formules. Par exemple, la fonction JOURACTUEL renvoie la date du jour en se fondant sur l'horloge du système.

Excel n'enregistre pas les dates telles qu'on les tape normalement, mais sous la forme d'un numéro de série, un **nombre date**. C'est un nombre entier allant de 1 à 73050. La date du 1er janvier 1900 correspond au numéro de série 1 si le classeur utilise le calendrier depuis 1900, un calendrier appliqué par défaut. Le numéro de série 2 correspond au 2 janvier 1900, et ainsi de suite. Par exemple, le numéro de série **38346** représente le 25 décembre 2004.

Il existe un second mode de comptage des dates qui subsiste pour des raisons de compatibilité : le calendrier démarre en 1904. Si le classeur utilise le calendrier depuis 1904, Excel enregistre le 1er janvier 1904 comme numéro de série 0 (le 2 janvier 1904 correspondant au numéro 1). Le choix entre l'un et l'autre de ces calendriers s'effectue en cliquant sur le menu **Outils**, sur **Options**, sur l'onglet **Calcul**, puis en cochant ou non l'option **Calendrier depuis 1904**.

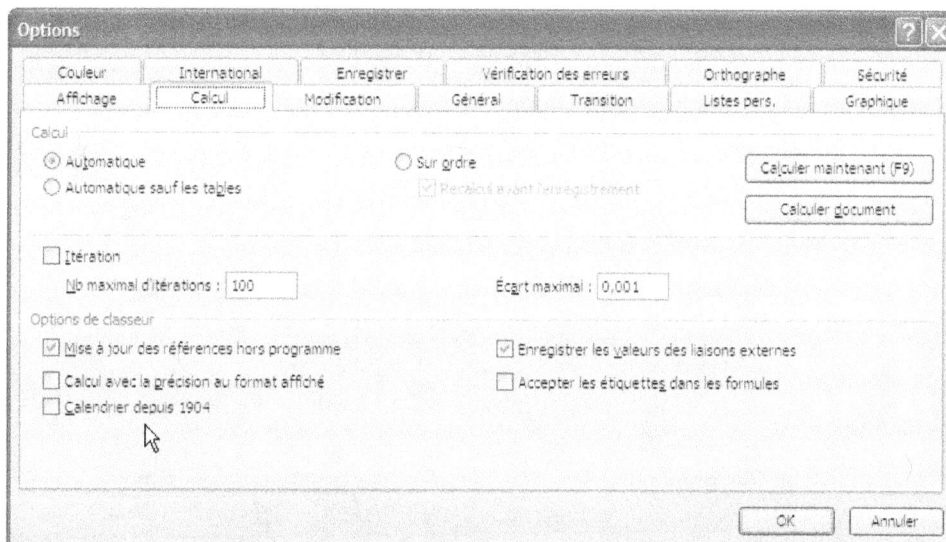

Figure 3.1. Si la case *Calendrier depuis 1904* n'est pas cochée, le calendrier démarre en 1900.

L'heure est également enregistrée sous la forme d'un numéro de série, un **nombre heure**, mais exclusivement décimal cette fois. Il est compris entre 0 et 1. Les secondes sont comptées à partir de minuit (c'est le zéro) et 23:59:59, cette dernière heure donnant le nombre heure **0,99998843**. Par exemple, 10 heures, 25 minutes et 30 secondes (soit 10:25:30) se traduisent par le numéro de série **0,434375**. Midi est représenté par 0,5.

C'est particulièrement astucieux puisque cela permet d'associer en un seul nombre la date et l'heure. En reprenant les exemples ci-dessus, la date du 25/12/2004 dont le numéro de série est 38346 et l'heure 10:25:30 dont le numéro de série est 0,434375, on forge le nombre complet **38346,434375** traduisant à la fois l'heure et la date.

Quand vous saisissez une date en tant que date ou une heure en tant qu'heure, Excel la convertit immédiatement en nombre date ou en nombre heure, puis le programme formate la cellule en date ou heure et n'affiche pas le numéro de série, mais la date ou l'heure que vous avez entrée. Pour faire apparaître le numéro de série, vous devez formater la cellule en **Standard** ou en **Numérique**.

ATTENTION !

Si vous lisez le numéro de série, c'est que votre cellule est formatée en **Standard** ou en **Numérique**. Méfiez-vous de ce piège et songez à corriger si vous n'obtenez pas le résultat escompté.

Dans les exemples qui suivent, on utilise le système de date par défaut d'Excel sur PC, lequel commence en 1900.

De nombreuses syntaxes réclament un argument date ou heure. En général, vous pouvez les entrer sous la forme de chaînes, de numéros de série ou de résultat d'autres formules ou de fonctions. Par exemple et pour les dates, vous pouvez les introduire sous forme de :

▸ Chaînes entre guillemets (par exemple, "1/30/2004" ou "2004/01/30").

▸ Numéros de série (par exemple, 38346, qui représente le 25 décembre 2004 si vous utilisez le calendrier depuis 1900.

▸ Résultats d'autres formules ou fonctions, par exemple DATEVAL ("1/30/2004").

Ces fonctions possèdent généralement des arguments, mais même s'il n'en existe pas, vous devez placer une paire de parenthèses (sans rien dedans) à la fin.

ATTENTION !

Certaines fonctions peuvent ne pas être disponibles par défaut. Si, lorsque vous posez une fonction, Excel renvoie l'erreur **#NOM !**, c'est que la fonction n'a pas été installée. Dans ce cas, il vous faut lancer la macro complémentaire **Utilitaire d'analyse**, puis activer cette fonction en ouvrant le menu **Outils**, en cliquant la commande **Macros complémentaires**, puis en cochant **Utilitaire d'analyse (figure 3-2)**

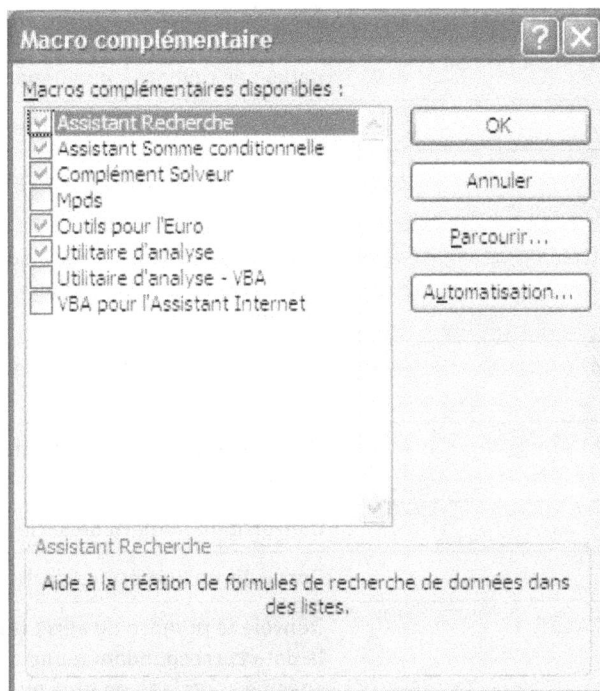

Figure 3.2. La case Utilitaire d'analyse doit être cochée.

Fonctions Date et Heure

ANNEE	Convertit un numéro de série en année.
AUJOURDHUI	Renvoie le numéro de série de la date du jour.
DATE	Renvoie le numéro de série d'une date précise.
DATEVAL	Convertit une date représentée sous forme de texte en numéro de série.
FIN.MOIS	Renvoie le numéro de série de la date du dernier jour du mois précédant ou suivant une date de départ du nombre de mois indiqué.

FRACTION.ANNEE	Renvoie la fraction correspondant au nombre de jours entiers séparant deux dates par rapport à une année complète.
HEURE	Convertit un numéro de série en heure.
JOUR	Convertit un numéro de série en jour du mois.
JOURS360	Calcule le nombre de jours qui séparent deux dates sur la base d'une année de 360 jours.
JOURSEM	Convertit un numéro de série en jour de la semaine.
MAINTENANT	Renvoie le numéro de série de la date et de l'heure du jour.
MINUTE	Convertit un numéro de série en minutes.
MOIS	Convertit un numéro de série en mois.
MOIS.DECALER	Renvoie le numéro de série représentant la date correspondant à une date spécifiée corrigée en plus ou en moins du nombre de mois indiqué.
NB.JOURS.OUVRES	Renvoie le nombre de jours ouvrés entiers compris entre deux dates.
NO.SEMAINE	Convertit un numéro de série en un numéro représentant l'ordre de la semaine dans l'année.
SECONDE	Convertit un numéro de série en secondes.
SERIE.JOURS.OUVRES	Renvoie le numéro de série de la date avant ou après le nombre de jours ouvrés spécifiés.
TEMPSVAL	Convertit une heure représentée sous forme de texte en numéro de série.

ANNEE

Cette fonction renvoie l'année correspondant à une date sous forme d'un nombre entier.

Syntaxe :

ANNEE(numéro_de_série)

où **numéro_de_série** est le numéro de l'année que vous cherchez.

Vous pouvez aussi entrer des dates sous forme de chaînes entre guillemets (par exemple, "25/12/2004" ou "200412/25"), de numéros de série (par exemple 38346 qui représente le 25 décembre 2004 si vous utilisez le calendrier depuis 1900) ou de résultats d'autres formules ou fonctions (par exemple, DATEVAL("25/12/2004").

La cellule doit être formatée non en **Date-heure**, mais en **Numérique** ou en **Standard**.

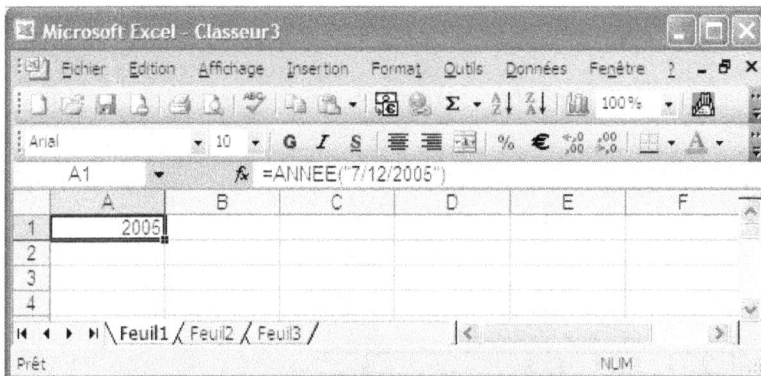

Figure 3.3.

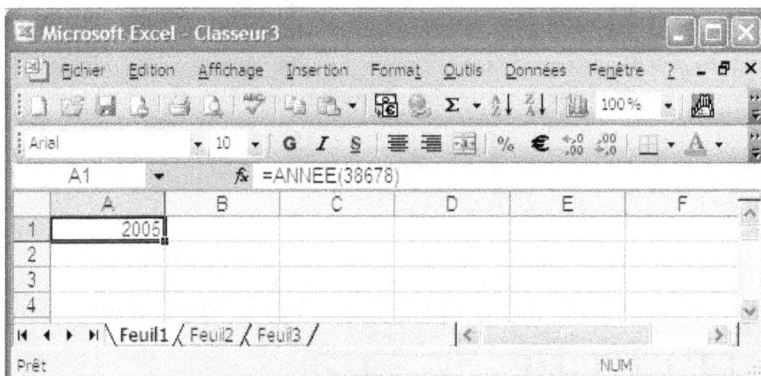

Figure 3.4.

AUJOURDHUI

Cette fonction renvoie la date du jour, fournie par l'ordinateur. Cette date n'est pas mise à jour de façon permanente : elle n'est modifiée que si la feuille de calcul est recalculée ou si la macro contenant cette fonction est exécutée.

Syntaxe :

`=AUJOURDHUI()`

Attention : ne placez pas d'apostrophe dans `aujourdhui` ; vous pouvez ou non introduire un espace dans les parenthèses. Pour obtenir à la fois la date et l'heure système, utilisez la fonction MAINTENANT.

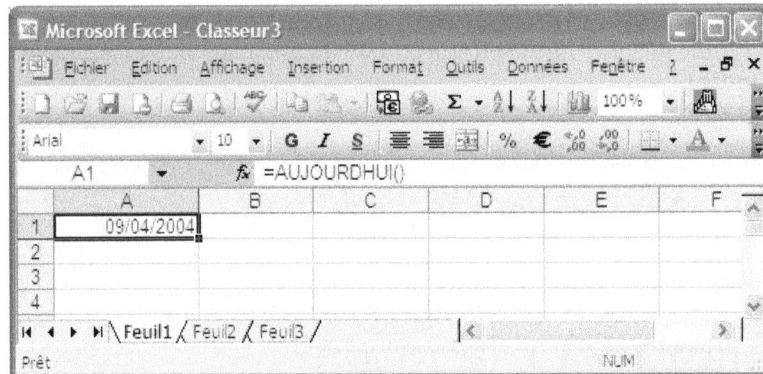

Figure 3.5.

DATE

La fonction DATE renvoie le numéro de série d'une date particulière. Le format de la cellule doit être **Numérique** ou **Standard** ; si le format est **Standard** avant l'entrée de la fonction, le résultat apparaît comme une date. Cette fonction intervient principalement dans les formules dans lesquelles l'année, le mois et le jour sont des variables et non des constantes.

Syntaxe :

`DATE(année;mois;jour)`

avec :

▸ **année** : un argument pouvant compter entre un et quatre chiffres. Voyez les quelques notes qui suivent.

▶ **mois** : un nombre représentant le mois, de 1 à 12. Si ce nombre est supérieur, Excel passe à l'année suivante en comptant les mois.

▶ **jour** : un nombre représentant le jour du mois. Si la valeur de ce nombre est supérieure au nombre de jours que compte le mois spécifié, l'argument ajoute l'excédant en passant au mois suivant.

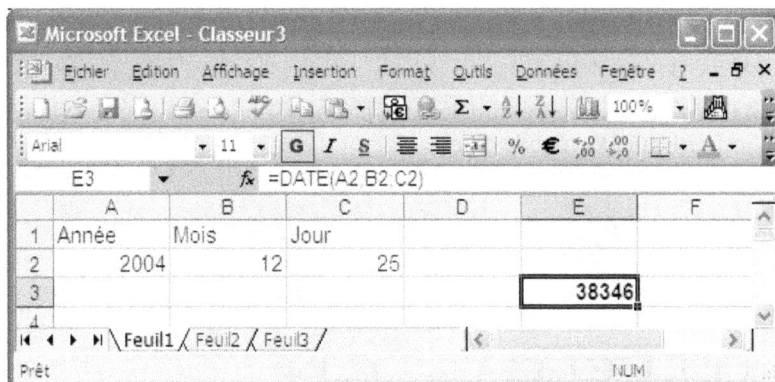

Figure 3.6.

Si l'année est comprise entre 0 (zéro) et 1899 (incluse), Excel ajoute cette valeur à 1900 pour calculer l'année. Si l'année est inférieure à 0 ou supérieure ou égale à 10 000, Excel renvoie la valeur d'erreur : #NOMBRE !

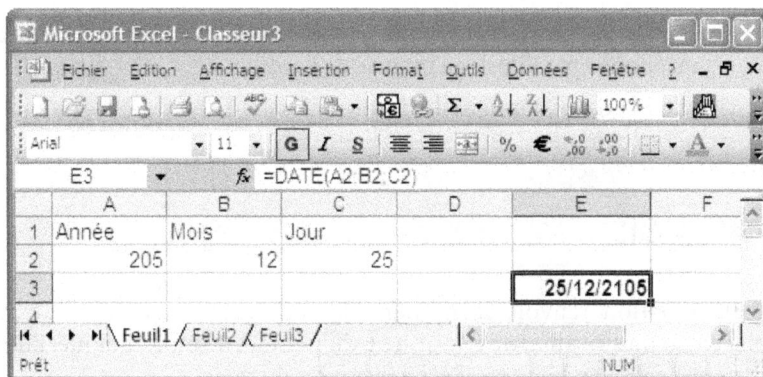

Figure 3.7.

DATEVAL

Cette fonction renvoie le numéro de série de la date représentée par **date_texte**. Elle intervient essentiellement pour convertir en un numéro de série une date représentée sous forme de texte.

Syntaxe :

DATEVAL(date_texte)

où **date_texte** représente le texte permettant de renvoyer une date dans n'importe quel format de date.

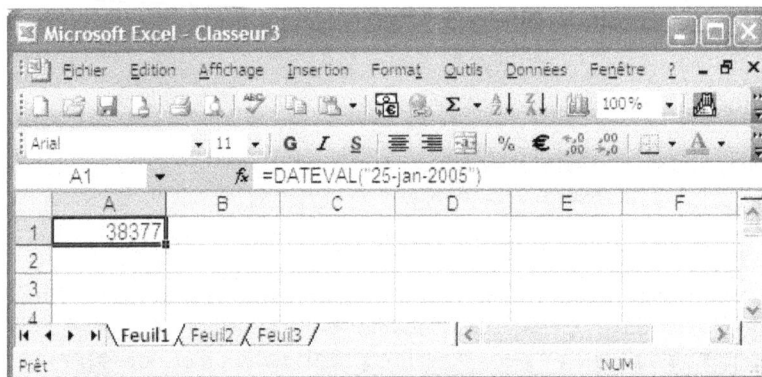

Figure 3.8.

▶ Si l'année est omise dans **date_texte**, DATEVAL utilise l'année en cours donnée par l'horloge interne de l'ordinateur.

▶ Si **date_texte** contient des informations sur l'heure, elles ne sont pas prises en compte.

FIN.MOIS

Cette fonction renvoie le numéro de série du dernier jour du mois précédant ou suivant **date_départ** du nombre de mois indiqué. Elle sert surtout à calculer des dates d'échéance à fin du mois.

Syntaxe :

FIN.MOIS(date_départ;mois)

avec :

▸ **Date_départ** : une date qui représente la date de début. Vous pouvez entrer des dates sous la forme de :

- Chaîne entre guillemets, par exemple, "1/30/2005".

- De numéro de série.

- De résultat d'une autre formule ou fonctions, par exemple, DATEVAL("1/30/2005").

▸ **Mois** : le nombre de mois avant ou après **date_départ**. Une valeur de mois positive fournit une date future, tandis qu'une valeur négative spécifie une date passée. Si **Mois** n'est pas un nombre entier, il est tronqué à sa partie entière.

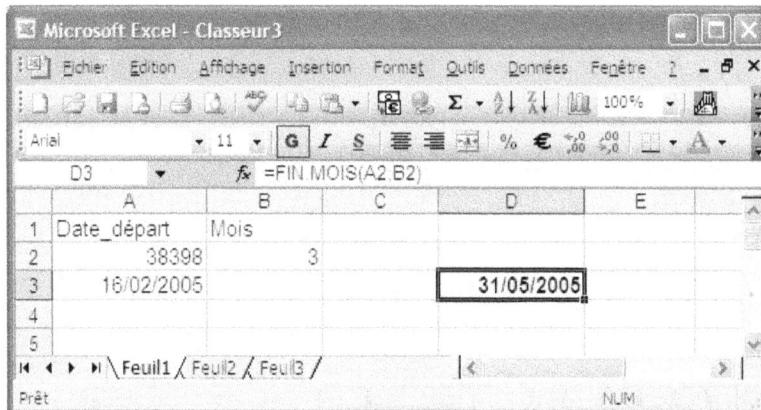

Figure 3.9.

Selon cet exemple, le commerçant s'exprimerait ainsi : « Règlement à 90 jours fin de mois ».

FRACTION.ANNEE

Cette fonction calcule une fraction correspondant au nombre de jours séparant deux dates (**date_début** et **date_fin**) par rapport à une année complète. Elle sert à déterminer la proportion des profits ou des engagements d'une année entière correspondant à un terme donné. Attention : il s'agit bien d'une fraction et non d'un nombre heure.

Syntaxe :

`FRACTION.ANNEE(date_début;date_fin;base)`

avec :

▸ `Date_début` : la date de départ. Vous pouvez entrer des dates sous la forme d'une chaîne entre guillemets, d'un numéro de série ou du résultat d'une autre formule ou fonction.

▸ `date_fin` : la date de fin.

▸ `base` : le type de la base de comptage des jours à utiliser :

   ■ 0 ou rien : comptage 30/360 US.

   ■ 1 : réel/réel.

   ■ 2 : réel/360.

   ■ 3 : réel/365.

   ■ 4 : 30/360 européen.

Tous les arguments sont tronqués de façon à être convertis en nombres entiers. Si les arguments `date_début` ou `date_fin` ne sont pas des dates valides, ou si l'argument `base` est inférieur à 0 ou supérieur à 4, la fonction renvoie la valeur d'erreur **#NOMBRE !**

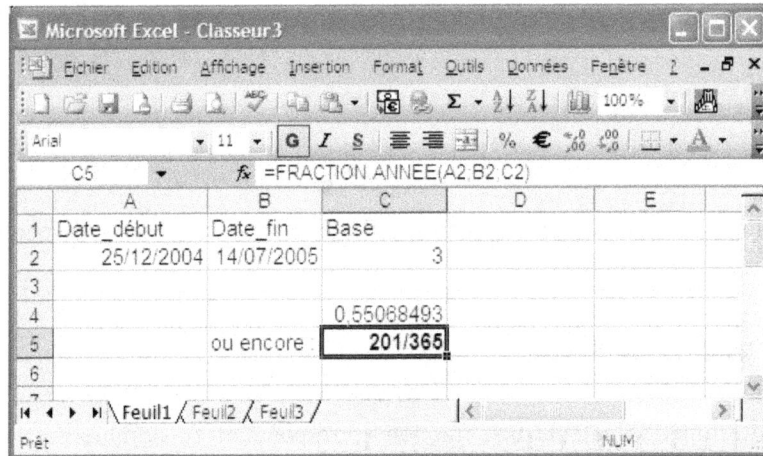

Figure 3.10.

Formatez la cellule en **Fraction** pour faire apparaître la fraction. Si la cellule est au format **Standard**, le résultat apparaît sous forme décimale.

HEURE

Cette fonction renvoie l'heure entre 0 et 23 correspondant au numéro de série spécifié.

Syntaxe :

HEURE(numéro_de_série)

où **numéro_de_série** est le nombre temps contenant l'heure que vous voulez trouver. Il peut être, entré sous forme :

▸ D'une chaîne de texte entre guillemets (par exemple, "18:20").

▸ D'un nombre décimal (par exemple, 0,78125, qui représente 6:45 PM).

▸ De résultats d'autres formules ou fonctions.

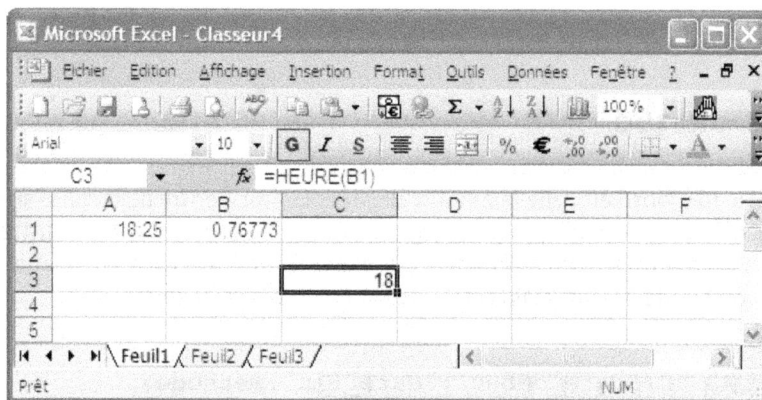

Figure 3.11.

JOUR

Cette fonction renvoie le jour du mois correspondant à l'argument **numéro_de_série**, sous la forme d'un nombre entier compris entre 1 et 31.

Syntaxe :

JOUR(numéro_de_série)

où **numéro_de_série** est le code de date du jour que vous voulez trouver. Les dates peuvent être entrées sous la forme de :

▸ Chaînes de texte entre guillemets.

- ▸ Numéros de série.
- ▸ Fonctions.

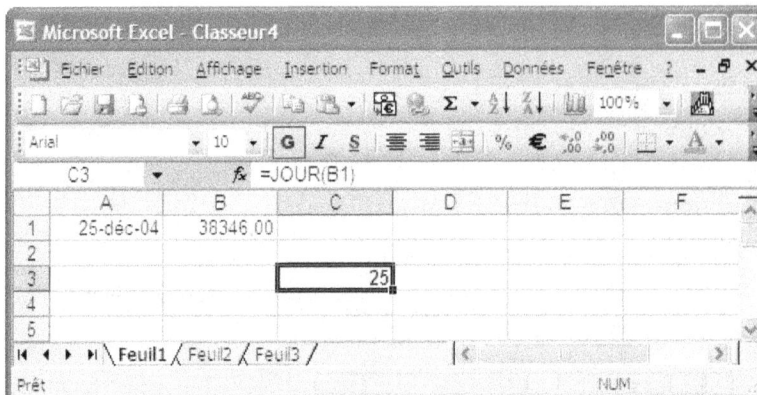

Figure 3.12.

JOURS360

Cette fonction retourne le nombre de jours compris entre deux dates sur la base d'une année de 360 jours (soit 12 mois de 30 jours). Elle est utilisée dans certains calculs comptables, par exemple pour le calcul de paiements si votre système comptable est fondé sur 12 mois de 30 jours.

Syntaxe :

```
JOURS360("date_début";"date_fin";méthode)
```

avec :

- ▸ **date_début** et **date_fin** sont les deux dates délimitant la période. Si **date_début** est postérieure à **date_fin**, JOURS360 renvoie une valeur négative. Vous pouvez entrer les dates sous la forme de chaînes de texte entre guillemets, de numéros de série ou de résultats d'autres formules ou fonctions.
- ▸ **méthode** est une valeur logique qui détermine la méthode de calcul (américaine ou européenne), avec :
  - ▪ 0, FAUX ou omis : méthode US.
  - ▪ 1 ou VRAI : méthode européenne.

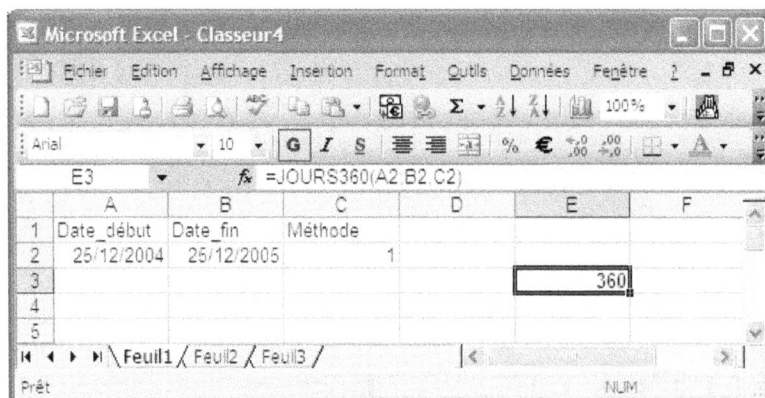

Figure 3.13.

Pour déterminer le nombre de jours compris entre deux dates d'une année normale (de 365 ou 366 jours), vous pouvez tout simplement soustraire la date de début de la date de fin.

JOURSEM

Cette fonction renvoie le jour de la semaine correspondant à une date. Par défaut, il est donné sous forme d'un nombre entier compris entre 0 et 7.

Syntaxe :

`JOURSEM(numéro_de_série;type_retour)`

avec :

▶ `numéro_de_série` : un numéro séquentiel représentant la date du jour que vous cherchez. Vous pouvez entrer des dates sous la forme de chaînes entre guillemets, de numéros de série ou de résultats d'autres formules ou fonctions.

▶ `type_retour` : le chiffre qui détermine le type d'information que la fonction renvoie avec :

- 1 ou rien : de 1 (dimanche) à 7 (samedi).

- 2 : de 1 (lundi) à 7 (dimanche).

- 3 : de 0 (lundi) à 7 (dimanche).

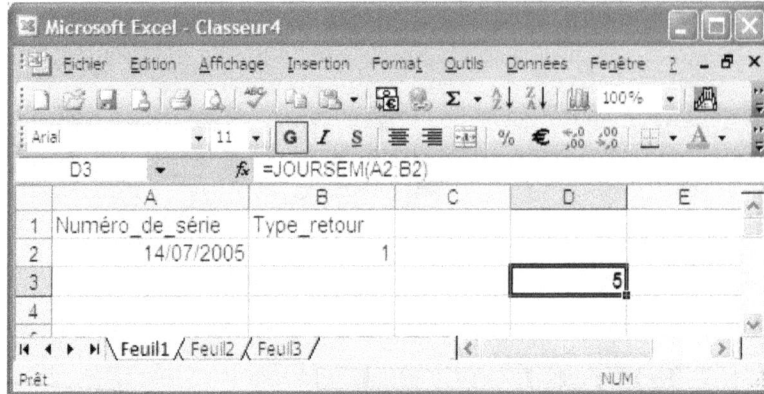

Figure 3.14.

MAINTENANT

Cette fonction fournit la date et l'heure de l'ordinateur. Cette date n'est pas mise à jour de façon permanente ; elle n'est modifiée que si la feuille de calcul est actualisée ou si la macro contenant cette fonction est exécutée.

Syntaxe :

`MAINTENANT( )`

Pour obtenir la date seulement et non l'heure, utilisez la fonction AUJOURDHUI.

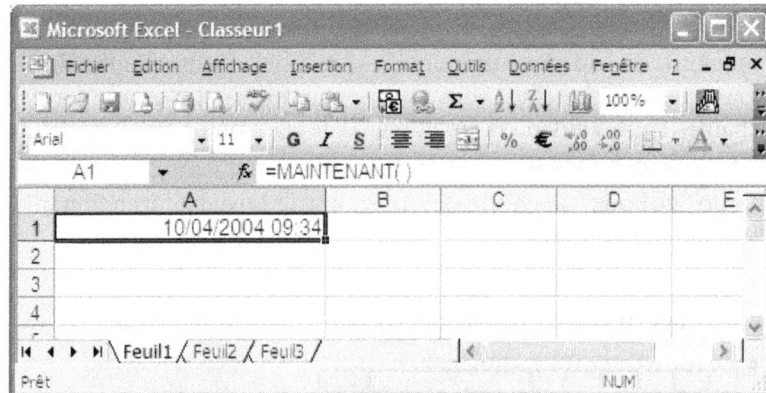

Figure 3.15.

MINUTE

Cette fonction renvoie les minutes d'un numéro de série sous la forme d'un nombre entier compris entre 0 et 59.

Syntaxe :

MINUTE(numéro_de_série)

où **numéro_de_série** est le code de temps entré sous la forme d'une chaîne de texte entre guillemets, de caractères décimaux ou de résultats d'autres formules ou fonctions.

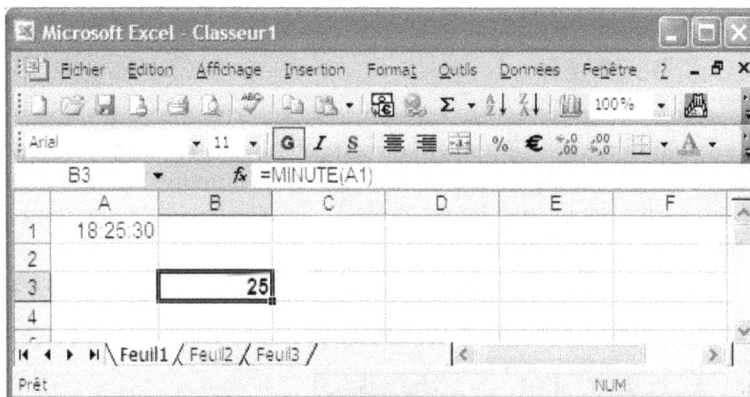

Figure 3.16.

MOIS

Cette fonction renvoie le mois d'une date représentée par un numéro de série. Le mois est donné sous la forme d'un nombre entier compris entre 1 (janvier) et 12 (décembre).

Syntaxe :

MOIS(numéro_de_série)

où **numéro_de_série** est le code de date du mois que vous voulez trouver. Les dates peuvent être entrées sous forme de chaînes de texte entre guillemets, de numéros de série ou de résultats d'autres formules ou fonctions.

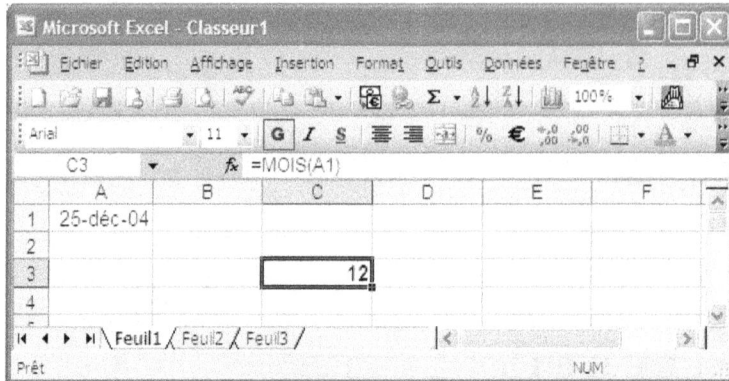

Figure 3.17.

MOIS.DECALER

Cette fonction renvoie le numéro de série d'une date spécifiée (argument **date_départ**), corrigée en plus ou en moins du nombre de mois indiqué. Elle sert surtout pour calculer des dates d'échéance ou de coupon tombant le même jour du mois que la date d'émission.

Syntaxe :

`MOIS.DECALER(date_départ;mois)`

avec :

▸ **Date_début** : une date qui représente la date de début. Vous pouvez entrer des dates sous la forme de chaînes entre guillemets, de numéros de série ou de résultats de formules ou de fonctions.

▸ **mois** : le nombre de mois à déduire ou à ajouter de **date_départ**. Une valeur positive de l'argument mois produit une date dans le futur, une valeur négative produit une date dans le passé.

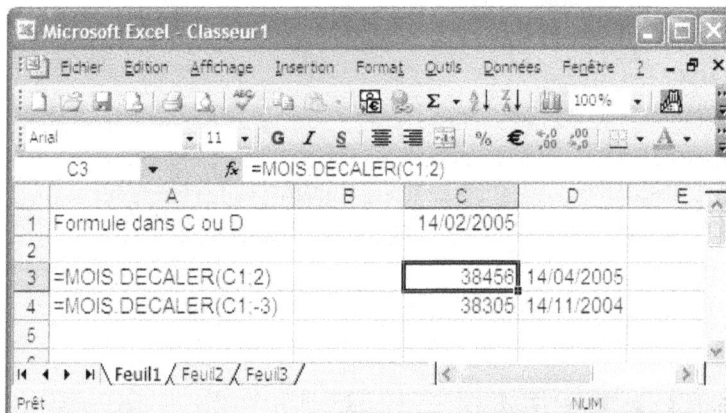

Figure 3.18.

NB.JOURS.OUVRES

Cette fonction renvoie le nombre de jours ouvrés entiers compris entre date_départ et date_fin. Les jours ouvrés excluent les fins de semaine et toutes les dates identifiées comme étant des jours fériés. Cette fonction sert surtout pour calculer les charges salariales au prorata du nombre de jours travaillés pendant une période donnée.

Syntaxe :

NB.JOURS.OUVRES(date_départ;date_fin;jours_fériés)

avec :

▸ Date_début : une date qui représente la date de début. Vous pouvez entrer des dates sous la forme de nouvelles chaînes entre guillemets, de numéros de série ou de résultats de formules ou de fonctions.

▸ date_fin : une date correspondant à la date de fin.

▸ jours_fériés : une plage **facultative** d'une ou de plusieurs dates à exclure du calendrier des jours de travail, comme les jours fériés ou d'autres jours chômés. La liste peut être soit une plage de cellules, soit une constante matricielle des nombres qui représentent les dates.

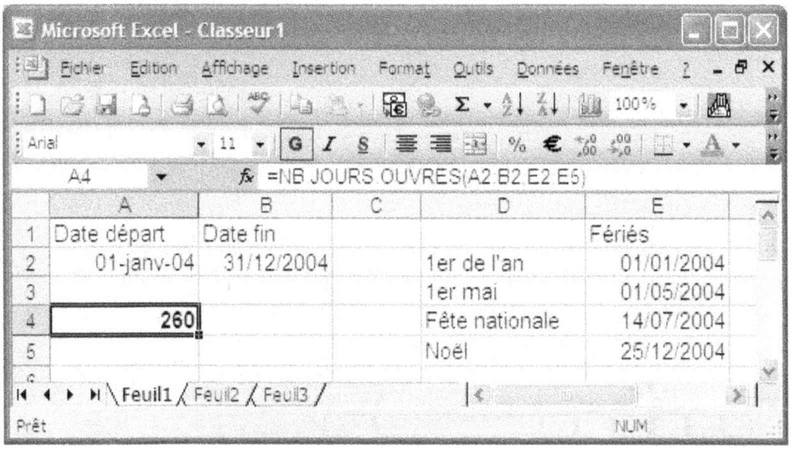

Figure 3.19.

NO.SEMAINE

Cette fonction renvoie le numéro de la semaine dans l'année.

Syntaxe :

NO.SEMAINE(numéro_de_série;méthode)

avec :

▸ numéro_de_série : une date de la semaine. Les dates doivent être entrées en utilisant la fonction DATE ou sous la forme de résultats d'autres formules ou de fonctions.

▸ méthode : le jour considéré comme le début de la semaine. La valeur par défaut est 1 avec :

■ 1 : la semaine commence le dimanche ; les jours sont numérotés de 1 à 7.

■ 2 : la semaine commence le lundi ; les jours sont numérotés de 1 à 7.

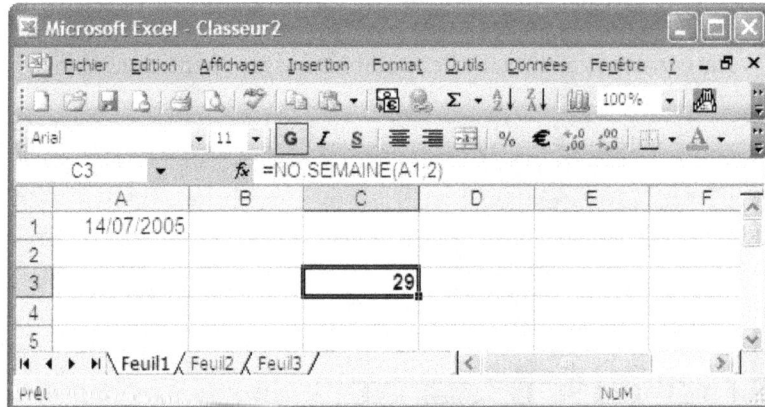

Figure 3.20.

SECONDE

Cette fonction renvoie les secondes d'une valeur de temps, sous la forme d'un nombre entier compris entre 0 (zéro) et 59.

Syntaxe :

SECONDE(numéro_de_série)

où **numéro_de_série** est le code de temps contenant l'heure à trouver. Il peut être entré sous forme de chaînes de texte entre guillemets, de caractères décimaux ou de résultats de formules ou de fonctions.

Exemple : =SECONDE("18:20:30") retourne 30.

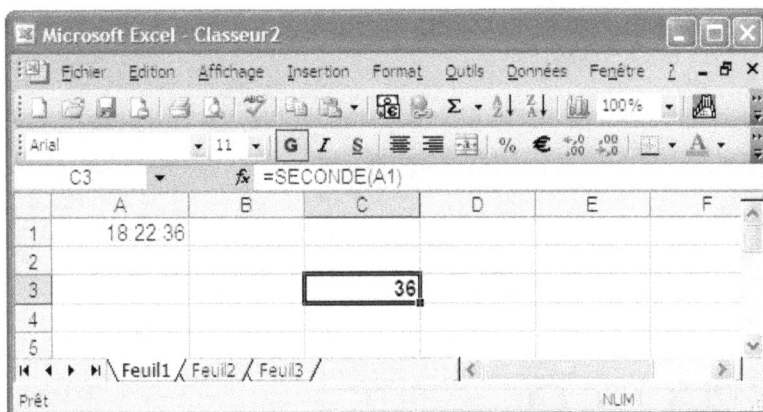

Figure 3.21.

SERIE.JOUR.OUVRE

Cette fonction renvoie une date correspondant à une date de départ, plus ou moins le nombre de jours ouvrés spécifié. Les jours ouvrés vont du lundi au vendredi à l'exception des jours fériés définis dans la matrice **jours_fériés**. Cette fonction sert surtout à exclure les week-ends ou les jours fériés lors du calcul de dates d'échéance des factures, de délais de livraison prévus ou de nombre de jours de travail effectués.

SERIE.JOUR.OUVRE(date_départ;nb_jours;jours_fériés)

avec :

▸ **Date_début** : une date qui représente la date de début.

▸ **nb_jours** : le nombre de jours ouvrés avant ou après **date_début**. Une valeur positive pour **nb_jours** donne une date future, une valeur négative donne une date passée.

▸ **jours_fériés** : une liste **facultative** composée d'une ou de plusieurs dates permettant d'exclure du calendrier des jours de travail les jours fériés nationaux ou régionaux ou les jours fériés variables.

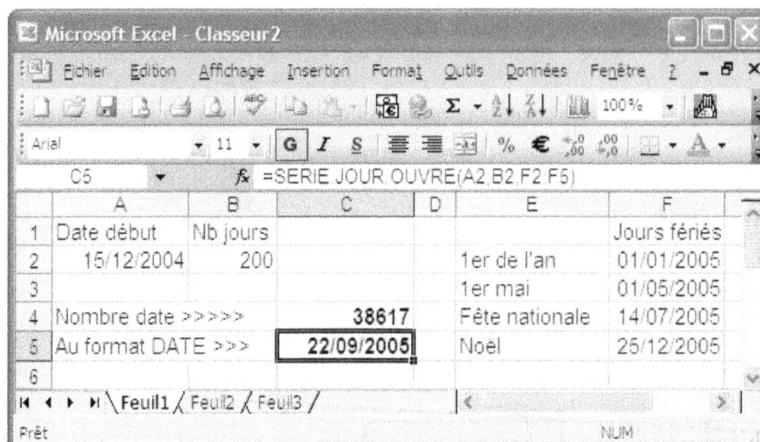

Figure 3.22.

TEMPS

Cette fonction fournit le numéro de série de l'heure indiquée, une valeur comprise entre 0 et 0,99999999.

Syntaxe :

`TEMPS(heure;minute;seconde)`

avec :

- **heure** : un nombre compris entre 0 (zéro) et 23.
- **minute** : un nombre compris entre 0 et 59.
- **seconde** : un nombre compris entre 0 et 59.

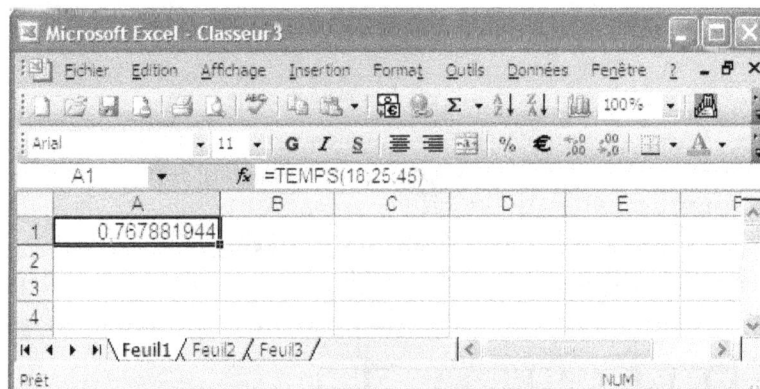

Figure 3.23.

TEMPSVAL

Cette fonction renvoie le numéro de série de l'heure spécifiée par une chaîne de texte. La partie décimale est une valeur comprise entre 0 (zéro) et 0,99999.

Syntaxe :

```
TEMPSVAL(heure_texte)
```

où `heure_texte` représente une chaîne de texte qui indique une heure dans l'un des formats d'Excel. Les informations de date dans `heure_texte` ne sont pas prises en compte.

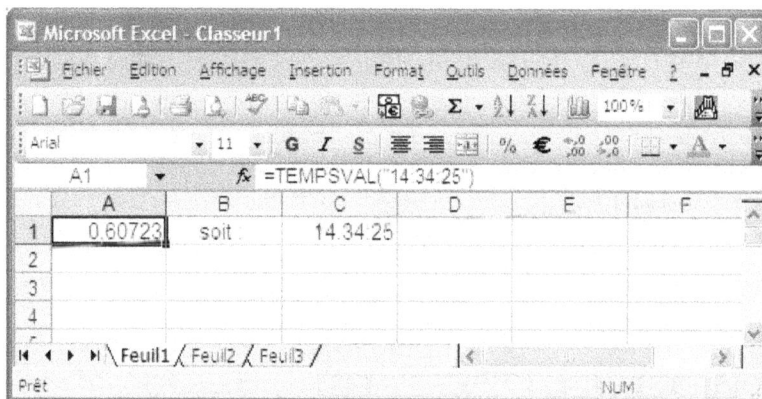

Figure 3.24.

Applications

Certaines de ces fonctions se prêtent à des applications étendues ou originales.

Ramener TEMPS en valeur texte formatée

La fonction TEMPS renvoie une heure sous forme de nombre heure ou d'heure, selon le format. Si vous préférez obtenir une valeur texte et même en profiter pour supprimer les secondes, par exemple, vous pouvez ajouter un format et introduire la fonction TEMPS dans une fonction TEXTE, par exemple en posant :

```
=TEXTE(TEMPS(18;20;00);"hh:mm")
```

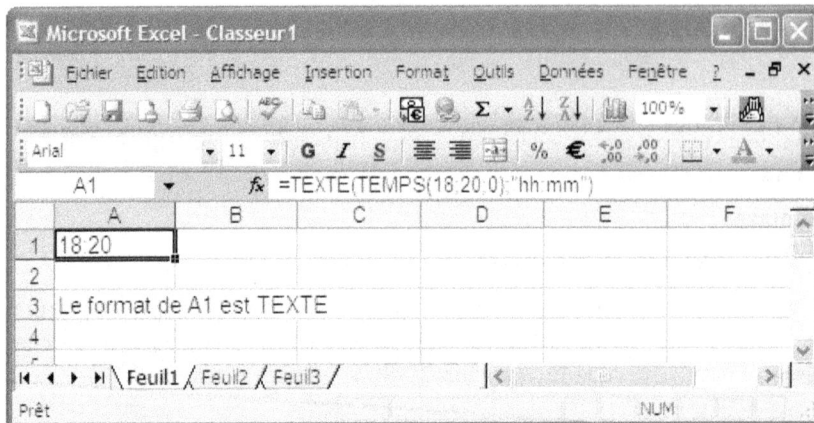

Figure 3.25.

Soustraire des heures avec un jour de différence

Un problème courant de soustraction des heures est le suivant. On soustrait 20:00–14:00 pour le même jour ; le résultat est bien sûr 6:00. Mais comment soustraire en intervertissant les arguments 14:00–20:00 afin d'obtenir 18:00, le premier argument correspondant au lendemain et le second à la veille ?

La solution consiste à utiliser la fonction SI. La formule de calcul à appliquer est (référez-vous à la figure) :

```
=B2-A2+SI(A2>B2;1)
```

Dans la figure, elle a été copiée dans C3 où elle est devenue :

```
=B3-A3+SI(A3>B3;1)
```

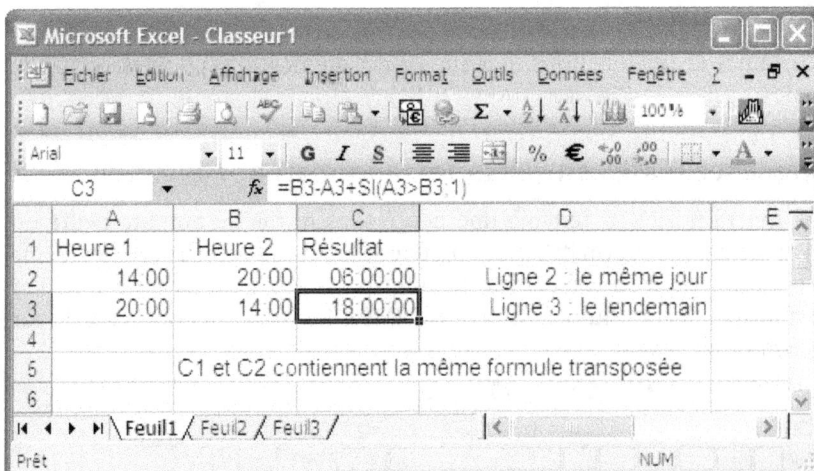

Figure 3.26.

Trouver le dernier jour du mois

Trois fonctions participent à la découverte du dernier jour du mois :

`=DATE(ANNEE(A1);MOIS(A1)+1;0)`

La date de référence spécifie l'année et le mois. Dans la formule, on ajoute 1 au mois, alors que le jour est 0 pour revenir au mois précédent (ici, un 1 ferait passer en mars).

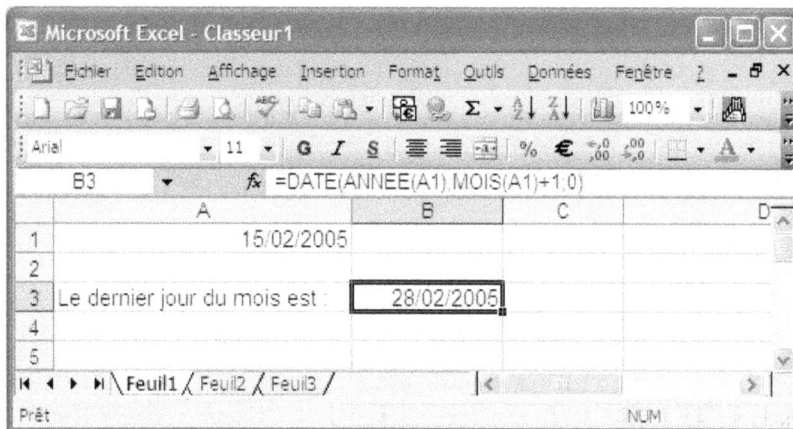

Figure 3.27.

Afficher la date et l'heure courantes dans une cellule

Cette fois, on n'a plus besoin de fonction puisqu'il suffit d'utiliser des frappes accourcies. Sélectionnez la cellule et appuyez sur :

▸ `Ctrl + :` (deux-points) pour afficher l'heure système.

▸ `Ctrl + ;` (point-virgule) pour afficher la date système.

Vous pouvez travailler dans la même cellule.

CHAPITRE 4
FONCTIONS EXTERNES

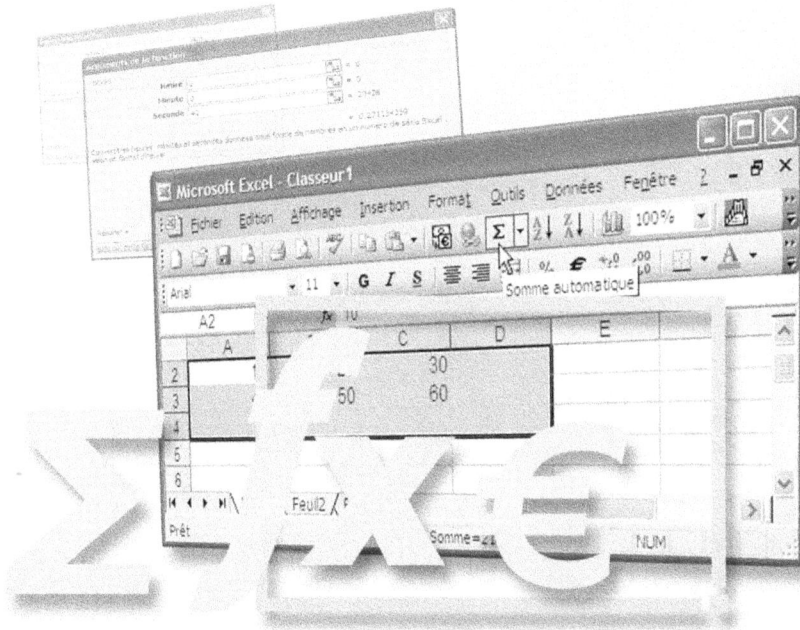

Les fonctions dites externes ne sont pas bien nombreuses. Vous devez les charger au moyen des macros complémentaires. Les deux fonctions externes listées par défaut sont :

▸ EUROCONVERT : convertit un nombre exprimé en euros vers une monnaie appartenant à la zone euro, ou encore convertit un nombre d'une monnaie appartenant à la zone euro dans une autre en utilisant l'euro comme devise pivot (triangulation).

▸ SQL.REQUEST : se connecte à une source externe de données, exécute une requête à partir d'une feuille de calcul et renvoie ensuite le résultat sous forme de matrice, sans qu'il soit nécessaire de programmer une macro. Cette fonction s'adresse aux spécialistes des bases de données puisqu'il faut maîtriser un langage spécifique d'interrogation.

Il s'y ajoute d'autres fonctions externes non listées s'adressant à des spécialistes ou à des développeurs, et par exemple :

▸ FONCTION.APPELANTE

Excel met à votre disposition une macro complémentaire **Outils pour l'euro** fournissant les outils pour utiliser l'euro et les unités monétaires nationales des pays membres de l'Union européenne (UE) qui ont adopté l'euro.

Pour charger les outils pour l'euro :

4 Cliquez sur le menu **Outils**, puis sur **Macros complémentaires**.

5 Activez la case à cocher **Outils pour l'euro**.

6 Dès lors, la commande **Outils pour l'euro** devrait apparaître dans le menu **Outils** et la fonction devrait être disponible.

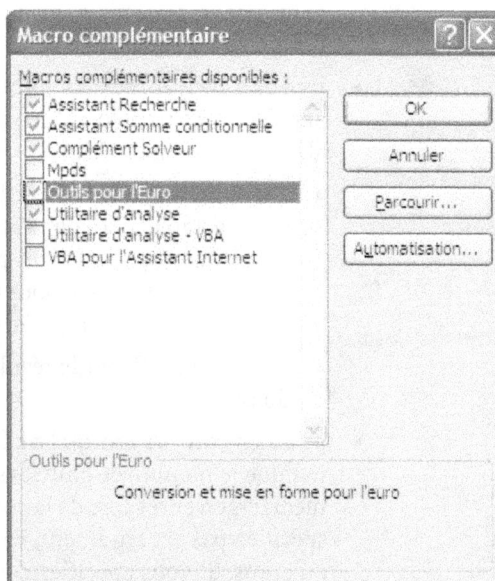

Figure 4.1.

EUROCONVERT

Convertit un chiffre en euros, convertit dans les monnaies européennes un chiffre en euros ou convertit un chiffre d'une monnaie de la zone euro dans une autre en utilisant l'euro comme intermédiaire (triangulation). Les monnaies disponibles pour cette conversion sont celles des pays membres de l'Union européenne (UE) qui ont adopté l'euro. Cette fonction utilise des taux de conversion fixes établis par l'Union européenne.

Syntaxe

`EUROCONVERT(nombre;source;cible;précision_arrondi; précision_triangulation)`

avec :

- `nombre` : la valeur de la monnaie que vous souhaitez convertir ou une référence à une cellule qui contient cette valeur.

- `source` : une chaîne de trois lettres ou une référence à une cellule contenant cette chaîne, qui correspond au code ISO de la monnaie source. Les codes de monnaie listés dans le tableau **Pays de la zone euro** avant l'élargissement de cette zone sont disponibles dans la fonction EUROCONVERT.

- `cible` : une chaîne de trois lettres ou une référence de cellule, qui correspond au code ISO de la monnaie dans laquelle vous souhaitez convertir le nombre. Consultez le tableau **Pays de la zone euro** pour découvrir les codes ISO.

- `précision_arrondi` : une valeur logique (VRAI ou FAUX) ou une expression qui renvoie une valeur VRAI ou FAUX indiquant comment afficher le résultat. Utilisez :

    - FAUX pour afficher le résultat avec les règles d'arrondi de la monnaie selon le tableau **Règles d'arrondi** ci après. Excel fait appel à la valeur de la précision du calcul pour calculer le résultat et à la valeur de précision d'affichage pour afficher le résultat. FAUX est la valeur par défaut si l'argument `précision_arrondi` n'est pas spécifié.

    - VRAI pour afficher le résultat avec tous les chiffres significatifs tirés du calcul.

- `précision_triangulation` : un entier supérieur ou égal à 3 qui indique le nombre de chiffres significatifs à utiliser pour la valeur intermédiaire en euros lors de la conversion entre deux monnaies. Si vous ne spécifiez pas cet argument, Excel n'arrondit pas la valeur intermédiaire en euros. Si vous spécifiez cet argument, Excel calcule la valeur intermédiaire en euros, laquelle peut alors être convertie en monnaie appartenant à la zone euro.

Tableau 4.1. Pays de la zone euro

Pays/Région	Unité monétaire	Code ISO
Belgique	franc belge	BEF
Luxembourg	franc luxembourgeois	LUF
Allemagne	deutsche Mark	DEM
Espagne	peseta	ESP
France	franc français	FRF
Irlande	livre	IEP
Italie	lire	ITL
Pays-Bas	florin	NLG
Autriche	schilling	ATS
Portugal	escudo	PTE
Finlande	mark finlandais	FIM
Grèce	drachme	GRD
États membres de la zone euro	euro	EUR

Le tableau ci-contre présente les règles d'arrondi de la monnaie, c'est-à-dire le nombre de décimales utilisé par Excel pour calculer la conversion de la monnaie et afficher le résultat.

Tableau 4.2. Règles d'arrondi

Code ISO	Précision de calcul	Précision d'affichage
BEF	0	0
LUF	0	0
DEM	2	2
ESP	0	0
FRF	2	2
IEP	2	2
ITL	0	0
NLG	2	2
ATS	2	2
PTE	0	2
FIM	2	2
GRD	0	2
EUR	2	2

Notez encore que :

▸ Excel tronque les zéros de fin dans la valeur renvoyée.

▸ Si le code ISO source est identique au code ISO cible, Excel renvoie la valeur d'origine du nombre.

▸ Les paramètres non valides renvoient #VALEUR.

Cette fonction n'applique pas un format numérique. On ne peut pas utiliser cette fonction dans des formules matricielles.

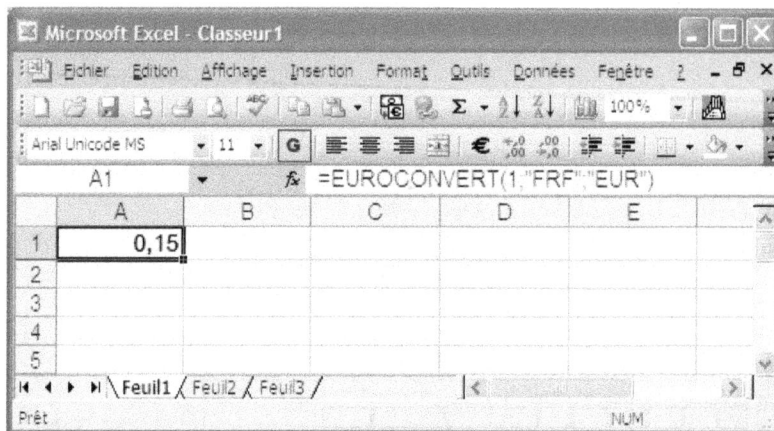

Figure 4.2.

Dans cet exemple, on convertit 1 franc français en euro avec les deux derniers paramètres omis : ils seront appliqués par défaut.

FONCTION.APPELANTE

Cette fonction est réservée aux utilisateurs avancés. Une utilisation incorrecte de FONCTION.APPELANTE risque d'engendrer des erreurs nécessitant un redémarrage de l'ordinateur. Cette fonction n'est disponible qu'à partir d'une feuille de macro Excel.

Elle appelle une procédure dans la bibliothèque de liens dynamiques ou de ressource de code et recourt à deux formes de syntaxe :

▸ La première doit être utilisée uniquement avec une ressource de code préalablement mise en registre et appliquant des arguments de la fonction REGISTRE.

▸ La seconde, avec deux variantes pour PC et Macintosh, sert à appeler et à mettre en registre simultanément une ressource de code.

Syntaxes :

`FONCTION.APPELANTE(no_registre;argument1,...)`

`FONCTION.APPELANTE (module_texte;procédure;type_texte; argument1;...)`

`FONCTION.APPELANTE(texte_fichier;ressource;type_ texte;argument1,...)`

avec :

▸ `no_registre` : la valeur renvoyée par une fonction REGISTRE ou REGISTRE.NUMERO exécutée précédemment.

▸ `argument1,...` : les arguments à entrer dans la procédure.

▸ `module_texte` : t un texte entre guillemets qui spécifie le nom de la bibliothèque de liens dynamiques contenant la procédure dans Excel pour Windows.

▸ `texte_fichier` : le nom du fichier contenant la ressource de code dans Excel pour Macintosh.

▸ `procédure` : un texte qui spécifie le nom de la fonction dans la DLL dans Microsoft Excel pour Windows. Vous pouvez aussi utiliser la valeur ordinale de la fonction à partir de l'instruction EXPORTS dans le fichier de définition de module (.DEF). La valeur ordinale ne doit pas être sous forme de texte.

▸ `ressource` : le nom de la ressource de code dans Excel pour Macintosh. Vous pouvez aussi utiliser le numéro d'identification de la ressource. Ce numéro ne doit pas être sous forme de texte.

▸ `type_texte` : un texte qui spécifie le type de données de la valeur renvoyée et les types de données de tous les arguments de la DLL ou de la ressource de code. La première lettre de cet argument spécifie la valeur renvoyée. Les codes utilisés. Pour des DLL ou des ressources de code (XLL) autonomes, vous pouvez omettre cet argument.

SQL.REQUEST

Le langage SQL est un langage d'interrogation de bases de données. Les lettres SQL proviennent de **Structured Query Langage**, langage structuré de requête.

Cette fonction se connecte à une source externe de données et exécute une requête à partir d'une feuille de calcul. Elle renvoie ensuite le résultat sous forme de matrice, sans qu'il soit nécessaire de programmer une macro.

Syntaxe :

SQL.REQUEST(ChaîneConnexion;réf_sortie;invite_pilote;
TexteRequête;val_logique_noms_colonne)

avec :

▸ ChaîneConnexion : des informations telles que le nom de la source de données, l'identification de l'utilisateur et les mots de passe, nécessaires au gestionnaire utilisé pour se connecter à une source de données. Cet argument doit être donné dans le format requis par le gestionnaire lequel peut être un serveur dBase, un SQL Server, Oracle, etc.

▸ réf_sortie : une référence à la cellule dans laquelle vous voulez placer les caractéristiques de la connexion. Si la fonction SQL.REQUEST est tapée dans une feuille de calcul, cet argument n'est pas pris en compte.

▸ invite_pilote : les conditions d'affichage de la boîte de dialogue du gestionnaire et les options disponibles. Si l'argument invite_pilote est omis, la fonction SQL.REQUEST utilise la valeur 2 par défaut. Les valeurs utilisables sont :

■ 1 : la boîte de dialogue du gestionnaire est toujours affichée.

■ 2 : la boîte de dialogue du gestionnaire est affichée uniquement si les informations fournies par la chaîne de connexion et la spécification de la source de données s'avèrent insuffisantes pour établir la connexion. Toutes les options de la boîte de dialogue sont disponibles.

■ 3 : la boîte de dialogue du gestionnaire est affichée uniquement si les informations fournies par la chaîne de connexion et la spécification de la source de données s'avèrent insuffisantes pour établir la connexion. Les options de la boîte de dialogue qui ne sont pas obligatoires sont estompées et ne sont pas disponibles.

■ 4 : la boîte de dialogue du gestionnaire n'est pas affichée. Si la connexion échoue, elle renvoie une erreur.

▸ texte_requête : le texte de la requête, limité à des chaînes de 255 caractères. Si l'argument texte_requête excède cette limite, tapez la requête dans une plage de cellules verticale et utilisez la plage entière comme argument. Les valeurs des cellules sont concaténées pour composer l'instruction SQL complète.

- `val_logique_noms_colonne` : indique si les noms de colonnes doivent être renvoyés dans la première ligne des résultats avec la valeur :
  - VRAI pour que les noms de colonnes soient renvoyés dans la première ligne des résultats.
  - FAUX pour ne pas renvoyer les noms de colonnes soient renvoyés, la situation par défaut lorsque cet argument est omis.

Application

Convertir les euros avec la commande du menu

Hormis la fonction EUROCONVERT, vous disposez d'une commande permettant de convertir des sommes en euros ou en d'autres monnaies :

1. Cliquez sur le menu **Outils**, puis sur sa commande **Conversion en euros**. Une boîte de dialogue apparaît.

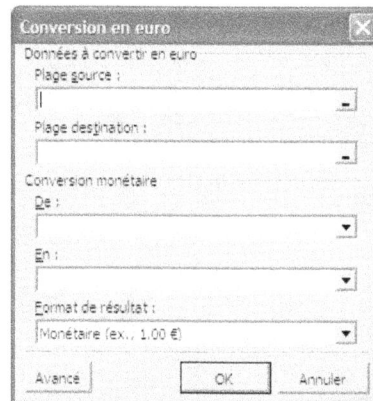

Figure 4.3. La boîte de dialogue Conversion en euro.

NOTE

Rappelez-vous que si cette commande n'apparaît pas dans le menu Outils, c'est que vous n'avez pas encore activé la macro complémentaire ad hoc. Voyez comment au début de ce chapitre.

2. Dans la zone **Plage source**, tapez la valeur à convertir ou bien sélectionnez sa cellule ou une plage unique de cellules contenant la donnée. Bien entendu, toutes les valeurs de cette plage doivent être dans une seule monnaie.

RAPPEL

Pour sélectionner une cellule ou une plage dans le tableau sous-jacent, déplacez ou réduisez la boîte de dialogue en cliquant sur la petite icône qui figure au bout de chaque ligne de texte. Recliquez sur cette icône pour rétablir la boîte de dialogue.

③ Cliquez dans la zone de texte **Plage de destination** et tapez les coordonnées de la cellule d'angle supérieur gauche de la plage de destination. Ou bien cliquez dessus, si besoin est en réduisant de nouveau la boîte de dialogue.

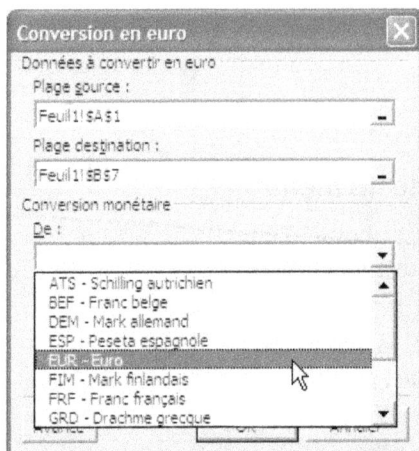

Figure 4.4. Choisissez la monnaie.

④ Sous la rubrique **Conversion monétaire**, cliquez sur la liste déroulante de la ligne **De**, puis cliquez sur la monnaie à convertir.

⑤ Cliquez sur la liste déroulante de la ligne **En** et choisissez la monnaie cible.

⑥ Si la plage source contient des formules, cliquez sur le bouton **Avancé** et sélectionnez les options :

■ Si les valeurs converties stockées par Excel doivent inclure tous les chiffres significatifs sans arrondi, activez la case **Précision de résultat maximale**.

■ Si vous convertissez deux monnaies de la zone euro et si vous voulez spécifier le nombre de décimales à utiliser pour arrondir les valeurs intermédiaires en euro, activez la case **Établir la précision de triangulation à**, puis cliquez sur le nombre de chiffres significatifs voulus.

■ Vous pouvez aussi utiliser cette boîte de dialogue pour contrôler l'arrondi.

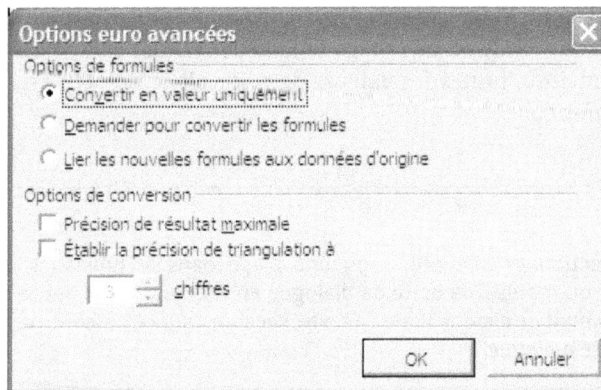

Figure 4.5. Options avancées de la conversion en euro.

⑦ Dans la liste **Format de résultat**, cliquez sur l'une des options suivantes pour spécifier le format numérique à appliquer :

- **Monétaire** : pour appliquer un format monétaire.
- **ISO** : les codes ISO ont été listés dans un tableau au début de ce chapitre.
- **Aucun** : pour conserver le format numérique actif.

⑧ Cliquez sur **OK**.

CHAPITRE 5
FONCTIONS FINANCIÈRES

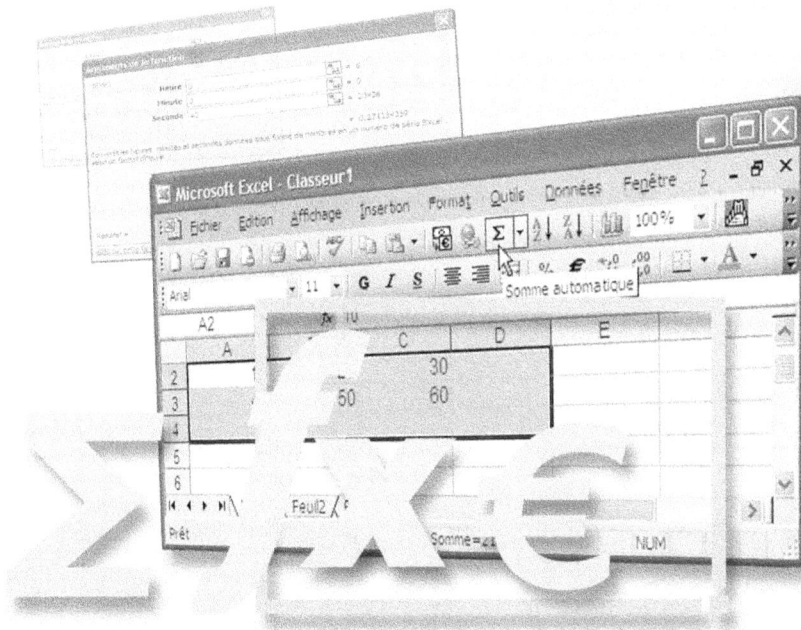

Les fonctions financières s'adressent aux particuliers et aux entreprises. Elles servent à effectuer des calculs commerciaux tels que la détermination du remboursement d'un emprunt, le calcul de la valeur future de la valeur actuelle nette d'un investissement ou le calcul des valeurs de titres ou de coupons. Certaines sont facilement accessibles, mais nombre d'entre elles restent réservées aux spécialistes des finances.

Parfois, les formules de calcul qu'elles représentent sont plutôt complexes ; certaines répondent même à des jeux de formules savantes. C'est pourquoi toutes ces fonctions ne seront pas également détaillées. Par exemple, la fonction PRIX.TITRE répond à l'équation suivante :

$$PRIX.TITRE = \left[\frac{amortissement}{\left(1 + \frac{rendement}{fréquence} \right)^{\left(N-1+\frac{JSC}{E} \right)}} \right] + \left[\sum_{k=1}^{N} \frac{100 \times \frac{taux}{fréquence}}{\left(1 + \frac{rendement}{fréquence} \right)^{\left(k-1+\frac{JSC}{E} \right)}} \right]$$

$$- \left(100 \times \frac{taux}{fréquence} \times \frac{A}{E} \right)$$

Les expressions usuelles et les arguments communs aux fonctions financières comprennent :

▸ **Principal** : en langage financier, représente le montant primitif, par exemple le capital emprunté ou prêté. On retrouve là cette double notion qui fera que des valeurs peuvent être positives ou négatives dans les calculs.

▸ **Valeur actuelle** (va) : si vous placez de l'argent, va représente la valeur actuelle de ce que vous investissez, le principal. Si vous empruntez, va représente également le principal ou la valeur actuelle de l'emprunt. La valeur actuelle peut donc être positive ou négative.

- **Valeur future** (`vf`) : valeur de l'investissement ou de l'emprunt une fois tous les paiements effectués.

- **Valeur capitalisée** (`vc`) : le principal plus les intérêts ; cette valeur peut donc être positive ou négative selon que vous prêtez ou que vous empruntez.

- **Paiement** (`vpm`) : montant payé périodiquement pour un investissement ou un emprunt. Il peut s'agir soit du capital seul, soit du capital plus les intérêts. Par exemple, si vous placez de l'argent régulièrement, **vpm** représente le capital déposé, mais si vous remboursez un emprunt, VPM représente à la fois le capital et les intérêts.

- **Valeur initiale** (`vi`) : valeur d'un investissement ou d'un emprunt au début de la période d'investissement.

- **Taux** : taux d'intérêt ou de remise pour un emprunt ou pour un investissement.

- **Période** : le moment où les intérêts sont perçus (placement) ou versés (emprunt). Elle est en relation avec le taux. Si le taux est annuel, la période est annuelle, ce qui est parfaitement logique. Si la période est mensuelle, le taux annuel devra être divisé par 12.

- **Durée** ou **Nombre de périodes** (`npm`) : nombre total de paiements ou de périodes d'un investissement, placement ou emprunt.

- **Type** : intervalle auquel les paiements sont effectués durant la période de paiement, tels que le début ou la fin du mois. Si les paiements s'effectuent :

  - En fin de la période, l'argument **Type** à la valeur 0.

  - En début de période, l'argument **Type** à la valeur 1.

  - Si cet argument est omis, il équivaut à 0 (zéro) par défaut.

- **Base** : le mode de comptage des jours à utiliser selon le tableau suivant :

Tableau 5.1.

Base	Comptage des jours
0 ou omis	30/360 US
1	Réel/réel
2	Réel/360
3	Réel/365
4	30/360 européen

ATTENTION

Si la fonction qui vous intéresse n'est pas disponible et retourne une valeur d'erreur #NOM!, exécutez la macro complémentaire **Utilitaire d'analyse**, puis activez-la via la commande **Macros complémentaires** du menu **Outils**.

Fonctions financières

AMORDEGRC	Renvoie l'amortissement correspondant à chaque période comptable en utilisant un coefficient d'amortissement.
AMORLIN	Calcule l'amortissement linéaire d'un bien pour une période donnée.
AMORLINC	Renvoie l'amortissement correspondant à chaque période comptable.
CUMUL.INTER	Renvoie l'intérêt cumulé payé sur un emprunt entre deux périodes.
CUMUL.PRINCPER	Renvoie le montant cumulé des remboursements du capital d'un emprunt effectués entre deux périodes.
DATE.COUPON.PREC	Renvoie la date de coupon précédant la date de règlement.
DATE.COUPON.SUIV	Renvoie la première date de coupon ultérieure à la date de règlement.
DB	Renvoie l'amortissement d'un bien pour une période spécifiée en utilisant la méthode de l'amortissement dégressif à taux fixe.
DDB	Renvoie l'amortissement d'un bien durant une période spécifiée suivant la méthode de l'amortissement dégressif à taux double ou selon un coefficient à spécifier.

DUREE	Renvoie la durée, en années, d'un titre dont l'intérêt est perçu périodiquement.
DUREE.MODIFIEE	Renvoie la durée de Macauley pour un titre d'une valeur nominale supposée égale à 100 euros.
INTERET.ACC	Renvoie l'intérêt couru non échu d'un titre dont l'intérêt est perçu périodiquement.
INTERET.ACC.MAT	Renvoie l'intérêt couru non échu d'un titre dont l'intérêt est perçu à l'échéance.
INTPER	Calcule le montant des intérêts d'un investissement pour une période donnée.
ISPMT	Calcule l'intérêt payé pour une période donnée d'un investissement.
NB.COUPONS	Renvoie le nombre de coupons dus entre la date de règlement et la date d'échéance.
NB.JOURS.COUPON.PREC	Calcule le nombre de jours entre le début de la période de coupon et la date de règlement.
NB.JOURS.COUPON.SUIV	Calcule le nombre de jours entre la date de règlement et la date du coupon suivant la date de règlement.
NB.JOURS.COUPONS	Affiche le nombre de jours pour la période du coupon contenant la date de règlement.
NPM	Renvoie le nombre de versements nécessaires pour rembourser un emprunt.
PRINCPER	Calcule, pour une période donnée, la part de remboursement du principal d'un investissement.
PRIX.BON.TRESOR	Renvoie le prix d'un bon du Trésor d'une valeur nominale de 100 euros.

PRIX.DCOUPON.IRREG	Renvoie le prix par tranche de valeur nominale de 100 euros d'un titre dont la dernière période de coupon est irrégulière.
PRIX.DEC	Convertit un prix en euros exprimé sous forme de fraction en un prix en euros exprimé sous forme de nombre décimal.
PRIX.FRAC	Convertit un prix en euros exprimé sous forme de nombre décimal en un prix en euros exprimé sous forme de fraction.
PRIX.PCOUPON.IRREG	Renvoie le prix par tranche de valeur nominale de 100 euros d'un titre dont la première période de coupon est irrégulière.
PRIX.TITRE	Renvoie le prix d'un titre dont la valeur nominale est 100 euros et qui rapporte des intérêts à l'échéance.
PRIX.TITRE.ECHEANCE	Renvoie le prix d'un titre dont la valeur nominale est 100 euros et qui rapporte des intérêts à l'échéance.
REND.DCOUPON.IRREG	Renvoie le taux de rendement d'un titre dont la dernière période de coupon est irrégulière.
REND.PCOUPON.IRREG	Renvoie le taux de rendement d'un titre dont la première période de coupon est irrégulière.
RENDEMENT.BON.TRESOR	Calcule le taux de rendement d'un bon du Trésor.
RENDEMENT.SIMPLE	Calcule le taux de rendement d'un emprunt à intérêt simple (par exemple, un bon du Trésor.
RENDEMENT.TITRE	Calcule le rendement d'un titre rapportant des intérêts périodiquement.

RENDEMENT.TITRE.ECHEANCE	Renvoie le rendement annuel d'un titre qui rapporte des intérêts à l'échéance.
SYD	Calcule l'amortissement d'un bien pour une période donnée sur la base de la méthode américaine Sum-of-Years Digits (amortissement dégressif à taux décroissant appliqué à une valeur constante).
TAUX	Calcule le taux d'intérêt par période d'un investissement donné.
TAUX.EFFECTIF	Renvoie le taux d'intérêt annuel effectif.
TAUX.ESCOMPTE	Calcule le taux d'escompte d'une transaction.
TAUX.INTERET	Affiche le taux d'intérêt d'un titre totalement investi.
TAUX.NOMINAL	Calcule le taux d'intérêt nominal annuel.
TRI	Calcule le taux de rentabilité interne d'un investissement pour une succession de trésoreries.
TRI.PAIEMENTS	Calcule le taux de rentabilité interne d'un ensemble de paiements.
TRIM	Calcule le taux de rentabilité interne lorsque les paiements positifs et négatifs sont financés à des taux différents.
TTBILLEQ	Renvoie le taux d'escompte rationnel d'un bon du Trésor.
VA	Calcule la valeur actuelle d'un investissement.
VALEUR.ENCAISSEMENT	Renvoie la valeur d'encaissement d'un escompte commercial, pour une valeur nominale de 100 euros.
VALEUR.NOMINALE	Renvoie la valeur nominale d'un effet de commerce.
VAN	Calcule la valeur actuelle nette d'un investissement basé sur une série de décaissements et un taux d'escompte.

VAN.PAIEMENTS	Donne la valeur actuelle nette d'un ensemble de paiements.
VC	Renvoie la valeur future d'un investissement.
VC.PAIEMENTS	Calcule la valeur future d'un investissement en appliquant une série de taux d'intérêt composites.
VDB	Renvoie l'amortissement d'un bien pour une période spécifiée ou partielle en utilisant une méthode de l'amortissement dégressif à taux fixe.
VPM	Calcule le paiement périodique d'un investissement donné.

AMORDEGRC

Renvoie l'amortissement correspondant à chaque période comptable. Cette fonction prend en compte les règles comptables françaises. Si un bien est acquis en cours de période comptable, la règle du *prorata temporis* s'applique au calcul de l'amortissement. Cette fonction est similaire à la fonction AMORLINC, sauf qu'un coefficient d'amortissement est pris en compte dans le calcul, en fonction de la durée de vie du bien.

Syntaxe :

```
AMORDEGRC(coût;achat;première_pér;valeur_rés;durée;
taux;base)
```

avec :

▸ `coût` : le coût d'acquisition du bien.

▸ `achat` : la date d'acquisition du bien.

▸ `première_pér` : la date de la fin de la première période.

▸ `valeur_rés` : la valeur du bien au terme de la durée d'amortissement, ou *valeur résiduelle*.

▸ `durée` : la durée de l'amortissement.

- ▸ `taux` : le taux d'amortissement.

- ▸ `base` : le mode de comptage des jours à utiliser selon le tableau suivant :

Tableau 5.2.

Base	Comptage des jours
0 ou omis	30/360 US
1	Réel/réel
2	Réel/360
3	Réel/365
4	30/360 européen

ATTENTION

Les dates doivent être entrées à l'aide de la fonction DATE, ou comme le résultat d'autres formules ou fonctions. Par exemple, utilisez DATE(2008; 05; 23) pour le 23e jour de mai 2008. Des problèmes peuvent se produire si les dates sont entrées en tant que texte.

AMORLIN

Calcule l'amortissement linéaire d'un bien pour une période donnée.

Syntaxe :

`AMORLIN(coût;valeur_rés;durée)`

avec :

- ▸ `coût` : le coût initial du bien.

- ▸ `valeur_rés` : la valeur du bien au terme de l'amortissement (aussi appelée *valeur résiduelle du bien*).

- ▸ `durée` : le nombre de périodes pendant lesquelles le bien est amorti (aussi appelée durée de vie utile du bien).

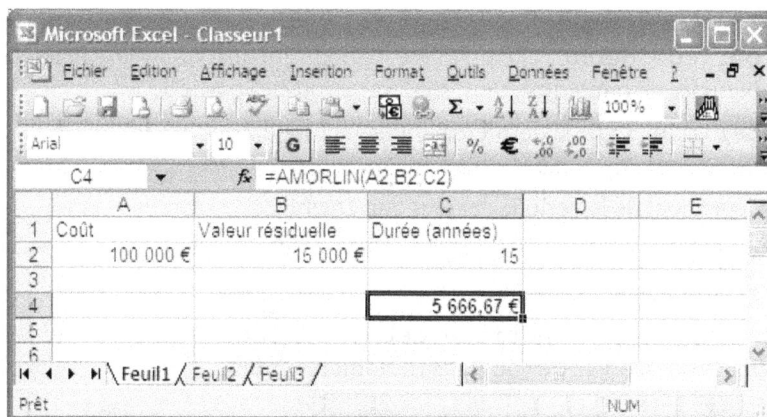

Figure 5.1.

AMORLINC

Renvoie l'amortissement linéaire complet d'un bien à la fin d'une période fiscale donnée. Cette fonction prend en compte les règles comptables françaises. Si une immobilisation est acquise en cours de période comptable, la règle du *prorata temporis* s'applique au calcul de l'amortissement.

Syntaxe :

AMORLINC(coût;achat;première_pér;valeur_rés;durée; taux;base)

Reportez-vous à la fonction AMORDGRC pour l'usage des arguments.

CUMUL.INTER

Cette fonction renvoie l'intérêt cumulé payé sur un emprunt entre l'argument **période_début** et l'argument **période_fin**.

Syntaxe :

CUMUL.INTER(taux;npm;va;période_début;période_fin; type)

avec :

▶ **taux** : le taux d'intérêt.

▶ **npm** : le nombre total de périodes de remboursement.

- **va** : la valeur actuelle.
- **période_début** : la première période incluse dans le calcul. Les périodes de remboursement sont numérotées à partir de 1.
- **période_fin** : la dernière période incluse dans le calcul.
- **type** : échéance des remboursements, selon les valeurs suivantes qui dépendent de la période de remboursement :
  - 0 (zéro) ou rien : en fin de période.
  - 1 : en début de période

Les arguments **npm**, **période_début**, **période_fin** et **type** sont tronqués de façon à être convertis en nombres entiers.

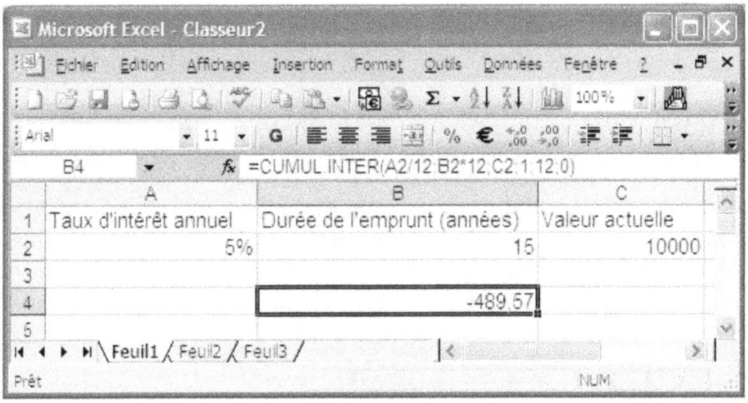

Figure 5.2.

Cet exemple calcule le montant des intérêts versés pour la première année. Dans sa formule :

- Le taux annuel de 5% a été divisé par 12 pour obtenir le taux mensuel.
- La durée de l'emprunt, 15 ans, a été multipliée par 12 pour la transposer en mois et rester homogène.
- La période de début est 1, pour le premier mois, et la période de fin est 12.
- Les remboursements s'effectuent en fin de période (donc, 0).

CUMUL.PRINCPER

Cette fonction renvoie le montant cumulé des remboursements du capital d'un emprunt effectués entre l'argument **période_début** et l'argument **période_fin**.

Syntaxe :

```
CUMUL.PRINCPER(taux;npm;va;période_début;période_
fin;type)
```

avec :

- `taux` : le taux d'intérêt.
- `npm` : le nombre total de périodes de remboursement.
- `va` : la valeur actuelle.
- `période_début` : la première période incluse dans le calcul. Les périodes de remboursement sont numérotées à partir de 1.
- `période_fin` : la dernière période incluse dans le calcul.
- `type` : échéance des remboursements, selon les valeurs suivantes qui dépendent de la période de remboursement :
  - 0 (zéro) ou omis : en fin de période.
  - 1 : en début de période.

Les arguments **npm, période_début, période_fin** et **type** sont tronqués de façon à être convertis en nombres entiers.

DATE.COUPON.PREC

Renvoie un nombre qui représente la date du coupon précédant la date de règlement.

Syntaxe :

```
DATE.COUPON.PREC(liquidation;échéance;fréquence;base)
```

avec :

- `liquidation` : la date de liquidation du titre. Elle correspond à la date suivant la date d'émission lorsque le titre est cédé à l'acheteur.
- `échéance` : la date d'échéance du titre, soit la date d'expiration du titre.
- `fréquence` : le nombre de coupons payés par an. Si le coupon est annuel, la fréquence est 1 ; pour un coupon semestriel, la fréquence est 2 ; s'il est trimestriel, la fréquence est 4.
- `base` : le mode de comptage des jours à utiliser selon le tableau ci-contre :

Tableau 5.3.

Base	Comptage des jours
0 ou omis	30/360 US
1	Réel/réel
2	Réel/360
3	Réel/365
4	30/360 européen

ATTENTION

Les dates doivent être entrées à l'aide de la fonction DATE, ou comme le résultat d'autres formules ou fonctions.

DATE.COUPON.SUIV

Renvoie un nombre qui représente la date du coupon suivant la date de règlement.

Syntaxe :

`DATE.COUPON.SUIV(liquidation;échéance;fréquence;base)`

Voyez la fonction comparable DATE.COUPON.PREC pour le fonctionnement des arguments.

DB

Renvoie l'amortissement d'un bien pour une période spécifiée en utilisant la méthode de l'amortissement dégressif à taux fixe.

Syntaxe :

`DB(coût;valeur_rés;durée;période;mois)`

avec :

- `coût` : le coût initial du bien.
- `valeur_rés` : la valeur du bien au terme de l'amortissement (aussi appelée valeur résiduelle du bien).
- `durée` : le nombre de périodes pendant lesquelles le bien est amorti (aussi appelée durée de vie utile du bien).
- `période` : la période pour laquelle vous voulez calculer un amortissement. La période doit être exprimée dans la même unité que la durée.
- `mois` : le nombre de mois de la première année. Si l'argument mois est omis, sa valeur par défaut est 12.

DDB

Renvoie l'amortissement d'un bien pour toute période spécifiée en utilisant la méthode de l'amortissement dégressif à taux double ou selon un coefficient à spécifier.

Syntaxe :

`DDB(coût;valeur_rés;durée;période;facteur)`

avec :

- `coût` : le coût initial du bien.
- `valeur_rés` : la valeur du bien au terme de l'amortissement (aussi appelée valeur résiduelle du bien).
- `durée` : le nombre de périodes pendant lesquelles le bien est amorti (aussi appelée durée de vie utile du bien).
- `période` : la période pour laquelle vous voulez calculer un amortissement. La période doit être exprimée dans la même unité que la durée.
- `facteur` : le taux de l'amortissement dégressif. Si facteur est omis, la valeur par défaut cst 2 (méthode de l'amortissement dégressif à taux double).

DUREE

Renvoie la durée de Macauley pour une valeur nominale supposée égale à 100 euros. La durée se définit comme la moyenne pondérée de la valeur actuelle des flux financiers et est utilisée pour mesurer la variation du prix d'un titre en fonction des évolutions du taux de rendement.

Syntaxe :

`DUREE(liquidation;échéance;taux;rendement;fréquence; base)`

avec :

- `liquidation` : la date de liquidation du titre. Cette date correspond à la date suivant la date d'émission, lorsque le titre est cédé à l'acheteur.
- `échéance` : la date d'échéance du titre. Cette date correspond à la date d'expiration du titre.
- `taux` : le taux d'intérêt annuel.

- ▸ **rendement** : le taux de rendement annuel du titre.
- ▸ **fréquence** : le nombre de coupons payés par an. Si le coupon est annuel, la fréquence est 1 ; s'il est semestriel, la fréquence est 2 ; s'il est trimestriel, la fréquence est 4.
- ▸ **base** : le mode de comptage des jours à utiliser selon le tableau suivant :

Tableau 5.4.

Base	Comptage des jours
0 ou omis	30/360 US
1	Réel/réel
2	Réel/360
3	Réel/365
4	30/360 européen

DUREE.MODIFIEE

Renvoie la durée modifiée pour un titre ayant une valeur nominale hypothétique de 100 euros.

Syntaxe

```
DUREE.MODIFIEE(règlement;échéance;taux;rendement;
fréquence;base)
```

avec :

- ▸ **règlement** : la date de règlement du titre. Cette date correspond à la date suivant la date d'émission, lorsque le titre est cédé à l'acheteur.
- ▸ les autres arguments sont semblables à ceux de la fonction DUREE.

INTERET.ACC

Renvoie l'intérêt couru non échu d'un titre dont l'intérêt est perçu périodiquement.

Syntaxe :

```
INTERET.ACC(émission;prem_coupon;règlement;taux;
val_nominale;fréquence;base)
```

avec :

- `émission` : la date d'émission du titre.
- `prem_coupon` : la date du premier coupon du titre.
- `règlement` : la date de règlement du titre. Cette date correspond à la date suivant la date d'émission, lorsque le titre est cédé à l'acheteur.
- `taux` : le taux d'intérêt annuel du titre.
- `val_nominale` : la valeur nominale du titre. Si cet argument est omis, la fonction utilise une valeur nominale de 1 000 euros.
- `fréquence` : le nombre de coupons payés par an. Si le coupon est annuel, la fréquence est 1 ; s'il est semestriel, la fréquence est 2 ; s'il est trimestriel, la fréquence est 4.
- `base` : le type de la base de comptage des jours à utiliser, comme avec la fonction DUREE.

INTERET.ACC.MAT

Renvoie l'intérêt couru non échu d'un titre dont l'intérêt est perçu à l'échéance.

Syntaxe :

```
INTERET.ACC.MAT(émission;échéance;taux;val_nominale;
base)
```

avec :

- `émission` : la date d'émission du titre.
- `échéance` : la date d'échéance du titre.
- `taux` : le taux d'intérêt annuel du titre.
- `val_nominale` : la valeur nominale du titre. Si cet argument est omis, la fonction utilise une valeur nominale de 1 000 euros.
- `base` : le type de la base de comptage des jours à utiliser, comme avec la fonction DUREE.

INTPER

Renvoie, pour une période donnée, le montant des intérêts dus pour un emprunt remboursé par des versements périodiques constants avec un taux d'intérêt constant.

Syntaxe :

`INTPER(taux;pér;npm;va;vc;type)`

avec :

- `taux` : le taux d'intérêt par période.

- `pér` : la période pour laquelle vous souhaitez calculer les intérêts. La valeur spécifiée doit être comprise entre 1 et `npm`.

- `npm` : le nombre total de périodes de remboursement au cours de l'opération.

- `va` : la valeur actuelle, c'est-à-dire la valeur, à la date d'aujourd'hui, d'une série de versements futurs.

- `vc` : la valeur capitalisée, c'est-à-dire le montant que vous souhaitez obtenir après le dernier paiement. Si vc est omis, la valeur par défaut est 0 (par exemple, la valeur capitalisée d'un emprunt est égale à 0).

- `type` : peut prendre les valeurs 0 (fin de période) ou 1 (début de période) et indique l'échéance des paiements. Si `type` est omis, la valeur par défaut est 0.

REMARQUE

Quel que soit l'argument, les décaissements tels que les dépôts sur un compte d'épargne, sont représentés par un nombre négatif alors que les encaissements, tels que les paiements de dividendes, sont représentés par un nombre positif.

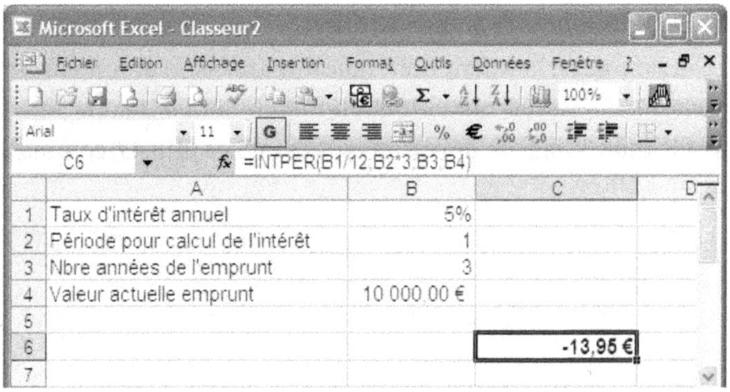

Figure 5.3.

Dans cet exemple, on calcule l'intérêt à payer pour le premier mois pour un emprunt de 10 000 € à 5 % (donc 5 %/12 pour un mois) sur 3 ans.

NB.COUPONS

Renvoie le nombre de coupons dus entre la date de règlement et la date d'échéance, arrondi au nombre entier de coupons immédiatement **supérieur.**

Syntaxe :

`NB.COUPONS(liquidation;échéance;fréquence;base)`

avec :

- ▶ `liquidation` : la date de liquidation du titre. Cette date correspond à la date suivant la date d'émission, lorsque le titre est cédé à l'acheteur.
- ▶ `échéance` : la date d'échéance du titre. Cette date correspond à la date d'expiration du titre.
- ▶ `fréquence` : le nombre de coupons payés par an avec annuel = 1, semestriel = 2 et trimestriel = 4.
- ▶ `base` : le type de la base de comptage des jours à utiliser, comme pour la fonction DUREE.

NB.JOURS.COUPONS

Affiche le nombre de jours pour la période du coupon contenant la date de règlement.

Syntaxe :

`NB.JOURS.COUPONS(liquidation;échéance;fréquence;base)`

Les arguments sont les mêmes que ceux de la fonction NB.COUPONS.

NB.JOURS.COUPON.PREC

Calcule le nombre de jours entre le début de la période de coupon et la date de règlement.

Syntaxe :

`NB.JOURS.COUPON.PREC(liquidation;échéance;fréquence;base)`

Les arguments sont les mêmes que ceux de la fonction NB.COUPONS.

NB.JOURS.COUPON.SUIV

Calcule le nombre de jours entre la date de règlement et la date du coupon suivant la date de règlement.

Syntaxe :

`NB.JOURS.COUPON.SUIV(liquidation;échéance;fréquence;base)`

Les arguments sont les mêmes que ceux de la fonction NB.COUPONS.

NPM

Renvoie le nombre de versements nécessaires pour rembourser un emprunt à taux d'intérêt constant, ces versements étant constants et périodiques.

Syntaxe :

`NPM(taux;vpm;va;vc;type)`

avec :

▸ `taux` : le taux d'intérêt par période.

▸ `vpm` : le montant d'un versement périodique ; celui-ci reste constant pendant toute la durée de l'opération. En général, vpm comprend le principal et les intérêts.

▸ `va` : la valeur actuelle, c'est-à-dire la valeur à la date d'aujourd'hui d'une série de versements futurs.

▸ `vc` : la valeur capitalisée, c'est-à-dire le montant que vous souhaitez obtenir après le dernier paiement. Si cet argument est omis, la valeur par défaut est 0.

▸ `type` : le nombre 0 (paiement en fin de période) ou 1 (en début de période) indique quand les paiements doivent être effectués.

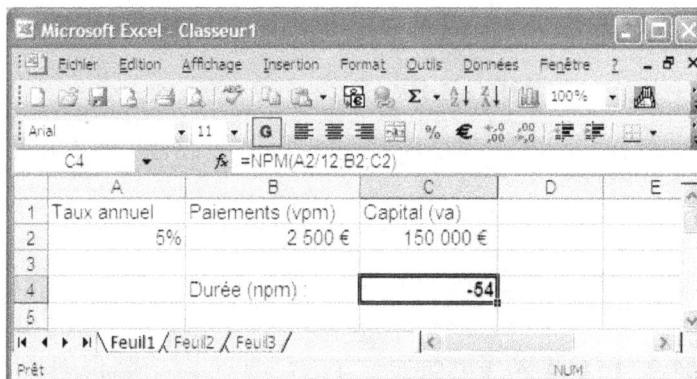

Figure 5.4.

Dans cet exemple, le taux d'intérêt annuel a été divisé par 12 pour obtenir le taux mensuel. Les deux derniers arguments ont été omis.

PRINCPER

Calcule, pour une période donnée, la part de remboursement du principal d'un investissement sur la base de remboursements périodiques et d'un taux d'intérêt constant.

Syntaxe :

PRINCPER(taux;pér;npm;va;vc;type)

avec :

- **taux** : le taux d'intérêt par période.
- **pér** : la période, qui doit être comprise entre 1 et npm.
- **npm** : le nombre total de périodes de remboursement au cours de l'opération.
- **va** : la valeur actuelle, à la date d'aujourd'hui, d'une série de remboursements futurs.
- **vc** : la valeur capitalisée, c'est-à-dire le montant à obtenir après le dernier paiement. Si vc est omis, la valeur par défaut est 0 (zéro), c'est-à-dire que la valeur capitalisée d'un emprunt est égale à 0.
- **type** : indique quand les paiements doivent être effectués avec le nombre 0 ou rien pour la fin de période et 1 pour le début de période.

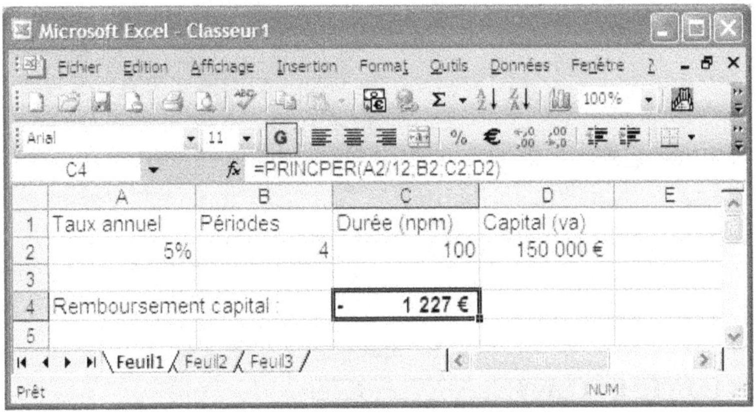

Figure 5.5.

Dans cet exemple, le taux annuel a été divisé par 12 pour obtenir le taux mensuel.

PRIX.BON.TRESOR

Renvoie le prix d'un bon du Trésor d'une valeur nominale de 100.

Syntaxe :

PRIX.BON.TRESOR(liquidation;échéance;taux_escompte)

avec :

▸ `liquidation` : la date de règlement du bon du Trésor. Cette date correspond à la date suivant la date d'émission, lorsque le bon du Trésor est cédé à l'acheteur.

▸ `échéance` : la date d'échéance du bon du Trésor. Cette date correspond à la date d'expiration du bon du Trésor.

▸ `taux_escompte` : le taux d'escompte du bon du Trésor.

PRIX.DCOUPON.IRREG

Renvoie le prix par tranche de valeur nominale de 100 d'un titre dont la dernière période de coupon est irrégulière (courte ou longue).

Syntaxe :

PRIX.DCOUPON.IRREG(règlement;échéance;dernier_coupon;
taux;rendement;valeur_échéance;fréquence;base)

avec :

▸ `règlement` : la date de règlement du titre, laquelle correspond à la date suivant la date d'émission, lorsque le titre est cédé à l'acheteur.

▸ `échéance` : la date d'échéance du titre, laquelle correspond à la date d'expiration du titre.

▸ `dernier_coupon` : la date du dernier coupon du titre.

▸ `taux` : le taux d'intérêt du titre.

▸ `rendement` : le taux de rendement annuel du titre.

▸ `valeur_échéance` : la valeur de remboursement par tranche de valeur nominale de 100.

▸ `fréquence` ; le nombre de coupons payés par an avec annuel = 1, semestriel = 2 et trimestriel = 4.

▸ `base` : le type de la base de comptage des jours à utiliser, comme pour la fonction DUREE.

PRIX.DEC

Convertit un prix exprimé sous forme de fraction en un prix exprimé sous forme de nombre décimal.

Syntaxe :

`PRIX.DEC(prix_fraction;fraction)`

avec :

▶ `prix_fraction` : un nombre exprimé sous forme de fraction.

▶ `fraction` : le nombre entier à utiliser comme dénominateur de la fraction.

Si l'argument fraction :

▶ N'est pas un nombre entier, il est tronqué à sa partie entière.

▶ Est inférieur à 0, la fonction renvoie la valeur d'erreur #NOMBRE !

▶ Est égal à 0, la fonction PRIX.DEC renvoie la valeur d'erreur #DIV/0 !

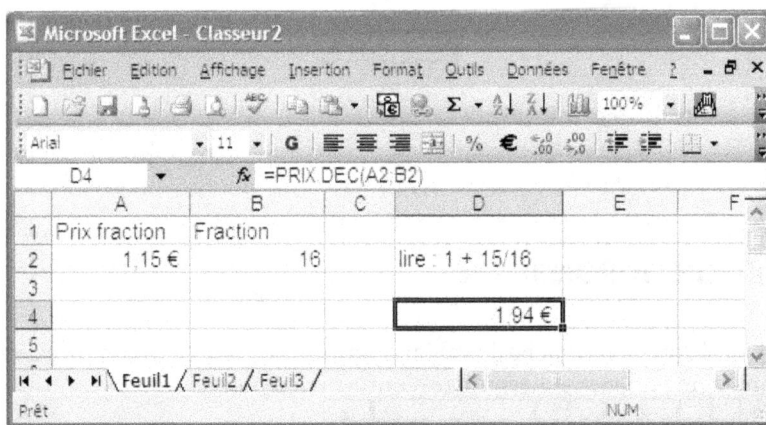

Figure 5.6.

PRIX.FRAC

Convertit un prix exprimé sous forme de nombre décimal en un prix exprimé sous forme de fraction. C'est l'inverse de PRIX.DEC.

Syntaxe :

`PRIX.FRAC(prix_décimal;fraction)`

avec :

- `prix_décimal` : un nombre exprimé sous forme décimale.
- `fraction` : le nombre entier à utiliser comme dénominateur de la fraction.

Si l'argument fraction :

- N'est pas un nombre entier, il est tronqué à sa partie entière.
- Est inférieur à o, la fonction renvoie la valeur d'erreur #NOMBRE !
- Est égal à o, la fonction PRIX.DEC renvoie la valeur d'erreur #DIV/0 !

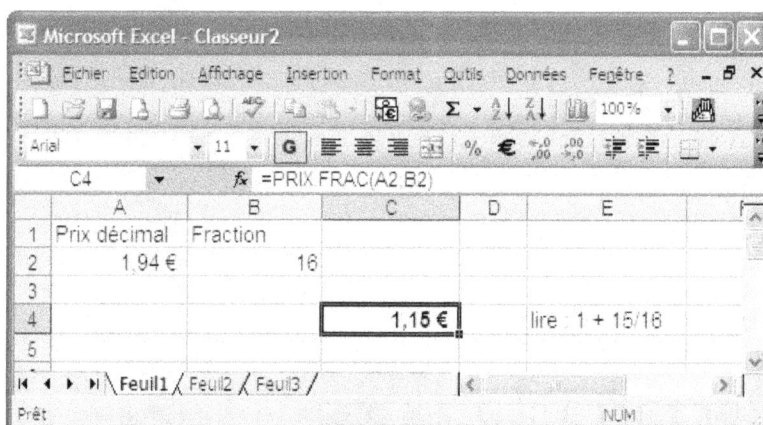

Figure 5.7.

PRIX.PCOUPON.IRREG

Renvoie le prix par tranche de valeur nominale de 100 euros d'un titre dont la première période est irrégulière (courte ou longue).

Syntaxe :

`PRIX.PCOUPON.IRREG(liquidation;échéance;émission;premier_coupon;taux;rendement;valeur_échéance;fréquence;base)`

avec :

- `règlement` : la date de règlement du titre, laquelle correspond à la date suivant la date d'émission, lorsque le titre est cédé à l'acheteur.
- `échéance` : la date d'échéance du titre, laquelle correspond à la date d'expiration du titre.
- émission : la date d'émission du titre.

- ▸ **premier_coupon** : la date du premier coupon du titre.
- ▸ **taux** : le taux d'intérêt du titre.
- ▸ **rendement** : le taux de rendement annuel du titre.
- ▸ **valeur_échéance** : la valeur de remboursement par tranche de valeur nominale de 100.
- ▸ **fréquence** : le nombre de coupons payés par an avec annuel = 1, semestriel = 2 et trimestriel = 4.
- ▸ **base** : le type de la base de comptage des jours à utiliser comme avec la fonction DUREE.

PRIX.TITRE

Renvoie le prix d'un titre rapportant des intérêts périodiques, pour une valeur nominale de 100.

Syntaxe :

PRIX.TITRE(règlement;échéance;taux;rendement;valeur
_échéance;fréquence;base)

avec :

- ▸ **règlement** : la date de règlement du titre. Cette date correspond à la date suivant la date d'émission, lorsque le titre est cédé à l'acheteur.
- ▸ **échéance** : la date d'échéance du titre. Cette date correspond à la date d'expiration du titre.
- ▸ **taux** : le taux d'intérêt annuel du titre.
- ▸ **rendement** : le taux de rendement annuel du titre.
- ▸ **valeur_échéance** : la valeur de remboursement par tranche de valeur nominale de 100.
- ▸ **fréquence** : le nombre de coupons payés par an avec annuel = 1, semestriel = 2 et trimestriel = 4.
- ▸ **base** : le type de la base de comptage des jours à utiliser comme avec la fonction DUREE.

PRIX.TITRE.ECHEANCE

Renvoie le prix d'un titre dont la valeur nominale est 100 et qui rapporte des intérêts à l'échéance.

Syntaxe :

```
PRIX.TITRE.ECHEANCE(règlement;échéance;émission;
taux;rendement;base)
```

Voyez l'explication des paramètres à la fonction précédente PRIX.TITRE.

RENDEMENT.BON.TRESOR

Calcule le taux de rendement d'un bon du Trésor.

Syntaxe :

```
RENDEMENT.BON.TRESOR(liquidation;échéance;valeur_
nominale)
```

avec :

▸ `liquidation` : la date de règlement du bon du Trésor. Cette date correspond à la date suivant la date d'émission, lorsque le bon du Trésor est cédé à l'acheteur.

▸ `échéance` : la date d'échéance du bon du Trésor. Cette date correspond à la date d'expiration du bon du Trésor.

▸ `valeur_nominale` : le prix du bon du Trésor par tranche de valeur nominale de 100.

RENDEMENT.SIMPLE

Calcule le taux de rendement d'un emprunt à intérêt simple.

Syntaxe :

```
RENDEMENT.SIMPLE(règlement;échéance;valeur_nominale;
valeur_échéance;base)
```

avec :

▸ `règlement` : la date de règlement du titre. Cette date correspond à la date suivant la date d'émission, lorsque le titre est cédé à l'acheteur.

▸ `échéance` : la date d'échéance du titre. Cette date correspond à la date d'expiration du titre.

▸ `valeur_nominale` : le prix du titre par tranche de valeur nominale de 100.

▸ `valeur_échéance` : la valeur de remboursement par tranche de valeur nominale de 100.

▸ `base` : le type de la base de comptage des jours à utiliser comme avec la fonction DUREE.

RENDEMENT.TITRE

Calcule le rendement d'un titre rapportant des intérêts périodiquement.

Syntaxe :

`RENDEMENT.TITRE(règlement;échéance;taux;valeur_nominale;valeur_échéance;fréquence;base)`

avec :

- ▸ `règlement` : la date de règlement du titre. Cette date correspond à la date suivant la date d'émission, lorsque le titre est cédé à l'acheteur.
- ▸ `échéance` : la date d'échéance du titre. Cette date correspond à la date d'expiration du titre.
- ▸ `taux` : le taux d'intérêt annuel du titre.
- ▸ `valeur_nominale` : le prix du titre par tranche de valeur nominale de 100.
- ▸ `valeur_échéance` : la valeur de remboursement par tranche de valeur nominale de 100.
- ▸ `fréquence` : le nombre de coupons payés par an avec annuel = 1, semestriel = 2 et trimestriel = 4.
- ▸ `base` : le type de la base de comptage des jours à utiliser comme avec la fonction DUREE.

RENDEMENT.TITRE.ECHEANCE

Renvoie le rendement annuel d'un titre qui rapporte des intérêts à l'échéance.

Syntaxe :

`RENDEMENT.TITRE.ECHEANCE(règlement;échéance;émission;taux;valeur_nominale;base)`

avec :

- ▸ `règlement` : la date de règlement du titre. Cette date correspond à la date suivant la date d'émission, lorsque le titre est cédé à l'acheteur.
- ▸ `échéance` : la date d'échéance du titre, coorespondant à la date d'expiration du titre.
- ▸ `émission` : la date d'émission du titre exprimée sous forme de numéro de série.

- ► **taux** : le taux d'intérêt du titre à la date d'émission.
- ► **valeur_nominale** : le prix du titre par tranche de valeur nominale de 100.
- ► **base** : le type de la base de comptage des jours à utiliser comme avec la fonction DUREE.

REND.DCOUPON.IRREG

Renvoie le taux de rendement d'un titre dont la dernière période de coupon est irrégulière (courte ou longue).

Syntaxe :

```
REND.PCOUPON.IRREG(règlement;échéance;émission;premier_
coupon;taux;émission;valeur_échéance;fréquence;
base)
```

avec :

- ► **règlement** : la date de règlement du titre, laquelle correspond à la date suivant la date d'émission, lorsque le titre est cédé à l'acheteur.
- ► **échéance** : la date d'échéance du titre, laquelle correspond à la date d'expiration du titre.
- ► **émission** : la date d'émission du titre.
- ► **premier_coupon** : la date du premier coupon du titre.
- ► **taux** : le taux d'intérêt du titre.
- ► **valeur_nominale** : le prix du titre.
- ► **valeur_échéance** : la valeur de remboursement par tranche de valeur nominale de 100 euros.
- ► **fréquence** : le nombre de coupons payés par an avec annuel = 1, semestriel = 2 et trimestriel = 4.
- ► **base** : le type de la base de comptage des jours à utiliser comme avec la fonction DUREE.

REND.PCOUPON.IRREG

Renvoie le taux de rendement d'un titre dont la première période de coupon est irrégulière (courte ou longue).

Syntaxe :

```
REND.PCOUPON.IRREG(règlement;échéance;émission;premier_
coupon;taux;émission;valeur_échéance;fréquence;
base)
```

Consultez les arguments identiques de la fonction précédente, REND.DCOUPON.IRREG.

SYD

Calcule l'amortissement d'un bien pour une période donnée sur la base de la méthode américaine **Sum-of-Years Digits** (amortissement dégressif à taux décroissant appliqué à une valeur constante).

Syntaxe :

```
SYD(coût;valeur_rés;durée;période)
```

avec :

▸ `coût` : le coût initial du bien.

▸ `valeur_rés` : la valeur du bien au terme de l'amortissement (aussi appelée valeur résiduelle du bien).

▸ `durée` : le nombre de périodes pendant lesquelles le bien est amorti (aussi appelée durée de vie utile du bien).

▸ `période` : la période doit être exprimée dans la même unité que la durée.

TAUX

Calcule le taux d'intérêt par période d'un investissement donné. Le calcul s'effectue par itération et peut n'avoir aucune solution ou en avoir plusieurs. La fonction renvoie la valeur d'erreur #NOMBRE ! si, après 20 itérations, les résultats ne convergent pas à 0,0000001 près.

Syntaxe :

```
TAUX(npm;vpm;va;vc;type;estimation)
```

avec :

▸ `npm` : le nombre total de périodes de remboursement au cours de l'opération.

- **vpm** : le montant du remboursement pour chaque période, constant pendant toute la durée de l'opération. En général, **vpm** comprend le principal et les intérêts mais exclut toute autre charge ou impôt. Si cet argument est omis, il faut inclure l'argument **vc**. Notez que cet argument est négatif.

- **va** : la valeur actuelle, c'est-à-dire la valeur que représente à la date d'aujourd'hui une série de remboursements futurs.

- **vc** : la valeur capitalisée, c'est-à-dire le montant que vous souhaitez obtenir après le dernier paiement. Si vc est omis, la valeur par défaut est 0 (par exemple, la valeur capitalisée d'un emprunt est égale à 0).

- **type** : indique quand les paiements doivent être effectués avec le nombre 0 ou omis pour la fin de période et 1 pour le début de période.

- **estimation** : votre estimation de la valeur du taux. Si cet argument est omis, la valeur par défaut est 10 %.

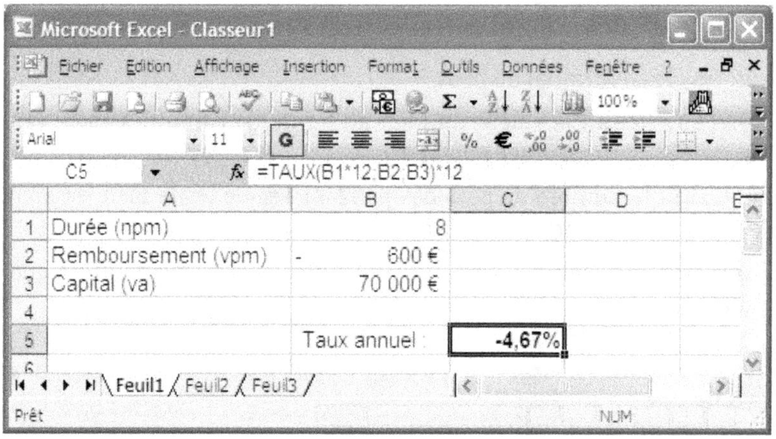

Figure 5.8.

Dans cet exemple :

- La durée en années a été multipliée par 12 pour passer aux mois.
- Le remboursement est un nombre négatif, obligatoire.
- Le calcul a été multiplié par 12 pour revenir à l'année.

TAUX.EFFECTIF

Renvoie le taux d'intérêt annuel effectif, calculé à partir du taux d'intérêt annuel nominal et du nombre de périodes par an que vous indiquez pour le calcul des intérêts composés.

Syntaxe :

`TAUX.EFFECTIF(taux_nominal;nb_périodes)`

avec :

- `taux_nominal` : le taux d'intérêt nominal.
- `nb_périodes` : le nombre de périodes par an pour le calcul des intérêts composés. Cet argument est tronqué de façon à être converti en nombre entier.

Si l'argument `taux_nominal` ≤ 0 ou si l'argument `nb_périodes` < 1, la fonction TAUX.EFFECTIF renvoie la valeur d'erreur #NOMBRE !

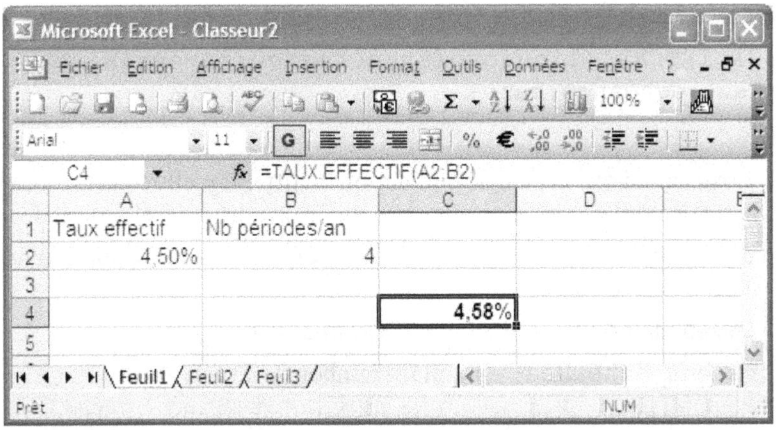

Figure 5.9.

TAUX.ESCOMPTE

Calcule le taux d'escompte d'une transaction.

Syntaxe :

`TAUX.ESCOMPTE(liquidation;échéance;valeur_nominale;`
`valeur_échéance;base)`

avec :

- **liquidation** : la date de liquidation du titre. Cette date correspond à la date suivant la date d'émission, lorsque le titre est cédé à l'acheteur.
- **échéance** : la date d'échéance du titre, correspondant à la date d'expiration du titre.
- **valeur_nominale** : le prix du titre par tranche de valeur nominale de 100.
- **valeur_échéance** : la valeur de remboursement par tranche de valeur nominale de 100.
- **base** : le mode de comptage des jours à utiliser, comme avec la fonction DUREE.

TAUX.INTERET

Affiche le taux d'intérêt d'un titre totalement investi.

Syntaxe :

```
TAUX.INTERET(liquidation;échéance;investissement;
valeur_échéance;base)
```

avec :

- **liquidation** : la date de liquidation du titre, laquelle correspond à la date suivant la date d'émission, lorsque le titre est cédé à l'acheteur.
- **échéance** : la date d'échéance du titre. Cette date correspond à la date d'expiration du titre.
- **investissement** : le montant investi dans le titre.
- **valeur_échéance** : le montant remboursé à l'échéance.
- **base** : le mode de comptage des jours à utiliser, comme avec la fonction DUREE.

TAUX.NOMINAL

Renvoie le taux d'intérêt nominal annuel calculé à partir du taux effectif et du nombre de périodes par an pour le calcul des intérêts composés.

Syntaxe :

```
TAUX.NOMINAL(taux_effectif;nb_périodes)
```

avec :

▸ **taux_effectif** : le taux d'intérêt effectif.

▸ **nb_périodes** : le nombre de périodes par an pour le calcul des intérêts composés. Cet argument est tronqué de façon à être converti en nombre entier.

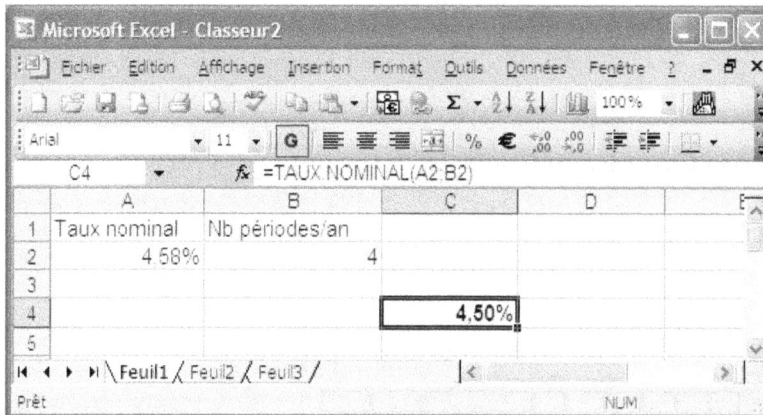

Figure 5.10.

TRI

Calcule le taux de rentabilité interne d'un investissement, sans tenir compte des coûts de financement et des plus-values de réinvestissement. Les mouvements de trésorerie sont représentés par les nombres inclus dans les valeurs.

Syntaxe :

`TRI(valeurs;estimation)`

avec :

▸ **valeurs** : une matrice ou une référence à des cellules qui contiennent des nombres dont on veut calculer le taux de rentabilité interne. Les valeurs doivent contenir au moins une valeur positive et une valeur négative pour permettre le calcul du taux de rentabilité interne.

▸ **estimation** : le taux que vous estimez être le plus proche du résultat de TRI.

Excel calcule la fonction TRI par itérations jusqu'à ce que le résultat soit exact à 0,00001 % près. Si la fonction TRI ne parvient pas à un résultat après 20 itérations, elle renvoie la valeur d'erreur #NOMBRE !

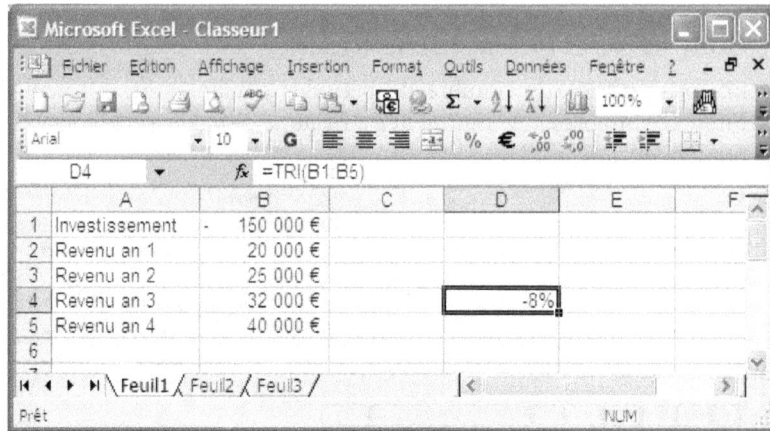

Figure 5.11.

Notez la présence d'une valeur négative, l'investissement, obligatoire dans un tel calcul.

TRIM

Renvoie le taux interne de rentabilité modifié, pour une série de flux financiers périodiques. TRIM prend en compte le coût de l'investissement et l'intérêt perçu sur le placement des liquidités.

Syntaxe :

`TRIM(valeurs;taux_emprunt;taux_placement)`

avec :

- `valeurs` : une matrice ou une référence à des cellules contenant des nombres. Ces nombres correspondent à une série de décaissements (valeurs négatives) et d'encaissements (valeurs positives) périodiques. Cet argument doit contenir au moins une valeur positive et une valeur négative pour que le taux interne de rentabilité modifié puisse être calculé.
- `taux_emprunt` : le taux d'intérêt payé pour le financement de la trésorerie.
- `taux_placement` : le taux d'intérêt perçu sur le placement de la trésorerie excédentaire.

TRI.PAIEMENTS

Calcule le taux de rentabilité interne d'un ensemble de paiements. Pour calculer le taux de rentabilité interne d'un ensemble de paiements périodiques, utilisez la fonction TRI.

Syntaxe :

`TRI.PAIEMENTS(valeurs;dates;estimation)`

avec :

▸ `valeurs` : une série de flux nets de trésorerie correspondant à l'échéancier de paiement déterminé par l'argument date. Le premier paiement, facultatif, représente le coût ou le versement éventuellement effectué en début de période d'investissement.

▸ `dates` : l'échéancier de paiement correspondant aux flux nets de trésorerie.

▸ `estimation` : un nombre supposé proche du résultat attendu de la fonction.

VA

Calcule la valeur actuelle d'un investissement, c'est-à-dire la valeur correspondant à la somme que représente aujourd'hui un ensemble de remboursements futurs. Par exemple, lorsque vous souscrivez un emprunt, son montant représente la valeur actuelle pour le prêteur.

Syntaxe :

`VA(taux;npm;vpm;vc;type)`

avec :

▸ `taux` : le taux d'intérêt par période.

▸ `npm` : le nombre total de périodes de paiement au cours de l'opération.

▸ `vpm` : le montant du remboursement pour chaque période. Ce montant est identique pendant toute la durée de l'opération. En général, `vpm` comprend le principal et les intérêts, mais exclut toutes les autres charges ou impôts.

▸ `vc` : la valeur capitalisée, c'est-à-dire le montant à obtenir après le dernier paiement. Si cet argument est omis, la valeur par défaut est 0.

▸ `type` : indique quand les paiements doivent être effectués avec le nombre 0 ou rien pour la fin de période et 1 pour le début de période.

VALEUR.ENCAISSEMENT

Renvoie la valeur d'encaissement d'un escompte commercial, pour une valeur nominale de 100.

Syntaxe :

```
VALEUR.ENCAISSEMENT(règlement;échéance;taux;valeur_
échéance;base)
```

avec :

- ▶ **règlement** : la date de règlement du titre. Cette date correspond à la date suivant la date d'émission, lorsque le titre est cédé à l'acheteur.
- ▶ **échéance** : la date d'échéance du titre. Cette date correspond à la date d'expiration du titre.
- ▶ **taux** : la prime d'émission du titre.
- ▶ **valeur_échéance** : la valeur de remboursement par tranche de valeur nominale de 100 euros.
- ▶ **base** : le mode de comptage des jours à utiliser, comme avec la fonction DUREE.

VALEUR.NOMINALE

Renvoie la valeur nominale d'un effet de commerce.

Syntaxe :

```
VALEUR.NOMINALE(règlement;échéance;investissement;
taux;base)
```

avec :

- ▶ **règlement** : la date de règlement du titre. Cette date correspond à la date suivant la date d'émission, lorsque le titre est cédé à l'acheteur.
- ▶ **échéance** : la date d'échéance du titre. Cette date correspond à la date d'expiration du titre.
- ▶ **investissement** : le montant investi dans le titre.
- ▶ **taux** : la prime d'émission du titre.
- ▶ **base** : le mode de comptage des jours à utiliser, comme avec la fonction DUREE.

VAN

Calcule la valeur actuelle nette d'un investissement en utilisant un taux d'escompte ainsi qu'une série de décaissements (valeurs négatives) et d'encaissements (valeurs positives) futurs.

Syntaxe :

`VAN(taux;valeur1;valeur2;...)`

avec :

- `taux` : le taux d'actualisation pour une période.
- `valeur1`, `valeur2`,... : les 1 à 29 arguments représentant les encaissements et les décaissements.

Les arguments peuvent être des nombres, des cellules vides, des valeurs logiques ou des nombres représentés sous forme de texte ; les arguments correspondant à des valeurs d'erreur ou du texte ne pouvant pas être converti en nombre ne sont pas pris en compte.

Si un argument est une matrice ou une référence, seuls les nombres contenus dans cette matrice ou cette référence sont pris en compte. Les cellules vides, les valeurs logiques, le texte ou les valeurs d'erreur contenus dans la matrice ou la référence ne sont pas pris en compte.

VAN.PAIEMENTS

Donne la valeur actuelle nette d'un ensemble de paiements.

Syntaxe :

`VAN.PAIEMENTS(taux;valeurs;dates)`

avec :

- `taux` : le taux d'actualisation applicable aux flux nets de trésorerie.
- `valeurs` : une série de flux nets de trésorerie correspondant à l'échéancier de paiement déterminé par l'argument date.
- `dates` : l'échéancier de paiement correspondant aux flux nets de trésorerie. La première date de paiement indique le point de départ de l'échéancier.

VC

Renvoie la valeur future d'un investissement à remboursements périodiques et constants et à un taux d'intérêt constant. VC provient de **valeur capitalisée**.

Syntaxe :

VC(taux;npm;vpm;va;type)

avec :

- taux : le taux d'intérêt par période.

- npm : le nombre total de périodes de remboursement au cours de l'opération.

- vpm : le montant du remboursement pour chaque période. Il est fixe pendant toute la durée de l'opération. En principe, il comprend le capital et les intérêts, mais exclut toute autre charge ou impôt. Si vous omettez cet argument, vous devez inclure l'argument **va**.

- va : la valeur actuelle ou la somme forfaitaire représentant aujourd'hui une série de remboursements futurs. Si **va** est omis, la valeur prise en compte par défaut est 0 (zéro) et vous devez inclure l'argument **vpm**.

- type : indique quand les paiements doivent être effectués avec le nombre 0 ou rien pour la fin de période et 1 pour le début de période.

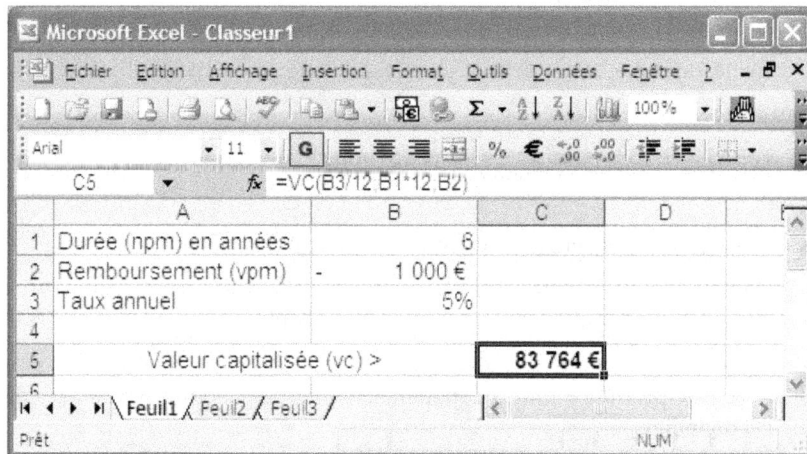

Figure 5.12.

Dans cet exemple :

▸ Le taux annuel a été divisé par 12 pour obtenir le taux mensuel.

▸ La durée en années a été multipliée par 12 pour passer aux mois.

▸ Le remboursement est un nombre négatif, obligatoirement.

VC.PAIEMENTS

Calcule la valeur future d'un investissement en appliquant une série de taux d'intérêt composés.

Syntaxe :

`VC.PAIEMENTS(va,taux)`

avec :

▸ `va` : la valeur actuelle.

▸ `taux` : la matrice des taux d'intérêt à appliquer. Les valeurs de l'argument taux peuvent être des nombres ou des cellules vides. Les cellules vides sont considérées comme étant égales à zéro (aucun intérêt).

VDB

Calcule l'amortissement d'un bien pour toute période spécifiée, y compris une période partielle, en utilisant la méthode de l'amortissement dégressif à taux double ou selon un coefficient à spécifier. VDB signifie **variable declining balance**, équivalent d'amortissement dégressif à taux variable.

Syntaxe :

`VDB(coût;valeur_rés;durée;période_début;période_fin; facteur;valeur_log)`

avec :

▸ `coût` : le coût initial du bien.

▸ `valeur_rés` : la valeur du bien au terme de l'amortissement (aussi appelée valeur résiduelle du bien).

▸ `durée` : représente le nombre de périodes pendant lesquelles le bien est amorti (aussi appelée durée de vie utile du bien).

- **période_début** : le début de la période pour laquelle vous voulez calculer un amortissement. Cet argument doit être exprimé dans la même unité que durée.

- **période_fin** : la fin de la période pour laquelle vous voulez calculer un amortissement. Cet argument doit être exprimé dans la même unité que l'argument durée.

- **facteur** : le taux de l'amortissement dégressif. Si facteur est omis, la valeur par défaut est 2 (méthode de l'amortissement dégressif à taux double).

- **valeur_log** : une valeur logique indiquant s'il faut utiliser la méthode de l'amortissement linéaire lorsqu'elle donne un résultat supérieur à celui obtenu avec la méthode de l'amortissement dégressif. Si **valeur_log** est VRAI, Excel n'applique pas la méthode de l'amortissement linéaire. Si l'argument est FAUX ou omis, Excel applique la méthode de l'amortissement linéaire lorsque cette méthode donne un résultat supérieur à celui qui serait obtenu avec la méthode de l'amortissement dégressif.

Tous les arguments, sauf **valeur_log**, doivent être des nombres positifs.

VPM

Calcule le remboursement d'un emprunt sur la base de remboursements et d'un taux d'intérêt constants.

Syntaxe :

VPM(taux;npm;va;vc;type)

avec :

- **taux** : le taux d'intérêt de l'emprunt.

- **npm** : le nombre de remboursements pour l'emprunt.

- **va** : la valeur actuelle ou la valeur que représente à la date d'aujourd'hui une série de remboursements futurs ; il s'agit du principal de l'emprunt.

- **vc** : la valeur capitalisée, c'est-à-dire le montant à obtenir après le dernier paiement. Si **vc** est omis, la valeur par défaut est 0 (zéro), c'est-à-dire que la valeur capitalisée d'un emprunt est égale à 0.

- **type** : indique quand les paiements doivent être effectués avec le nombre 0 ou rien pour la fin de période et 1 pour le début de période.

La valeur du paiement renvoyée par VPM comprend le principal et les intérêts, mais pas les charges, versements de garantie et autres impôts parfois associés aux emprunts.

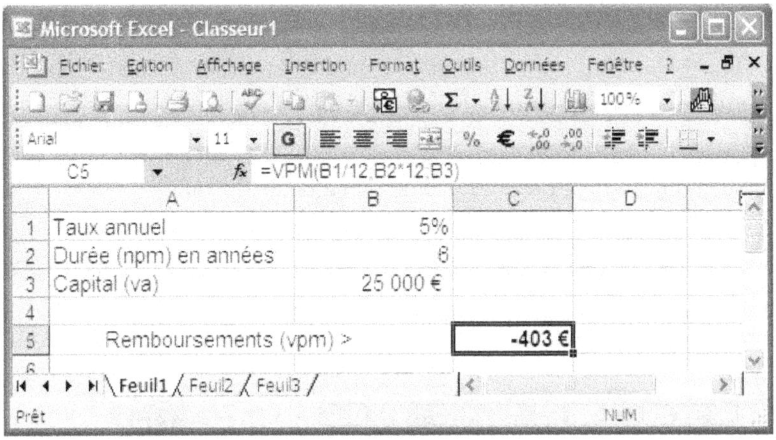

Figure 5.13.

Applications

Les fonctions financières sont toutes très spécialisées. Leurs applications les plus simples ont été développées dans ce chapitre. Parmi elles figurent les suivantes :

Calculer le montant des intérêts d'un emprunt

Telle est la vocation de la fonction INTPER. Cette fonction calcule, pour une période donnée, le montant des intérêts dus pour un emprunt remboursé par des versements périodiques constants, et ce, avec un taux d'intérêt constant. Vous pouvez choisir votre période de remboursement. Voyez l'exemple qui a été donné avec cette fonction.

Calculer le nombre de paiements pour rembourser un emprunt

Cette fois, vous calculez combien de paiements vous devrez effectuer pour rembourser un emprunt. On suppose que le taux d'intérêt est constant et que les remboursements s'effectuent à intervalles réguliers. C'est la fonction NPM qui assure ce calcul.

Calculer le montant des remboursements

Vous avez emprunté à un taux d'intérêt constant et vous procédez à des remboursements périodiques constants. Connaissant le capital emprunté, le taux d'intérêt et la durée du prêt, vous pouvez calculer le montant de chaque échéance avec la fonction VPM.

Calculer le capital remboursé d'une période

La fonction PRINCPER permet de calculer le capital remboursé d'une période pour un prêt à remboursement et à taux constant.

Calculer le taux de rentabilité interne d'un investissement

Vous avez investi une certaine somme et vous voulez calculer son rendement, en pourcentage. Utilisez la fonction TRI.

Calculer la valeur capitalisée d'un investissement

Vous avez investi et vous voulez savoir à quelle valeur capitalisée vous devez vous attendre lorsque les remboursements sont périodiques et constants et lorsque le taux d'intérêt est également constant. Appliquez la fonction VC.

CHAPITRE 6
FONCTIONS D'INFORMATION

Les fonctions d'informations servent à déterminer le type des données stockées dans une cellule. Elles comprennent un groupe de fonctions appelées fonctions EST renvoyant la valeur VRAI (TRUE en anglais, ou OUI) si la cellule répond à une certaine condition et FAUX (FALSE en anglais, ou NON) dans le cas contraire.

Fonctions d'informations

CELLULE	Renvoie des informations sur la mise en forme, l'emplacement et le contenu d'une cellule.
EST.IMPAIR	Renvoie VRAI si le chiffre est impair.
EST.PAIR	Renvoie VRAI si le chiffre est pair.
ESTERR	Renvoie VRAI si l'argument valeur fait référence à une valeur d'erreur, sauf #N/A.
ESTERREUR	Renvoie VRAI si l'argument valeur fait référence à une valeur d'erreur.
ESTLOGIQUE	Renvoie VRAI si l'argument valeur fait référence à une valeur logique.
ESTNA	Renvoie VRAI si l'argument valeur fait référence à la valeur d'erreur #N/A.
ESTNONTEXTE	Renvoie VRAI si l'argument valeur ne se présente pas sous forme de texte.
ESTNUM	Renvoie VRAI si l'argument valeur représente un nombre.
ESTREF	Renvoie VRAI si l'argument valeur est une référence.
ESTTEXTE	Renvoie VRAI si l'argument valeur se présente sous forme de texte.
ESTVIDE	Renvoie VRAI si l'argument valeur est vide.

INFORMATIONS	Renvoie des informations sur l'environnement d'exploitation en cours.
N	Renvoie une valeur convertie en nombre.
NA	Renvoie la valeur d'erreur #N/A.
TYPE	Renvoie un nombre indiquant le type de données d'une valeur.
TYPE.ERREUR	Renvoie un nombre correspondant à un type d'erreur.

CELLULE

Cette fonction, fournie pour des raisons de compatibilité avec d'autres tableurs, renvoie des informations sur la mise en forme, la position ou le contenu de la cellule supérieure gauche d'une référence.

Syntaxe

`CELLULE(type_info;référence)`

avec :

▸ `type_info` : une valeur de texte qui indique le type d'informations de cellule que vous voulez obtenir. Le tableau suivant donne les valeurs possibles de l'argument type_info et le résultat obtenu.

▸ `référence` : la cellule sur laquelle vous voulez des informations. Si vous ne la définissez pas, les informations spécifiées dans `type_info` sont renvoyées pour la dernière cellule modifiée. La liste suivante (tableau 2) décrit les valeurs de texte que la fonction CELLULE est susceptible de renvoyer lorsque l'argument `type_info` est `format` et que l'argument référence est une cellule mise en forme avec un format numérique intégré.

Si l'argument `type_info` de la formule CELLULE est `format` et si, par la suite, la cellule est mise en forme à l'aide d'un format personnalisé, vous devrez recalculer la feuille de calcul pour mettre à jour la formule CELLULE.

Tableau 6.1. Fonctions d'informations
Valeurs de type_info pour la fonction CELLULE

Valeur de type_info	Renvoie
"adresse"	La référence de la première cellule de l'argument référence, sous forme de texte.
"col"	Le numéro de colonne de la cellule de l'argument référence.
"contenu"	La valeur de la cellule supérieure gauche de l'argument référence, non une formule.
"couleur"	1 si la cellule est formatée en couleur pour les valeurs négatives, sinon renvoie 0 (zéro).
"format"	La valeur de texte correspondant au format de nombre défini pour la cellule. Les valeurs de texte des différents formats sont répertoriées dans le tableau suivant. Renvoie : "-" à la fin de la valeur de texte si la cellule est formatée en couleur pour les valeurs négatives. "0" à la fin de la valeur de texte si la cellule est formatée avec des parenthèses pour les valeurs positives ou pour toutes les valeurs.
"largeur"	La largeur de colonne de la cellule qui contient une valeur arrondie à un entier. Chaque unité de largeur de colonne est égale à la largeur d'un caractère dans la taille de la police par défaut.
"ligne"	Le numéro de ligne de la cellule de l'argument référence.
"nom de fichier"	Le nom de fichier (notamment le chemin d'accès complet) du fichier qui contient une référence sous forme de texte. Renvoie du texte vide ("") si la feuille de calcul qui contient une référence n'a pas encore été enregistrée.
"parenthèses"	1 si la cellule est formatée avec des parenthèses pour les valeurs positives ou pour toutes les valeurs. Sinon renvoie 0.
"préfixe"	La valeur de texte correspondant au préfixe d'étiquette de la cellule. Renvoie : Une apostrophe droite simple (') si la cellule contient du texte aligné à gauche. Une paire de guillemets droits (") si la cellule contient du texte aligné à droite. Un accent circonflexe (^) si la cellule contient du texte centré. Une barre oblique inverse (\) si la cellule contient du texte de remplissage aligné et du texte vide. ("") si la cellule contient un autre type d'élément
"protection"	0 si la cellule n'est pas verrouillée et 1 si la cellule est verrouillée.
"type"	La valeur de texte correspondant au type des données de la cellule. Renvoie : "i" si la cellule est vide. "l" (pour label (étiquette)) si la cellule contient une constante de texte. "v" (pour valeur) si la cellule contient un autre type d'élément.

**Tableau 6.2. Fonctions d'informations
Avec la fonction CELLULE, valeurs lorsque
type_info est format**

Si le format est	La fonction CELLULE renvoie
Général (standard)	"S"
0	"F0"
# ##0	"P0"
0.00	"F2"
# ##0,00	"P2"
# ##0 F;-# ##0 F	"C0"
# ##0 F;[Rouge]-# ##0 F	"M0-"
# ##0,00 F;# ##0,00 F	"M2"
# ##0,00 F;[Rouge]-# ##0,00 F	"M2-"
0%	"%0"
0.00%	"%2"
0,00E+00	"S2"
#" "?/? ou #" "??/??	"S"
m/j/aa, m/j/aa h:mm ou mm/jj/aa	"D4"
j-mmm-aa ou jj-mmm-aa	"D1"
j-mmm ou jj-mmm	"D2"
mmm-aa	"D3"
mm/jj	"D5"
h:mm AM/PM	"H2"
h:mm:ss AM/PM	"H1"
h:mm	"H4"
h:mm:ss	"H3"

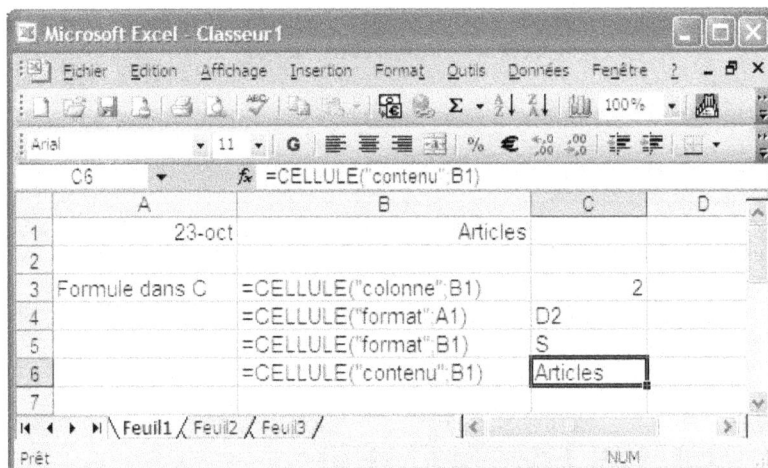

Figure 6.1. Examinez ces quatre exemples pour comprendre
le fonctionnement de la fonction CELLULE.

EST

Avec le verbe EST, on trouve neuf fonctions de feuille utilisées pour tester le type d'une valeur ou d'une référence. Chacune d'elles vérifie le type de valeur et renvoie VRAI ou FAUX selon le cas.

Leurs syntaxes sont :

ESTERR(valeur)

ESTERREUR(valeur)

ESTLOGIQUE(valeur)

ESTNA(valeur)

ESTNONTEXTE(valeur)

ESTNUM(valeur)

ESTREF(valeur)

ESTTEXTE(valeur)

ESTVIDE(valeur)

Valeur est la valeur correspondante de la cellule que vous voulez tester, selon les indications du tableau 3 (voir page 148).

Tableau 6.3. Fonctions d'informations
Valeurs pour la fonction EST

La fonction	Renvoie la valeur VRAI si la valeur fait référence à
ESTERR	L'une des valeurs d'erreur, à l'exception de #N/A
ESTERREUR	L'une des valeurs d'erreur
ESTLOGIQUE	Une valeur logique
ESTNA	La valeur d'erreur #N/A (valeur non disponible)
ESTNONTEXTE	Tout élément qui n'est pas du texte. (Cette fonction renvoie la valeur VRAI si l'argument valeur fait référence à une cellule vide.)
ESTNUM	Un nombre
ESTREF	Une référence
ESTTEXTE	Du texte
ESTVIDE	Une cellule vide

Les arguments `valeur` des fonctions EST ne sont pas convertis. Ces fonctions sont utiles pour tester le résultat de calculs dans des formules. Associées à la fonction `SI`, elles constituent l'un des moyens de repérer des erreurs dans les formules.

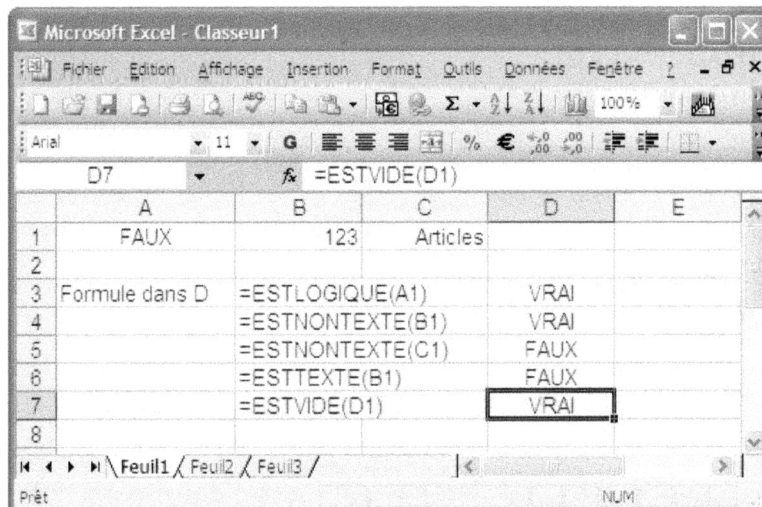

Figure 6.2.

EST.IMPAIR

Renvoie la valeur VRAI si nombre est impair et FAUX si le nombre est pair.

Syntaxe :

`EST.IMPAIR(nombre)`

où **nombre** représente la valeur à tester. Si nombre n'est pas un nombre entier, il est tronqué à sa partie entière. Si nombre n'est pas numérique, EST.IMPAIR renvoie la valeur d'erreur **#VALEUR!**

EST.PAIR

Renvoie la valeur VRAI si nombre est pair et FAUX s'il est impair.

Syntaxe :

`EST.PAIR(nombre)`

où **nombre** représente la valeur à tester. Si nombre n'est pas un nombre entier, il est tronqué à sa partie entière. Si nombre n'est pas numérique, EST.PAIR renvoie la valeur d'erreur **#VALEUR!**

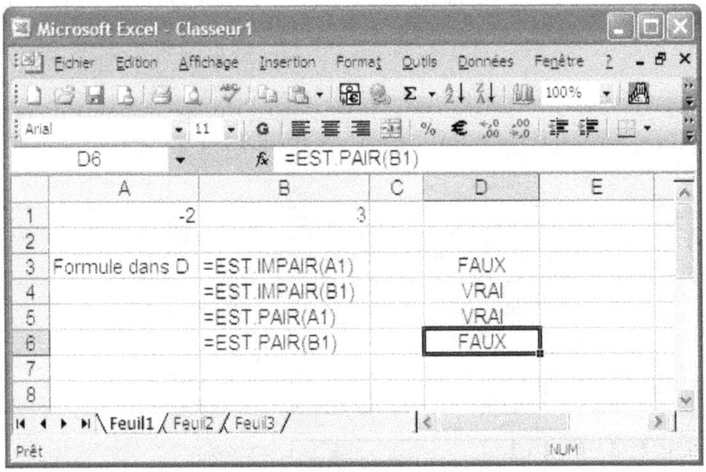

Figure 6.3.

INFORMATIONS

Renvoie des informations sur l'environnement d'exploitation en cours.

Syntaxe :

```
INFORMATIONS("no_type")
```

où **no_type** est le texte spécifiant le type d'information qui doit être renvoyé (tableau 4). Notez qu'il faut écrire INFORMATIONS au pluriel et que le diminutif INFO ne suffit pas.

Tableau 6.4. Fonctions d'informationsInformations sur l'environnement avec la fonction INFORMATIONS

Argument no_type	Renvoie
"cellule"	Référence absolue de style A1 sous forme de texte, avec préfixe $A: pour compatibilité avec Lotus 1-2-3 version 3.x. Renvoie la référence de la dernière cellule visible tout en haut tout à gauche de la fenêtre, en fonction de la position actuelle du curseur de défilement.
"memdispo"	Octets de mémoire disponibles.
"memtot"	Octets de mémoire disponibles, mémoire utilisée comprise.
"memutil"	Quantité de mémoire utilisée par les données.
"nbfich"	Nombre de feuilles de calcul actives dans les classeurs ouverts.
"recalcul"	Mode de recalcul actif ; renvoie les valeurs Automatique ou Manuel.
"repertoire"	Chemin d'accès du répertoire ou dossier en cours. Ne mettez pas d'accent sur le c de répertoire.
"systexpl"	Nom de l'environnement d'exploitation : • Macintosh = " mac " • Windows = " pcdos "
"version"	Version de Microsoft Excel, sous forme de texte.
"versionse"	Version actuelle du système d'exploitation, sous forme de texte.

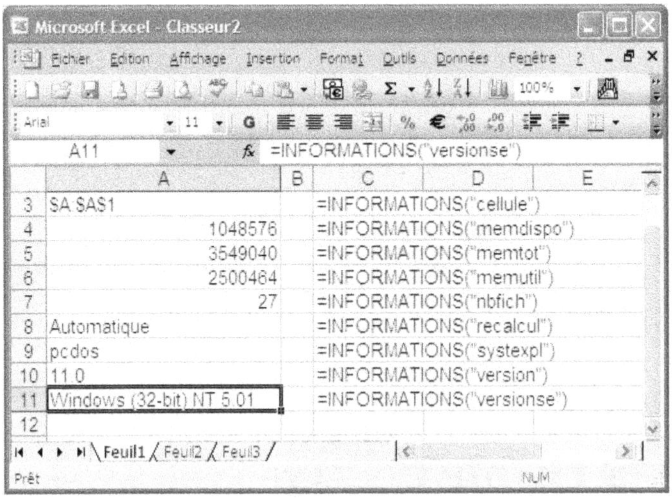

Figure 6.4.

Examinez les exemples ci-dessus reprenant toutes ces variantes.

N

Renvoie une valeur convertie en nombre.

Syntaxe :

`N(valeur)`

où `valeur` est la valeur à convertir.

Les règles de conversion des valeurs sont listées dans le tableau des valeurs en suivant les règles décrites dans le tableau 5.

Tableau 6.5. Fonctions d'informations
Règles de conversion de la fonction N

Si valeur est ou fait référence à	N renvoie
Un nombre	Ce nombre
Une date, dans un des formats de date intégrés à Excel	Le numéro de série de cette date
VRAI	1
FAUX	0
Une valeur d'erreur telle que #DIV/0!	La valeur d'erreur
Toute autre valeur	0

NOTE

En général, il n'est pas nécessaire d'utiliser la fonction N dans une formule car Excel convertit automatiquement les valeurs, si besoin est. Cette fonction permet d'assurer la compatibilité avec d'autres tableurs.

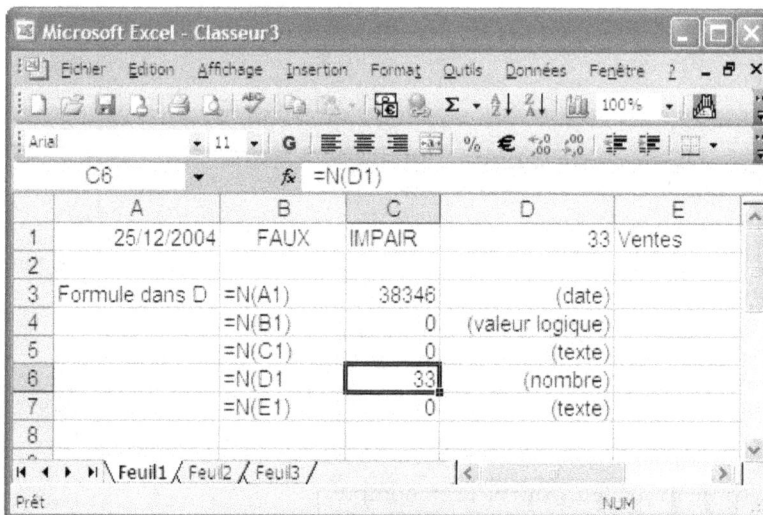

Figure 6.5.

NA

Cette fonction renvoie la valeur d'erreur #N/A signifiant qu'aucune valeur n'est disponible. Elle permet d'assurer la compatibilité avec d'autres tableurs et elle est essentiellement utilisée pour marquer des cellules vides. Taper la valeur #N/A dans les cellules dont on ne connaît pas encore la valeur permet d'éviter d'inclure involontairement des cellules vides dans les calculs. Lorsqu'une formule fait référence à une cellule contenant la valeur #N/A, elle renvoie la valeur d'erreur #N/A.

Syntaxe :

NA( )

TYPE

Renvoie le type de valeur. Cette fonction intervient lorsque le comportement d'une autre fonction dépend du type de valeur contenu dans une cellule spécifique.

Syntaxe :

```
TYPE(valeur)
```

où **valeur** peut être toute valeur acceptée par Excel, par exemple un nombre, du texte, une valeur logique, etc. Type renvoie les informations listées dans le tableau 6.

Tableau 6.6. Fonctions d'informations
Types de valeurs renvoyés par la
fonction TYPE

Si l'argument valeur est	TYPE renvoie
Un nombre	1
Un texte	2
Une valeur logique	4
Une valeur d'erreur	16
Une matrice	64

Vous pouvez utiliser cette fonction pour déterminer si une cellule contient une formule. Elle définit uniquement le type de valeur calculé ou affiché. Si une valeur est une référence à une cellule contenant une formule, la fonction renvoie le type de valeur calculé par la formule.

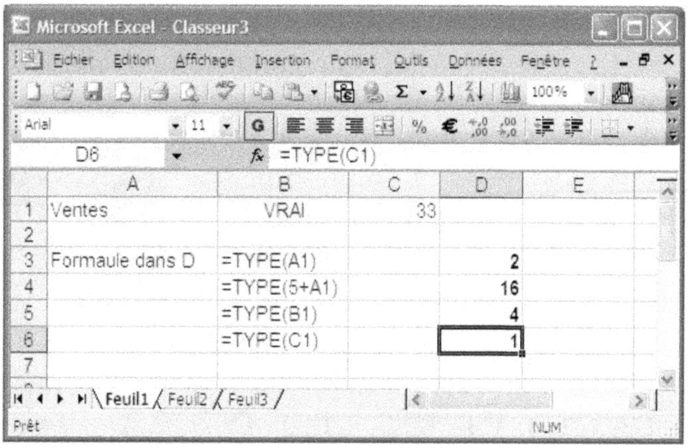

Figure 6.6.

TYPE.ERREUR

Renvoie un nombre correspondant à l'une des valeurs d'erreur d'Excel ou bien encore la valeur #N/A s'il n'y a pas d'erreur (tableau 7). Cette fonction intervient dans une fonction SI pour tester une valeur d'erreur et renvoyer une chaîne de caractères telle qu'un message à la place de la valeur d'erreur.

Syntaxe :

TYPE.ERREUR(valeur)

où **valeur** est la valeur d'erreur dont on veut trouver le numéro. Cet argument, qui peut être une valeur d'erreur proprement dite, est généralement donné sous forme de référence à une cellule contenant une formule à tester.

Tableau 6.7. Fonctions d'informations
Résultat renvoyé par TYPE.ERREUR

Si valeur est égale à	TYPE.ERREUR renvoie
#NUL!	1
#DIV/0!	2
#VALEUR!	3
#REF!	4
#NOM?	5
#NOMBRE!	6
#N/A	7
Une autre valeur	#N/A

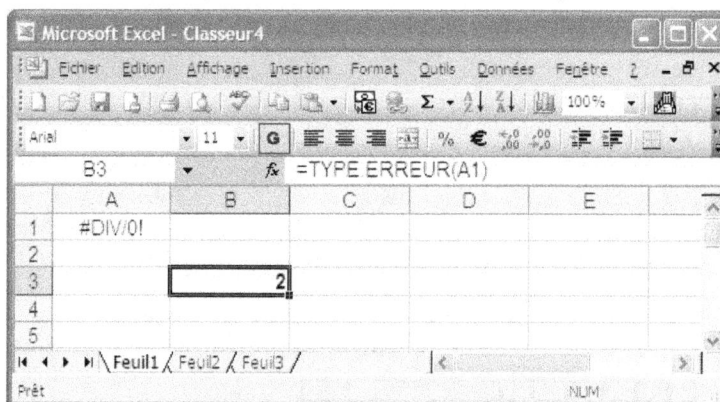

Figure 6.7.

Voici un exemple d'introduction de cette fonction dans une fonction SI avec CHOISIR. On vérifie si la cellule A1 contient l'une des valeurs d'erreur #NUL! ou #DIV/0!. Si tel est le cas, le numéro de la valeur d'erreur est utilisé dans la fonction CHOISIR pour afficher l'un des deux messages ; dans le cas contraire, la valeur d'erreur #N/A est renvoyée :

```
=SI(TYPE.ERREUR(A1)<3;CHOISIR(TYPE.ERREUR(A1);
"L'entrée est incorrecte";"Vous opérez une division par 0"))
```

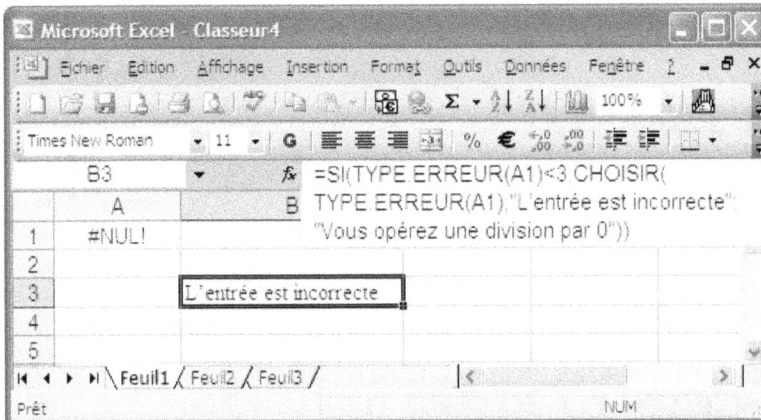

Figure 6.8.

Applications

Trouver le dossier du fichier courant

La fonction INFORMATIONS permet de trouver facilement le chemin d'accès complet du dossier courant. Il suffit d'introduire REPERTOIRE entre guillemets comme argument.

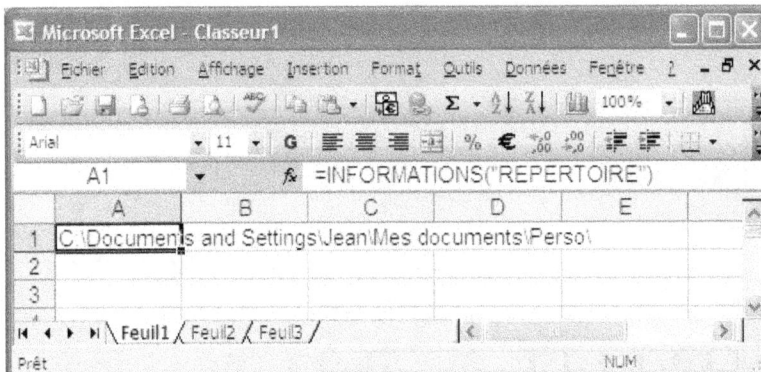

Figure 6.9.

Trouver les cellules avec valeurs monétaires négatives

Si vous avez formaté les cellules contenant des valeurs monétaires afin que les valeurs négatives s'affichent en rouge, vous pouvez aisément les interroger. Le résultat permettra souvent de créer des fonctions conditionnelles.

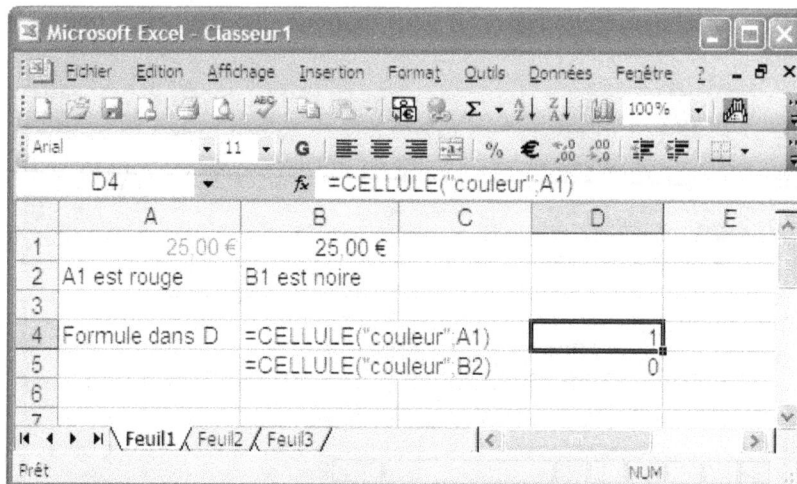

Figure 6.10.

CHAPITRE 7

FONCTIONS LOGIQUES, DE COMPTAGE ET CONDITIONNELLES

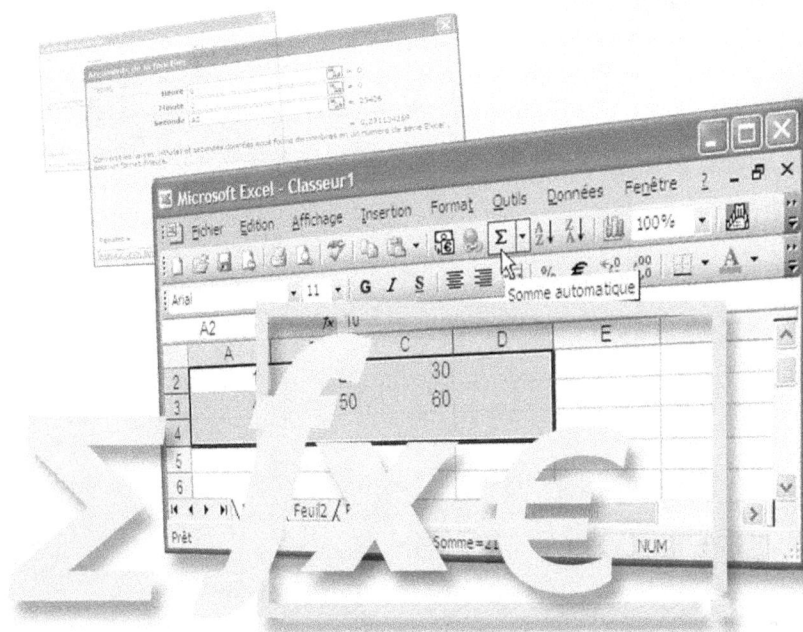

Les fonctions logiques servent à vérifier si une ou plusieurs conditions sont réalisées. Elles sont peu nombreuses et elles interviennent par conséquent dans des formules conditionnelles.

Fonctions logiques

ET	Renvoie VRAI si l'ensemble des arguments est VRAI.
FAUX	Renvoie la valeur logique FAUX.
NON	Inverse la logique de cet argument.
OU	Renvoie VRAI si un argument est VRAI.
SI	Spécifie un test logique à effectuer.
VRAI	Renvoie la valeur logique VRAI.

On pourrait ajouter à cette petite liste des fonctions que vous trouverez avec les fonctions statistiques, sauf SOMME.SI classée avec les fonctions mathématiques :

NB	Détermine les nombres compris dans la liste des arguments.
NB.SI	Compte le nombre de cellules non vides à l'intérieur d'une plage qui répondent à un critère donné.
NB.VIDE	Compte le nombre de cellules vides dans une plage.
NBVAL	Détermine le nombre de valeurs comprises dans la liste des arguments.
SOMME.SI	Additionne des cellules spécifiées si elles répondent à un critère donné.

ET

Renvoie VRAI si tous les arguments sont vrais, ou FAUX si au moins l'un des arguments est faux.

Syntaxe :

`ET(valeur_logique1;valeur_logique2;...)`

où **`valeur_logique1`**,**`valeur_logique2`**,... représentent les 1 à 30 conditions que vous pouvez tester.

Notez que :

- Les arguments doivent être évalués en valeurs logiques, telles que VRAI ou FAUX, ou doivent être des matrices ou des références contenant des valeurs logiques :
  - Si une matrice ou une référence utilisée comme argument contient du texte ou des cellules vides, ces valeurs ne sont pas prises en compte.
  - Si la plage spécifiée ne contient aucune valeur logique, la fonction renvoie la valeur d'erreur **`#VALEUR!`**

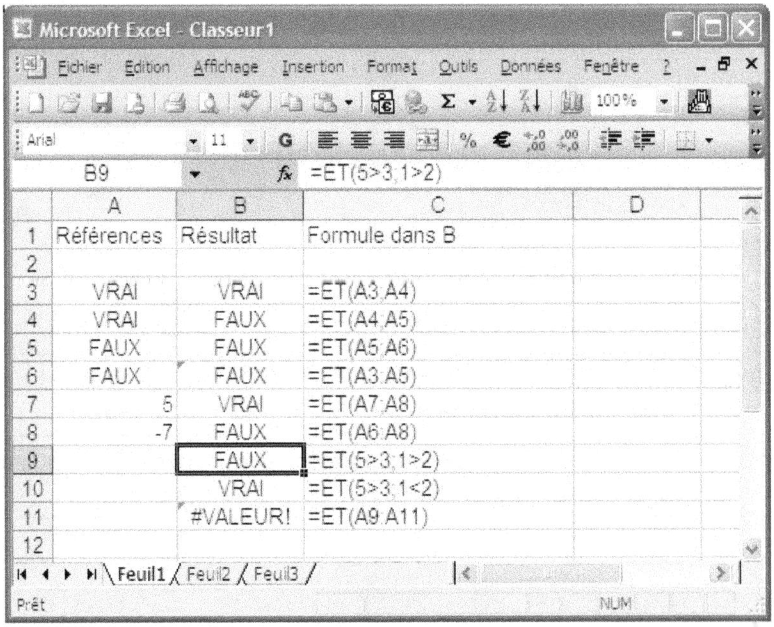

	A	B	C	D
1	Références	Résultat	Formule dans B	
2				
3	VRAI	VRAI	=ET(A3:A4)	
4	VRAI	FAUX	=ET(A4:A5)	
5	FAUX	FAUX	=ET(A5:A6)	
6	FAUX	FAUX	=ET(A3:A5)	
7	5	VRAI	=ET(A7:A8)	
8	-7	FAUX	=ET(A6:A8)	
9		FAUX	=ET(5>3;1>2)	
10		VRAI	=ET(5>3;1<2)	
11		#VALEUR!	=ET(A9:A11)	
12				

Figure 7.1.

FAUX

Renvoie la valeur logique FAUX. Cette fonction ne possède pas d'arguments (mais les parenthèses sont obligatoires).

Syntaxe :

`FAUX( )`

Vous pouvez également taper directement le mot FAUX dans la feuille de calcul ou dans une formule. Excel l'interprète comme étant la valeur logique FAUX.

La fonction FAUX permet avant tout d'assurer la compatibilité avec d'autres tableurs.

NON

Inverse la valeur logique de l'argument.

Syntaxe :

`NON(valeur_logique)`

où `valeur_logique` représente une valeur ou une expression pouvant prendre la valeur VRAI ou FAUX. Si `valeur_logique` a la valeur :

▸ FAUX, NON renvoie VRAI.

▸ VRAI, NON renvoie FAUX.

Exemples :

=NON(FAUX) renvoie VRAI.

=NON(2+2=4) renvoie FAUX.

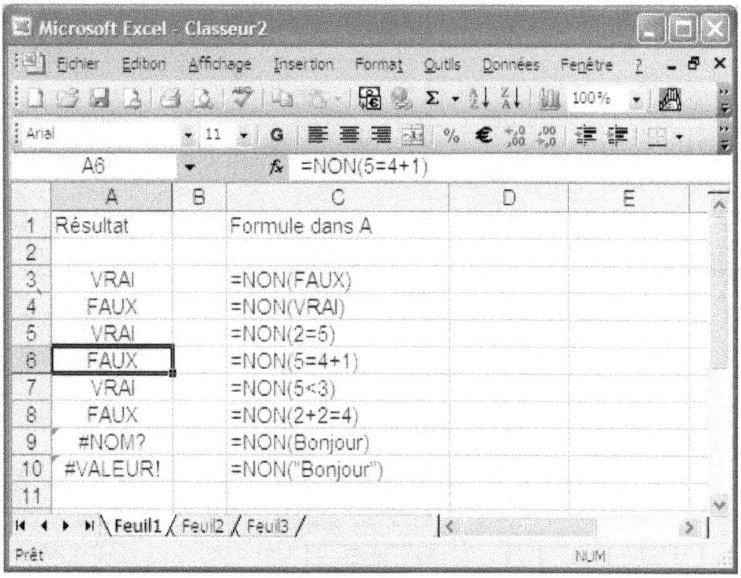

Figure 7.2.

OU

Renvoie la valeur VRAI si au moins un seul argument est vrai, et FAUX si tous les arguments sont faux.

Syntaxe :

`OU(valeur_logique1;valeur_logique2,...)`

où `valeur_logique1`,`valeur_logique2`,... sont les 1 à 30 conditions que vous pouvez tester, et qui peuvent être soit VRAI, soit FAUX.

Notez que :

- Les arguments doivent être évalués en valeurs logiques telles que VRAI ou FAUX ou dans des matrices ou références contenant des valeurs logiques :
  - Si une matrice ou une référence tapée comme argument contient du texte ou des cellules vides, ces valeurs ne sont pas prises en compte.
  - Si la plage spécifiée ne contient aucune valeur logique, la fonction OU renvoie la valeur d'erreur **`#VALEUR!`**
  - Vous pouvez utiliser une formule matricielle OU pour vérifier si une valeur apparaît dans une matrice.

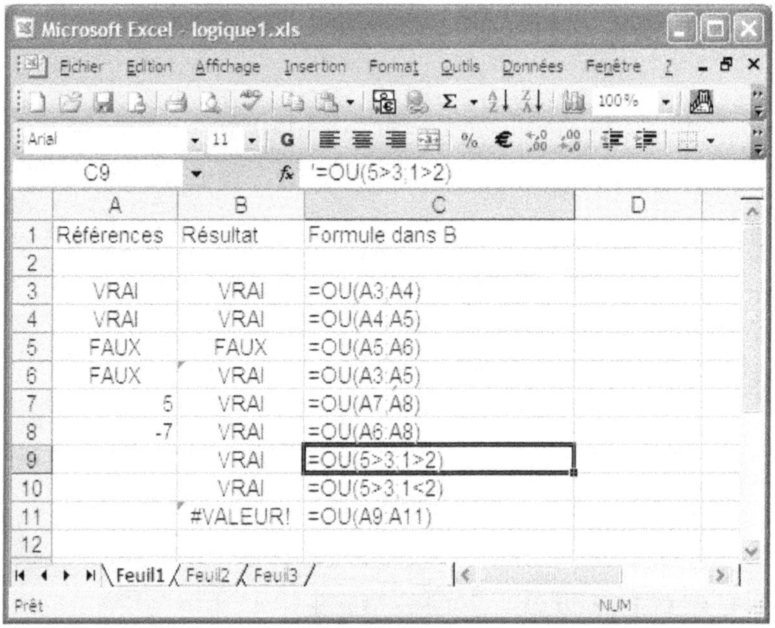

	A	B	C
1	Références	Résultat	Formule dans B
2			
3	VRAI	VRAI	=OU(A3:A4)
4	VRAI	VRAI	=OU(A4:A5)
5	FAUX	FAUX	=OU(A5:A6)
6	FAUX	VRAI	=OU(A3:A5)
7	5	VRAI	=OU(A7:A8)
8	-7	VRAI	=OU(A6:A8)
9		VRAI	=OU(5>3;1>2)
10		VRAI	=OU(5>3;1<2)
11		#VALEUR!	=OU(A9:A11)
12			

Figure 7.3.

SI

Renvoie une valeur selon que la condition que vous spécifiez est VRAI ou FAUX. Cette fonction sert à des tests conditionnels sur des valeurs et des formules.

Syntaxe :

`SI(test_logique;valeur_si_vrai;valeur_si_faux)`

avec :

▸ `test_logique` : toute valeur ou expression dont le résultat peut être VRAI ou FAUX.

▸ `valeur_si_vrai` : la valeur renvoyée si le test logique est VRAI.

▸ `valeur_si_faux` : la valeur renvoyée si le test logique est FAUX.

NOTE

Il est possible d'emboîter jusqu'à 7 fonctions SI comme arguments valeur_si_vrai et valeur_si_faux pour élaborer des tests plus complexes.

Lorsque les arguments `valeur_si_vrai` et `valeur_si_faux` sont évalués, la fonction SI renvoie la valeur transmise par l'exécution de ces instructions.

Si l'un des arguments de la fonction SI est une matrice, chaque élément de la matrice est évalué lorsque l'instruction SI est exécutée.

Voyez page 166 comment créer une fonction SI avec l'assistant.

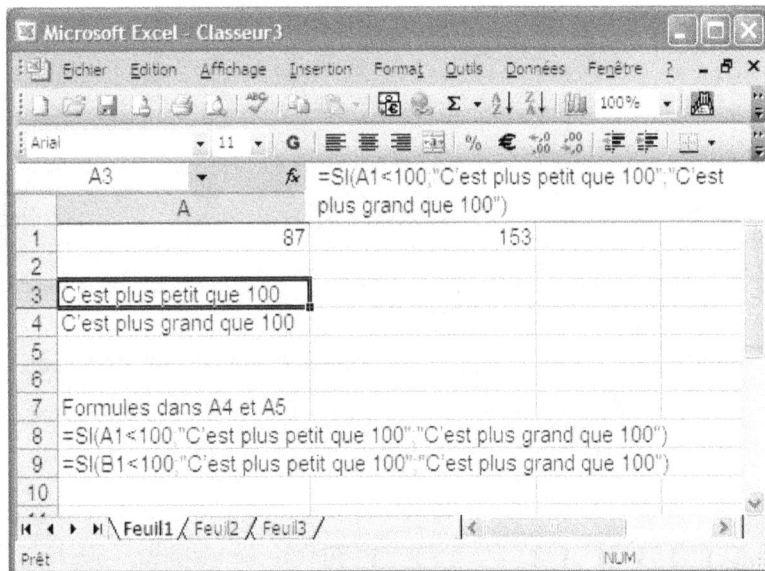

Figure 7.4.

VRAI

Renvoie la valeur logique VRAI. Cette fonction ne possède pas d'arguments. (mais les parenthèses sont obligatoires)

Syntaxe :

`VRAI()`

Vous pouvez taper la valeur VRAI directement dans les cellules et les formules sans utiliser cette fonction. La fonction VRAI permet avant tout d'assurer la compatibilité avec d'autres tableurs.

Applications

Tests logiques avec la fonction SI

Pour entrer une fonction SI, le recours à l'assistant vous permettra de découvrir la gamme des options inhérentes aux conditions. La méthode est la suivante :

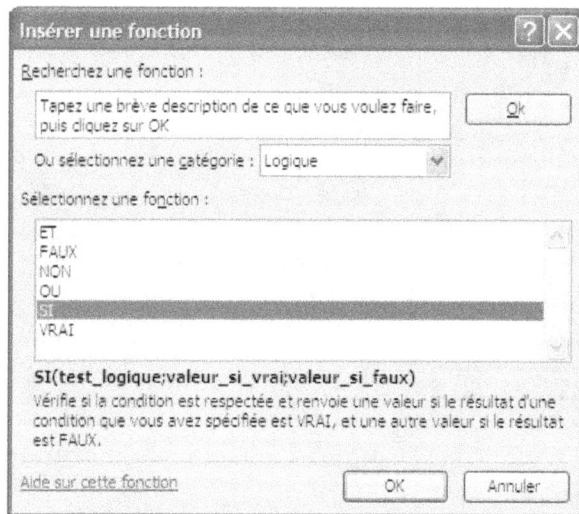

Figure 7.5. Sélectionnez la fonction SI.

1. Cliquez sur la cellule cible pour la sélectionner.

2. Dans la barre de formule, cliquez sur la petite icône **fx** pour ouvrir la première boîte de dialogue **Insérer une fonction** de l'assistant).

3. Dans la liste déroulante **Ou sélectionnez une catégorie**, cliquez sur la collection Logique, puis choisissez `SI` dans la liste Sélectionnez une fonction (figure 7.5).

④ Cliquez sur **OK**. La boîte de dialogue de composition de la fonction apparaît (figure 7.6).

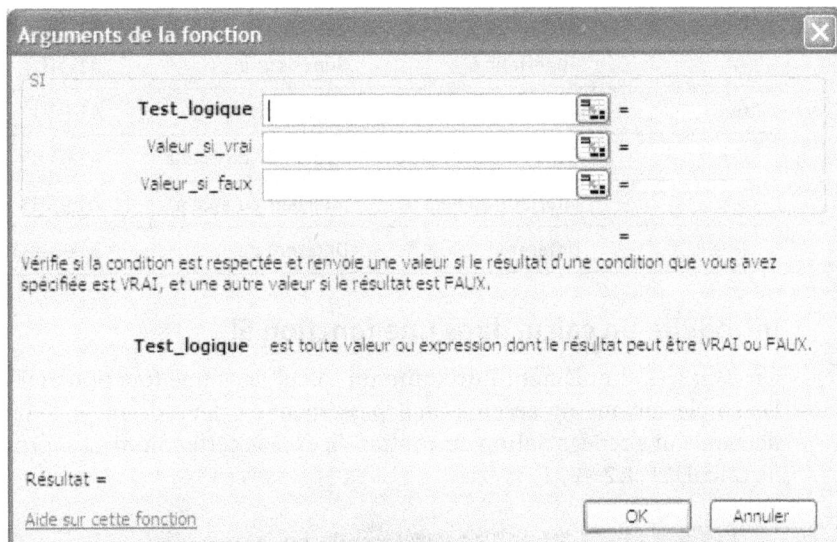

Figure 7.6. La boîte de dialogue Arguments de la fonction.

NOTE

Un test logique se compose de deux opérandes (des valeurs ou des références à des cellules) et d'un opérateur. Les opérateurs sont ceux de comparaison, tels que listés dans le tableau suivant.

---

⑤ Dans la zone `Valeur_si_vrai`, tapez ce qui doit s'afficher dans la cellule si le test est vérifié, si la condition est réputée vraie.

⑥ Dans la zone `Valeur_si_faux`, tapez ce qui doit s'afficher dans la cellule si le test a échoué, si la condition est réputée fausse.

⑦ Cliquez sur OK.

REMARQUE

En entrant une fonction ainsi, vous n'avez pas à vous préoccuper de placer des guillemets. Excel s'en charge automatiquement pour vous.

Opérateurs de comparaison

Opérateur	Caractères	Fonction	Exemple
=	Égal	Egal à	A1=B1
→	Supérieur à	Supérieur à	A1→B1
←	Inférieur à	Inférieur à	A1←B1
→=	Supérieur ou égal à	Supérieur ou égal à	A1→=B1
←=	Inférieur ou égal à	Inférieur ou égal à	A1←=B1
←→	Différent	Différent de	A1←→B1

Introduire un calcul dans une fonction SI

On peut très simplement introduire un calcul dans une fonction SI. Dans l'exemple suivant, on accepte un dépassement du devis de 10 %, mais on demande une renégociation du contrat s'il excède cette somme. La formule de calcul est : A2*1,1.

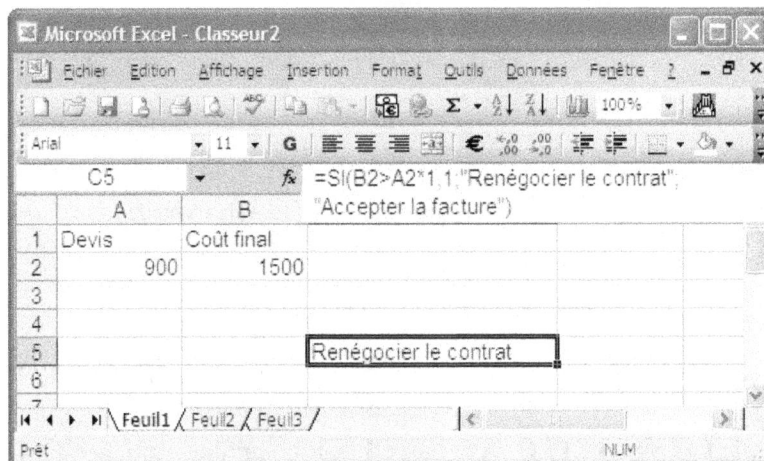

Figure 7.7.

Emboîter des fonctions SI

On peut emboîter plusieurs fonctions SI, jusqu'à sept pour l'argument vrai et autant pour l'argument faux, ce qui permet de choisir entre plusieurs résultats en multipliant le nombre de solutions. Dans l'exemple suivant, on utilise deux fois la fonction SI selon la formule :

```
=SI(B2=A2;"Féliciter
l'architecte";SI(B2>A2*1,1;"Renégocier le
contrat";"Accepter la facture"))
```

On dispose ici de trois solutions, la seule difficulté toute relative consistant à bien placer les parenthèses. On voit que le second SI prend la place d'un argument `Valeur_si_vrai` ou `Valeur_si_faux`.

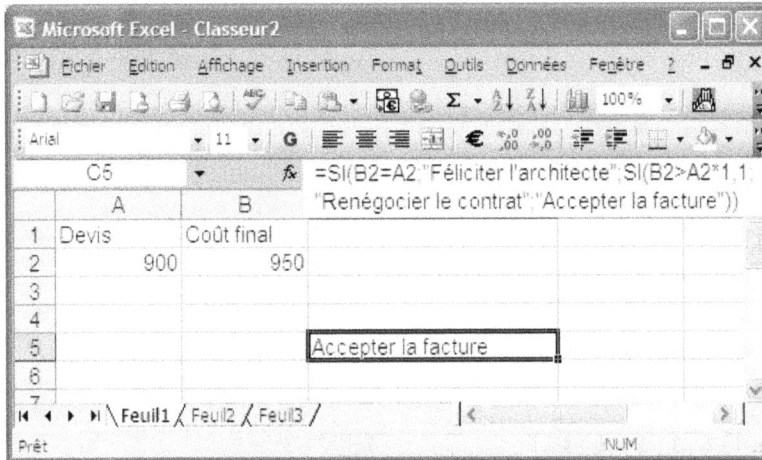

Figure 7.8.

Vous pouvez passer par l'assistant en remplaçant l'un de ces paramètres par une nouvelle condition SI :

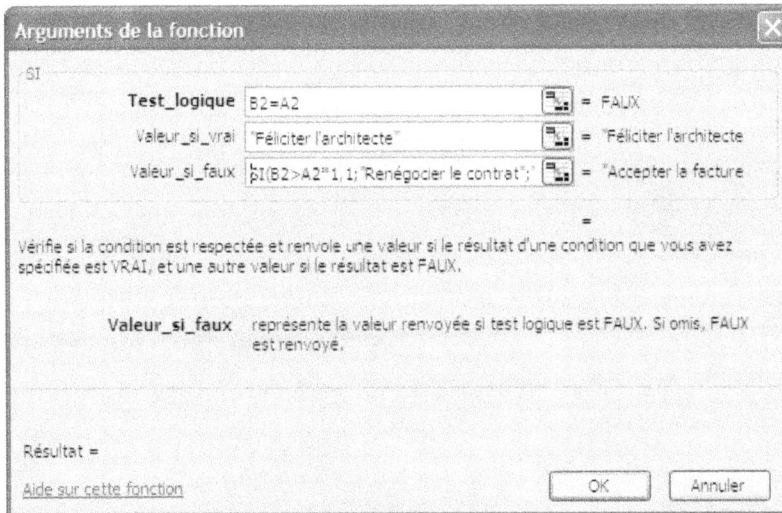

Figure 7.9.

CHAPITRE 8
FONCTIONS MATHÉMATIQUES ET TRIGONOMÉTRIQUES

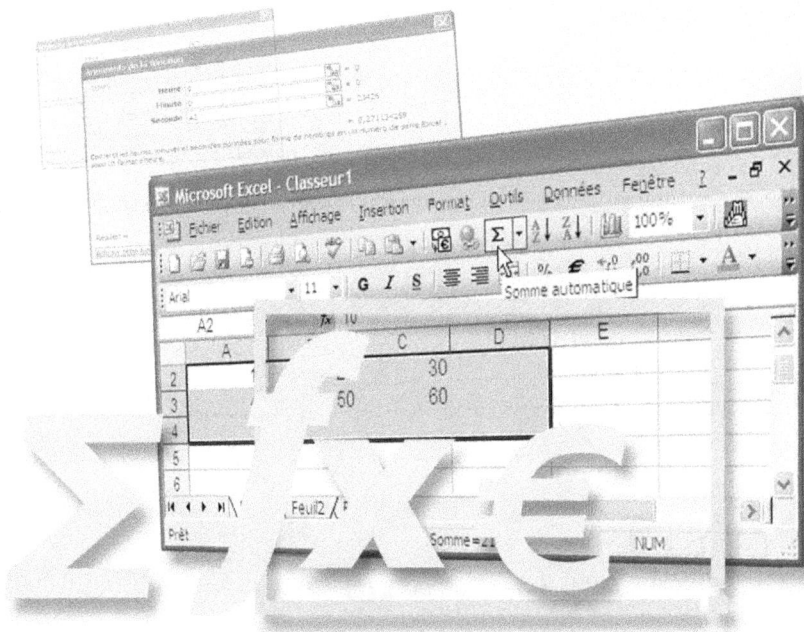

Les fonctions mathématiques et trigonométriques servent à effectuer des calculs simples comme l'arrondi d'un nombre ou la somme d'une série de cellules, ou bien complexes tels que le calcul de la valeur totale d'une plage de cellules répondant à la condition d'une autre plage.

Il est évident que la plupart de ces fonctions, en particulier les trigonométriques, ne concernent que des utilisateurs versés dans la science du calcul.

Ces fonctions possèdent généralement des arguments, mais même s'il n'en existe pas, vous devez placer une paire de parenthèses (sans rien dedans) à la fin.

ATTENTION !

Certaines fonctions peuvent ne pas être disponibles par défaut. Si, lorsque vous posez une fonction, Excel renvoie l'erreur **#NOM!**, c'est que la fonction n'a pas été installée. Dans ce cas, il vous faut lancer la macro complémentaire **Utilitaire d'analyse**, puis activer cette fonction en ouvrant le menu **Outils**, en cliquant la commande **Macros complémentaires**, puis en cochant **Utilitaire d'analyse** (revoyez la figure 3-2, page 65).

Fonctions mathématiques et trigonométriques

ABS	Renvoie la valeur absolue d'un nombre.
ACOS	Renvoie l'arccosinus d'un nombre.
ACOSH	Renvoie le cosinus hyperbolique inverse d'un nombre.
ALEA	Renvoie un nombre aléatoire compris entre 0 et 1.
ALEA.ENTRE.BORNES	Renvoie un nombre aléatoire entre les nombres que vous spécifiez.
ARRONDI	Arrondit un nombre au nombre de chiffres indiqué.
ARRONDI.AU.MULTIPLE	Donne l'arrondi d'un nombre au multiple spécifié.
ARRONDI.INF	Arrondit un nombre en tendant vers 0 (zéro).
ARRONDI.SUP	Arrondit un nombre en s'éloignant de zéro.

ASIN	Renvoie l'arcsinus d'un nombre.
ASINH	Renvoie le sinus hyperbolique inverse d'un nombre.
ATAN	Renvoie l'arctangente d'un nombre.
ATAN2	Renvoie l'arctangente des coordonnées x et y.
ATANH	Renvoie la tangente hyperbolique inverse d'un nombre.
COMBIN	Renvoie le nombre de combinaisons possibles avec un nombre donné d'objets.
COS	Renvoie le cosinus d'un nombre.
COSH	Renvoie le cosinus hyperbolique d'un nombre.
DEGRES	Convertit des radians en degrés.
DETERMAT	Donne le déterminant d'une matrice.
ENT	Arrondit un nombre à l'entier immédiatement inférieur.
EXP	Renvoie e élevé à la puissance d'un nombre donné.
FACT	Renvoie la factorielle d'un nombre.
FACTDOUBLE	Renvoie la factorielle double d'un nombre.
IMPAIR	Renvoie le nombre arrondi à la valeur du nombre entier impair le plus proche en s'éloignant de zéro.
INVERSEMAT	Renvoie la matrice inverse de la matrice spécifiée.
LN	Donne le logarithme népérien d'un nombre.
LOG	Donne le logarithme d'un nombre dans la base spécifiée.
LOG10	Calcule le logarithme en base 10 d'un nombre.
MOD	Renvoie le reste d'une division.
MULTINOMIALE	Calcule la multinomiale d'un ensemble de nombres.

PAIR	Arrondit un nombre au nombre entier pair le plus proche en s'éloignant de zéro.
PGCD	Renvoie le plus grand commun diviseur.
PI	Renvoie la valeur de pi.
PLAFOND	Arrondit un nombre au nombre entier le plus proche ou au multiple le plus proche de l'argument précision en s'éloignant de zéro.
PLANCHER	Arrondit un nombre en tendant vers 0 (zéro).
PPCM	Renvoie le plus petit commun multiple.
PRODUIT	Multiplie ses arguments.
PRODUITMAT	Calcule le produit de deux matrices.
PUISSANCE	Renvoie la valeur du nombre élevé à une puissance
QUOTIENT	Renvoie la partie entière du résultat d'une division.
RACINE	Donne la racine carrée d'un nombre.
RACINE.PI	Renvoie la racine carrée de (nombre * pi).
RADIANS	Convertit les degrés en radians.
ROMAN	Convertit un nombre arabe en nombre romain, sous forme de texte.
SIGNE	Donne le signe d'un nombre.
SIN	Renvoie le sinus d'un nombre.
SINH	Renvoie le sinus hyperbolique d'un nombre.
SOMME	Calcule la somme de ses arguments.
SOMME.CARRÉS	Renvoie la somme des carrés des arguments.
SOMME.SERIES	Renvoie la somme d'une série géométrique.
SOMME.SI	Additionne des cellules spécifiées si elles répondent à un critère donné.
SOMME.X2MY2	Renvoie la somme de la différence des carrés des valeurs correspondantes de deux matrices.

SOMME.X2PY2	Renvoie la somme de la somme des carrés des valeurs correspondantes de deux matrices.
SOMME.XMY2	Renvoie la somme des carrés des différences entre les valeurs correspondantes de deux matrices.
SOMMEPROD	Multiplie les valeurs correspondantes des matrices spécifiées et calcule la somme de ces produits.
SOUS.TOTAL	Renvoie un sous-total dans une liste ou une base de données.
TAN	Renvoie la tangente d'un nombre.
TANH	Renvoie la tangente hyperbolique d'un nombre.
TRONQUE	Renvoie la partie entière d'un nombre.

Notez que les fonctions MOYENNE, MAX, MIN, NB et NBVAL sont classées non pas en tant que fonctions mathématiques mais en tant que fonctions statistiques.

ABS

Cette fonction renvoie la valeur absolue d'un nombre, donc ce nombre sans son signe.

Syntaxe :

ABS(nombre)

où **nombre** est le nombre réel dont vous voulez obtenir la valeur absolue.

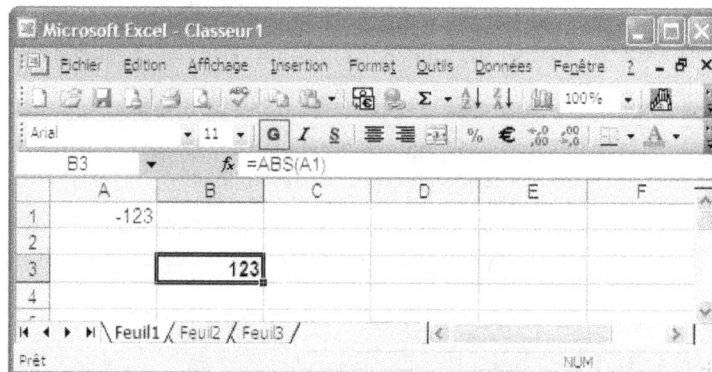

Figure 8.1.

Si vous voulez connaître le signe affecté à un nombre, utilisez la fonction SIGNE.

ACOS

Renvoie l'arc d'un nombre dont le cosinus est fournit en argument. L'angle renvoyé, exprimé en radians, est compris entre 0 (zéro) et pi.

Syntaxe :

`ACOS(nombre)`

où **nombre** est le cosinus de l'angle compris entre -1 et 1. Pour convertir les radians en degrés, vous devez multiplier le résultat par 180/PI().

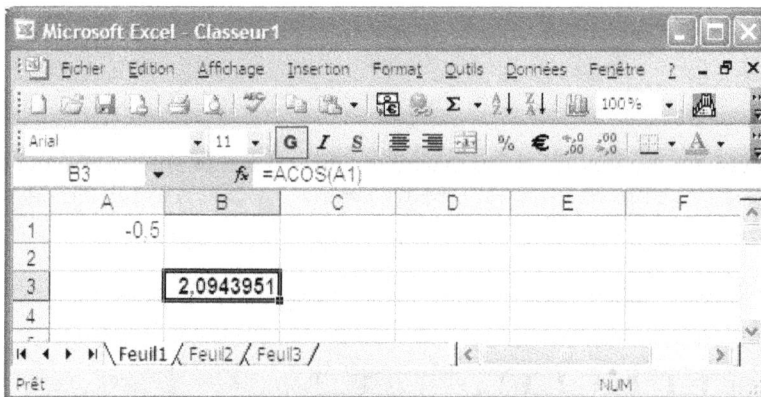

Figure 8.2.

ACOSH

Renvoie le cosinus hyperbolique inverse d'un nombre. L'argument nombre doit être supérieur ou égal à 1.

Syntaxe

`ACOSH(nombre)`

où **nombre** est une valeur égale ou supérieure à 1.

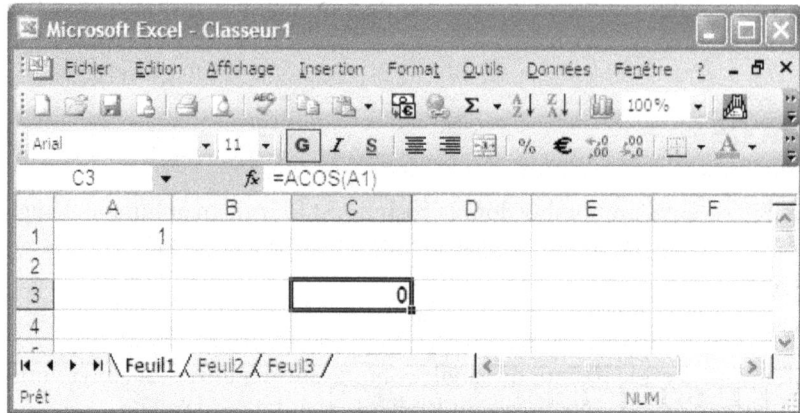

Figure 8.3.

ALEA

Renvoie un nombre aléatoire supérieur ou égal à 0 et inférieur à 1. Un nouveau nombre aléatoire est renvoyé chaque fois que la feuille de calcul est recalculée.

Syntaxe :

ALEA( )

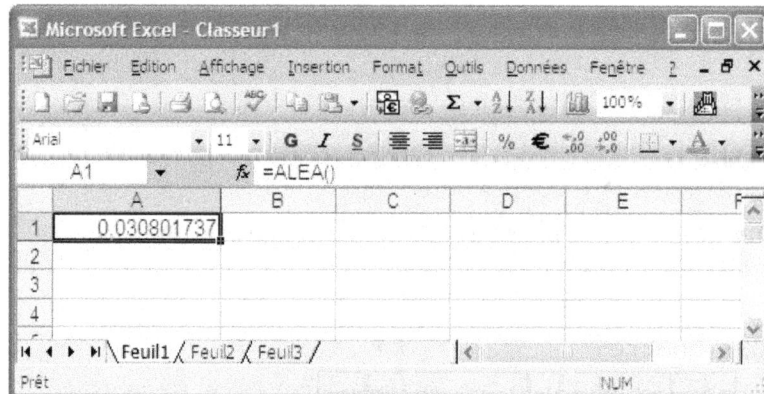

Figure 8.4.

ALEA.ENTRE.BORNES

Renvoie un nombre entier aléatoire entre les nombres que vous spécifiez. Un nouveau nombre aléatoire est renvoyé chaque fois que la feuille est recalculée. Si cette fonction n'est pas disponible, exécutez la macro complémentaire Utilitaire d'analyse, puis activez cette dernière via la commande Macros complémentaires du menu Outils.

Syntaxe :

`ALEA.ENTRE.BORNES(min;max)`

avec :

▸ `min` : le plus petit nombre entier que la fonction peut renvoyer.

▸ `max` : le plus grand nombre entier que la fonction peut renvoyer.

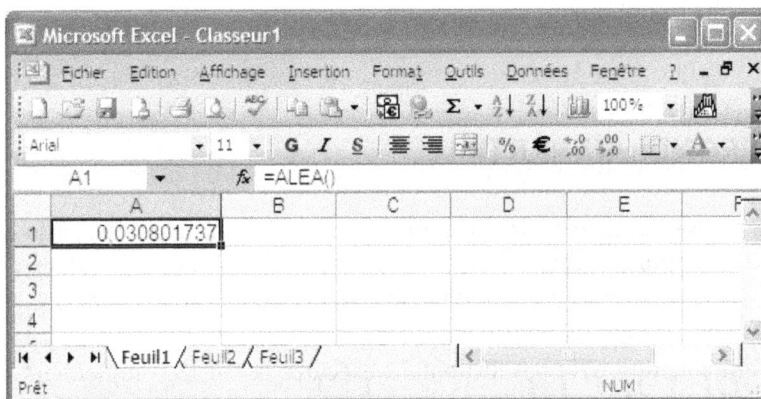

Figure 8.5.

ARRONDI

Arrondit un nombre au nombre de chiffres indiqué.

Syntaxe :

`ARRONDI(nombre;no_chiffres)`

où :

▸ `nombre` : le nombre à arrondir.

▸ `no_chiffres` : le nombre de chiffres auquel vous voulez arrondir nombre. Si no_chiffres est :

- Supérieur à o (zéro), nombre est arrondi au nombre de décimales indiqué.

- Égal à o, nombre est arrondi au nombre entier le plus proche.

- Inférieur à o, nombre est arrondi à gauche de la virgule.

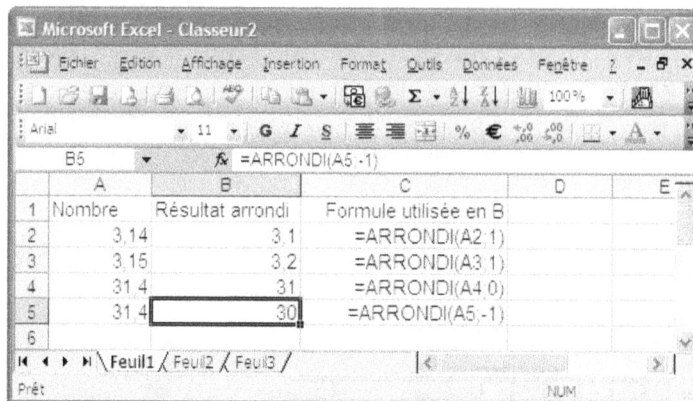

Figure 8.6.

ARRONDI.AU.MULTIPLE

Astucieuse, cette fonction retourne l'arrondi d'un nombre, mais au multiple le plus proche spécifié. En effet, elle arrondit en s'éloignant de zéro si le reste de la division de nombre par `multiple` est supérieur ou égal à la moitié de la valeur de multiple.

Si cette fonction n'est pas disponible, exécutez la macro complémentaire **Utilitaire d'analyse**, puis activez-la via la commande **Macros complémentaires** du menu **Outils**.

Syntaxe :

`ARRONDI.AU.MULTIPLE(nombre;multiple)`

avec :

▸ `nombre` : la valeur à arrondir.

▸ `multiple` : le multiple auquel vous souhaitez arrondir nombre.

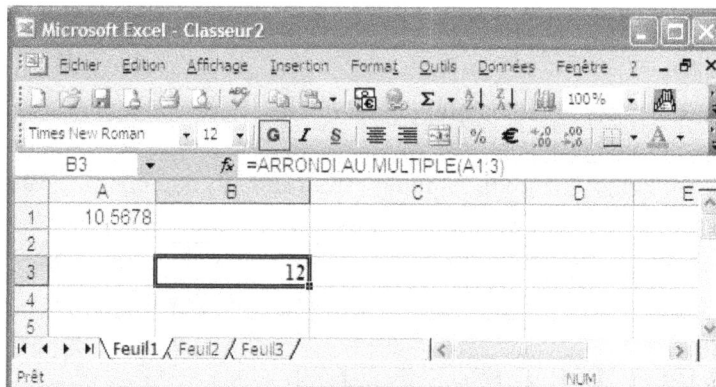

Figure 8.7.

Notez que l'argument `multiple` :

▸ Peut être décimal, par exemple 0,5.

▸ Il peut aussi être négatif, mais dans ce cas, le nombre doit aussi être négatif.

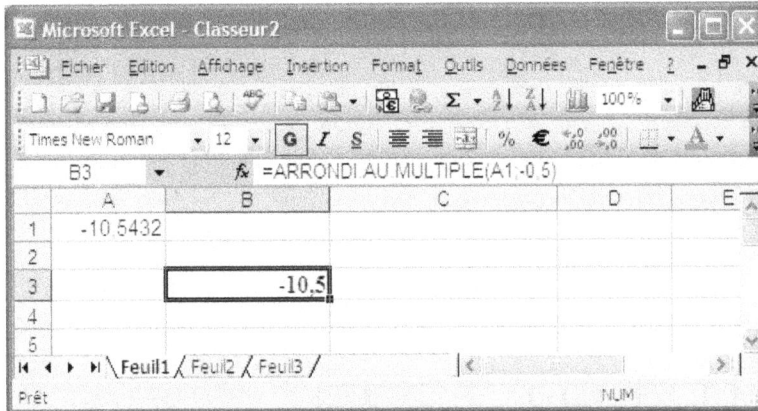

Figure 8.8.

ARRONDI.INF

Arrondit un nombre en tendant vers 0 (zéro). Cette fonction est semblable à la fonction ARRONDI, excepté qu'elle arrondit toujours le nombre en le réduisant.

Syntaxe :

`ARRONDI.INF(nombre;no_chiffres)`

avec :

▸ `nombre` représente un nombre réel quelconque à arrondir en tendant vers zéro.

▸ `no_chiffres` représente le nombre de chiffres à prendre en compte pour arrondir l'argument nombre. Si cet argument est :

  ■ Supérieur à 0 (zéro), le nombre est arrondi à la valeur entière immédiatement inférieure (ou supérieure pour les nombres négatifs) et comporte le nombre de décimales spécifié.

  ■ Égal à 0 ou omis, le nombre est arrondi au nombre entier immédiatement inférieur (ou supérieur pour les nombres négatifs). Si vous omettez ce paramètre, placez quand même le point-virgule (;).

- Inférieur à 0, le nombre est arrondi à la valeur immédiatement inférieure (ou supérieure si négative) par incrémentations de 10, 100, etc. en fonction de la valeur de no_chiffres. Par exemple, -1 arrondit par pas de 10, -2 arrondit par pas de 100, etc.

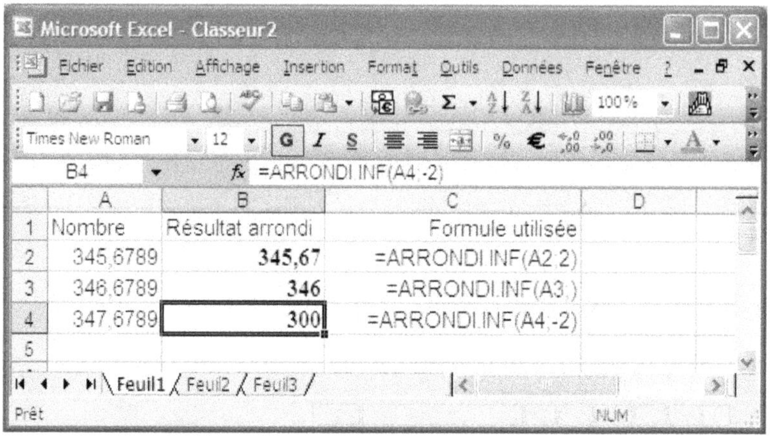

Figure 8.9.

ARRONDI.SUP

C'est la fonction symétrique de ARRONDI.INF, puisqu'elle arrondit un nombre en s'éloignant de 0 (zéro), cette fois, donc en le portant à l'arrondi supérieur..

Syntaxe :

ARRONDI.SUP(nombre;no_chiffres)

avec :

▸ **nombre** représente un nombre réel quelconque à arrondir en tendant vers zéro.

▸ **no_chiffres** représente le nombre de chiffres à prendre en compte pour arrondir l'argument nombre. Si cet argument est :

- Supérieur à 0 (zéro), le nombre est arrondi à la valeur entière immédiatement supérieure (ou inférieure pour les nombres négatifs) et comporte le nombre de décimales spécifié.

- Égal à 0 ou omis, le nombre est arrondi au nombre entier immédiatement supérieur (ou inférieur pour les nombres négatifs). Si vous omettez ce paramètre, placez quand même le point-virgule (;).

■ Inférieur à 0, le nombre est arrondi à la valeur immédiatement supérieure (ou inférieure si négative) par incrémentations de 10, 100, etc. en fonction de la valeur de **no_chiffres**. Par exemple, -1 arrondit par pas de 10, -2 arrondit par pas de 100, etc.

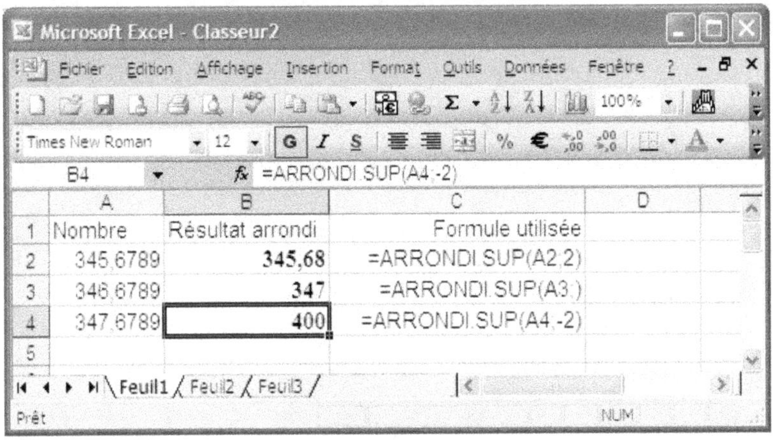

Figure 8.10.

ASIN

Renvoie l'arc sinus d'un nombre. L'arc sinus est l'angle dont le sinus est l'argument **nombre**. L'angle renvoyé, exprimé en radians, est compris entre -PI/2 et PI/2.

Syntaxe :

ASIN(nombre)

où **nombre** représente le sinus de l'angle. Il doit être compris entre -1 et 1.

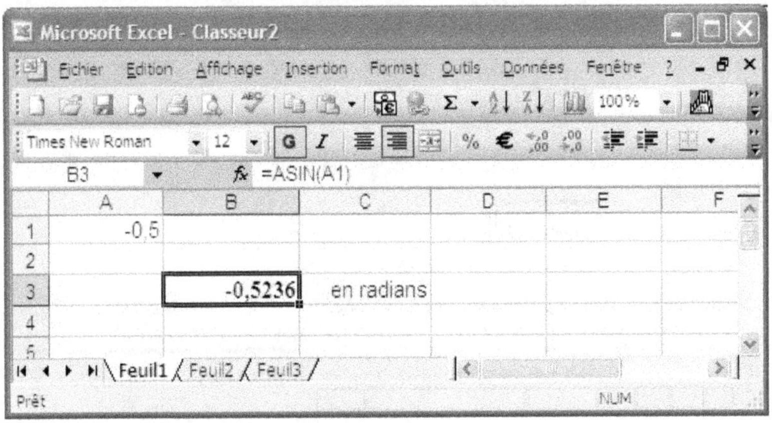

Figure 8.11.

Pour convertir les radians en degrés, multipliez le résultat par 180/PI( ) ou utilisez la fonction DEGRES. Voyez les exemples d'application à la fin de ce chapitre, ou l'exemple suivant.

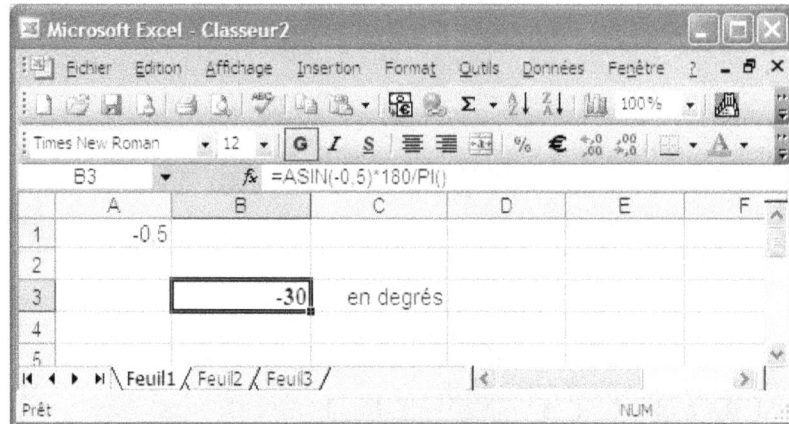

Figure 8.12.

ASINH

Renvoie le sinus hyperbolique inverse d'un nombre.

Syntaxe :

ASINH(nombre)

où **nombre** est n'importe quel nombre réel.

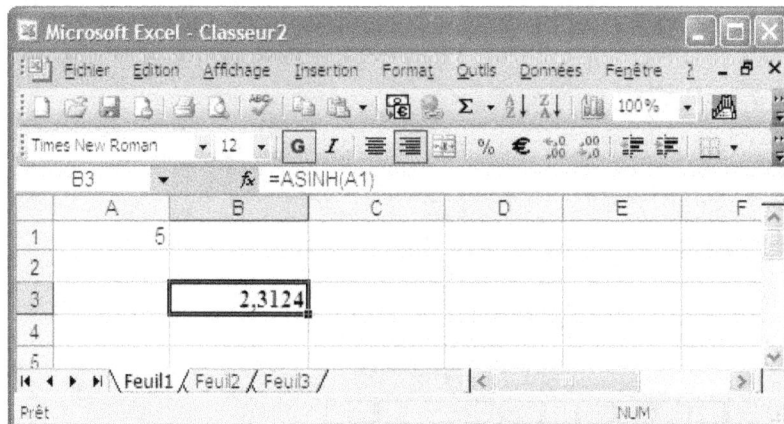

Figure 8.13.

ATAN

Renvoie l'arc tangente exprimé en radians d'un nombre compris entre -PI/2 et PI/2.

Syntaxe :

`ATAN(nombre)`

où **nombre** est la tangente de l'angle.

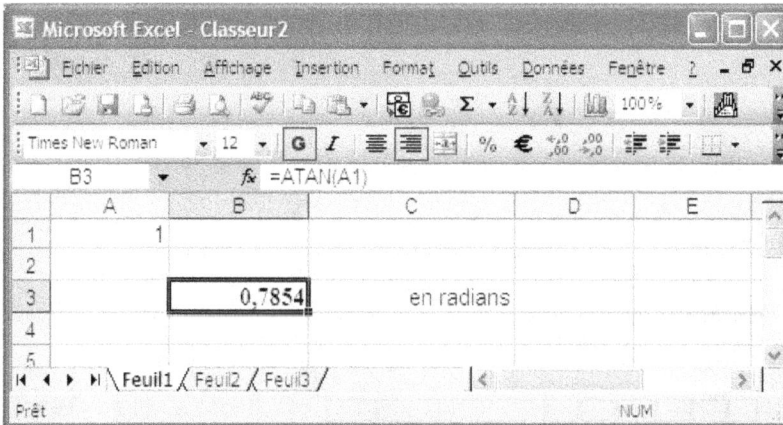

Figure 8.14.

Pour convertir les radians en degrés, multipliez le résultat par 180/PI( ) ou utilisez la fonction DEGRES. Voyez les exemples d'application à la fin de ce chapitre, ou l'exemple suivant.

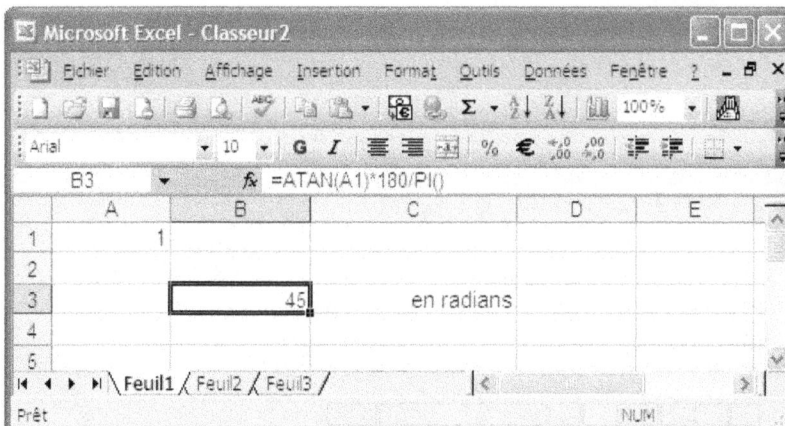

Figure 8.15.

ATAN2

Renvoie l'arc tangente exprimé en radians des coordonnées **x** et **y** spécifiées, compris entre -PI et PI, -pi non inclus. L'arctangente est l'angle formé par l'axe des abscisses (x) et une droite passant par l'origine (0, 0) et un point dont les coordonnées sont (no_x, no_y).

Syntaxe :

ATAN2(no_x;no_y)

avec :

▸ no_x : l'abscisse du point (coordonnée sur l'axe des x).

▸ no_y : l'ordonnée du point (coordonnée sur l'axe des y).

Un résultat positif représente un angle formé dans le sens inverse des aiguilles d'une montre à partir de l'axe des abscisses, tandis qu'un résultat négatif représente un angle formé dans le sens des aiguilles d'une montre.

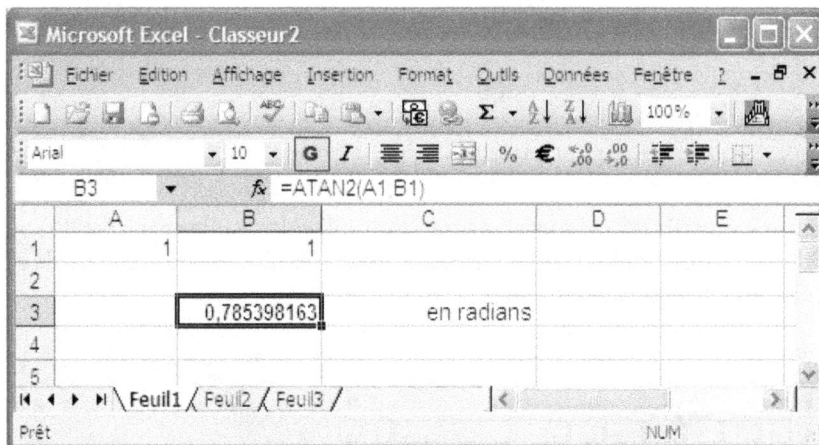

Figure 8.16.

Si no_x et no_y sont égaux à 0, ATAN2 renvoie la valeur d'erreur #DIV/0!

Pour convertir en degrés, multipliez le résultat par 180/PI( ) ou utilisez la fonction DEGRES. Voyez les exemples d'application à la fin de ce chapitre, ou l'exemple suivant.

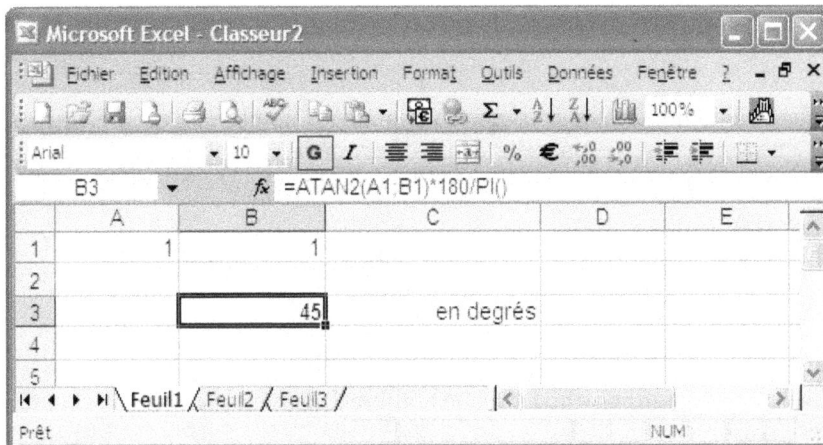

Figure 8.17.

ATANH

Renvoie la tangente hyperbolique inverse d'un nombre compris entre -1 et 1 (valeurs non comprises).

Syntaxe :

`ATANH(nombre)`

où **nombre** est un nombre réel quelconque compris entre -1 et 1.

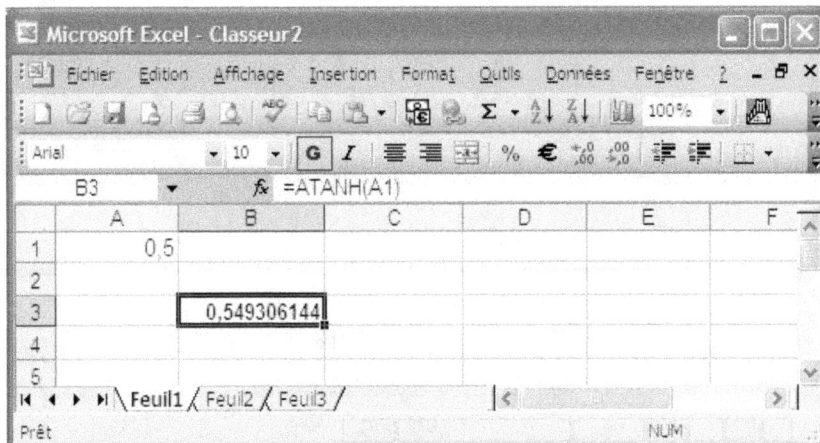

Figure 8.18.

COMBIN

Renvoie le nombre de combinaisons pour un nombre donné d'éléments. Cette fonction sert essentiellement à déterminer le nombre total de groupes qu'il est possible de former à partir d'un nombre donné d'éléments.

Syntaxe :

`COMBIN(nombre_éléments;no_éléments_choisis)`

avec :

▸ `nombre_éléments` : le nombre d'éléments.

▸ `no_éléments_choisis` : le nombre d'éléments dans chaque combinaison.

Les arguments numériques sont tronqués à leur partie entière. Par ailleurs :

▸ Si l'un des arguments n'est pas numérique, COMBIN renvoie la valeur d'erreur **#VALEUR !**

▸ Si `nombre_éléments` < 0, `no_éléments_choisis` < 0 ou `nombre_éléments` < `no_éléments_choisis`, COMBIN renvoie la valeur d'erreur **#NOMBRE !**

L'écran suivant montre comment un groupe de 4 personnes, par exemple, peut être combiné par équipes de 2.

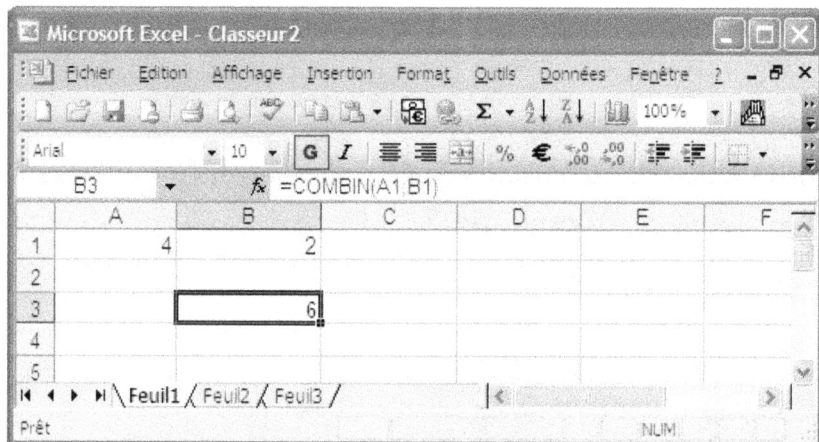

Figure 8.19.

COS

Renvoie le cosinus de l'angle spécifié.

Syntaxe :

`COS(nombre)`

où **nombre** représente l'angle, exprimé en radians, dont on cherche le cosinus.

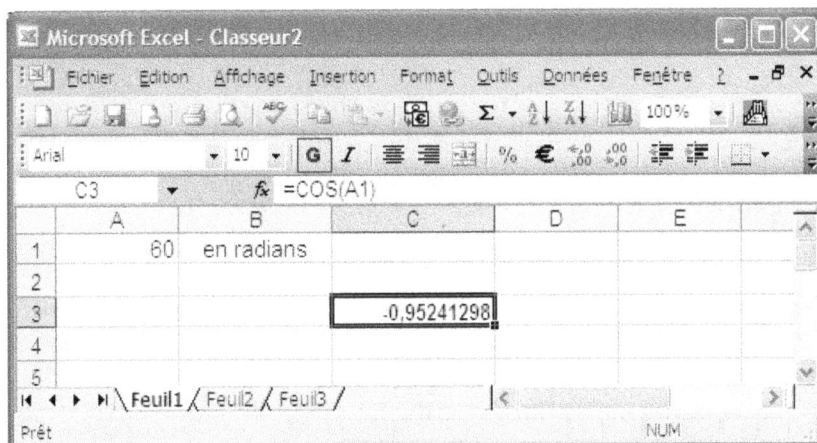

Figure 8.20.

Si l'angle est mesuré en degrés, multipliez-le par PI()/180 ou utilisez la fonction DEGRES pour le convertir en radians. Voyez les exemples d'application à la fin de ce chapitre, ou l'exemple suivant.

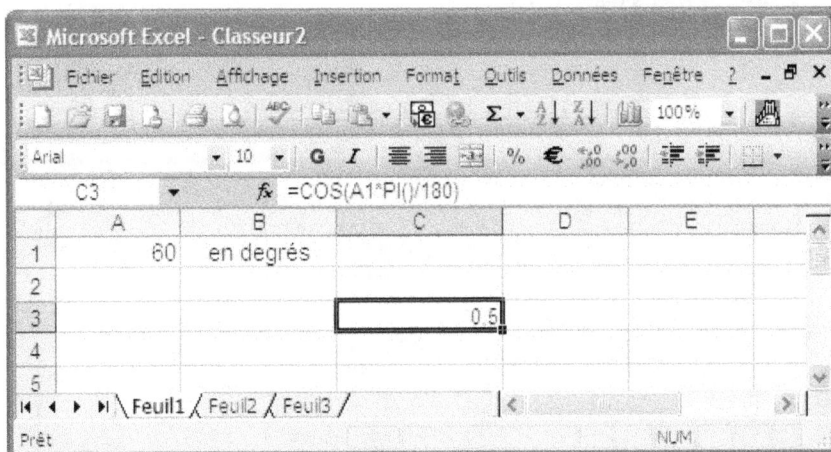

Figure 8.21.

COSH

Renvoie le cosinus hyperbolique d'un nombre réel.

Syntaxe :

COSH(nombre)

où **nombre** est n'importe quel nombre réel dont on cherche le cosinus hyperbolique.

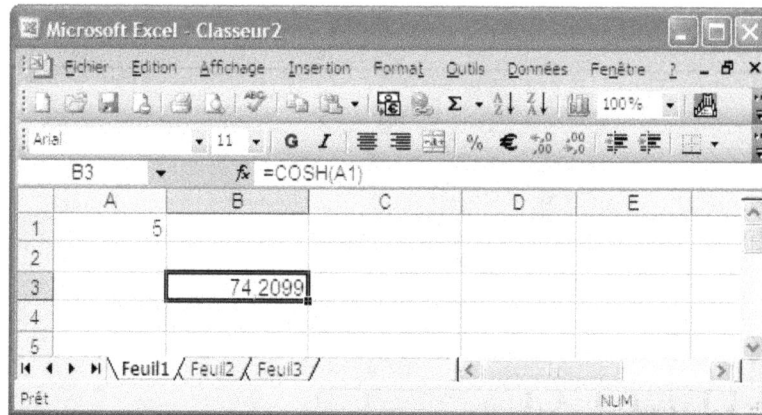

Figure 8.22.

DEGRES

Cette fonction convertit tout simplement les radians en degrés.

Syntaxe :

DEGRES(angle)

où **angle** est l'angle, en radians, à convertir en degrés.

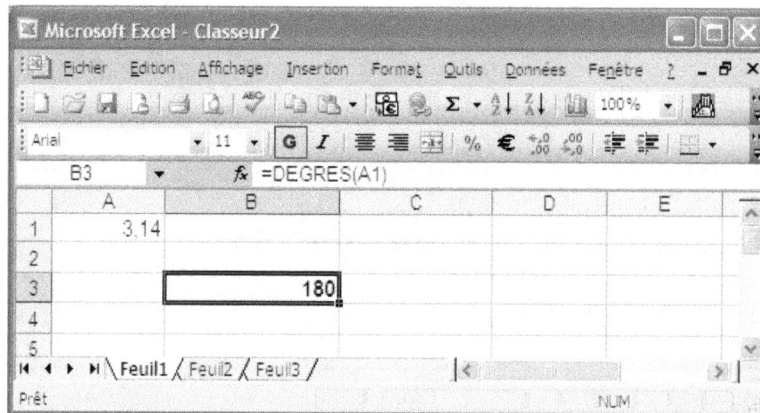

Figure 8.23.

La conversion inverse, degrés en radians, s'effectue avec la fonction RADIANS.

DETERMAT

Donne le déterminant d'une matrice. Les déterminants de matrice sont généralement utilisés pour résoudre des systèmes d'équations mathématiques à plusieurs variables. La fonction DETERMAT est calculée avec une précision d'environ 16 décimales.

Syntaxe :

```
DETERMAT(matrice)
```

où `matrice` représente une matrice numérique comportant un nombre égal de lignes et de colonnes. Cet argument peut être donné sous la forme d'une plage de cellules (par exemple A1:D4), d'une constante matricielle (par exemple {1,2,3;4,5,6;7,8,9}) ou d'un nom se référant à l'un ou l'autre de ces types de données.

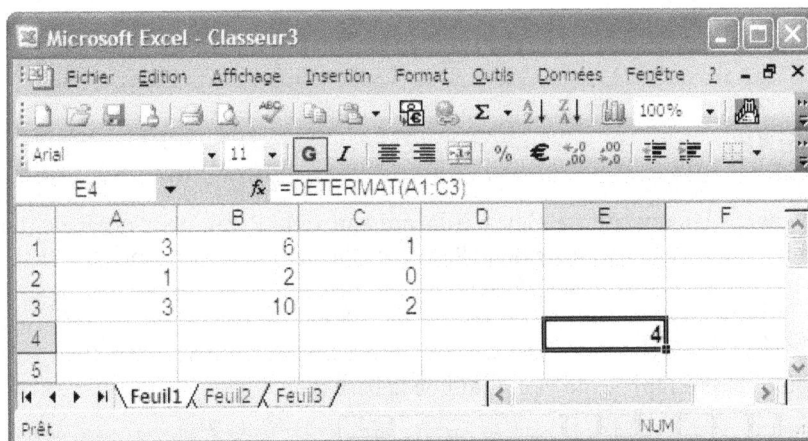

Figure 8.24.

Si une des cellules de cette matrice est vide ou contient du texte, ou si la matrice ne comporte pas un nombre égal de lignes et de colonnes, DETERMAT renvoie la valeur d'erreur **#VALEUR !**

ENT

Arrondit un nombre réel à l'entier immédiatement inférieur.

Syntaxe :

`ENT(nombre)`

où **nombre** est le nombre réel à arrondir à l'entier immédiatement inférieur.

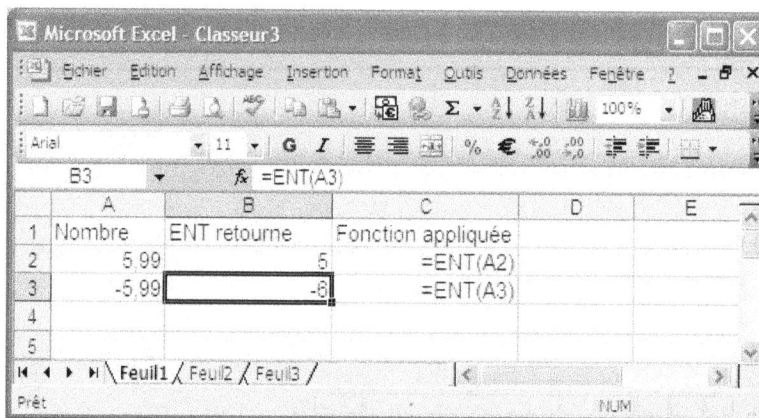

Figure 8.25.

EXP

Renvoie la constante **e** élevée à la puissance de l'argument **nombre**. La constante **e** est égale à 2,71828182845904, la base du logarithme népérien.

Syntaxe :

`EXP(nombre)`

où **nombre** représente l'exposant de la base e.

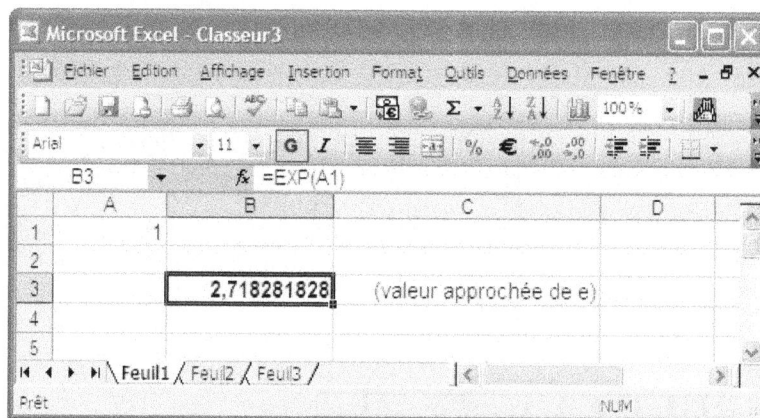

Figure 8.26.

EXP est la fonction inverse de LN, le logarithme népérien de l'argument nombre, ce qui permet, en associant ces deux fonctions, de retourner la même valeur :

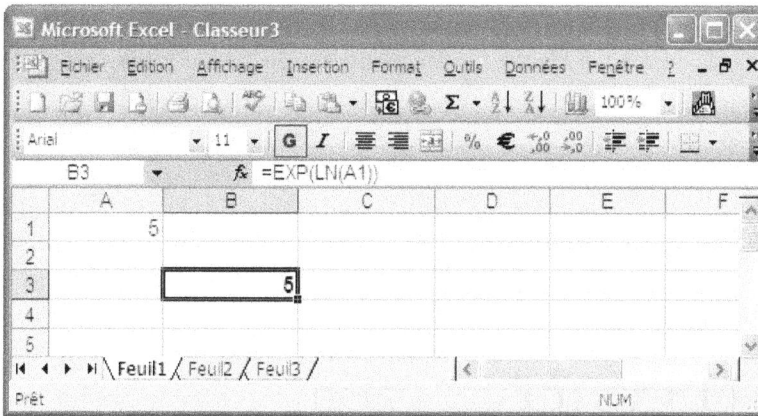

Figure 8.27.

Pour élever à la puissance d'autres bases, utilisez l'opérateur accent circonflexe (^).

FACT

Retourne la factorielle d'un nombre.

Syntaxe :

`FACT(nombre)`

où **nombre** est un nombre non négatif.

Si nombre n'est pas un nombre entier, il est tronqué à sa partie entière.

La factorielle de 5 est le produit 1*2*3*4*5.

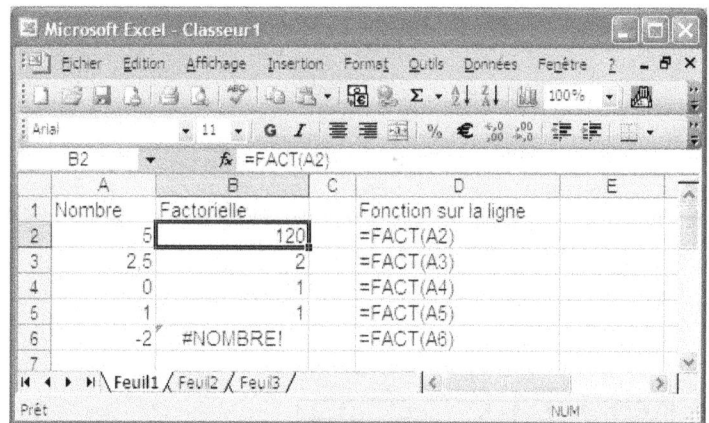

Figure 8.28.

FACTDOUBLE

Renvoie la factorielle double d'un nombre. Si cette fonction n'est pas disponible, exécutez la macro complémentaire **Utilitaire d'analyse**, puis activez-la via la commande **Macros complémentaires** du menu **Outils**.

Syntaxe :

FACTDOUBLE(nombre)

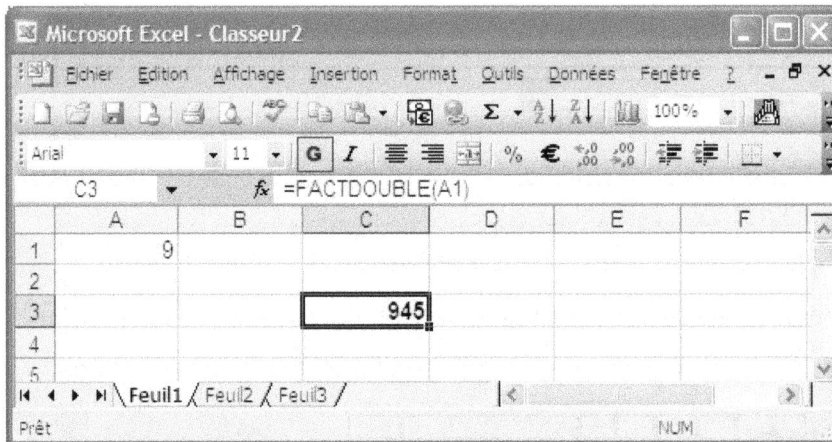

Figure 8.29.

IMPAIR

Renvoie le nombre donné arrondi à la valeur du nombre entier impair le plus proche en s'éloignant de zéro (donc, vers la valeur supérieure).

Syntaxe :

IMPAIR(nombre)

où nombre représente la valeur à arrondir.

Quel que soit le signe de **nombre**, la valeur est arrondie en s'éloignant de zéro. Si **nombre** est déjà un nombre entier impair, il n'est pas arrondi.

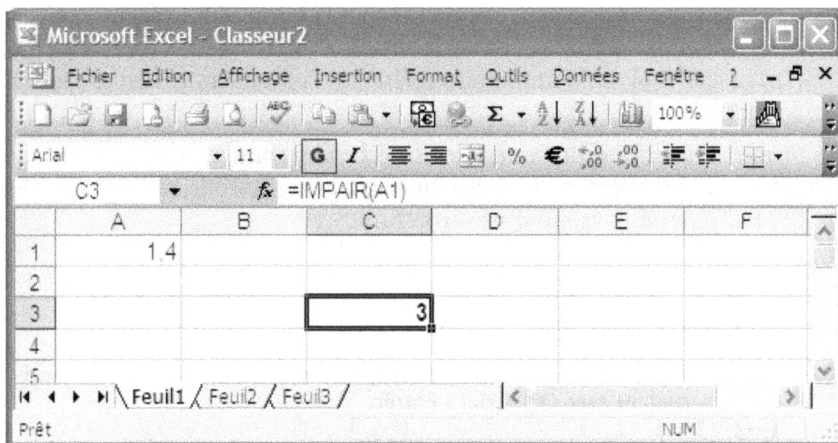

Figure 8.30.

Si **nombre** est négatif, la fonction IMPAIR s'éloigne aussi de 0. Par exemple
`IMPAIR(-2)` retourne **-3**.

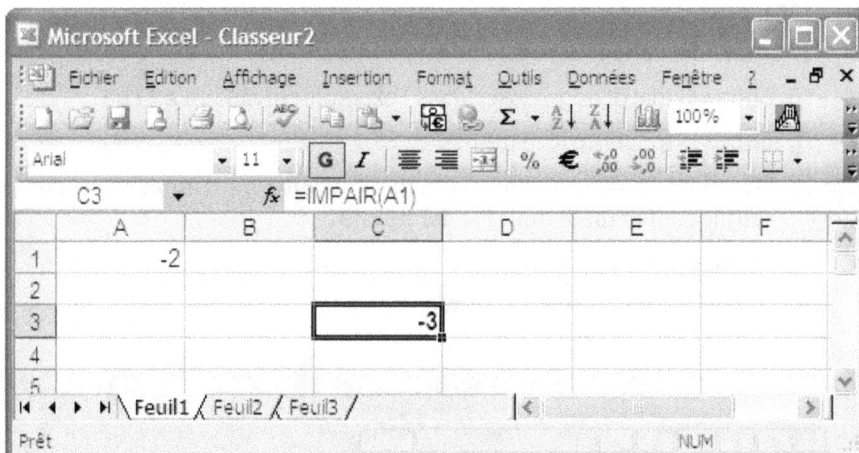

Figure 8.31.

INVERSEMAT

Renvoie la matrice inverse de la matrice spécifiée.

Syntaxe :

`INVERSEMAT(matrice)`

où **matrice** représente une matrice numérique comportant un nombre
égal de lignes et de colonnes.

L'argument `matrice` peut être donné sous la forme d'une plage de cellules (par exemple A1:D4), d'une constante matricielle (par exemple {1,2,3;4,5,6;7,8,9}) ou d'un nom se référant à l'un ou l'autre de ces types de données.

Si une des cellules de cette matrice est vide, contient du texte ou si la matrice ne comporte pas un nombre égal de lignes et de colonnes INVERSEMAT renvoie la valeur d'erreur #VALEUR!

ATTENTION

Les formules qui renvoient des matrices doivent être tapées sous forme matricielle en validant avec **Ctrl + Maj + Entrée**.

Comme les déterminants, les matrices inverses sont généralement utilisées pour résoudre des systèmes d'équations mathématiques à plusieurs inconnues.

Pour calculer cette fonction :

1️⃣ Entrez la matrice à inverser, dans l'exemple suivant en **A2:B3**.

2️⃣ Entrez la fonction, ici dans **D2**.

3️⃣ Sélectionnez l'espace pour la matrice inverse, en commençant par la cellule contenant la fonction, ici **D2:E3**.

4️⃣ Appuyez sur **F2**.

5️⃣ Appuyez sur **Ctrl + Maj + Entrée**.

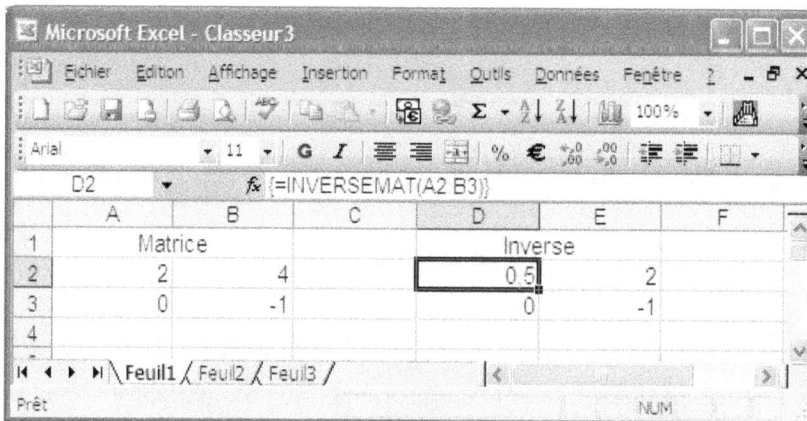

Figure 8.32.

INVERSEMAT est calculée avec une précision d'environ 16 décimales, ce qui peut entraîner une faible erreur numérique en cas d'annulation imparfaite. Les matrices carrées dont le déterminant est égal à 0 ne peuvent pas être inversées.

LN

Calcule le logarithme népérien d'un nombre. Les logarithmes népériens sont ceux dont la base est la constante **e** valant 2,71828182845904.

Syntaxe :

`LN(nombre)`

où **nombre** représente le nombre réel positif dont on cherche le logarithme népérien.

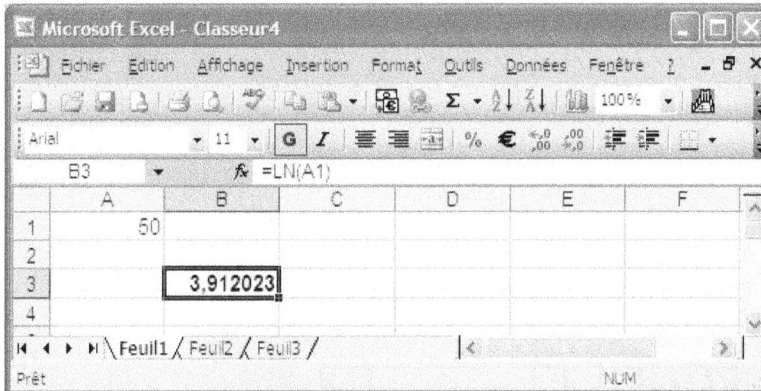

Figure 8.33.

LN est la fonction réciproque de la fonction EXP :

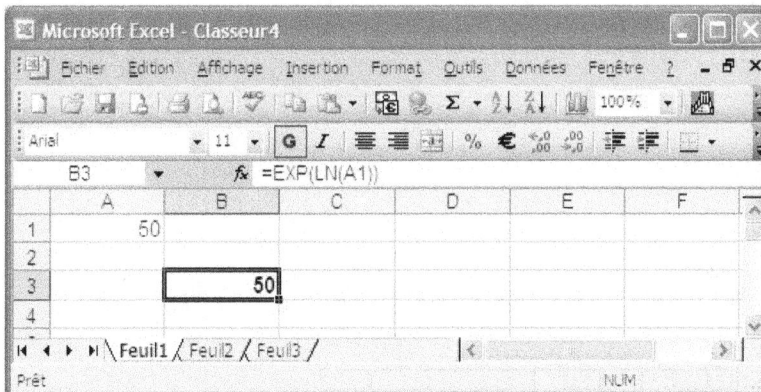

Figure 8.34.

LOG

Renvoie le logarithme d'un nombre selon la base spécifiée.

Syntaxe :

`LOG(nombre;base)`

avec :

▸ `nombre` : un nombre réel positif dont on cherche le logarithme.

▸ `base` : la base du logarithme. Si base est omis, la valeur par défaut est 10.

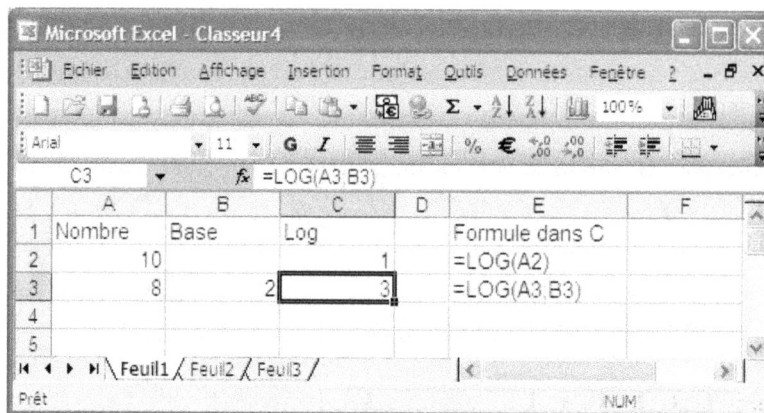

Figure 8.35.

LOG10

Calcule le logarithme à base 10 d'un nombre.

Syntaxe :

`LOG10(nombre)`

où `nombre` représente un nombre réel positif dont on cherche le logarithme en base 10. Si ce n'est pas un réel positif, la fonction retourne `#NOMBRE !`

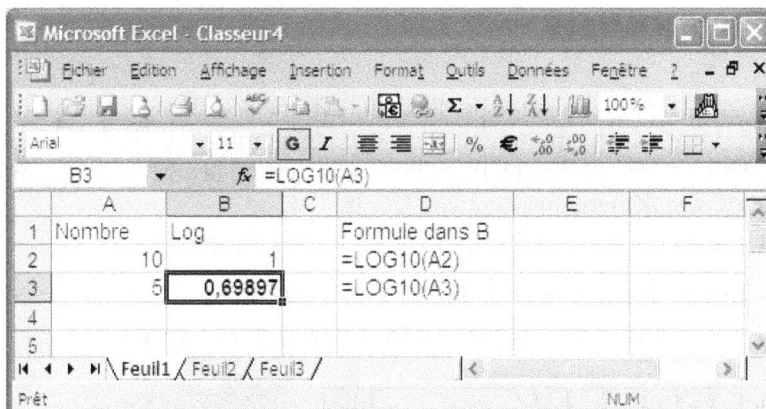

Figure 8.36.

MOD

MOD provient de **modulo**. Cette fonction renvoie le reste d'une division, celle de l'argument **nombre** par l'argument **diviseur**. Le résultat est du même signe que diviseur.

Si le second argument est 0 (zéro), la fonction retourne la valeur d'erreur #DIV/0!

Syntaxe :

MOD(nombre;diviseur)

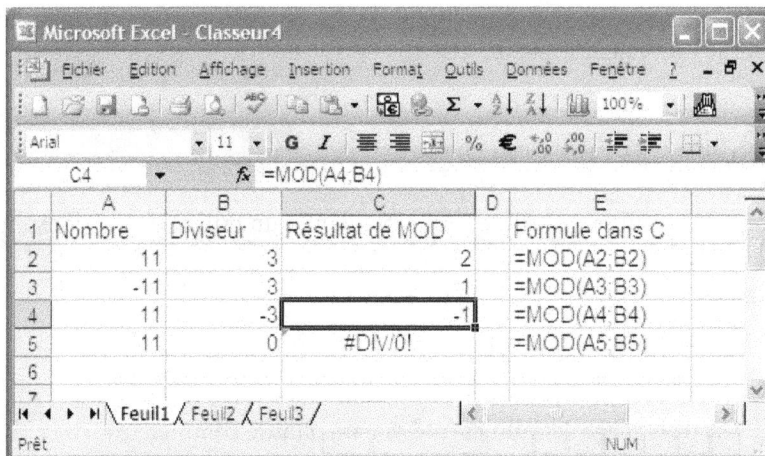

Figure 8.37.

MULTINOMIALE

Renvoie le rapport de la factorielle d'une somme de valeurs sur le produit des factorielles. Si cette fonction n'est pas disponible, exécutez la macro complémentaire **Utilitaire d'analyse**, puis activez-la via la commande **Macros complémentaires** du menu **Outils**.

Syntaxe :

MULTINOMIALE(nombre1;nombre2;...)

où **nombre1**, **nombre2** et la suite peuvent être de 1 à 29 nombres.

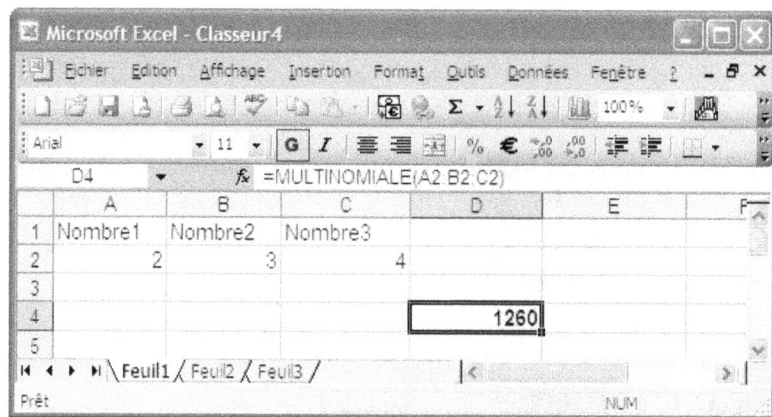

Figure 8.38.

Si un argument est non numérique ou s'il est inférieur à 1, la fonction retourne une valeur d'erreur.

NB.SI

Compte le nombre de cellules qui répondent à un critère donné dans une plage spécifiée.

Syntaxe :

NB.SI(plage;critère)

Avec :

- **plage** : la plage de cellules intervenant dans le compte.
- **critère** : le critère exprimé sous la forme d'un nombre, d'une expression ou d'un texte, qui sert à déterminer les cellules à compter.

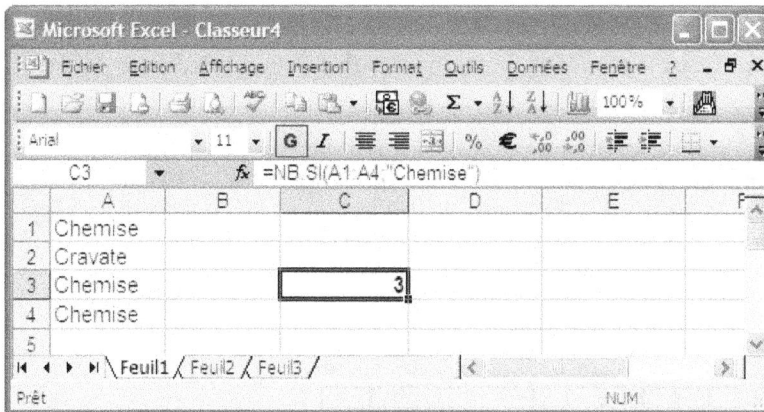

Figure 8.39.

Dans cet exemple, la plage est **A1:A4** et le critère est **"Chemise"**

PAIR

Renvoie l'argument **nombre** après l'avoir arrondi au nombre entier pair supérieur le plus proche. La fonction symétrique est IMPAIR.

Syntaxe :

PAIR(nombre)

où **nombre** représente la valeur à arrondir.

Quel que soit le signe de **nombre**, la valeur est arrondie en s'éloignant de zéro. Si **nombre** est déjà un nombre entier pair, aucun arrondi n'est effectué.

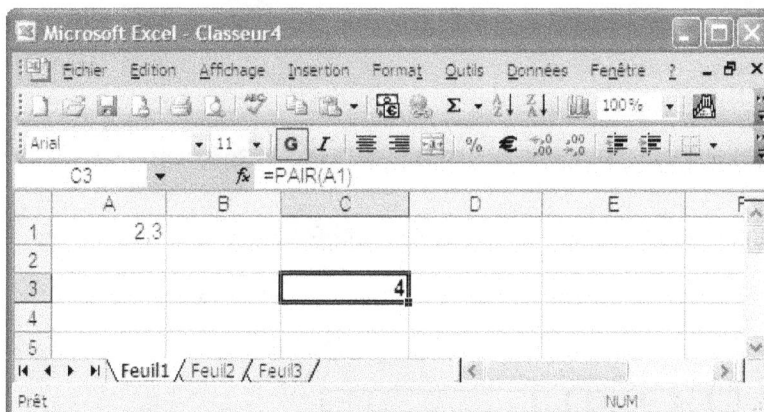

Figure 8.40.

Exemple : =PAIR(3,5) retourne 4.

Si **nombre** est négatif, la fonction IMPAIR s'éloigne aussi de 0.

Par exemple =`PAIR(-2,3)` retourne **-4**.

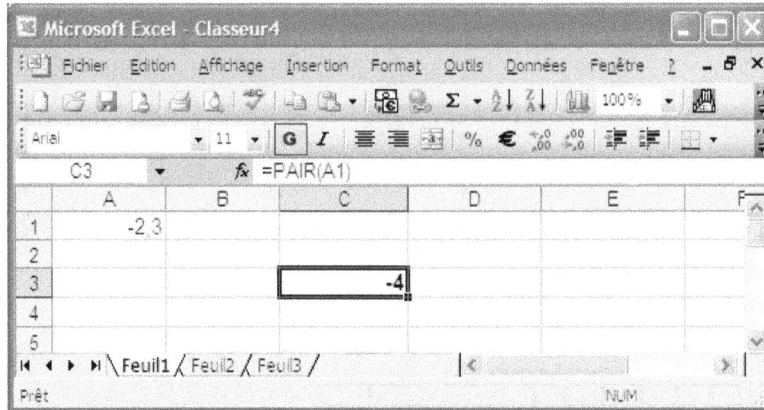

Figure 8.41.

PGCD

Renvoie le plus grand commun diviseur de plusieurs nombres entiers. Le plus grand commun diviseur est le nombre entier le plus grand qui puisse diviser **nombre1** et **nombre2** sans qu'il y ait de reste, ce que vous devriez savoir si vous gardez un bon souvenir de vos bancs d'école élémentaire.

Si cette fonction n'est pas disponible, exécutez la macro complémentaire **Utilitaire d'analyse**, puis activez-la via la commande **Macros complémentaires** du menu **Outils**.

Syntaxe :

PGCD(nombre1;nombre2;...)

où **nombre1**, **nombre2**,... représentent entre 1 et 29 valeurs. Si une valeur n'est pas un nombre entier, elle est tronquée à sa partie entière.

Rappelez-vous qu'un nombre premier n'admet pas d'autre diviseur que lui-même et l'unité (1).

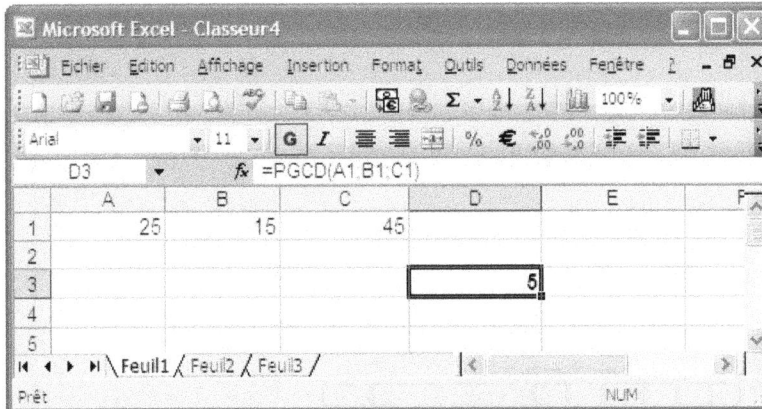

Figure 8.42.

PI

Renvoie la valeur 3,14159265358979, la constante **pi**, avec une précision de 15 décimales. Cette fonction, comme certaines autres, ne possède pas d'argument mais les parenthèses sont obligatoires ; elles peuvent contenir un espace.

Syntaxe :

PI( )

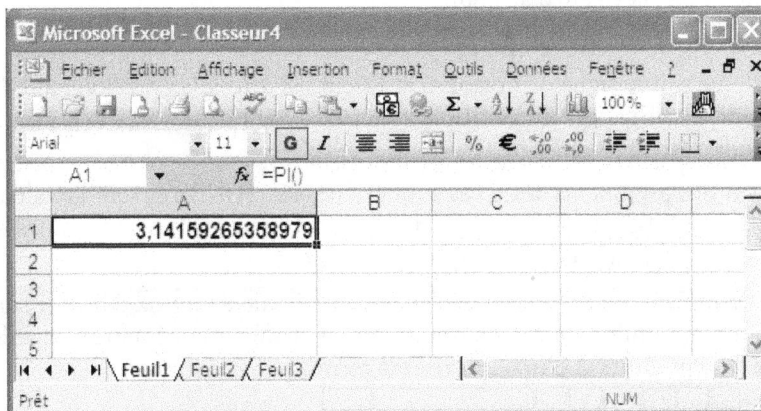

Figure 8.43.

On peut l'inclure dans une autre fonction, par exemple dans SIN pour trouver la valeur de sin PI/2, comme dans l'exemple de la page suivante.

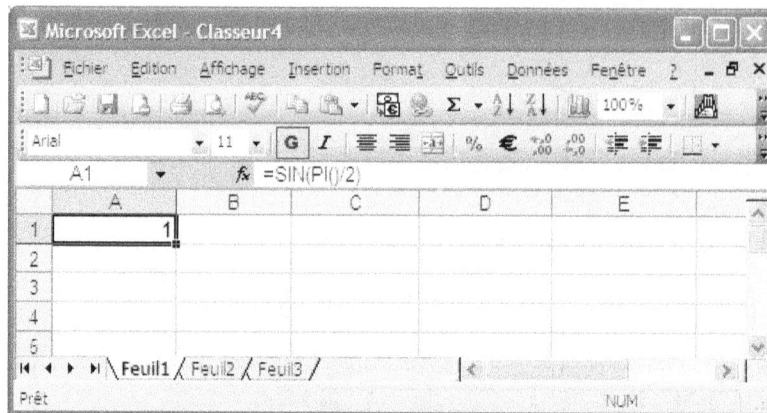

Figure 8.44.

PLAFOND

Renvoie l'argument **nombre** arrondi au multiple le plus proche de l'argument précision, et ce en s'éloignant de zéro.

Syntaxe :

`PLAFOND(nombre;précision)`

avec :

- **nombre** : la valeur à arrondir.
- **précision** : le multiple pour l'arrondi.

Quel que soit le signe de **nombre**, la valeur est arrondie en s'éloignant de zéro. Si **nombre** est un multiple exact de l'argument précision, aucun arrondi n'est effectué.

Si l'un des arguments n'est pas numérique, PLAFOND renvoie la valeur d'erreur **#VALEUR!** Si **nombre** et **précision** sont de signes opposés, PLAFOND renvoie la valeur d'erreur **#NOMBRE!**

Par exemple, si vous voulez que la valeur décimale d'un prix de vente soit toujours un multiple de 5 centimes porté à la valeur supérieure et que le prix d'un produit est 5,307 _, utilisez la formule :

`=PLAFOND(5,307;0,05)`

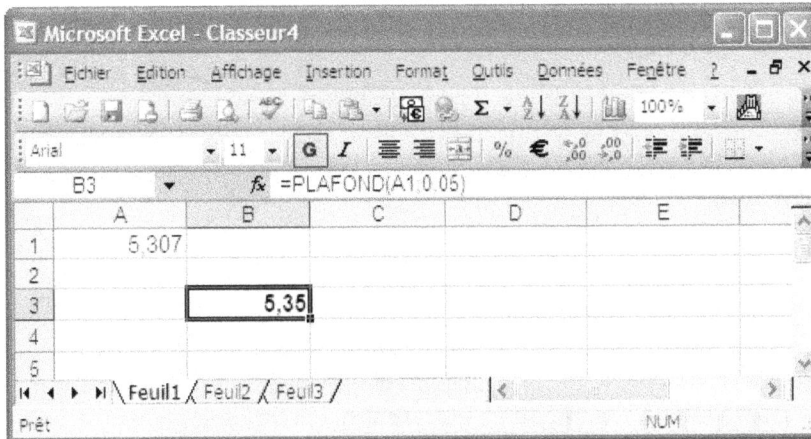

Figure 8.45.

Si **nombre** est négatif, **précision** doit aussi être négatif :

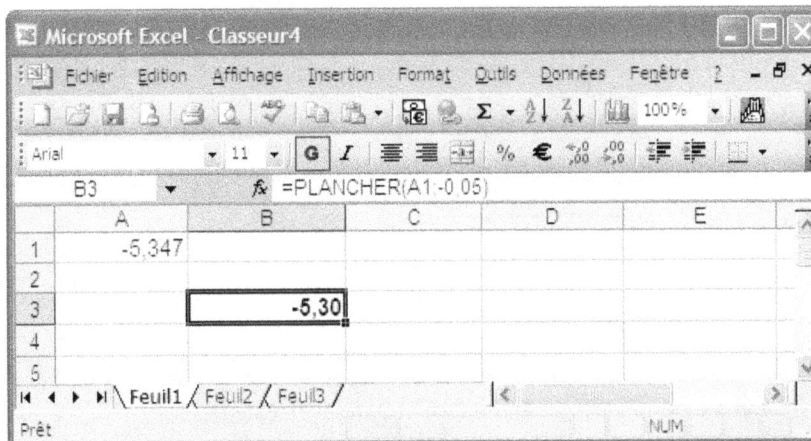

Figure 8.46.

PLANCHER

Arrondit l'argument nombre au multiple de l'argument précision immédiatement inférieur (tendant vers zéro). C'est le pendant de la fonction PLAFOND.

Syntaxe :

```
PLANCHER(nombre;précision)
```

avec :

- **nombre** : la valeur à arrondir.

- **précision** : le multiple pour l'arrondi.

Quel que soit le signe de **nombre**, la valeur est arrondie en se rapprochant de zéro. Si **nombre** est un multiple exact de l'argument précision, aucun arrondi n'est effectué.

Si l'un des arguments n'est pas numérique, PLANCHER renvoie la valeur d'erreur **#VALEUR !** Si **nombre** et **précision** sont de signes opposés, PLANCHER renvoie la valeur d'erreur **#NOMBRE !**

Par exemple, si vous voulez que la valeur décimale d'un prix de vente soit toujours un multiple de 5 centimes porté à la valeur inférieure et que le prix d'un produit est 5,347 €, utilisez la formule :

`=PLANCHER(5,347;0,05)`

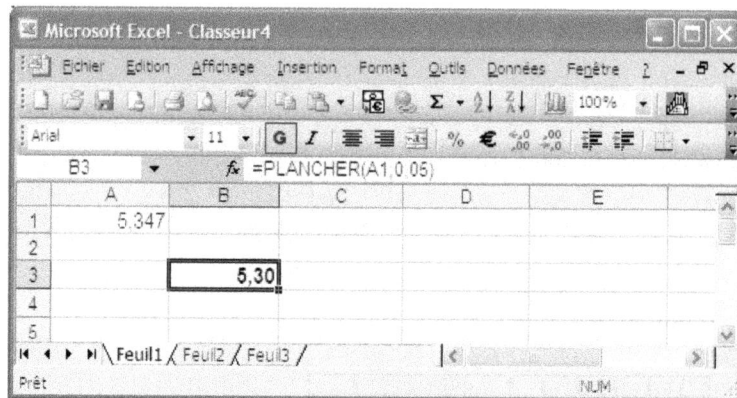

Figure 8.47.

Si **nombre** est négatif, **précision** doit aussi être négatif :

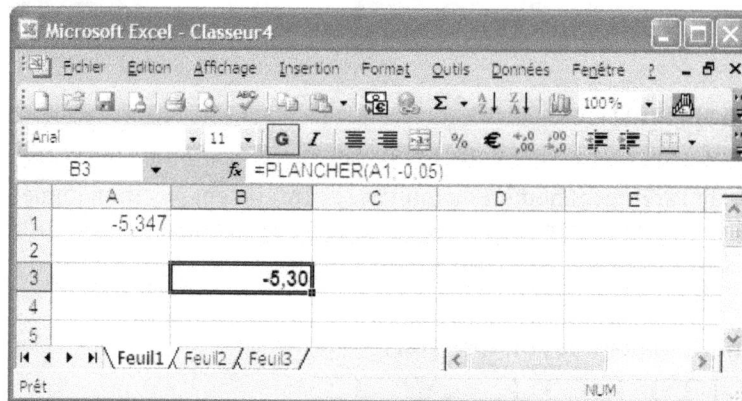

Figure 8.48.

PPCM

Renvoie le plus petit commun multiple des 1 à 29 nombres entiers spécifiés. Le PPCM est le plus petit nombre entier positif qui est un multiple commun à tous les nombres entiers utilisés comme arguments.

Si cette fonction n'est pas disponible, exécutez la macro complémentaire **Utilitaire d'analyse**, puis activez-la via la commande **Macros complémentaires** du menu **Outils**.

Syntaxe :

`PPCM(nombre1;nombre2;...)`

où `nombre1`, `nombre2`,... représentent entre 1 et 29 valeurs. Si une valeur n'est pas un nombre entier, elle est tronquée à sa partie entière.

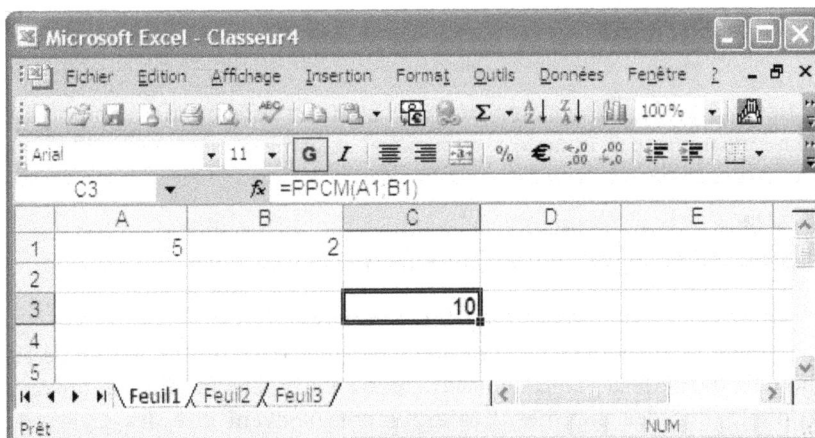

Figure 8.49.

PRODUIT

Renvoie le produit de tous les nombres donnés comme arguments.

Syntaxe :

`PRODUIT(nombre1;nombre2;...)`

où `nombre1`, `nombre2`,... et la suite peuvent être de 1 à 30 nombres que vous voulez multiplier entre eux.

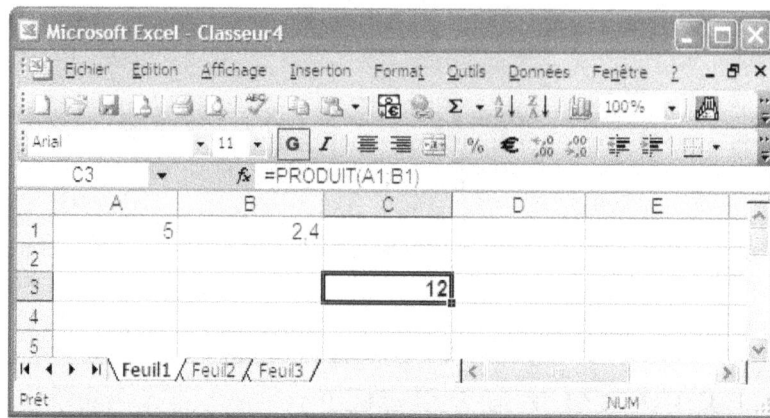

Figure 8.50.

PRODUITMAT

Calcule le produit de deux matrices. Le résultat est une matrice comportant le même nombre de lignes que `matrice1` et le même nombre de colonnes que `matrice2`.

Syntaxe :

`PRODUITMAT(matrice1;matrice2)`

où `matrice1` et `matrice2` sont les matrices à multiplier.

Le nombre de colonnes de l'argument `matrice1` doit être identique au nombre de lignes de l'argument `matrice2`, et les deux matrices ne doivent contenir que des nombres. Ces arguments peuvent être des plages de cellules, des constantes matricielles ou des références.

Si certaines cellules sont vides ou contiennent du texte, ou si le nombre de colonnes de `matrice1` est différent du nombre de lignes de `matrice2`, PRODUITMAT renvoie la valeur d'erreur `#VALEUR!`

ATTENTION

Les formules qui renvoient des matrices doivent être tapées sous forme matricielle en validant avec **Ctrl + Maj + Entrée**.

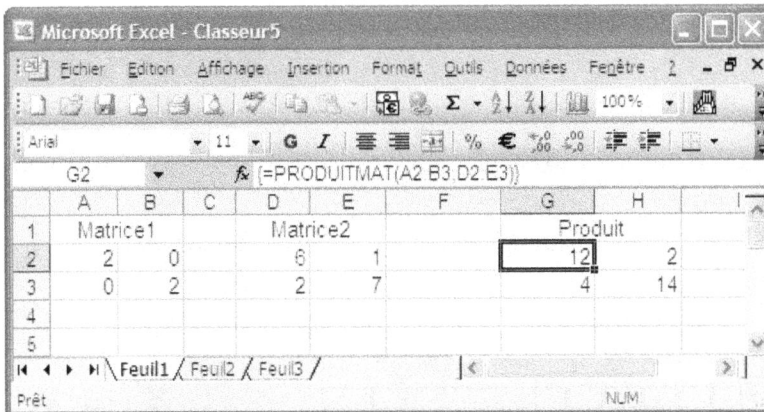

Figure 8.51.

Pour effectuer ce calcul :

1. Entrez les **matrice1** et **matrice2**

2. Entrez la fonction dans la cellule choisie, ici **G2**.

3. Sélectionnez la zone du produit, ici **G2:H3**.

4. Appuyez sur **F2**.

5. Appuyez sur **Ctrl + Maj + Entrée**.

PUISSANCE

Renvoie la valeur du nombre élevé à une puissance.

Syntaxe :

PUISSANCE(nombre;puissance)

avec :

- **nombre** : le nombre de base, un nombre réel quelconque.
- **puissance** : l'exposant, la puissance à laquelle le nombre est élevé.

NOTE

L'opérateur ^ peut être utilisé à la place de la fonction PUISSANCE pour indiquer la puissance à laquelle le nombre doit être élevé.

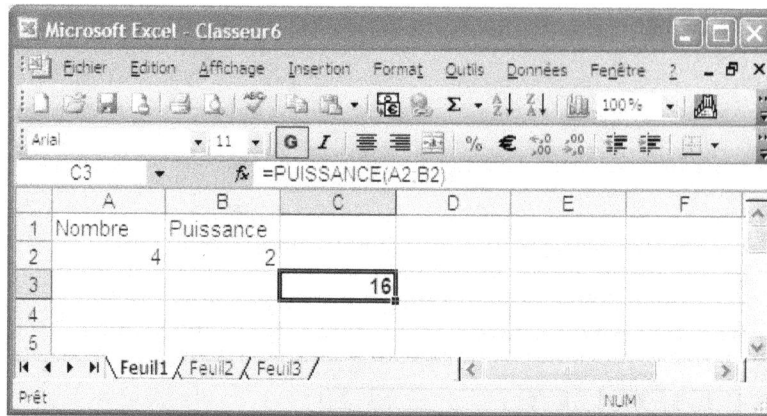

Figure 8.52.

QUOTIENT

Renvoie la partie entière du résultat d'une division, en ignorant le reste. Si cette fonction n'est pas disponible, exécutez la macro complémentaire **Utilitaire d'analyse**, puis activez-la via la commande **Macros complémentaires** du menu **Outils**.

Syntaxe :

QUOTIENT(numérateur;dénominateur)

avec :

▸ numérateur : le dividende.

▸ dénominateur : le diviseur.

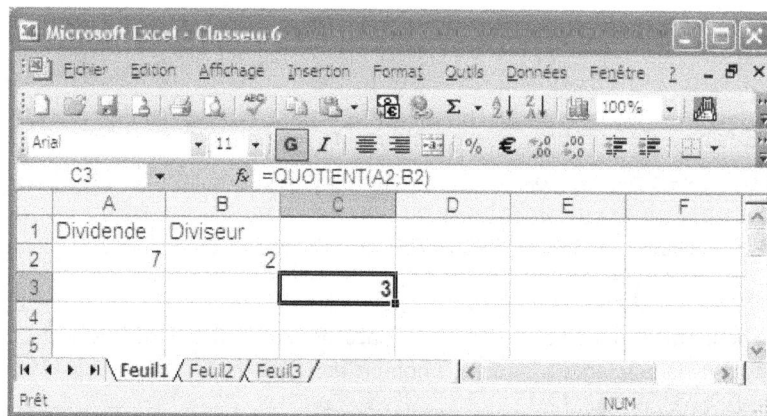

Figure 8.53.

Si vous voulez récupérer le reste de la division, utilisez la fonction MOD.

RACINE

Extrait la racine carrée d'un nombre.

Syntaxe :

```
RACINE(nombre)
```

où **nombre** est le nombre dont on extrait la racine carrée.

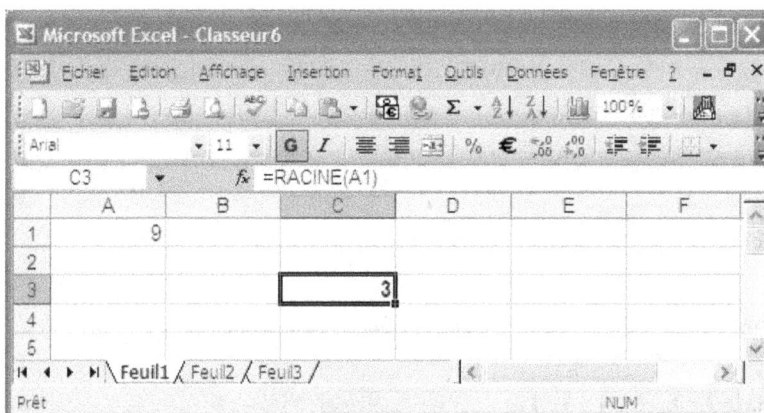

Figure 8.54.

Si **nombre** est négatif, la fonction RACINE renvoie la valeur d'erreur **#NOMBRE !** Pour éviter une telle erreur, utilisez la fonction ABS avec une formule telle que, applicable à l'exemple suivant :

```
=RACINE(ABS(A1))
```

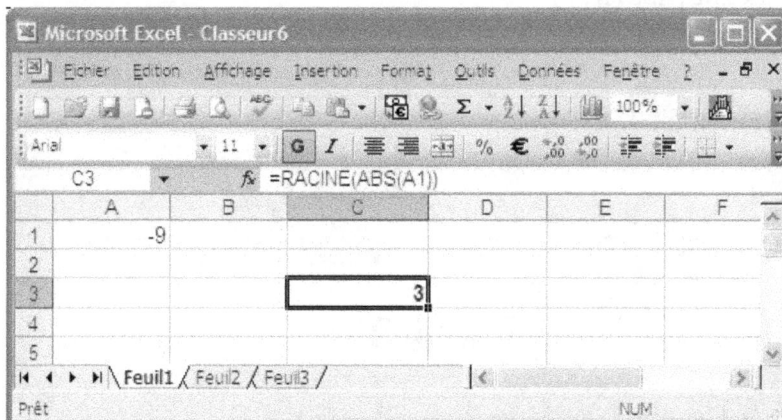

Figure 8.55.

RACINE.PI

Extrait la racine carrée du produit de **nombre** par **PI**. Si cette fonction n'est pas disponible, exécutez la macro complémentaire **Utilitaire d'analyse**, puis activez-la via la commande **Macros complémentaires** du menu **Outils**.

Syntaxe :

`RACINE.PI(nombre)`

où **nombre** représente le nombre multiplié par PI.

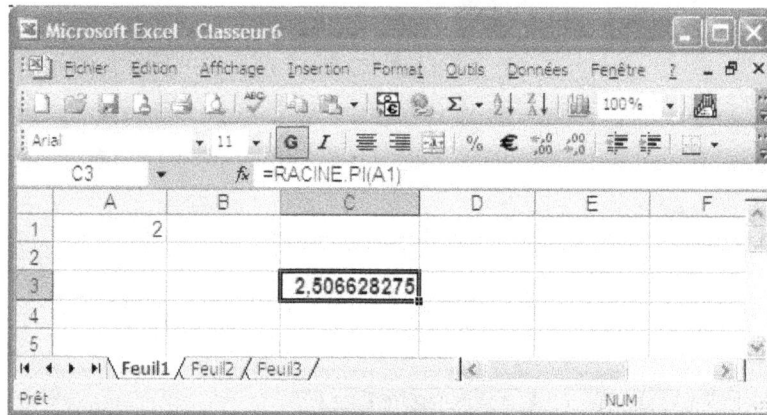

Figure 8.56.

Si **nombre** est négatif, la fonction RACINE.PI renvoie la valeur d'erreur **#NOMBRE !** Pour éviter une telle erreur, utilisez la fonction ABS avec une formule telle que, applicable à l'exemple suivant :

`=RACINE(ABS(A1))`

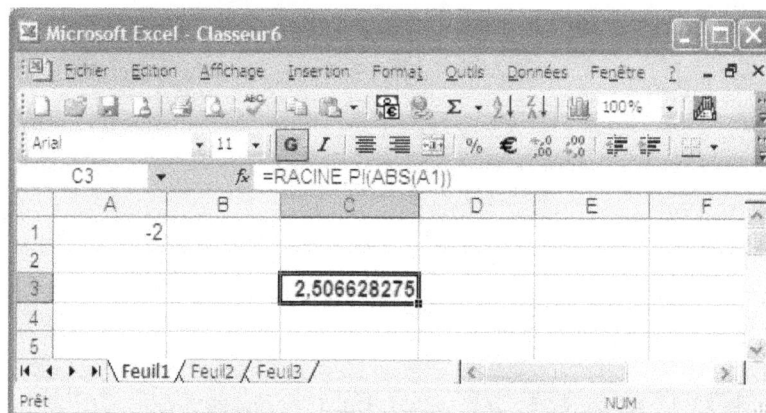

Figure 8.57.

RADIANS

Convertit des degrés en radians.

Syntaxe :

RADIANS(angle)

où **angle** désigne l'angle en degrés à convertir.

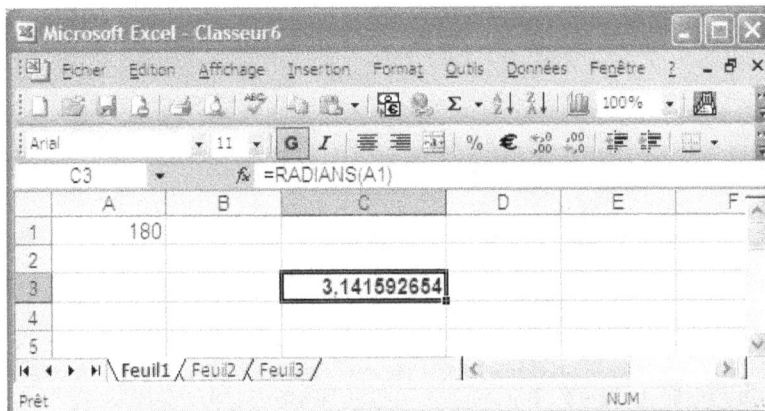

Figure 8.58.

Pour effectuer une conversion inverse, utilisez la fonction DEGRES.

ROMAIN

Convertit un nombre en chiffres arabes en nombre en chiffres romains, sous forme de texte.

Syntaxe :

ROMAIN(nombre;type)

avec :

▶ **nombre** : le nombre en chiffres arabes que vous souhaitez convertir. Si nombre est supérieur à 3999, la fonction renvoie la valeur d'erreur **#VALEUR !**

▶ **type** : un argument déterminant le type de chiffres romains à obtenir. Le style peut être classique ou simplifié, c'est-à-dire devenir plus concis si les valeurs augmentent, avec :

- o ou rien : classique.

- ■ 1, 2 ou 3 : plus concis.
- ■ 4 : simplifié.
- ■ VRAI : classique.
- ■ FAUX : simplifié.

Si l'argument **nombre** est négatif ou s'il est supérieur à 3999, la fonction renvoie la valeur d'erreur **#VALEUR !**

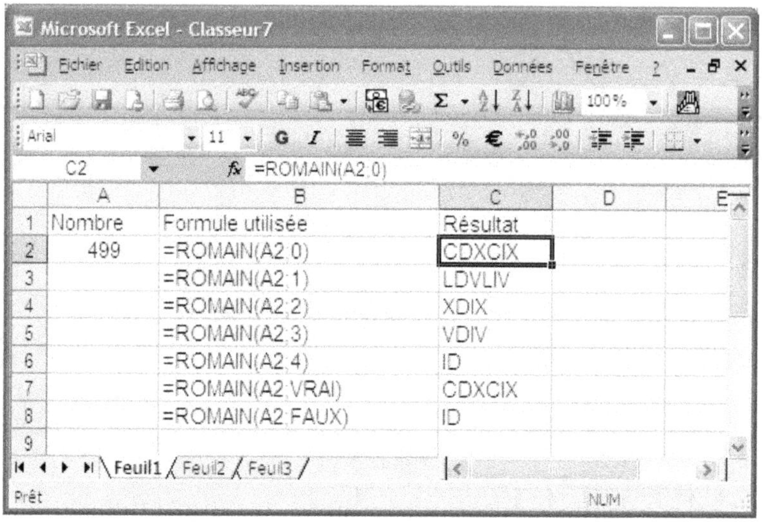

Figure 8.59.

SIGNE

Détermine le signe d'un nombre en renvoyant 1 si le nombre est positif, 0 (zéro) si le nombre est égal à 0, et -1 si le nombre est négatif.

Syntaxe :

SIN(nombre)

où **nombre** représente n'importe quel nombre réel.

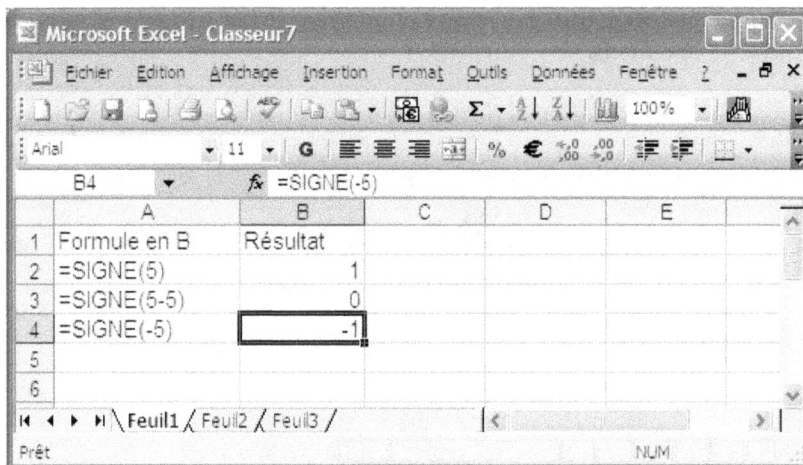

Figure 8.60.

SIN

Renvoie le sinus d'un nombre.

Syntaxe :

`SIN(nombre)`

où **nombre** représente l'angle en radians.

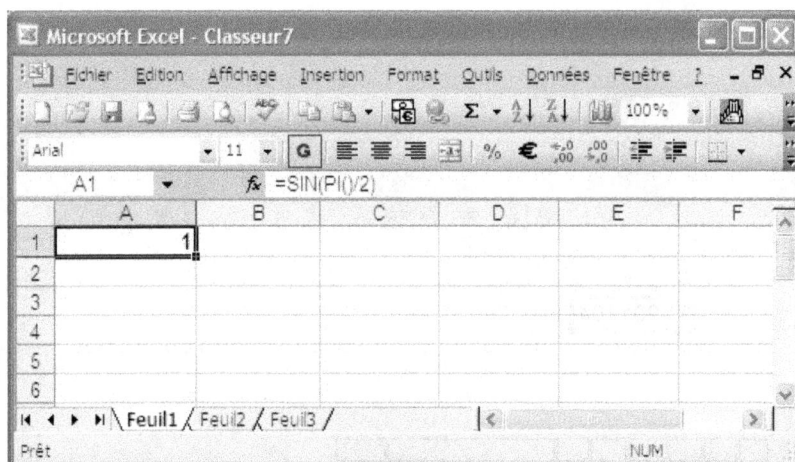

Figure 8.61.

Si l'argument est exprimé en degrés, multipliez-le par PI ( ) /180 pour le convertir en radians.

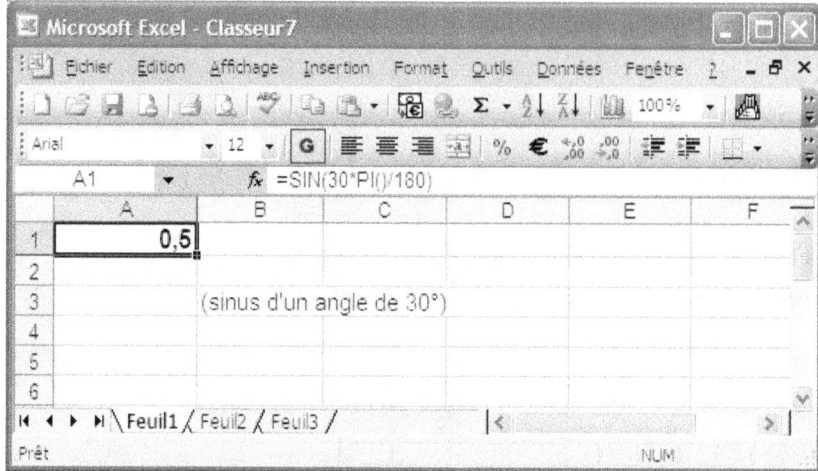

Figure 8.62.

SINH

Renvoie le sinus hyperbolique d'un nombre.

Syntaxe :

SINH (nombre)

où **nombre** est n'importe quel nombre réel.

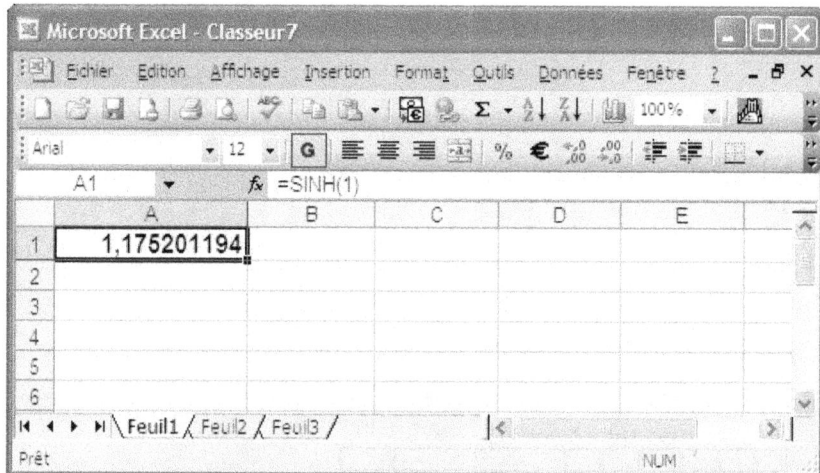

Figure 8.63.

SOMME

C'est la fonction la plus utilisée. Elle additionne tous les nombres contenus dans une plage de cellules.

Syntaxe :

`SOMME(nombre1;nombre2;...)`

où **nombre1, nombre2,...** (de 1 à 30) sont les arguments à additionner :

▸ Les nombres, les valeurs logiques et les représentations de nombres sous forme de texte directement tapés dans la liste des arguments sont pris en compte.

▸ Si un argument est une matrice ou une référence, seuls les nombres de cette matrice ou de cette référence sont pris en compte.

▸ Les cellules vides, les valeurs logiques, le texte ou les valeurs d'erreur contenus dans cette matrice ou cette référence sont ignorés.

▸ Les arguments qui sont des valeurs d'erreur ou des chaînes de texte ne pouvant pas être converties en nombres engendrent une erreur.

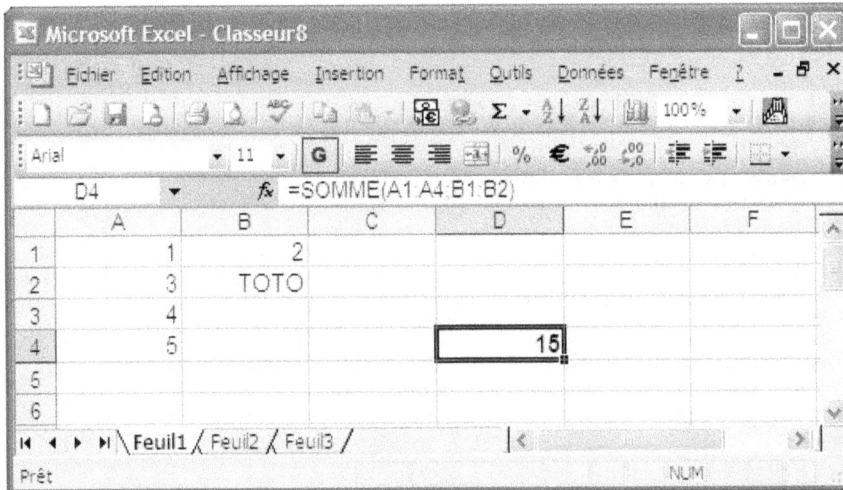

Figure 8.64.

SOMME.CARRES

Agit comme SOMME mais renvoie la somme des carrés des arguments.

Syntaxe :

SOMME.CARRES(nombre1;nombre2;...)

où **nombre1**, **nombre2**,... représentent de 1 à 30 arguments.

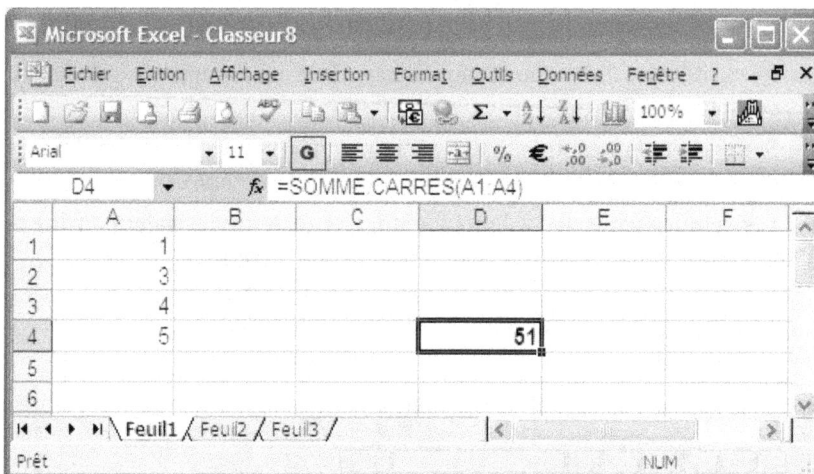

Figure 8.65.

SOMME.SERIES

Renvoie la somme d'une série géométrique. Si cette fonction n'est pas disponible, exécutez la macro complémentaire **Utilitaire d'analyse**, puis activez-la via la commande **Macros complémentaires** du menu **Outils**.

Syntaxe :

SOMME.SERIES(x,n,m,coefficients)

avec :

▶ **x** : la valeur d'entrée dans la série.

▶ **n** : la puissance initiale à laquelle vous souhaitez élever x.

▶ **m** : le pas pour incrémenter n pour chaque terme de la série.

▶ **coefficients** : un jeu de coefficients servant à multiplier chaque puissance successive de x. Le nombre de valeurs des coefficients détermine le nombre des termes de la série. Par exemple, s'il existe 3 coefficients, la série disposera de 3 termes.

SOMME.SI

Additionne des cellules spécifiées si elles répondent à un critère donné.

Syntaxe :

```
SOMME.SI(plage;critère;somme_plage)
```

avec :

▸ `plage` : la plage de cellules sur lesquelles baser la fonction.

▸ `critère` : le critère, sous forme de nombre, d'expression ou de texte, définissant les cellules à additionner.

▸ `somme_plage` : les cellules à additionner. Les cellules comprises dans cet argument sont additionnées uniquement si elles répondent au critère. Si l'argument `somme_plage` est omis, ce sont les cellules de l'argument plage qui sont additionnées.

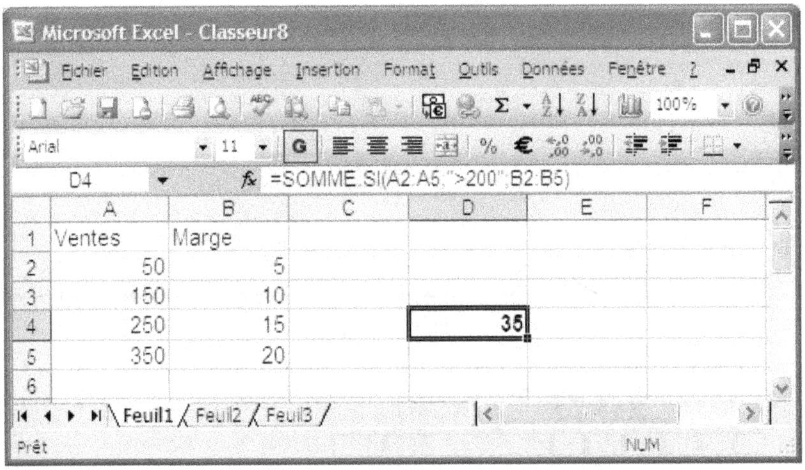

Figure 8.66.

Dans cet exemple, `plage` couvre A2:A5. Si les valeurs de cette plage sont supérieures à 200, on additionne les nombres en regard dans la colonne B. Il pourrait s'agir de commissions ou de marges commerciales, par exemple.

SOMME.X2MY2

Renvoie la somme de la différence des carrés des valeurs correspondantes de deux matrices.

Syntaxe :

`SOMME.X2MY2(matrice_x;matrice_y)`

avec :

▸ `matrice_x` : la première matrice ou plage de valeurs.

▸ `matrice_y` : la seconde matrice ou plage de valeurs.

Les arguments doivent être soit des nombres, soit des noms, matrices ou références contenant des nombres.

Les valeurs texte, logiques ou des cellules vides ne sont pas prises en compte. Les cellules contenant la valeur o sont prises en compte.

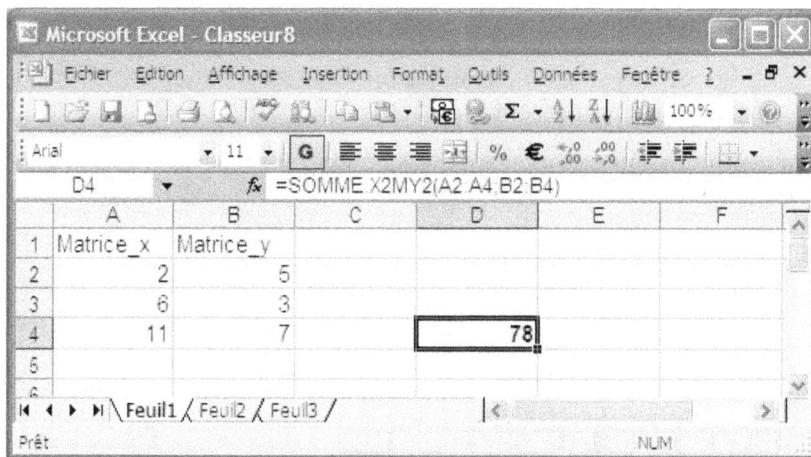

Figure 8.67.

SOMME.X2PY2

Renvoie, cette fois, la somme de la somme des carrés des valeurs correspondantes de deux matrices.

Syntaxe :

`SOMME.X2PY2(matrice_x;matrice_y)`

avec :

▸ `matrice_x` : la première matrice ou plage de valeurs.

▸ `matrice_y` : la seconde matrice ou plage de valeurs.

Les arguments doivent être soit des nombres, soit des noms, matrices ou références contenant des nombres.

Les valeurs texte, logiques ou des cellules vides ne sont pas prises en compte. Les cellules contenant la valeur o sont prises en compte.

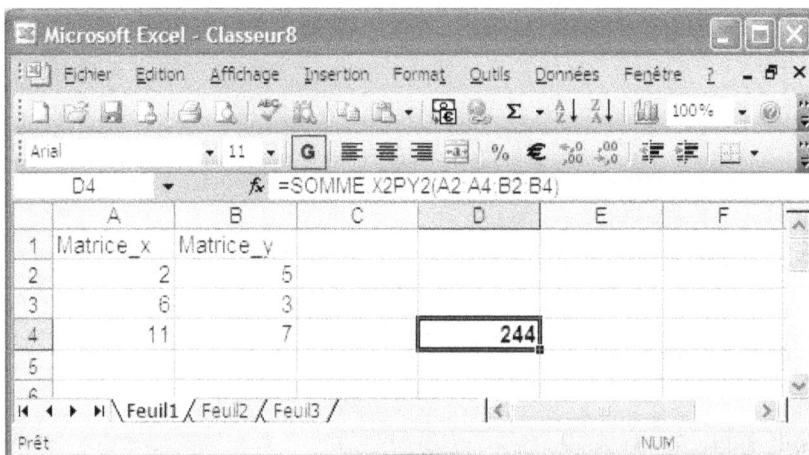

Figure 8.68.

SOMME.XMY2

Renvoie la somme des carrés des différences entre les valeurs correspondantes de deux matrices.

Syntaxe :

SOMME.XMY2(matrice_x;matrice_y)

avec :

▶ matrice_x : la première matrice ou plage de valeurs.

▶ matrice_y : la seconde matrice ou plage de valeurs.

Les arguments doivent être soit des nombres, soit des noms, matrices ou références contenant des nombres.

Les valeurs texte, logiques ou des cellules vides ne sont pas prises en compte. Les cellules contenant la valeur o sont prises en compte.

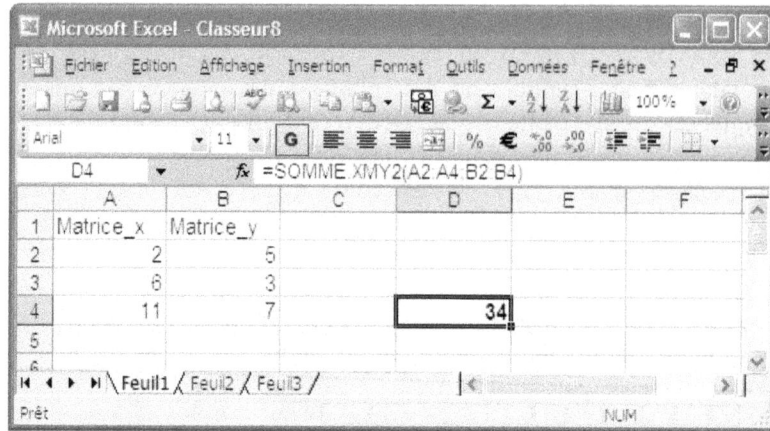

Figure 8.69.

SOMMEPROD

Multiplie les valeurs correspondantes des matrices spécifiées et calcule la somme des produits.

Syntaxe :

`SOMMEPROD(matrice1;matrice2;matrice3;...)`

où `matrice1`, `matrice2`, `matrice3`,... (de 2 à 30 matrices) sont les matrices dont vous voulez multiplier les valeurs puis additionner les produits. Ces matrices doivent avoir la même dimension, faute de quoi la fonction renvoie la valeur d'erreur **#VALEUR!**

Les entrées non numériques se voient affecter la valeur zéro.

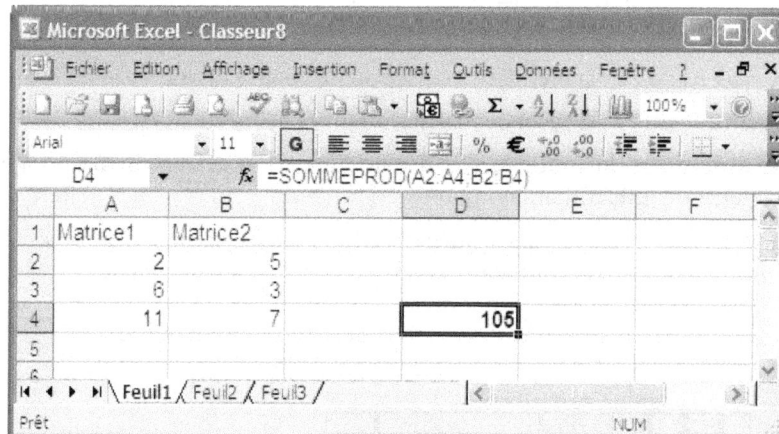

Figure 8.70.

SOUS.TOTAL

Renvoie un sous-total dans une liste ou une base de données. Notez qu'il est généralement plus facile de créer une liste comportant des sous-totaux à l'aide de la commande **Sous-total** du menu **Données**.

Syntaxe :

SOUS.TOTAL(no_fonction;réf1;réf2;...)

avec :

▶ no_fonction : un nombre compris entre 1 et 11 indiquant quelle fonction utiliser pour calculer les sous-totaux d'une liste selon le tableau suivant.

▶ Réf1, réf2,... : les 1 à 29 plages ou références intervenant dans le sous-total.

Tableau 8.1.

Numéros de fonction avec valeurs		Fonction
Masquées	Non masquées	
1	101	MOYENNE
2	102	NB
3	103	NBVAL
4	104	MAX
5	105	MIN
6	106	PRODUIT
7	107	ECARTYPE
8	108	ECARTYPEP
9	109	SOMME
10	110	VAR
11	111	VAR.P

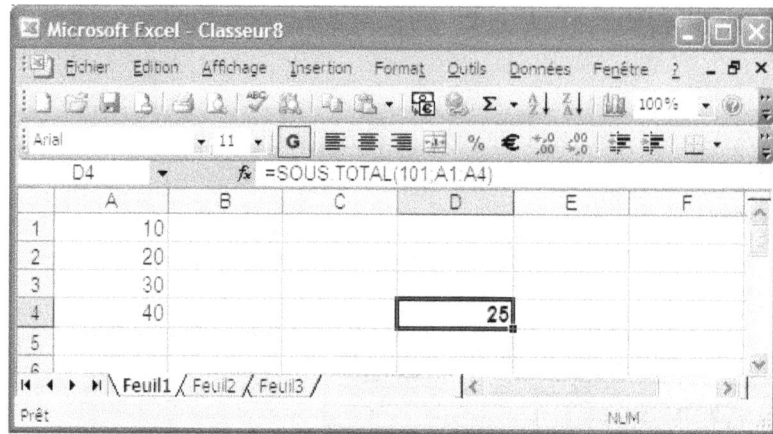

Figure 8.71.

Ici, on calcule la moyenne des cellules non masquées ; leur total fait 100 ; la moyenne est 100/4=25.

TAN

Renvoie la tangente de l'angle exprimé en radians.

Syntaxe :

`TAN(nombre)`

où **nombre** est l'angle exprimé en radians dont on veut calculer la tangente.

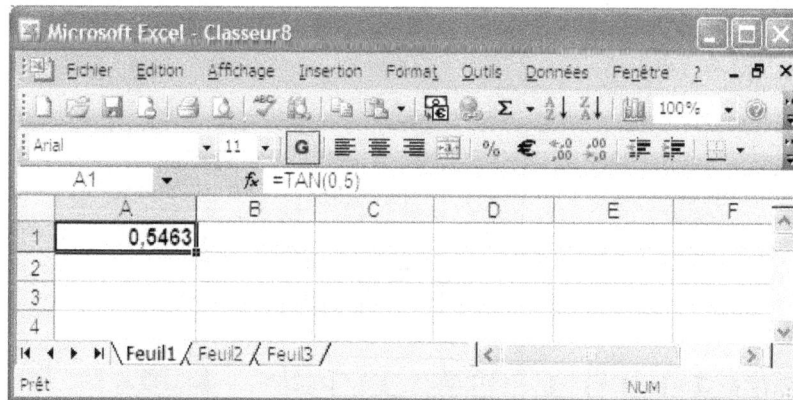

Figure 8.72.

Si l'argument est exprimé en degrés, multipliez-le par PI()/180 pour le convertir en radians. Dans l'exemple suivant, on calcule la tangente d'un angle de 45°.

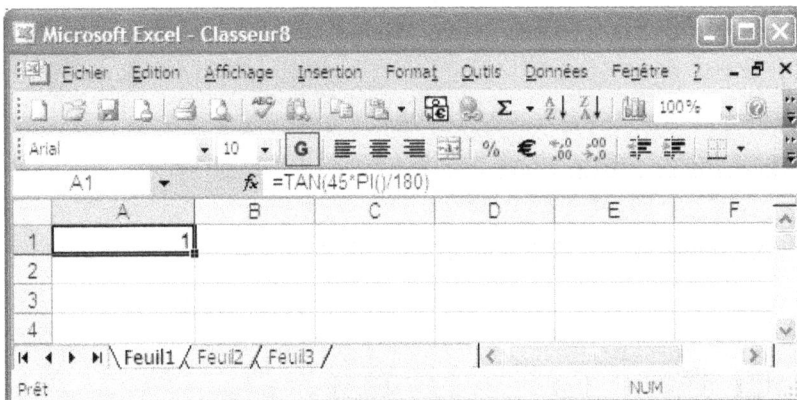

Figure 8.73.

TANH

Donne la tangente hyperbolique d'un nombre.

Syntaxe :

TANH(nombre)

où **nombre** est l'angle exprimé en radians dont on veut calculer la tangente.

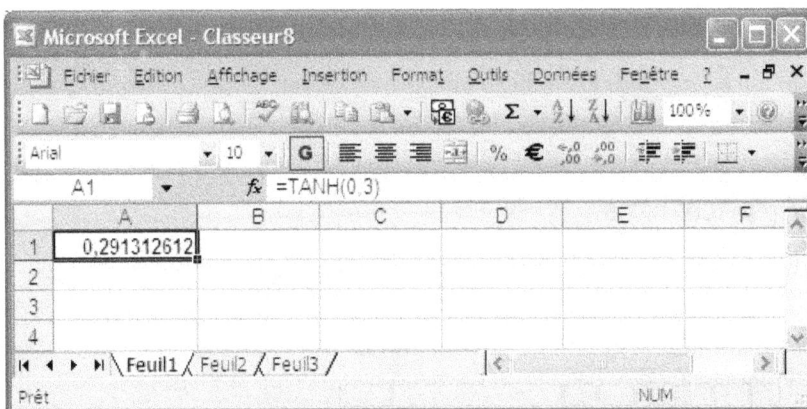

Figure 8.74.

TRONQUE

Tronque un nombre en supprimant sa partie décimale, de sorte que la valeur renvoyée par défaut est sa partie entière.

Syntaxe :

TRONQUE(nombre;no_chiffres)

avec :

▶ `nombre` : le nombre à tronquer.

▶ `no_chiffres` : le nombre de décimales apparaissant à droite de la virgule après que le nombre ait été tronqué. La valeur par défaut est 0 (zéro).

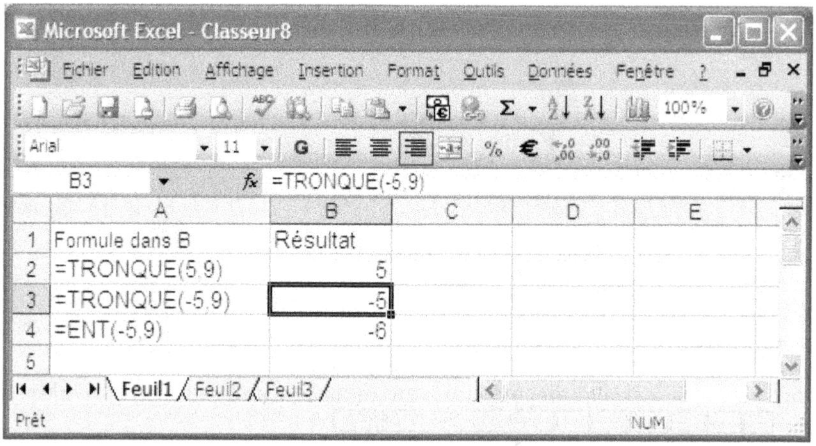

Figure 8.75.

La fonction TRONQUE supprimer les décimales, alors que la fonction ENT retourne la valeur arrondie la plus proche. Ainsi, TRONQUE(-5,9) retourne -5 tandis que ENT(-5,9) retourne -6.

Applications

Convertir des radians en degrés avec la fonction PI

Pour convertir des radians en degrés, vous pouvez utiliser la fonction PI. Il suffit de multiplier la fonction d'origine par 180/PI(). Par exemple, ACOS(-0,5) donne un arc de 2,09443951. Pour obtenir une valeur en degrés, multipliez la fonction par 180/PI(). N'oubliez pas les parenthèses vides.

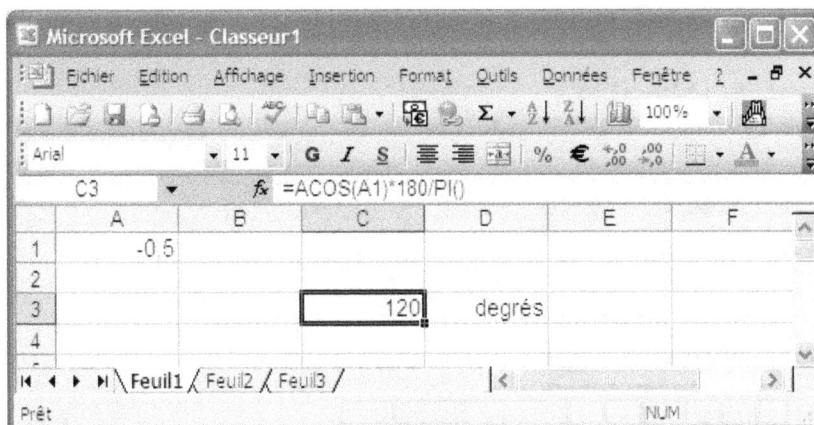

Figure 8.76.

Convertir des radians en degrés avec la fonction DEGRES

Pour convertir des radians en degrés, vous pouvez également utiliser la fonction DEGRES. Il suffit d'inclure la fonction d'origine dans la fonction DEGRES. Par exemple, ACOS(-0,5) donne un arc de 2,09443951. Pour obtenir une valeur en degrés, introduisez la fonction d'origine dans la fonction DEGRES(). N'oubliez pas les parenthèses vides.

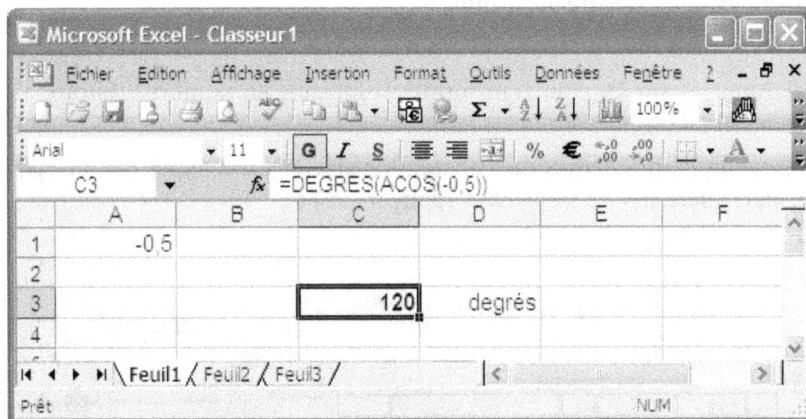

Figure 8.77.

Créer un nombre aléatoire compris entre deux valeurs

Pour engendrer un nombre réel aléatoire compris entre deux valeurs a et b, vous pouvez appliquer la fonction ALEA.ENTRE.BORNES pour obtenir des entiers, ou bien utiliser la formule suivante qui engendre des valeurs décimales :

`=ALEA()*(b-a)+a`

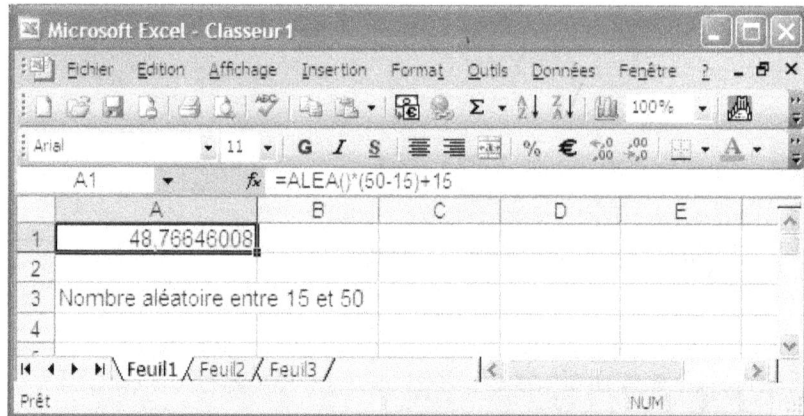

Figure 8.78.

Créer un nombre aléatoire constant avec ALEA

Si vous voulez utiliser ALEA pour engendrer un nombre aléatoire qui ne change pas chaque fois que la cellule est recalculée :

1. Tapez dans la barre de formule :

   `=ALEA()`

2. Appuyez sur **F9** pour transformer la formule en nombre aléatoire qui restera fixe

Par exemple : pour engendrer un nombre aléatoire fixe supérieur ou égal à 0, mais inférieur à 100, entrez et appuyez sur F9 :

`=ALEA()*100`

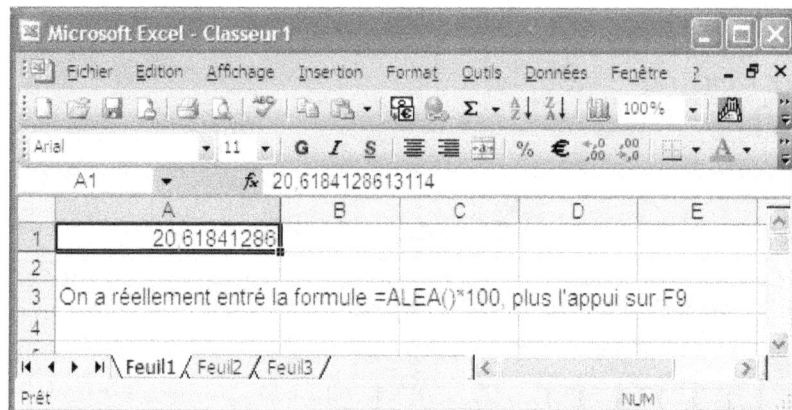

Figure 8.79.

Afficher l'équivalence en degrés du nombre pi

Pour obtenir l'équivalence en degrés du nombre pi, il suffit d'introduire PI() dans la fonction DEGRES ainsi :

```
=DEGRES(PI())
```

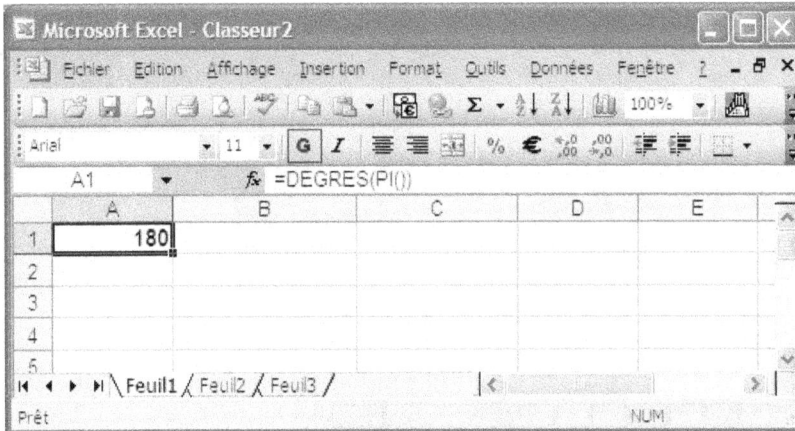

Figure 8.80.

Renvoyer la partie décimale d'un nombre positif réel

La fonction ENT permet de renvoyer la partie décimale d'un nombre réel positif. Si ce nombre est contenu dans A1, il suffit de poser dans la cellule B1 :

```
A1-ENT(A1)
```

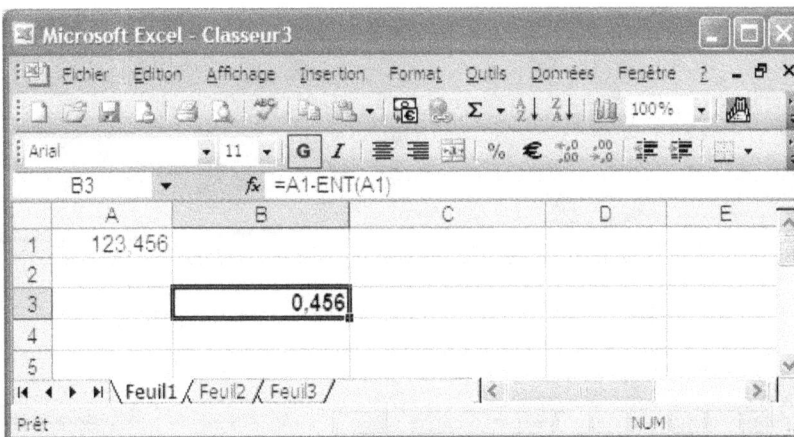

Figure 8.81.

Élever à une puissance quelconque

Pour élever un nombre à une puissance quelconque, il faut utiliser l'accent circonflexe (^) comme opérateur d'élévation à puissance. Par exemple, 17 puissance 3 se pose :

=17^3

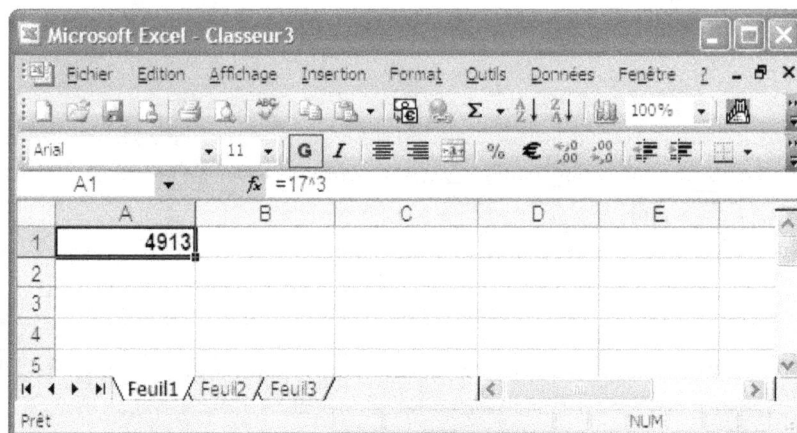

Figure 8.82.

Éviter une erreur de décimales

Même si Excel n'affiche pas toutes les décimales d'un nombre qui en comporte de nombreuses, il effectue ses calculs en tenant compte de toutes, car il possède une mémoire d'éléphant. Cela peut mener à un résultat affiché stupide tel que 2 + 3 = 6 !

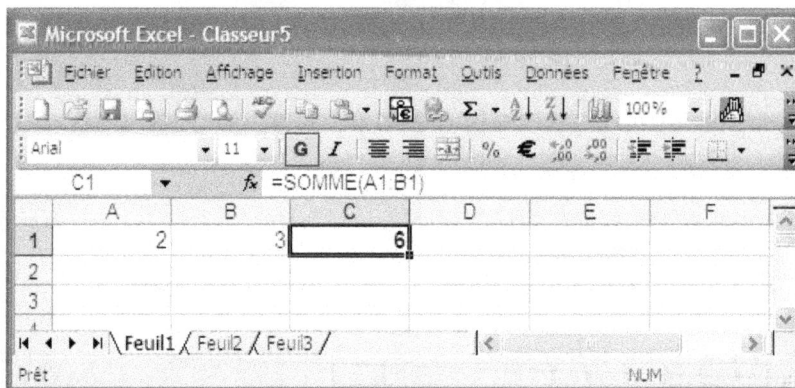

Figure 8.83.

En réalité, les valeurs contenues dans les cellules **A1** et **B1** de cet exemple sont non pas **2** et **3**, mais **2,4666** et **3,4887** : on a supprimé l'affichage des décimales (en cliquant sur l'icône **Réduire les décimales**, dans la barre d'outils **Mise en forme**). De ce fait, Excel a arrondi ces nombres à la valeur inférieure, affichant un résultat également arrondi, mais à la valeur supérieure puisque l'addition donne **5,9553**. Si l'on affiche les décimales, le résultat apparaît correct.

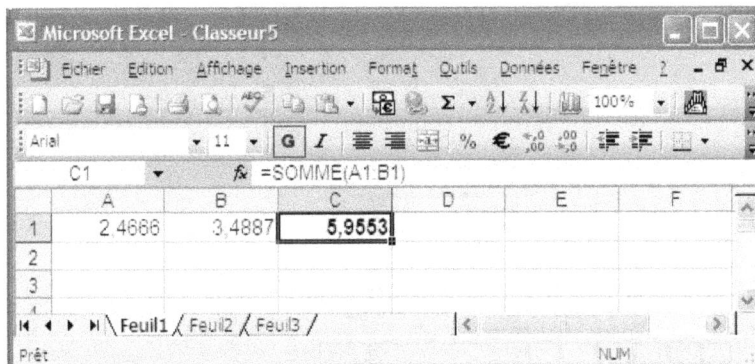

Figure 8.84.

Ce type d'erreur apparente est courant lorsqu'on utilise des formats monétaires et s'affiche sur le dernier centime, ce qui fait le désespoir des comptables. Pour l'éliminer, ordonnez à Excel d'effectuer les calculs en ne tenant compte que des valeurs réellement affichées :

1. Cliquez sur le menu **Outils**, puis sur sa commande **Options**.

2. Cliquez sur l'onglet **Calcul**.

3. Cochez la case **Calcul avec la précision au format affiché**.

4. Cliquez sur **OK**.

Excel affiche une boîte de dialogue de confirmation vous informant que les décimales seront définitivement perdues. Confirmez.

Remplacer MOD par ENT

La fonction MOD (modulo) peut être remplacée par la fonction ENT :

```
MOD(nombre;diviseur)=
nombre—diviseur*INT(nombre/diviseur)
```

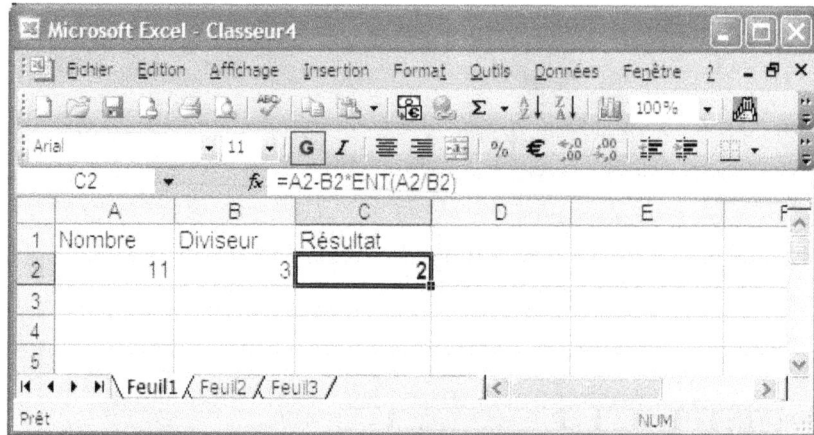

Figure 8.85.

CHAPITRE 9

FONCTIONS DE RECHERCHE ET DE RÉFÉRENCE

Les fonctions de recherche et de référence (encore appelées parfois **fonctions de matrices**) servent à trouver des valeurs dans des listes ou des tables, ou des références de cellule.

Les fonctions de recherche procèdent soit à partir d'une position (ligne et colonne), soit à partir d'une autre donnée.

Les fonctions de référence retournent les coordonnées d'une donnée soit sous forme de nombres, soit sous forme de références à une cellule.

Fonctions de recherche et de référence

ADRESSE	Renvoie une référence sous forme de texte à une seule cellule d'une feuille de calcul.
CHOISIR	Choisit une valeur dans une liste de valeurs.
COLONNE	Renvoie le numéro de colonne d'une référence.
COLONNES	Renvoie le nombre de colonnes dans une référence.
DECALER	Renvoie une référence décalée par rapport à une référence donnée.
EQUIV	Recherche des valeurs dans une référence ou une matrice.
INDEX	Utilise un index pour choisir une valeur provenant d'une référence ou d'une matrice.

INDIRECT	Renvoie une référence indiquée par une valeur de texte.
LIEN_HYPERTEXTE	Crée un raccourci ou un renvoi qui ouvre un document stocké sur un serveur réseau, sur un réseau Intranet ou sur Internet.
LIGNE	Renvoie le numéro de ligne d'une référence.
LIGNES	Renvoie le nombre de lignes dans une référence.
LIREDONNEESTABCROISDYNAMIQUE	Renvoie les données stockées dans un rapport de tableau croisé dynamique.
RECHERCHE	Recherche des valeurs dans un vecteur ou une matrice.
RECHERCHEH	Effectue une recherche dans la première ligne d'une matrice et renvoie la valeur de la cellule indiquée.
RECHERCHEV	Effectue une recherche dans la première colonne d'une matrice et se déplace sur la ligne pour renvoyer la valeur d'une cellule.
RTD	Extrait les données en temps réel à partir d'un programme prenant en charge l'automatisation COM. Autrefois appelée OLE, Automation, Automation est une norme indus-trielle et une fonction du modèle d'objet COM (Component Object Model).
TRANSPOSE	Renvoie la transposition d'une matrice.
ZONES	Renvoie le nombre de zones dans une référence.

ADRESSE

Crée une adresse de cellule sous forme de texte, à partir des numéros de ligne et de colonne spécifiés.

Syntaxe :

`ADRESSE(no_lig;no_col;no_abs;a1;feuille_texte)`

avec :

- `no_lig` : le numéro de la ligne à utiliser dans la référence de cellule.
- `no_col` : le numéro de la colonne à utiliser dans la référence de cellule.
- `no_abs` : le type de référence à renvoyer avec :
  - 1 ou rien : absolue.
  - 2 : ligne absolue, colonne relative.
  - 3 : ligne relative, colonne absolue.
  - 4 : relative.
- `a1` : une valeur logique indiquant si le type de référence est A1 ou L1C1. Si `a1` est VRAI ou omis, la fonction ADRESSE renvoie une référence de type **A1**. Si `a1` est FAUX, la fonction ADRESSE renvoie une référence de type **L1C1**.
- `feuille_texte` : une valeur de texte précisant le nom de la feuille de calcul à utiliser comme référence externe. Si cet argument est omis, aucun nom de feuille n'est utilisé.

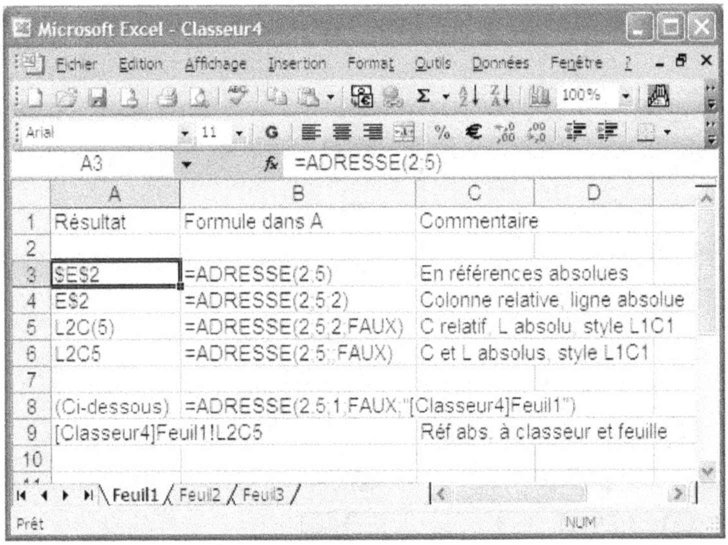

Figure 9.1.

CHOISIR

Cette fonction sert à sélectionner l'une des 29 valeurs possibles à partir du rang donné par l'argument **no_index**. Par exemple, si les arguments valeur1 à valeur7 sont les jours de la semaine, cette fonction renvoie l'un de ces jours lorsque la valeur **no_index** est un nombre compris entre 1 et 7.

Syntaxe :

```
CHOISIR(no_index;valeur1;valeur2;…)
```

avec :

- ▶ **no_index** : l'argument **valeur** à sélectionner. C'est un nombre compris entre 1 et 29 ou une formule, ou une référence à une cellule contenant un nombre compris entre 1 et 29 :
  - ■ Si la valeur **no_index** est égale à 1, la fonction renvoie l'argument **valeur1**, si elle est égale à 2, la fonction renvoie l'argument **valeur2**, et ainsi de suite.
  - ■ Si la valeur **no_index** est une fraction, cette dernière est tronquée au nombre entier immédiatement inférieur.
  - ■ Si **no_index** est une matrice, chaque valeur est évaluée au moment où la fonction est évaluée.
- ▶ **valeur1**, **valeur2**,... listent de 1 à 29 arguments : des nombres, des références de cellule, des noms définis, des formules, des fonctions ou du texte.

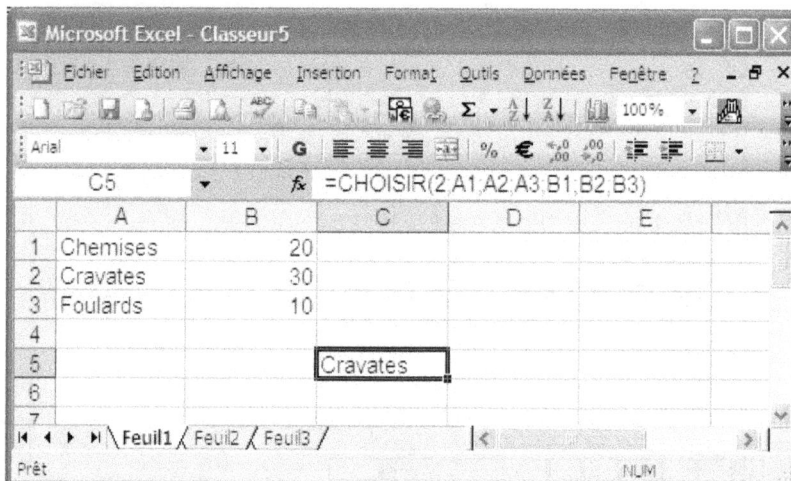

Figure 9.2.

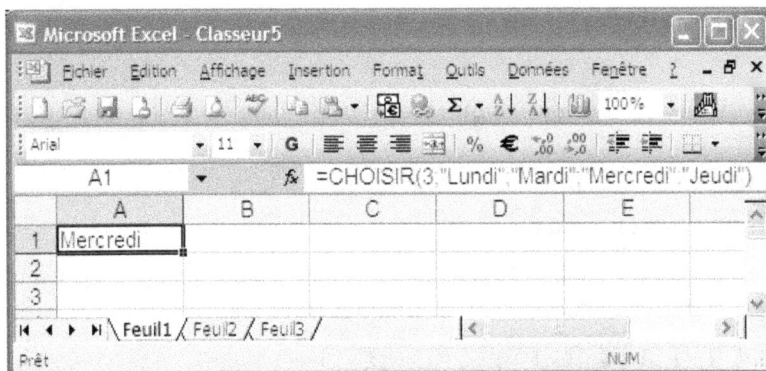

Figure 9.3.

COLONNE

Renvoie le numéro de colonne de l'argument référence spécifié.

Syntaxe :

`COLONNE(référence)`

où **référence** est la cellule ou la plage de cellules dont on cherche le numéro de colonne.

Si cet argument :

▸ Est omis, l'argument par défaut est la référence de la cellule dans laquelle est placée la fonction COLONNE.

▸ Correspond à une plage de cellules et que la fonction COLONNE est entrée sous forme de matrice ligne, la fonction COLONNE renvoie les numéros de colonne de l'argument référence sous forme de matrice ligne.

L'argument référence ne peut pas faire référence à plusieurs zones.

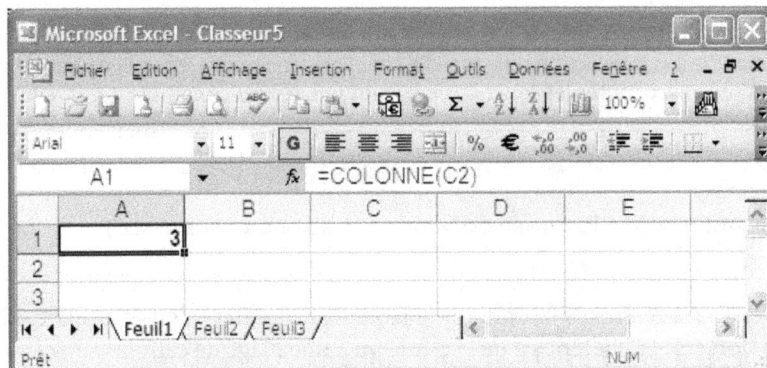

Figure 9.4

COLONNES

Renvoie le nombre de colonnes contenues dans une matrice ou une référence.

Syntaxe :

COLONNES(tableau)

où `tableau` est un tableau, une formule matricielle ou la référence d'une plage de cellules dont on cherche à obtenir le nombre de colonnes.

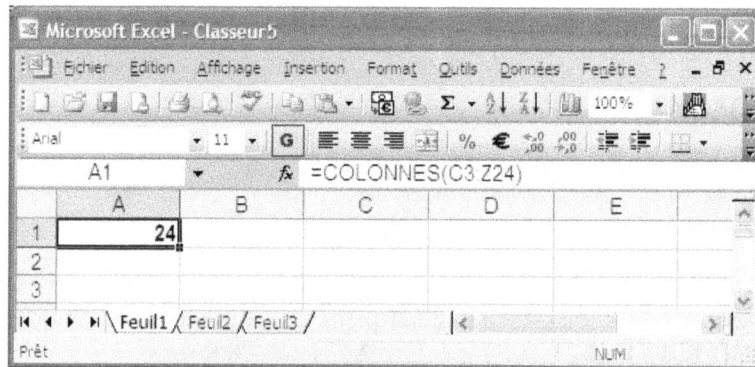

Figure 9.5.

DECALER

Provoque un décalage et renvoie la référence d'une cellule ou d'une plage correspondant à un nombre déterminé de lignes et de colonnes de décalage. On peut spécifier le nombre de lignes et de colonnes à renvoyer.

REMARQUE

Cette fonction ne décale pas physiquement les cellules dans la feuille et ne modifie pas la sélection : elle renvoie simplement une référence. Elle peut être utilisée avec toutes les fonctions exigeant une référence comme argument.

Syntaxe :

DECALER(réf;lignes;colonnes;hauteur;largeur)

avec :

▶ **réf** : la référence par rapport à laquelle le décalage doit être opéré. Elle doit être la référence à une cellule ou à une plage de cellules adjacentes, faute de quoi la fonction renvoie la valeur d'erreur #VALEUR !

▶ **lignes** : le nombre de lignes vers le haut ou vers le bas dont la cellule supérieure gauche de la référence doit être décalée. Par exemple, si l'argument **lignes** est égal à 3, la cellule supérieure gauche de la référence est décalée de trois lignes au-dessous de la référence. L'argument **lignes** peut être positif (décalage vers le haut) ou négatif (décalage vers le bas).

▶ **colonnes** : le nombre de colonnes vers la droite ou vers la gauche dont la cellule supérieure gauche de la référence doit être décalée. Par exemple, si l'argument colonnes est égal à 3, la cellule supérieure gauche de la référence est décalée de trois colonnes vers la droite par rapport à la référence. L'argument **colonnes** peut être positif (décalage vers la droite) ou négatif (décalage vers la gauche).

▶ **hauteur** : la hauteur, exprimée en nombre positif de lignes que la référence renvoyée doit avoir.

▶ **largeur** : la largeur, exprimée en nombre positif de colonnes que la référence renvoyée doit avoir.

Si les arguments :

▶ **lignes** et **colonnes** décalent la référence au-delà du bord de la feuille de calcul, la fonction DECALER renvoie la valeur d'erreur #REF!

▶ **hauteur** ou **largeur** sont omis, leurs valeurs par défaut sont celles de l'argument **réf**.

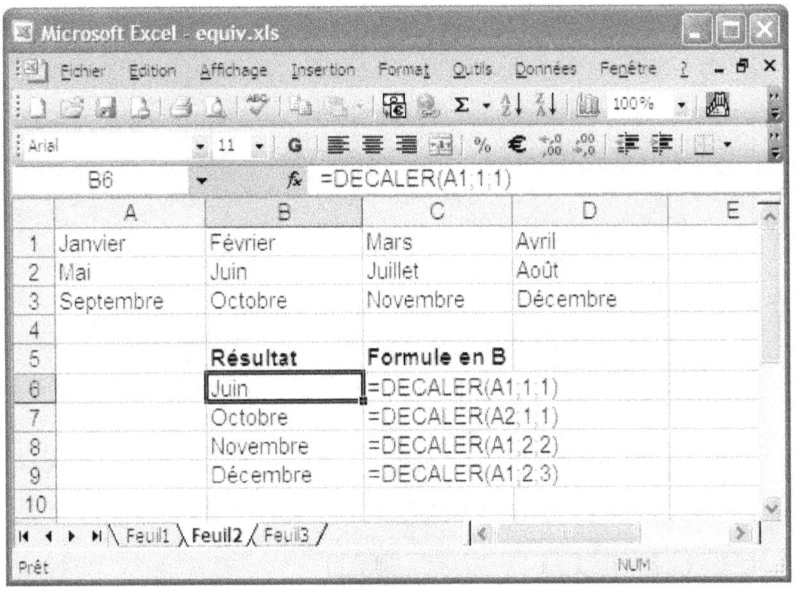

Figure 9.6.

EQUIV

Renvoie la position relative (et non la valeur) d'un élément d'une valeur spécifiée dans une matrice. Les valeurs doivent être classées selon un ordre donné, croissant ou décroissant dans deux cas sur trois définis par `type`.

Syntaxe :

`EQUIV(valeur_cherchée;tableau_recherche;type)`

avec :

- `valeur_cherchée` : la valeur utilisée pour trouver la valeur souhaitée dans une matrice.
- `tableau_recherche` : une plage de cellules adjacentes contenant les valeurs d'équivalence possibles. Ce peut être une matrice ou une référence matricielle.
- `type` : un nombre qui indique comment Excel doit procéder pour comparer l'argument aux valeurs de l'argument `tableau_recherche`, selon le tableau 9.1.

Tableau 9.1. Fonction EQUIV – Argument type

Valeur de type	Valeur recherchée
1	La valeur la plus élevée inférieure ou égale à celle de l'argument valeur_cherchée. Les valeurs de l'argument matrice_recherche doivent être placées en ordre croissant : ...-2, -1, 0, 1, 2, ..., A-Z, FAUX, VRAI.
0	La première valeur exactement équivalente à celle de l'argument valeur_cherchée. Les valeurs de l'argument matrice_recherche peuvent être placées dans un ordre quelconque.
-1	La plus petite valeur qui est supérieure ou égale à celle de l'argument valeur_cherchée. Les valeurs de l'argument matrice_recherche doivent être placées en ordre décroissant : VRAI, FAUX, Z-A, ..., 2, 1, 0, -1, -2, ..., et ainsi de suite.
Omis	La valeur par défaut est 1.

De plus :

- La fonction EQUIV ne distingue pas les majuscules des minuscules lorsqu'elle donne l'équivalence de valeurs de texte.
- Si la fonction EQUIV ne peut trouver de valeur équivalente, elle renvoie la valeur d'erreur `#N/A`.
- Si la valeur de l'argument type est 0 et que celle de l'argument `valeur_cherchée` est du texte, l'argument `valeur_cherchée` peut comprendre les caractères génériques, l'astérisque (*) et le point d'interrogation (?). L'astérisque est équivalent à une séquence de caractères, le point d'interrogation à un caractère unique.

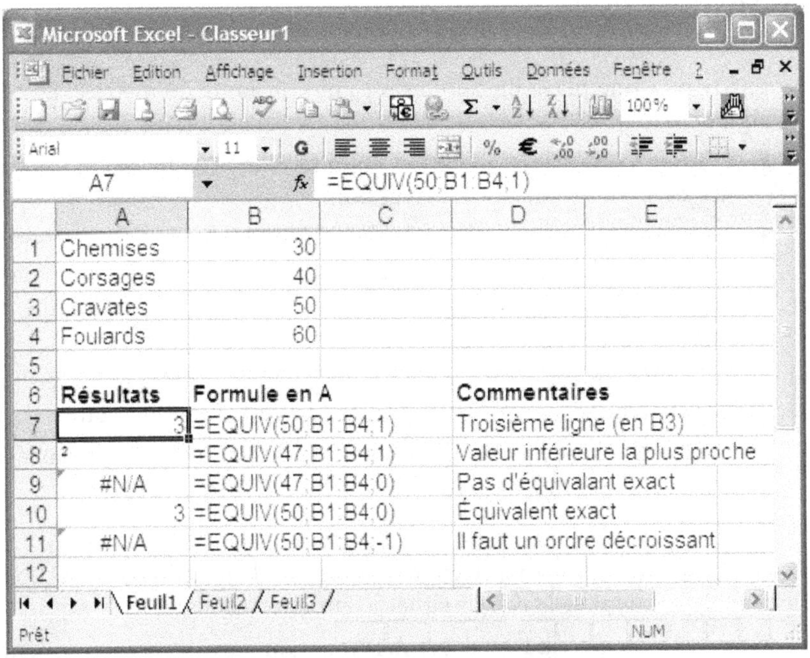

	A	B	C	D	E
1	Chemises	30			
2	Corsages	40			
3	Cravates	50			
4	Foulards	60			
5					
6	**Résultats**	**Formule en A**		**Commentaires**	
7	3	=EQUIV(50;B1:B4;1)		Troisième ligne (en B3)	
8	2	=EQUIV(47;B1:B4;1)		Valeur inférieure la plus proche	
9	#N/A	=EQUIV(47;B1:B4;0)		Pas d'équivalant exact	
10	3	=EQUIV(50;B1:B4;0)		Équivalent exact	
11	#N/A	=EQUIV(50;B1:B4;-1)		Il faut un ordre décroissant	
12					

Figure 9.7.

Dans `tableau_recherche`, ne retenez que la matrice contenant les valeurs, et non l'ensemble du tableau. Rappelez-vous que seul `type = 0` permet un ordre quelconque des valeurs.

INDEX

Renvoie une valeur ou une référence à une valeur provenant d'un tableau ou d'une plage de valeurs. La fonction INDEX() existe sous deux formes :

- **matricielle** : elle renvoie toujours une valeur ou une matrice de valeurs ;
- **référentielle** : elle renvoie toujours une référence.

Forme matricielle

Syntaxe :

`INDEX(tableau;no_lig;no_col)`

avec :

- `tableau` : une plage de cellules ou une constante de matrice. Si cet argument :
  - Contient une seule ligne ou colonne, l'argument `no_lig` ou `no_col` correspondant est facultatif.
  - Comporte plus d'une ligne et plus d'une colonne et que seul l'argument `no_lig` ou `no_col` est utilisé, la fonction renvoie une matrice des valeurs de la ligne ou de la colonne entière de l'argument matrice.
- `no_lig` : la ligne de la matrice dont une valeur doit être renvoyée. Si l'argument `no_lig` est omis, l'argument `no_col` est obligatoire.
- `no_col` : la colonne de la matrice dont une valeur doit être renvoyée. Si l'argument `no_col` est omis, l'argument `no_lig` est obligatoire.

De plus :

- Si les arguments `no_lig` et `no_col` sont tous deux utilisés, la fonction renvoie la valeur de la cellule située à leur intersection.
- Si `no_lig` ou `no_col` est o (zéro), la fonction renvoie respectivement la matrice des valeurs de la colonne ou de la ligne entière.
- Les arguments `no_lig` et `no_col` doivent pointer une cellule appartenant à l'argument tableau. Sinon, la fonction renvoie la valeur d'erreur `#REF!`

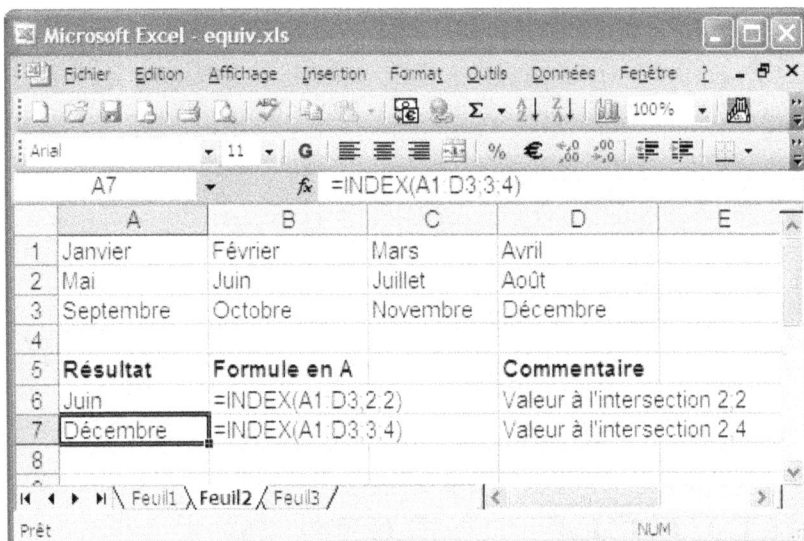

Figure 9.8.

Formule référentielle

Pour utiliser des valeurs renvoyées sous forme de matrice, tapez la fonction INDEX sous forme d'une formule matricielle comme ci-dessus dans une plage horizontale de cellules pour une ligne et dans une plage verticale de cellules pour une colonne.

Syntaxe :

```
INDEX(réf;no_lig;no_col;no_zone)
```

avec :

- **réf** : une référence à une ou plusieurs plages de cellules. Si :
  - Vous définissez plusieurs plages, mettez l'argument **réf** entre parenthèses.
  - Chaque zone de l'argument **réf** contient une seule ligne ou colonne, l'argument **no_lig** ou **no_col** est facultatif. Par exemple, dans le cas d'un argument référence à une seule ligne, utilisez la fonction **INDEX(réf;;no_col)**.
- **no_lig** : le numéro de la ligne de réf à partir de laquelle une référence doit être renvoyée.
- **no_col** : le numéro de la colonne de réf à partir de laquelle une référence doit être renvoyée.

▸ no_zone : la plage de l'argument réf pour laquelle l'intersection de no_col et no_lig doit être renvoyée. La première zone sélectionnée ou entrée porte le numéro 1, la deuxième, le numéro 2, etc. Si l'argument no_zone est omis, la fonction INDEX utilise la zone numéro 1.

Par exemple, si l'argument réf stipule les cellules (A1:B4;D1:E4;G1:H4), no_zone 1 correspond à la plage A1:B4, l'argument no_zone 2, à la plage D1:E4 et l'argument no_zone 3, à la plage G1:H4.

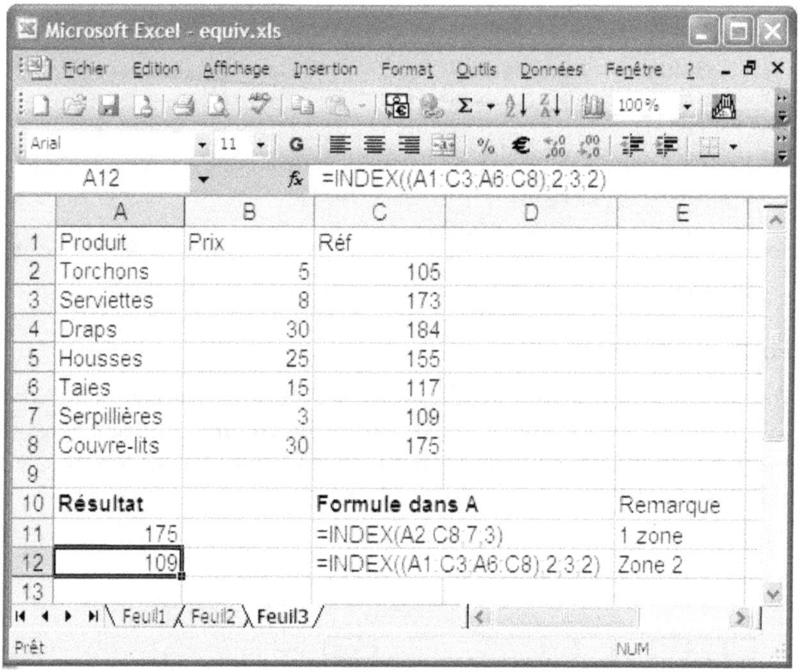

Figure 9.9.

Posez bien les parenthèses.

NOTES

▸ Lorsque les arguments réf et no_zone spécifient une plage précise, les arguments no_lig et no_col identifient une cellule spécifique. L'argument no_lig 1 représente la première ligne de la plage, l'argument no_col 1, la première colonne, etc. La référence renvoyée est l'intersection des arguments no_lig et no_col.

- Si no_lig ou no_col est 0 (zéro), la fonction renvoie respectivement la référence de la colonne ou de la ligne entière.
- Si les arguments no_lig et no_col sont omis, la fonction renvoie la zone de l'argument référence définie par l'argument no_zone.

Le résultat de la fonction INDEX est une référence et sera interprété comme telle par les autres formules.

INDIRECT

Ceux qui programment en assembleur retrouveront là un mode d'adressage indirect. Cette fonction renvoie la référence (située dans une seconde cellule) spécifiée par une chaîne de caractères dans une première cellule. La référence est immédiatement évaluée afin d'afficher son contenu. Cette fonction sert à modifier la référence à une cellule à l'intérieur d'une formule sans modifier la formule elle-même.

Syntaxe :

`INDIRECT(réf_texte;A1)`

avec :

- `réf_texte` : une référence à une cellule qui contient une référence, un nom défini comme référence ou une référence à une cellule sous forme d'une chaîne de caractères.
- `A1` : une valeur logique spécifiant le type de référence contenu dans la cellule `réf_texte`. Si l'argument `A1` est :
  - VRAI ou omis, `réf_texte` est interprété comme une référence de type `A1`.
  - FAUX, `réf_texte` est interprété comme une référence de type `L1C1`.

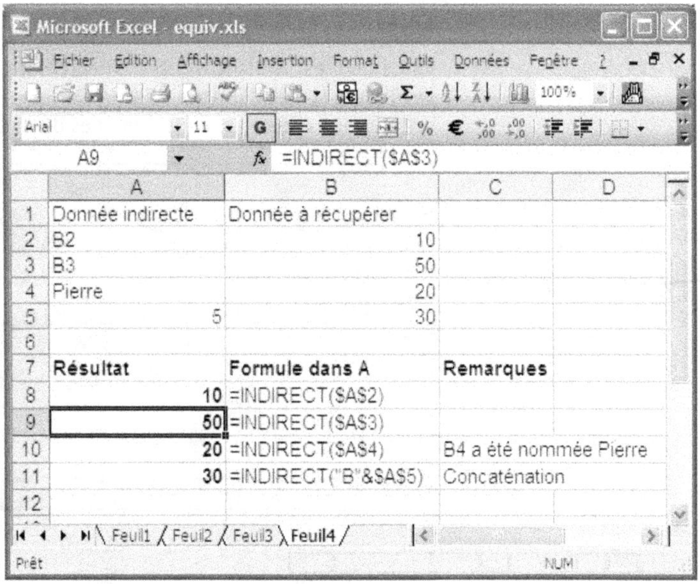

	A	B	C	D
1	Donnée indirecte	Donnée à récupérer		
2	B2	10		
3	B3	50		
4	Pierre	20		
5	5	30		
6				
7	**Résultat**	**Formule dans A**	**Remarques**	
8	10	=INDIRECT(A2)		
9	50	=INDIRECT(A3)		
10	20	=INDIRECT(A4)	B4 a été nommée Pierre	
11	30	=INDIRECT("B"&A5)	Concaténation	
12				

Figure 9.10.

LIEN_HYPERTEXTE

Crée un raccourci ou un renvoi qui ouvre un document stocké sur un serveur réseau, sur un réseau intranet ou sur Internet. Lorsque vous cliquez sur la cellule contenant cette fonction, Excel ouvre le fichier stocké à l'adresse `emplacement_lien`.

Syntaxe :

`LIEN_HYPERTEXTE(emplacement_lien;nom_convivial)`

avec :

▸ `emplacement_lien` : le chemin d'accès et le nom de fichier du document à ouvrir en tant que texte. Cet argument peut être une chaîne de caractères entourée de guillemets ou une cellule contenant le lien sous forme de chaîne de caractères.

▸ `nom_convivial` : le texte de renvoi ou la valeur numérique qui s'affiche dans la cellule. Cet argument peut être une valeur, une chaîne de caractères, un nom ou une cellule contenant le texte ou la valeur de renvoi. Si l'argument `nom_convivial` renvoie une valeur d'erreur (par exemple, `#VALEUR!`), la cellule affiche l'erreur au lieu du texte de renvoi. Le contenu de la cellule est affiché en bleu et souligné, comme tout lien qui se respecte. Si vous ne spécifiez pas cet argument, la cellule affiche `emplacement_lien` comme texte de renvoi.

NOTE

Parce qu'il est difficile d'entrer directement dans une cellule comportant un lien, pour la sélectionner, cliquez sur une cellule voisine, puis passez à la cellule souhaitée à l'aide des touches de direction.

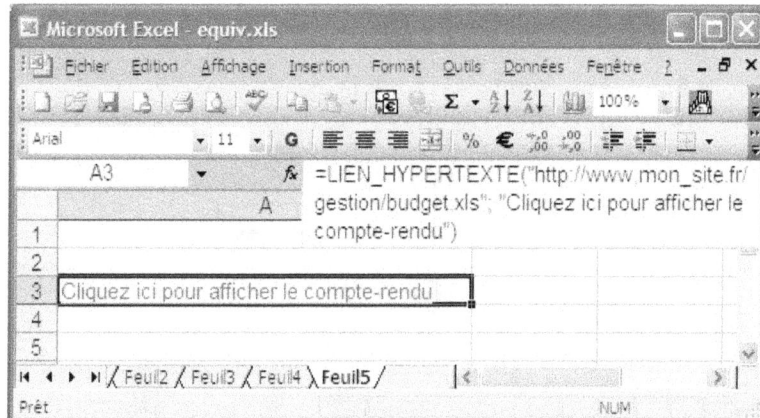

Figure 9.11.

LIGNE

Retourne le numéro de ligne d'une référence.

Syntaxe :

`LIGNE(référence)`

où **référence** est la cellule ou la plage de cellules dont on cherche le numéro de ligne.

Si **référence** est :

▸ Omis, la référence par défaut est celle de la cellule dans laquelle la fonction LIGNE apparaît.

▸ Une plage de cellules et si la fonction LIGNE est entrée sous forme de matrice verticale, la fonction LIGNE renvoie les numéros de ligne de la référence sous forme de matrice verticale.

L'argument **référence** ne peut pas faire référence à des zones multiples.

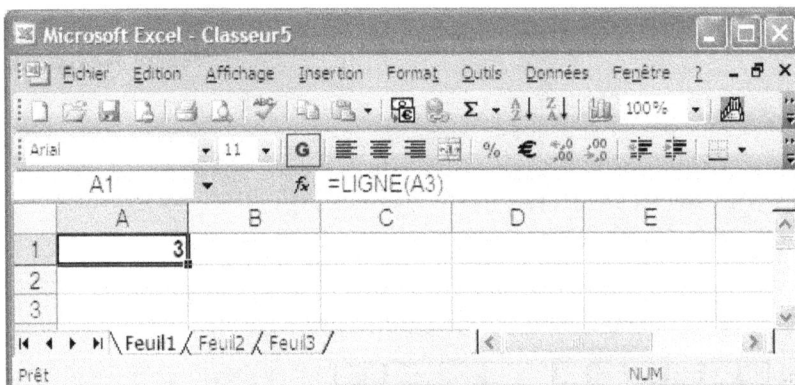

Figure 9.12.

LIGNES

Retourne le nombre de lignes d'une référence ou d'une matrice.

Syntaxe :

`LIGNES(référence)`

où **référence** est une matrice, une formule matricielle ou une référence d'une plage de cellules.

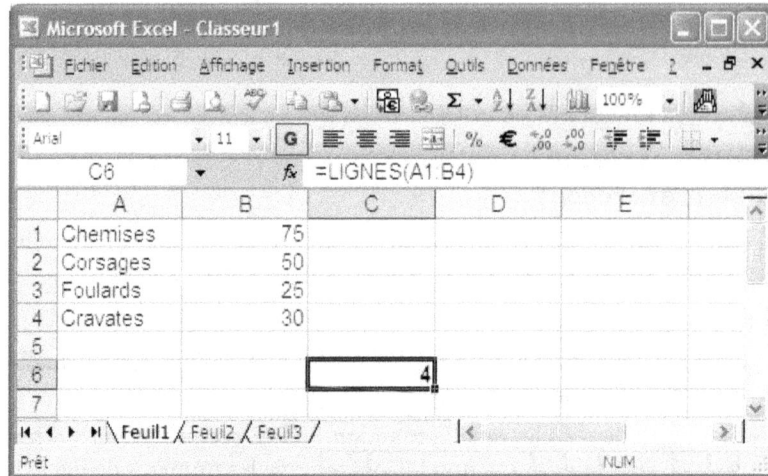

Figure 9.13.

La référence peut être une matrice.

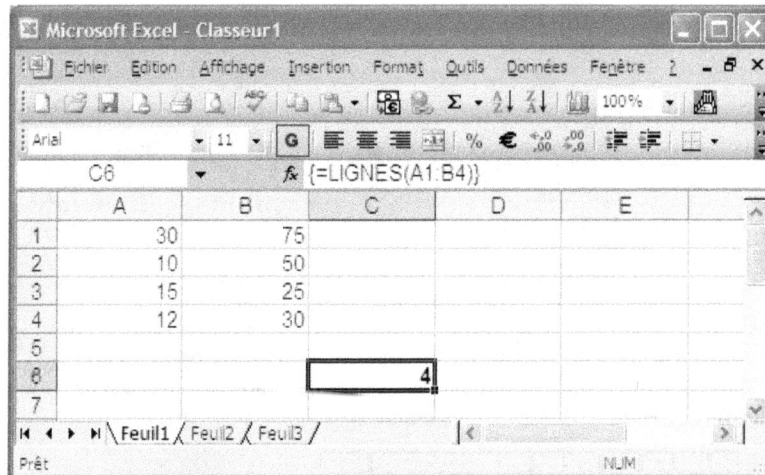

Figure 9.14.

RAPPEL

Pour entrer une formule matricielle, la seule différence est la suivante : après avoir créé la formule, n'appuyez pas sur **Entrée** mais sur **Ctrl + Maj + Entrée**. Le programme place alors des accolades autour de la formule.

LIREDONNEESTABCROISDYNAMIQUE

Cette fonction sert à extraire les données de synthèse d'un rapport de tableau croisé dynamique. Les données doivent être affichées dans le rapport. Elle est reprise ici, mais elle appartient également à la collection des fonctions de bases de données.

Syntaxe :

`LIREDONNEESTABCROISDYNAMIQUE(champ_de_données; tableaucroisé;champ1;élément1;champ2;élément2;…)`

avec :

- `champ_de_données` : celui du tableau croisé dynamique.
- `tableau_croisé` : la cellule supérieure gauche du tableau croisé, en adressage absolu.
- `champ1` : le nom d'un champ.
- `élément1` : un élément du champ...

Pour cet exemple, on a créé un tableau croisé dynamique :

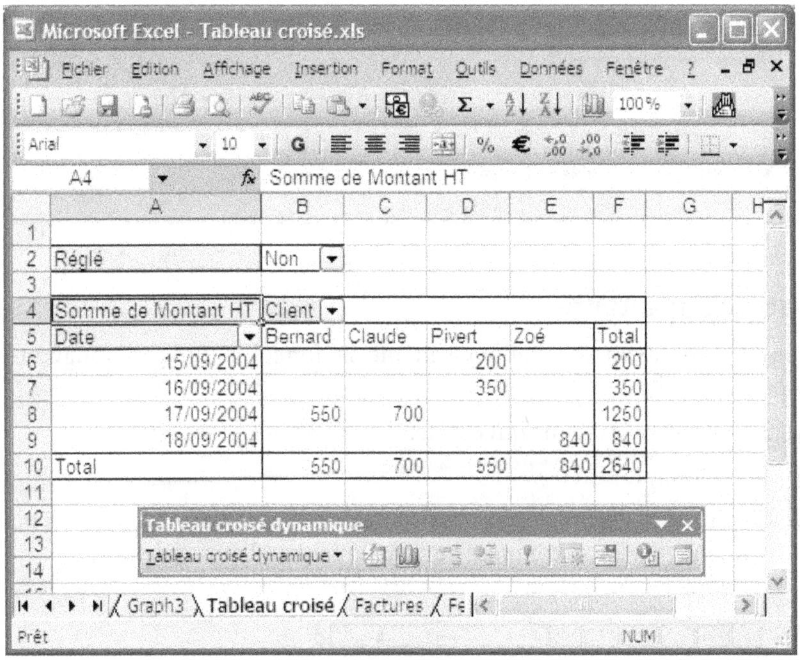

Figure 9.15.

La fonction introduite dans **A12** est :

```
=LIREDONNEESTABCROISDYNAMIQUE("Montant HT";$A$2;
"Client";"Claude";"Date";"17/09/2004")
```

Elle retourne la valeur 700 qui figure dans C8.

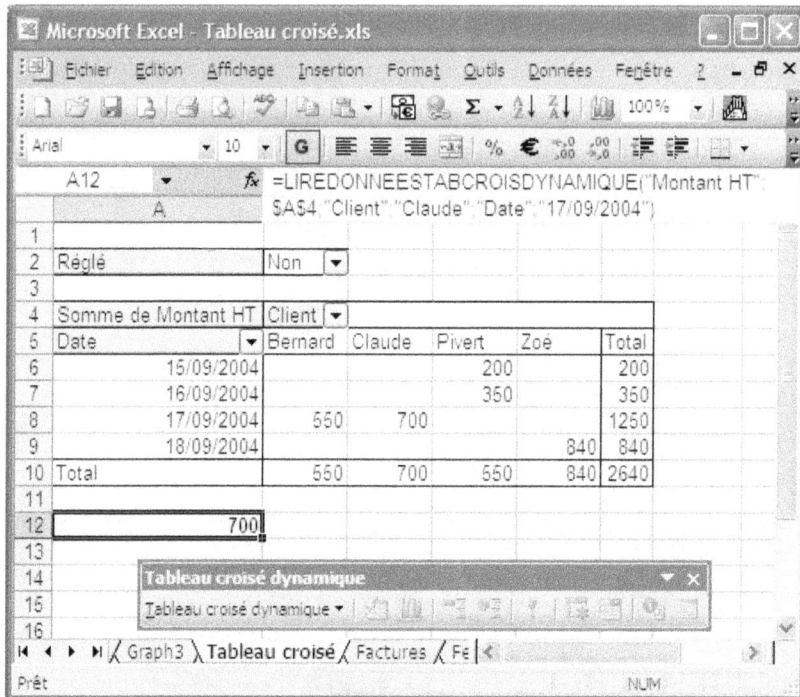

Figure 9.16.

Astuce importante

Pour ne pas avoir à créer vous-même la fonction, un peu longuette, procédez ainsi :

4 Sélectionnez la cellule qui contiendra la formule et le résultat.

5 Tapez le signe égal (=).

6 Cliquez sur la cellule dont vous voulez extraire la valeur, ici sur C8 qui contient 700. Excel compose automatiquement la formule.

Notes complémentaires

▸ Les éléments ou champs calculés ainsi que les calculs personnalisés sont inclus dans les calculs de la fonction.

▸ Si l'argument tableau_croisé représente une plage comprenant au moins deux rapports de tableaux croisés dynamiques, les données sont extraites du rapport de tableau croisé dynamique créé en dernier.

▸ Si les arguments élément et champ désignent une seule cellule, la valeur de celle-ci est renvoyée, qu'il s'agisse d'une chaîne de caractères, d'un nombre, d'une erreur, etc.

▸ Si un élément contient une date, la valeur doit être exprimée sous la forme d'un nombre série ou être remplie par une fonction DATE de manière qu'elle soit conservée si la feuille de calcul est ouverte avec d'autres paramètres régionaux. Si l'argument tableau_croisé représente une plage qui ne contient aucun rapport de tableau croisé dynamique, la fonction renvoie la valeur d'erreur #REF!

▸ Si les arguments ne décrivent pas un champ affiché ou s'ils comprennent un champ de page non affiché, la fonction renvoie la valeur d'erreur #REF!

RECHERCHE

Renvoie une valeur associée celle qui est recherchée. Cette fonction dispose de deux syntaxes :

▸ La forme **vectorielle** cherche une valeur dans une plage à une ligne ou colonne (appelée **vecteur**) et renvoie une valeur à partir de la même position dans une seconde plage à une ligne ou colonne.

▸ La forme **matricielle** cherche la valeur spécifiée dans la première ligne ou colonne d'une matrice et renvoie une valeur à partir de la même position dans la dernière ligne ou colonne de la matrice.

Forme vectorielle

Un vecteur est une plage qui ne contient qu'une seule ligne ou qu'une seule colonne. La fonction recherche une valeur (premier argument) dans une plage en ligne ou en colonne (second argument) et retourne la valeur présente sur la même ligne ou sur la même colonne.

Syntaxe :

`RECHERCHE(valeur_cherchée;vecteur_recherche;vecteur_résultat)`

avec :

- `valeur_cherchée` : la valeur que la fonction cherche dans une matrice. Cet argument peut être un nombre, du texte, une valeur logique, ou un nom ou une référence désignant une valeur.

- `vecteur_recherche` : une plage de cellules qui contient du texte, des nombres ou des valeurs logiques que vous voulez comparer à la valeur cherchée. Les valeurs de cet argument peuvent être du texte, des nombres ou des valeurs logiques.

- `vecteur_résultat` : une plage qui contient une seule ligne ou colonne. La plage doit être de même dimension que l'argument `vecteur_recherche`.

NOTE IMPORTANTE

Les valeurs de l'argument vecteur_recherche doivent être placées en ordre croissant : ...,-2, -1, 0, 1, 2,..., A-Z, FAUX, VRAI. Faute de quoi, la fonction peut donner une valeur incorrecte. Les majuscules et les minuscules ne sont pas différenciées.

De plus :

- Si la fonction RECHERCHE ne peut trouver l'argument `valeur_cherchée`, elle utilise la plus grande valeur de l'argument `vecteur_recherche` inférieure ou égale à celle de l'argument `valeur_cherchée`.

- Si la valeur de l'argument `valeur_cherchée` est inférieure à la plus petite valeur de l'argument `vecteur_recherche`, la fonction renvoie la valeur d'erreur `#N/A`.

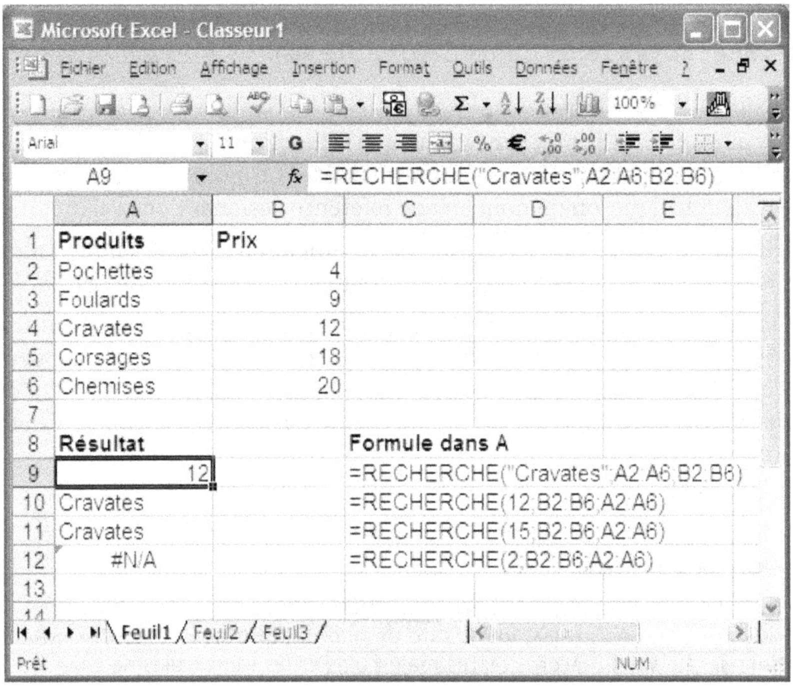

Figure 9.17.

Dans ces exemples :

▸ En A9, on recherche « Cravates » ; la fonction renvoie le prix, 12, situé dans la colonne désignée.

▸ En A10, on recherche le prix 12 et la fonction renvoie Cravates.

▸ En A11, le prix indiqué, 15, n'existe pas dans la liste. La fonction cherche le prix immédiatement inférieur et retourne Cravates.

▸ En A12, le prix indiqué, 2, est inférieur à tous les prix listés ; la fonction retourne une valeur d'erreur.

Forme matricielle

La forme matricielle cherche la valeur spécifiée dans la première ligne ou dans la première colonne d'une matrice et renvoie une valeur à partir de la même position, mais située dans la dernière ligne ou dans la dernière colonne de la matrice. Cette forme de la fonction RECHERCHE sert à assurer la compatibilité avec d'autres tableurs, car si tel est votre besoin, mieux vaut utiliser la fonction RECHERCHEH.

Syntaxe :

```
RECHERCHE(valeur_cherchée;tableau)
```

avec :

- `valeur_cherchée` : une valeur que la fonction RECHERCHE cherche dans une matrice. Cet argument peut être un nombre, du texte, une valeur logique, ou un nom ou une référence désignant une valeur.
- `tableau` : une plage de cellules qui contient du texte, des nombres ou des valeurs logiques à comparer à l'argument `valeur_cherchée`.

Si la fonction ne peut trouver l'argument `valeur_cherchée`, elle utilise la plus grande valeur de la matrice inférieure ou égale à celle-ci. Si la valeur de l'argument `valeur_cherchée` est inférieure à la plus petite valeur de la première ligne ou colonne, la fonction RECHERCHE renvoie la valeur d'erreur `#N/A`.

NOTE IMPORTANTE

Les valeurs de l'argument tableau doivent être placées en ordre croissant : ..., -2, -1, 0, 1, 2,..., A-Z, FAUX, VRAI faute de quoi la fonction RECHERCHE peut donner une valeur incorrecte. Les majuscules et les minuscules ne sont pas différenciées.

Si l'argument `tableau` :

- Couvre une surface plus large que haute (plus de colonnes que de lignes), la fonction cherche la valeur de l'argument `valeur_cherchée` dans la première ligne.
- Est un carré ou est plus haut que large (plus de lignes que de colonnes), la fonction opère la recherche dans la première colonne.

NOTE

La forme matricielle de la fonction RECHERCHE est très semblable aux fonctions RECHERCHEH et RECHERCHEV. Cependant, alors que la fonction RECHERCHEH cherche la valeur de l'argument valeur_cherchée dans la première ligne d'une matrice et la fonction RECHERCHEV dans la première colonne d'une matrice, la fonction RECHERCHE effectue la recherche en fonction des dimensions de l'argument tableau.

Les fonctions RECHERCHEH et RECHERCHEV permettent de spécifier une cellule par index de ligne ou de colonne, alors que la fonction RECHERCHE sélectionne toujours la dernière valeur dans la ligne ou la colonne.

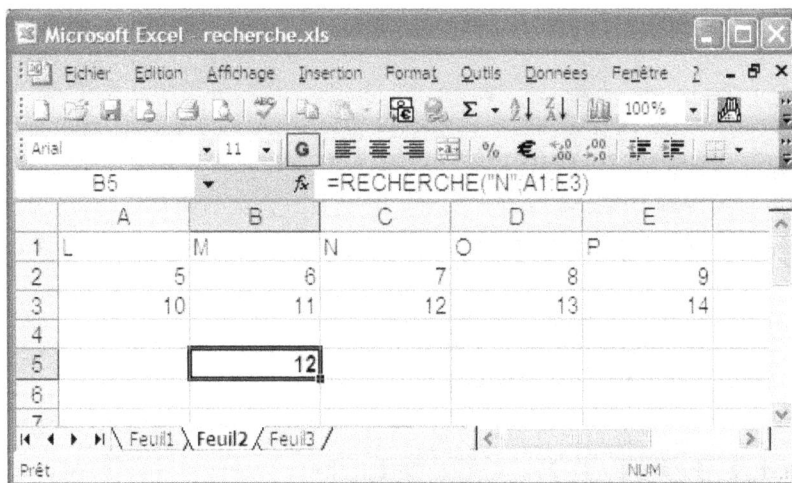

Figure 9.18.

Dans cet exemple, on recherche à mettre M sur la première ligne. La fonction renvoie la valeur se trouvant sur la dernière ligne de la même colonne.

RECHERCHEH

Recherche une valeur présente dans la ligne supérieure d'une table ou d'une matrice, puis renvoie une valeur dans la même colonne depuis une ligne que vous spécifiez dans la table ou la matrice. La lettre H accolée à RECHERCHE signifie horizontal. Cette fonction intervient lorsque les valeurs de comparaison sont situées dans une ligne en haut de la table de données et que vous souhaitez effectuer la recherche n lignes plus bas.

Syntaxe :

```
RECHERCHEH(valeur_cherchée,table_matrice,no_index_
lig,valeur_proche)
```

avec :

▶ `valeur_cherchée` : la valeur à rechercher dans la première ligne de la table. Il peut s'agir d'une valeur, d'une référence ou d'une chaîne de texte.

▶ `table_matrice` : la table de données dans laquelle est exécutée la recherche de la valeur. Utilisez une référence à une plage ou un nom de plage. Les valeurs de la première ligne de `table_matrice` peuvent être du texte, des chiffres ou des valeurs logiques.

- **no_index_lig** : le numéro de la ligne de **table_matrice** à partir de laquelle la valeur correspondante est renvoyée.

- **valeur_proche** : une valeur logique qui spécifie si vous voulez que cette fonction trouve une correspondance exacte ou approximative. Si cet argument est VRAI ou omis, une donnée proche est renvoyée.

Notez ces points importants :

- Les valeurs de la première ligne de **table_matrice** peuvent être du texte, des chiffres ou des valeurs logiques.

- Si l'argument **valeur_proche** est VRAI, les valeurs de la première ligne de **table_matrice** doivent être placées en ordre croissant : ...-2, -1, 0, 1, 2... A-Z, FAUX, VRAI. Sinon, la fonction RECHERCHEH peut donner une valeur incorrecte. Si l'argument **valeur_proche** est FAUX, les éléments de **table_matrice** ne doivent pas nécessairement être classés.

- La fonction ne différencie pas les majuscules et les minuscules.

ASTUCE

Pour classer les valeurs par ordre croissant de gauche à droite, sélectionnez-les, cliquez sur le menu **Données** puis sur **Copies assemblées**. Cliquez sur **Options**, sur **De la gauche vers la droite**, puis sur **OK**. Dans la boîte de dialogue **Copies assemblées**, cliquez sur la ligne de la liste, puis sur **Croissant**.

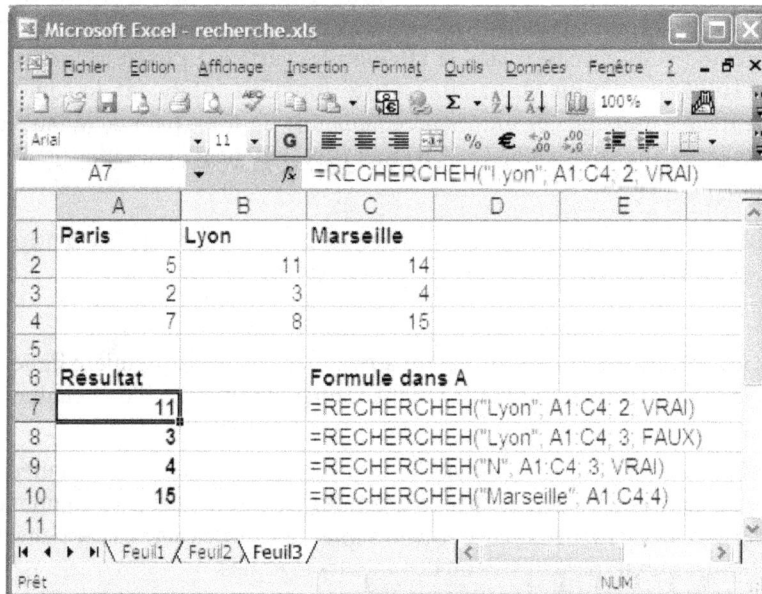

Figure 9.19.

Dans ces exemples :

- En A7, on recherche Lyon. La fonction retourne la valeur située dans la même colonne, en ligne 2.
- En A8, on fait de même, mais on demande la ligne 3.
- En A9, on recherche N dans la ligne 1 pour obtenir la valeur de la ligne 3 dans la même colonne. Comme N n'est pas une correspondance exacte, la valeur immédiatement inférieure, Marseille, est utilisée.
- En A10, on recherche Marseille pour obtenir la valeur de la ligne 4 dans la même colonne.

RECHERCHEV

Cherche une valeur présente dans la colonne située à l'extrême gauche d'une matrice et renvoie une valeur dans la même ligne d'une colonne que vous spécifiez. La lettre V accolée à RECHERCHE signifie vertical. Cette fonction est donc symétrique de RECHERCHEH. Elle intervient par conséquent lorsque les valeurs de comparaison se trouvent dans une colonne située à gauche des données à trouver.

Syntaxe :

```
RECHERCHEV(valeur_cherchée;table_matrice;no_index_col;valeur_proche)
```

où les arguments sont les mêmes qu'avec RECHERCHEH, l'index ligne étant remplacé par un index colonne.

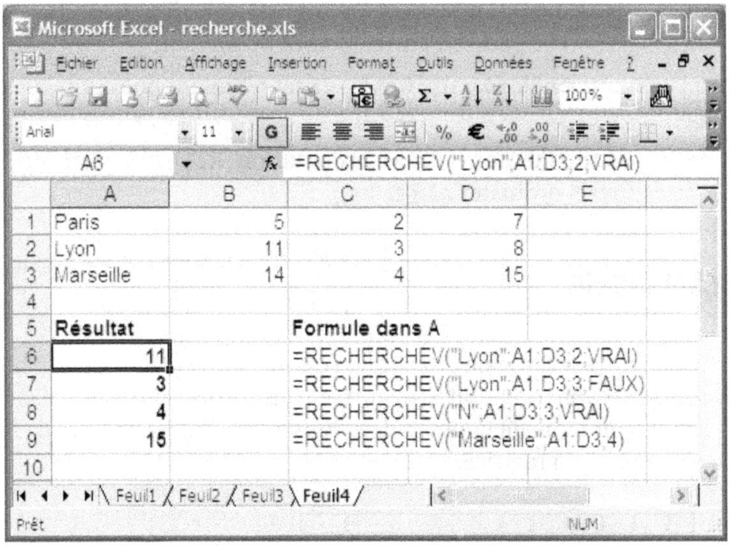

	A	B	C	D	E
1	Paris	5	2	7	
2	Lyon	11	3	8	
3	Marseille	14	4	15	
4					
5	**Résultat**		**Formule dans A**		
6	11		=RECHERCHEV("Lyon";A1:D3;2;VRAI)		
7	3		=RECHERCHEV("Lyon";A1:D3;3;FAUX)		
8	4		=RECHERCHEV("N";A1:D3;3;VRAI)		
9	15		=RECHERCHEV("Marseille";A1:D3;4)		
10					

Figure 9.20.

Dans ces exemples :

▸ En A6, on recherche Lyon. La fonction retourne la valeur située sur la même line, en colonne 2

▸ En A7, on fait de même, mais on demande la colonne 3.

▸ En A8, on recherche N dans la colonne 1 pour obtenir la valeur de la colonne 3 dans la même ligne. Comme N n'est pas une correspondance exacte, la valeur immédiatement inférieure, Marseille, est utilisée.

▸ En A9, on recherche Marseille pour obtenir la valeur de la colonne 4 sur la même ligne.

RTD

Extrait les données en temps réel à partir d'un programme prenant en charge **COM automation**. RTD provient de **Real Time Data**, données en temps réel.

Syntaxe :

```
=RTD(ProgID;serveur;sujet1;[sujet2];...)
```

avec :

▸ `ProgID` : nom du ProgID d'une macro complémentaire COM automation enregistrée et installée sur l'ordinateur local. Des guillemets sont exigés de part et d'autre de ce nom.

▸ `serveur` : nom du serveur sur lequel la macro complémentaire est exécutée. Si on ne dispose pas d'un serveur et si le programme est exécuté localement, on laissera l'argument vide. Sinon, on tapera des guillemets («») de part et d'autre du nom du serveur.

▸ `sujet1`, `sujet2`... : paramètres 1 à 28 représentant une donnée unique en temps réel.

La macro complémentaire **COM automation RTD** doit être créée et enregistrée sur un ordinateur local.

TRANSPOSE

Renvoie une plage verticale de cellules sous forme de plage horizontale, ou l'inverse. Cette fonction doit être entrée sous forme matricielle dans une plage dont le nombre de lignes et de colonnes est égal au nombre de lignes et de colonnes de la matrice.

Syntaxe :

`TRANSPOSE(tableau)`

où `tableau` représente une matrice ou une plage de cellules dans une feuille de calcul que vous voulez transposer.

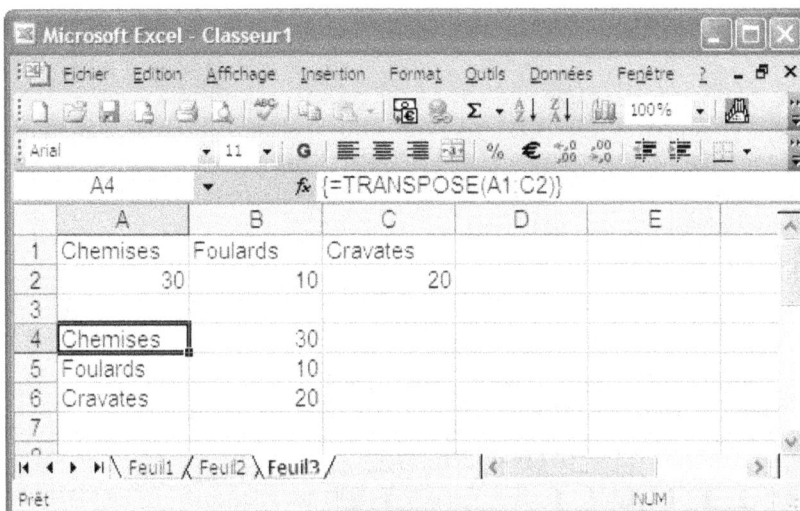

Figure 9.21.

Pour bien maîtriser cette fonction, voici comment vous devez l'entrer selon cet exemple :

1. Tapez les données en `A1:C2`.
2. Entrez dans la cellule A4.
3. Tapez la fonction `=TRANSPOSE(A1:C2)`.
4. Appuyez sur **Entrée**. Une valeur d'erreur s'affiche dans **A4**.
5. Sélectionnez **A4** et abaissez la sélection pour couvrir 3 lignes, de **A4** à **A6**, puis étendez la sélection de façon à couvrir l'espace **A4:B6**. C'est l'espace qui recevra le tableau inversé.
6. Appuyez sur **F2**, puis sur **Ctrl + Maj + Entrée**. La formule doit être saisie sous forme matricielle.
7. Le tableau est transposé.

ZONES

Renvoie le nombre de zones dans une référence. Une zone se compose d'une plage de cellules adjacentes ou d'une cellule unique.

Syntaxe :

`ZONES(référence)`

où **référence** est une référence à une cellule ou à une plage de cellules et peut se rapporter à plusieurs zones. Pour spécifier un argument unique comprenant plusieurs références, il faut inclure une paire de parenthèses supplémentaire pour éviter qu'Excel n'interprète le point-virgule comme un séparateur de champ.

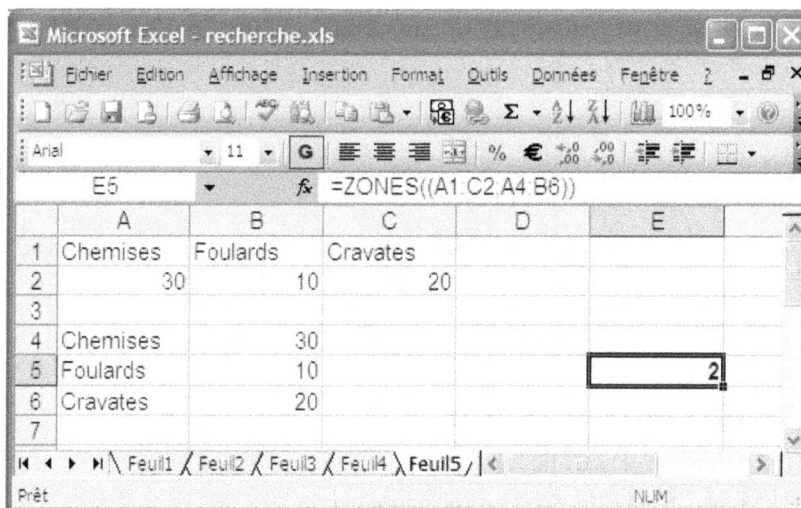

Figure 9.22.

Dans cet exemple, on a défini deux zones, ce qui explique qu'on ait doublé les parenthèses.

Applications

Additionner le contenu d'une zone avec INDEX

Si vous avez défini une ou plusieurs zones avec la fonction INDEX, vous pouvez additionner des valeurs dans la zone spécifiée.

Dans l'exemple suivant, trois zones ont été spécifiées ; on veut sommer le contenu de la colonne B (colonne 2) pour la zone 3 (le week-end).

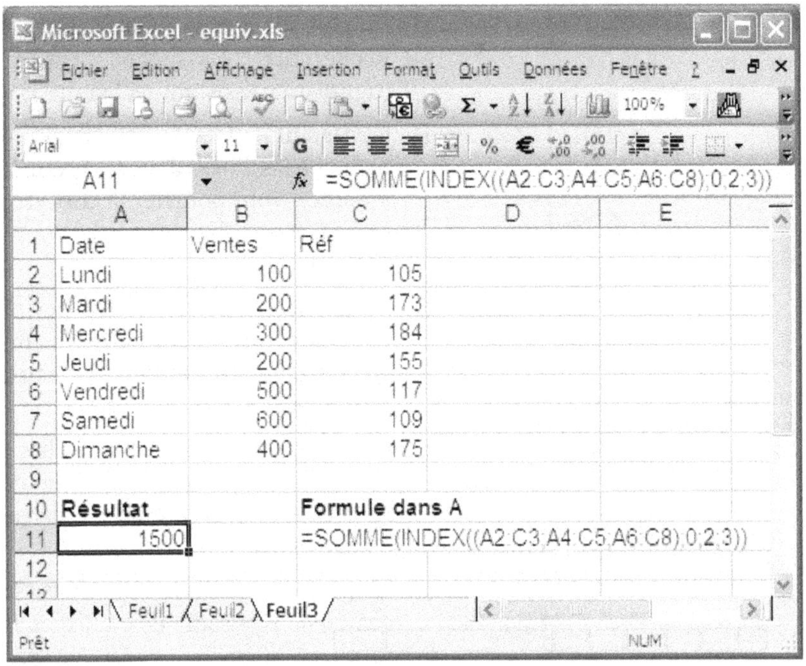

Figure 9.23.

Rappelez-vous que si vous spécifiez la valeur 0 (zéro) pour l'argument `no_lig` (ici) ou `no_col`, la fonction INDEX renvoie respectivement la référence de la colonne ou de la ligne entière.

Utiliser l'assistant de recherche

Excel met à votre disposition un assistant de recherche qui vous épargne bien des soucis. Il crée la formule de recherche nécessaire en fonction des données de la feuille de calcul qui contiennent des étiquettes de ligne et de colonne. De plus, l'assistant de recherche aide à trouver d'autres valeurs dans une ligne lorsque vous connaissez la valeur dans une colonne, et inversement. Cet assistant utilise INDEX et EQUIV dans les formules qu'il crée.

Pour activer l'assistant recherche s'il ne l'est déjà :

1. Cliquez sur le menu **Outils**, puis sur **Macros complémentaires**.

2. Activez la case à cocher **Assistant Recherche**, puis cliquez sur **OK**.

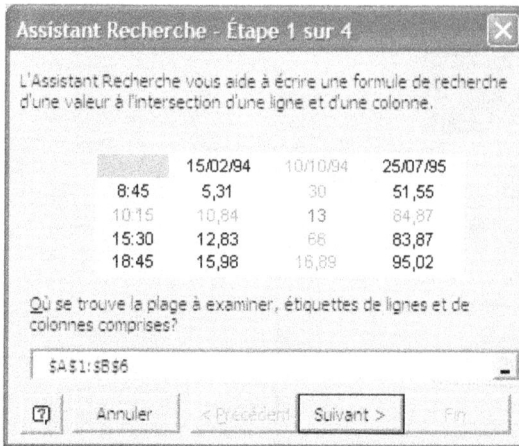

Figure 9.24. Assistant recherche 1.
Dès son apparition, l'assistant détecte la plage
de recherche et l'inscrit en coordonnées absolues.

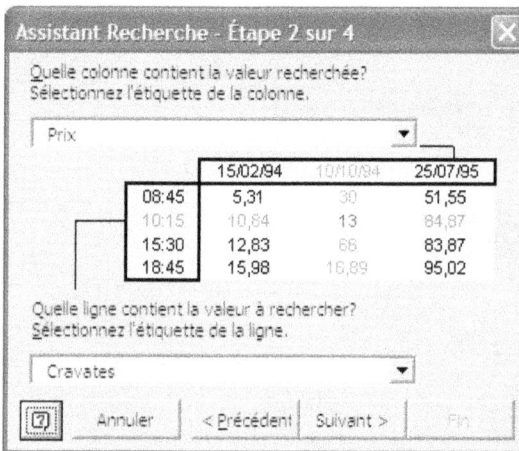

Figure 9.25. Assistant recherche 2.
Sélectionnez l'étiquette de ligne.

Cela fait, vous pouvez le lancer :

[1] Cliquez sur une cellule de la plage.

[2] Cliquez sur le menu **Outils**, puis sur **Rechercher**. L'assistant apparaît (figure 9.24 Assistant recherche 1).

[3] L'assistant détecte la plage de recherche et l'inscrit en coordonnées absolues. Vous pourriez la corriger si besoin était. Cliquez sur le bouton **Suivant**.

[4] Dans la fenêtre suivante de l'assistant, ouvrez la liste déroulante **Quelle colonne contient la valeur recherchée** et sélectionnez-la.

[5] Ouvrez la liste déroulante du bas et sélectionnez l'étiquette de ligne qui vous intéresse (figure 9.25 Assistant recherche 2).

[6] Cliquez sur **Suivant** et choisissez comment l'assistant doit afficher les résultats (figure 9.26 Assistant recherche 3).

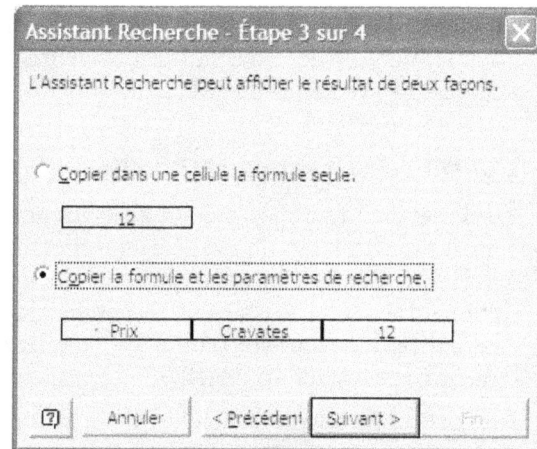

Figure 9.26. Assistant recherche 3. Choisissez
comment l'assistant doit afficher les résultats.

7 Cliquez encore sur **Suivant** et tapez ou sélectionnez une cellule (figure 9.27. Assistant recherche 4).

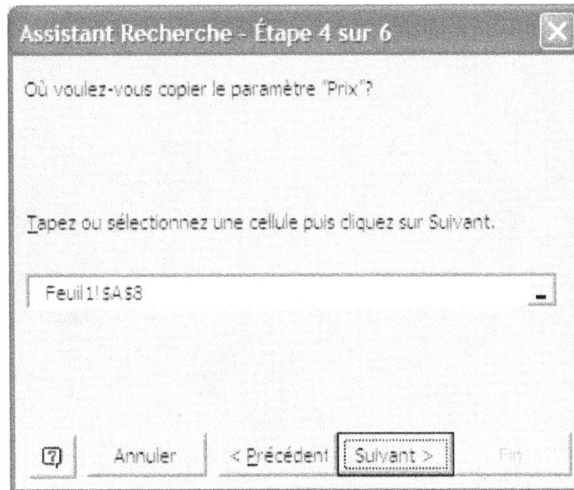

Figure 9.27. Assistant recherche 4.
Tapez ou sélectionnez une cellule.

ASTUCE

Pour sélectionner une cellule dans le tableau sous-jacent, vous pouvez soit écarter la fenêtre de l'assistant, soit la réduire un instant en cliquant sur la petite icône qui apparaît au bout de la ligne de texte. Vous cliquerez de nouveau sur cette icône pour restituer à la fenêtre sa taille normale.

8 Cliquez sur **Suivant** et choisissez la cellule dans laquelle copier le deuxième paramètre.

9 Cliquez sur **Suivant** et choisissez la cellule dans laquelle copier le troisième paramètre.

10 Cliquez sur **Fin**. Les données se sont inscrites comme demandé, la formule faisant appel aux fonctions INDEX et EQUIV (figure 9.28. Assistant recherche 5).

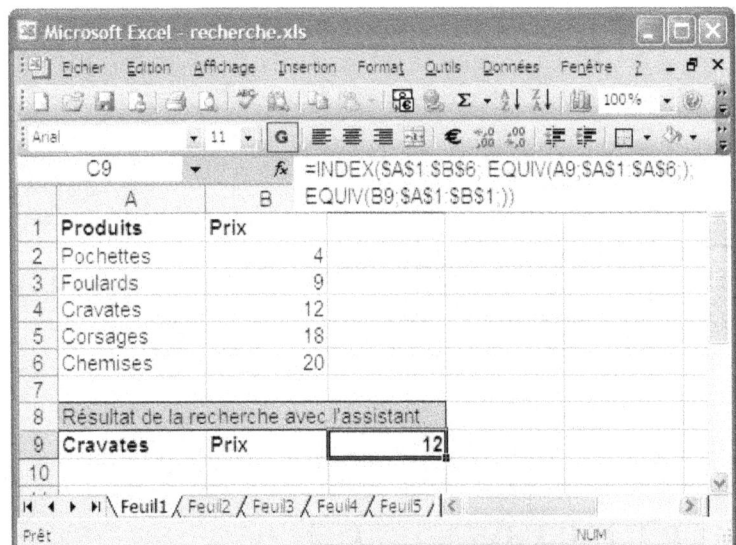

Figure 9.28. Assistant recherche 5.
Les données se sont inscrites comme demandé, ici en A8:C8.

CHAPITRE 10
FONCTIONS SCIENTIFIQUES

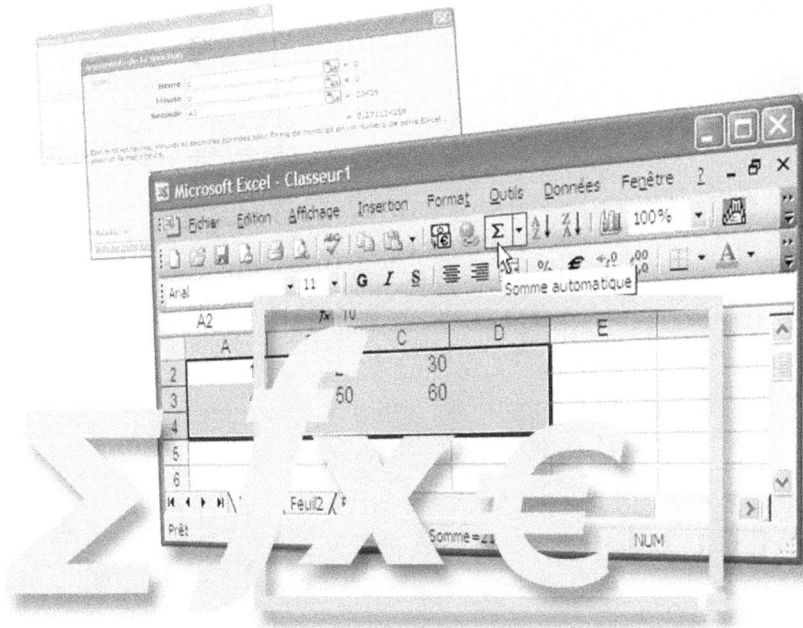

Les fonctions scientifiques sont résolument destinées aux spécialistes allant des mathématiciens aux programmeurs.

On peur classer ces fonctions en trois types :

▶ Fonctions permettant de travailler avec des nombres complexes.

▶ Fonctions permettant de convertir des valeurs dans divers systèmes numériques tels que les systèmes décimal, hexadécimal, octal et binaire.

▶ Fonctions permettant de convertir des valeurs dans divers systèmes de mesure.

Les fonctions scientifiques font partie de l'**Utilitaire d'analyse** que vous devrez installer si ces fonctions ne sont pas disponibles sur votre machine. Vous les activerez ensuite via le menu **Outils** et la commande **Macros complémentaires**.

Fonctions scientifiques

BESSELI	Renvoie la fonction Bessel modifiée In(x).
BESSELJ	Renvoie la fonction Bessel Jn(x).
BESSELK	Renvoie la fonction Bessel modifiée Kn(x).
BESSELY	Renvoie la fonction Bessel Yn(x).
BINDEC	Convertit un nombre binaire en nombre décimal.
BINHEX	Convertit un nombre binaire en nombre hexadécimal.
BINOCT	Convertit un nombre binaire en nombre octal.
COMPLEX	Convertit des coefficients réel et imaginaire en un nombre complexe.
COMPLEXE.ARGUMENT	Renvoie l'argument thêta, un angle exprimé en radians.
COMPLEXE.CONJUGUE	Renvoie le nombre complexe conjugué d'un nombre complexe.
COMPLEXE.COS	Renvoie le cosinus d'un nombre complexe.

COMPLEXE.DIFFERENCE	Renvoie la différence entre deux nombres complexes.
COMPLEXE.DIV	Renvoie le quotient de deux nombres complexes.
COMPLEXE.EXP	Renvoie la fonction exponentielle d'un nombre complexe.
COMPLEXE.IMAGINAIRE	Renvoie le coefficient imaginaire d'un nombre complexe.
COMPLEXE.LN	Renvoie le logarithme népérien d'un nombre complexe.
COMPLEXE.LOG10	Calcule le logarithme en base 10 d'un nombre complexe.
COMPLEXE.LOG2	Calcule le logarithme en base 2 d'un nombre complexe.
COMPLEXE.MODULE	Renvoie la valeur absolue (le module) d'un nombre complexe.
COMPLEXE.PRODUIT	Renvoie le produit de deux nombres complexes.
COMPLEXE.PUISSANCE	Renvoie un nombre complexe élevé à une puissance entière.
COMPLEXE.RACINE	Renvoie la racine carrée d'un nombre complexe.
COMPLEXE.REEL	Renvoie le coefficient réel d'un nombre complexe.
COMPLEXE.SIN	Renvoie le sinus d'un nombre complexe.
COMPLEXE.SOMME	Renvoie la somme de plusieurs nombres complexes.
CONVERT	Convertit un nombre d'une unité à une autre unité.
DECBIN	Convertit un nombre décimal en nombre binaire.
DECHEX	Convertit un nombre décimal en nombre hexadécimal.

DECOCT	Convertit un nombre décimal en nombre octal.
DELTA	Teste l'égalité de deux nombres.
ERF	Renvoie la valeur de la fonction d'erreur.
ERFC	Renvoie la valeur de la fonction d'erreur complémentaire.
HEXBIN	Convertit un nombre hexadécimal en nombre binaire.
HEXDEC	Convertit un nombre hexadécimal en nombre décimal.
HEXOCT	Convertit un nombre hexadécimal en nombre octal.
OCTBIN	Convertit un nombre octal en nombre binaire.
OCTDEC	Convertit un nombre octal en nombre décimal.
OCTHEX	Convertit un nombre octal en nombre hexadécimal.
SUP.SEUIL	Teste si un nombre est supérieur à une valeur de seuil.

Fonctions de Bessel

Les fonctions particulières intervenant dans différents calculs en physique. Les fonctions scientifiques d'Excel distinguent les fonctions suivantes.

BESSELI

Renvoie la fonction de Bessel modifiée In(x) qui équivaut à la fonction de Bessel évaluée pour des arguments purement imaginaires.

BESSELJ

Renvoie la fonction de Bessel Jn(x).

BESSELK

Renvoie la fonction de Bessel modifiée Kn(x) qui équivaut aux fonctions de Bessel Jn et Yn, évaluées pour des arguments purement imaginaires.

BESSELY

Renvoie la fonction de Bessel Yn(x), également appelée fonction de Weber ou fonction de Neumann.

Syntaxe générale de ces fonctions :

BESSELI(x;n)

avec :

▶ **x** : la variable avec laquelle la fonction doit être calculée.

▶ **n** : l'indice de la fonction de Bessel. Si n n'est pas un nombre entier, il est tronqué à sa partie entière.

Conversion binaire à autre système de numération

BINDEC

Convertit un nombre binaire en nombre décimal.

Syntaxe :

BINDEC(nombre)

où **nombre** est le nombre binaire à convertir. Il ne peut pas comporter plus de 10 caractères (10 bits). Le bit de poids fort de l'argument nombre est le bit de signe. Les 9 autres bits sont des bits de grandeur. Les nombres négatifs sont représentés à l'aide de la notation de complément à 2.

Si **nombre** n'est pas un nombre binaire valide ou s'il comporte plus de 10 caractères (10 bits), BINDEC renvoie la valeur d'erreur #NOMBRE !

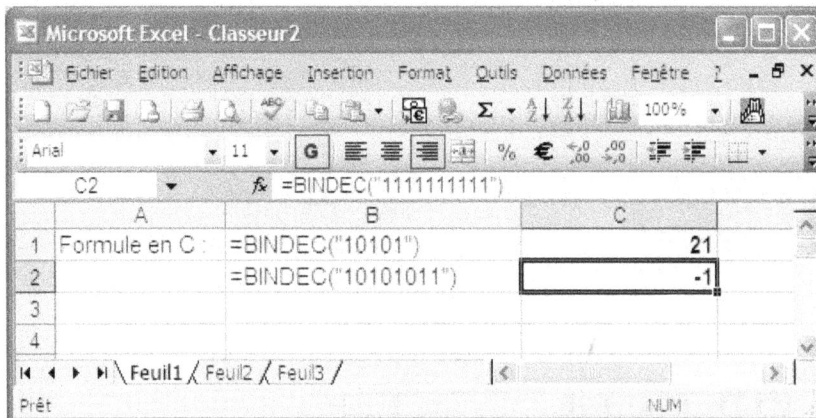

Figure 10.1.

BINHEX

Convertit un nombre binaire en nombre hexadécimal.

Syntaxe :

`BINHEX(nombre;nb_car)`

avec :

▸ **nombre** : le nombre binaire à convertir. Il ne peut pas comporter plus de 10 caractères (10 bits). Le bit de poids fort est le bit de signe. Les 9 autres bits sont des bits de grandeur. Les nombres négatifs sont représentés à l'aide de la notation de complément à 2. Si **nombre** n'est pas un nombre binaire valide ou s'il comporte plus de 10 caractères (10 bits), ces fonctions renvoient la valeur d'erreur **#NOMBRE !**

▸ **nb_car** : le nombre de caractères à utiliser dans le mot résultant de la conversion. Si cet argument est omis, la fonction utilise le nombre de caractères minimum nécessaire. Cet argument sert notamment à compléter la valeur renvoyée en ajoutant des zéros (0) de tête.

De plus :

▸ Si **nombre** est négatif, la fonction ignore **nb_car** et renvoie un nombre de 10 caractères.

▸ Si BINxxx requiert plus de caractères que **nb_car** n'en spécifie, elle renvoie la valeur d'erreur **#NOMBRE !**

- Si `nb_car` n'est pas un nombre entier, il est tronqué à sa partie entière.
- Si `nb_car` n'est pas numérique, BINHEX renvoie la valeur d'erreur #VALEUR!
- Si `nb_car` est négatif, BINHEX renvoie la valeur d'erreur #NOMBRE!

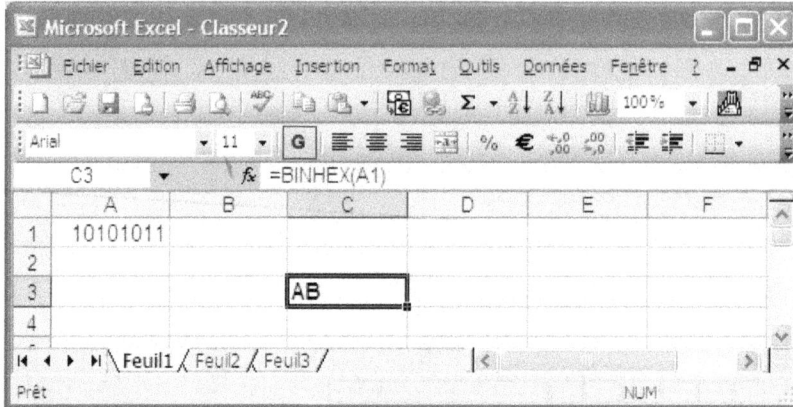

Figure 10.2.

BINOCT

Convertit un nombre binaire en nombre octal.

Syntaxe :

`BINOCT(nombre;nb_car)`

avec les mêmes arguments que ci-dessus.

Fonctions de nombres complexes

Le format d'un nombre complexe tel que noté par Excel peut être `x+yi` ou `x+yj`. Un nombre complexe est un nombre de la forme `z=x+yi` (partie réelle + partie imaginaire) où `x` et `y` sont des nombres réels et `i` un nombre vérifiant $i^2 = -1$.

ATTENTION

Toutes les fonctions de nombre complexe acceptent `i` et `j` comme suffixe, mais pas `I` ni `J`. L'utilisation de majuscules entraîne la valeur d'erreur #VALEUR! Dans toute fonction acceptant deux ou plusieurs nombres complexes, tous les suffixes utilisés doivent être identiques.

COMPLEXE

Convertit des coefficients réel et imaginaire en un nombre complexe de la forme **x+yi** ou **x+yj**.

Syntaxe :

`COMPLEXE(partie_réelle;partie_imaginaire;suffixe)`

avec :

▸ `partie_réelle` : le coefficient réel du nombre complexe.

▸ `partie_imaginaire` : le coefficient imaginaire du nombre complexe.

▸ `suffixe` : le suffixe de la partie imaginaire du nombre complexe. Si l'argument suffixe est omis, sa valeur par défaut est i.

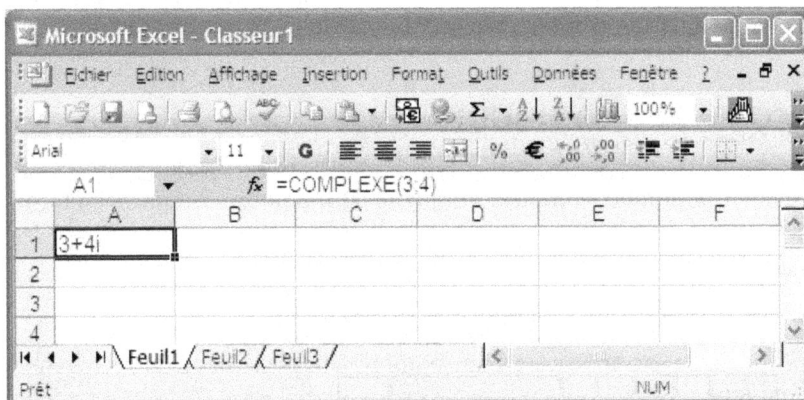

Figure 10.3.

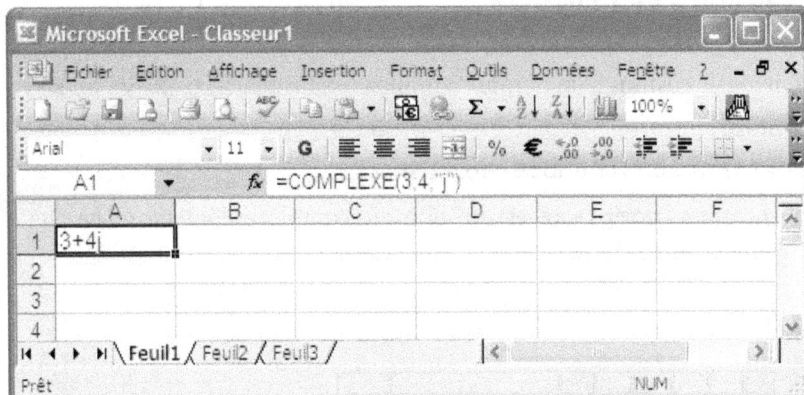

Figure 10.4.

La fonction renvoie la valeur d'erreur `#VALEUR!` si l'argument :

▸ `partie_réelle` n'est pas numérique.

▸ `partie_imaginaire` n'est pas numérique.

▸ `suffixe` n'est ni i ni j.

COMPLEXE.ARGUMENT

Renvoie l'argument (thêta) d'un nombre complexe, un angle exprimé en radians.

Syntaxe :

`COMPLEXE.ARGUMENT(nombre_complexe)`

où `nombre_complexe` est un nombre complexe dont on recherche l'argument.

COMPLEXE.CONJUGUE

Renvoie le nombre complexe conjugué d'un nombre complexe en format texte `x+yi` ou `x+yj`.

Syntaxe :

`COMPLEXE.CONJUGUE(nombre_complexe)`

où `nombre_complexe` est un nombre complexe dont on recherche le conjugué.

COMPLEXE.COS

Renvoie le cosinus d'un nombre complexe en format texte `x+yi` ou `x+yj`.

Syntaxe :

`COMPLEXE.COS(nombre_complexe)`

où `nombre_complexe` est un nombre complexe dont on recherche le cosinus.

COMPLEXE.DIFFERENCE

Renvoie la différence entre deux nombres complexes en format texte `x+yi` ou `x+yj`.

Syntaxe :

`COMPLEXE.DIFFERENCE(nombre_complexe1;nombre_complexe2)`

avec :

▶ `nombre_complexe1` : le premier terme de la soustraction.

▶ `nombre_complexe2` : le nombre complexe à soustraire de l'argument `nombre_complexe1`.

COMPLEXE.DIV

Renvoie le quotient de deux nombres complexes en format texte `x+yi` ou `x+yj`.

Syntaxe :

`COMPLEXE.DIV(nombre_complexe1;nombre_complexe2)`

avec :

▶ `nombre_complexe1` : le dividende.

▶ `nombre_complexe2` : le nombre diviseur.

COMPLEXE.EXP

Renvoie la fonction exponentielle d'un nombre complexe en format texte `x+yi` ou `x+yj`.

Syntaxe :

`COMPLEXE.EXP(nombre_complexe)`

où `nombre_complexe` est un nombre complexe dont on recherche la fonction exponentielle.

COMPLEXE.IMAGINAIRE

Renvoie le coefficient imaginaire d'un nombre complexe en format texte **x+yi** ou **x+yj**.

Syntaxe :

`COMPLEXE.IMAGINAIRE(nombre_complexe)`

où `nombre_complexe` est un nombre complexe dont on recherche le coefficient imaginaire.

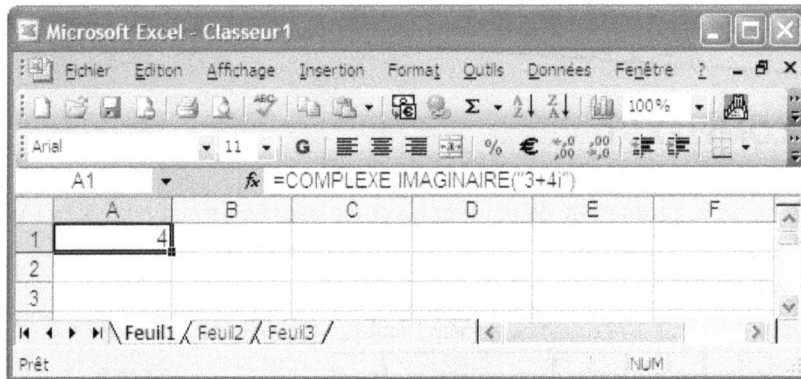

Figure 10.5.

COMPLEXE.LN

Renvoie le logarithme népérien d'un nombre complexe en format texte **x+yi** ou **x+yj**.

Syntaxe :

`COMPLEXE.LN(nombre_complexe)`

où `nombre_complexe` est un nombre complexe dont on recherche le logarithme népérien.

COMPLEXE.LOG10

Renvoie le logarithme à base 10 d'un nombre complexe en format texte **x+yi** ou **x+yj**.

Syntaxe :

COMPLEXE.LOG10(nombre_complexe)

où nombre_complexe est un nombre complexe dont on recherche le logarithme à base 10.

COMPLEXE.LOG2

Renvoie le logarithme à base 2 d'un nombre complexe en format texte x+yi ou x+yj.

Syntaxe :

COMPLEXE.LOG2(nombre_complexe)

où nombre_complexe est un nombre complexe dont on recherche le logarithme à base 2.

COMPLEXE.MODULE

Renvoie la valeur absolue (le module) d'un nombre complexe en format texte x+yi ou x+yj.

Syntaxe :

COMPLEXE.MODULE(nombre_complexe)

où nombre_complexe est un nombre complexe dont on recherche la valeur absolue.

COMPLEXE.PRODUIT

Renvoie le produit de 1 à 29 nombres complexes en format texte x+yi ou x+yj.

Syntaxe :

COMPLEXE.PRODUIT(nombre_complexe1;nombre_complexe2;...)

où nombre_complexe1, nombre_complexe2,... sont les 1 à 29 nombres complexes à multiplier.

COMPLEXE.PUISSANCE

Renvoie un nombre complexe en format texte **x+yi** ou **x+yj**, après l'avoir élevé à une puissance.

Syntaxe :

COMPLEXE.PUISSANCE(nombre_complexe;nombre)

avec :

- ▸ **nombre_complexe** : le nombre complexe que vous voulez élever à une puissance.
- ▸ **nombre** : la puissance à laquelle on veut élever ce nombre complexe.

COMPLEXE.RACINE

Renvoie la racine carrée d'un nombre complexe en format texte **x+yi** ou **x+yj**.

Syntaxe :

COMPLEXE.RACINE(nombre_complexe)

où **nombre_complexe** est un nombre complexe dont on recherche la racine carrée

COMPLEXE.REEL

Renvoie le coefficient réel d'un nombre complexe en format texte **x+yi** ou **x+yj**.

Syntaxe :

COMPLEXE.REEL(nombre_complexe)

où **nombre_complexe** est un nombre complexe dont on recherche le coefficient réel.

COMPLEXE.SIN

Renvoie le sinus d'un nombre complexe en format texte **x+yi** ou **x+yj**.

Syntaxe :

```
COMPLEXE.SIN(nombre_complexe)
```

où `nombre_complexe` est un nombre complexe dont on recherche le sinus.

COMPLEXE.SOMME

Renvoie la somme de deux ou de plusieurs nombres complexes en format texte **x+yi** ou **x+yj**.

Syntaxe :

```
COMPLEXE.SOMME(nombre_complexe1;nombre_complexe2;...)
```

où `nombre_complexe1`, `nombre_complexe2`,... sont les 1 à 29 nombres complexes à additionner.

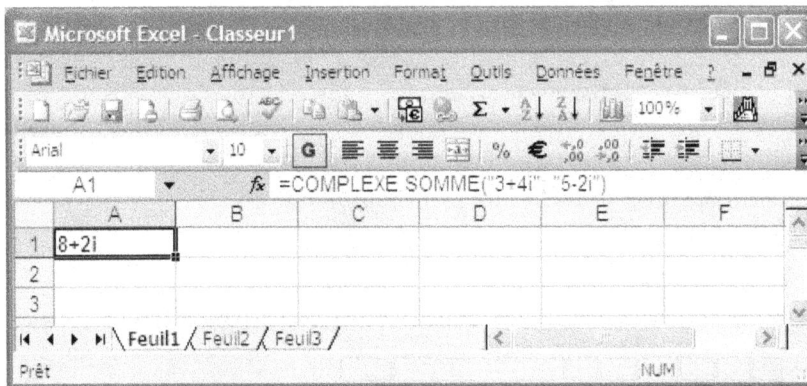

Figure 10.6.

CONVERT

Convertit un nombre d'une unité à une autre unité. Par exemple, traduit des miles en kilomètres.

Syntaxe :

```
CONVERT(nombre;de_unité;à_unité)
```

avec :

▶ `nombre` : le nombre à convertir.

▶ `de_unité` : l'unité du nombre à convertir.

▸ `à_unité` : l'unité du résultat.

CONVERT accepte les valeurs de texte listées à la fin de ce chapitre (et écrites entre guillemets) pour les arguments de_unité et à_unité.

Notez que :

▸ Si le type des données d'entrée n'est pas correct, la fonction CONVERT renvoie la valeur d'erreur `#VALEUR!`

▸ Si l'unité n'existe pas, la fonction CONVERT renvoie la valeur d'erreur `#N/A`.

▸ Si l'unité ne reconnaît pas un préfixe d'unité abrégé, CONVERT renvoie la valeur d'erreur `#N/A`.

▸ Si les unités appartiennent à différents groupes, la fonction CONVERT renvoie la valeur d'erreur `#N/A`.

Les majuscules et minuscules des noms des unités doivent être respectées.

Conversion décimale à autre système de numération

Dans ces fonctions, l'argument `nombre` est le nombre décimal à convertir. Il ne peut pas comporter plus de 10 caractères. Le digit de poids fort est le digit de signe. Les 9 autres sont des digits de grandeur. Les nombres négatifs sont représentés à l'aide de la notation en complément.

Si `nombre` n'est pas un nombre décimal valide ou s'il comporte plus de 10 caractères, ces fonctions renvoient la valeur d'erreur #NOMBRE !

La syntaxe commune de ces trois fonctions est :

`DECxxx(nombre;nb_car)`

avec :

▸ `nombre` : le nombre décimal entier à convertir. Si `nombre` est négatif, `nb_car` n'est pas pris en compte et DECxxx renvoie un nombre de 10 caractères dans lequel le bit de poids fort est le bit de signe, les autres étant des bits de grandeur. Les nombres négatifs sont représentés à l'aide de la notation en complément à 2.

▸ `nb_car` : le nombre de caractères à utiliser. Si cet argument est omis, DECxxx utilise le nombre de caractères minimum nécessaire. L'argument `nb_car` sert notamment à ajouter des zéros (0) de tête à la valeur renvoyée.

De plus :

▸ Si nombre n'est pas numérique, DECxxx renvoie la valeur d'erreur `#VALEUR!`

▸ Si DECxxx requiert plus de caractères que `nb_car` n'en spécifie, la fonction renvoie la valeur d'erreur #NOMBRE!

- Si nb_car n'est pas un nombre entier, il est tronqué à sa partie entière.
- Si nb_car n'est pas numérique, DECBIN renvoie la valeur d'erreur #VALEUR!
- Si nb_car est négatif, DECxxx renvoie la valeur d'erreur #NOMBRE!

DECBIN

Convertit un nombre décimal en nombre binaire.

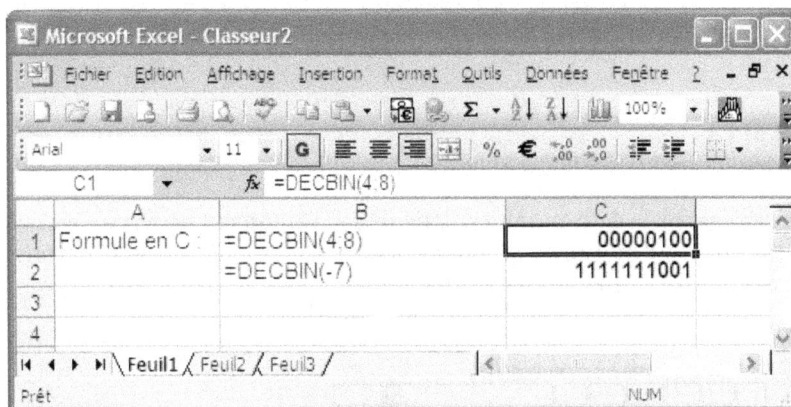

Figure 10.7.

Si nombre<-512 ou si nombre>511, DECBIN renvoie la valeur d'erreur #NOMBRE!

DECHEX

Convertit un nombre décimal en nombre hexadécimal.

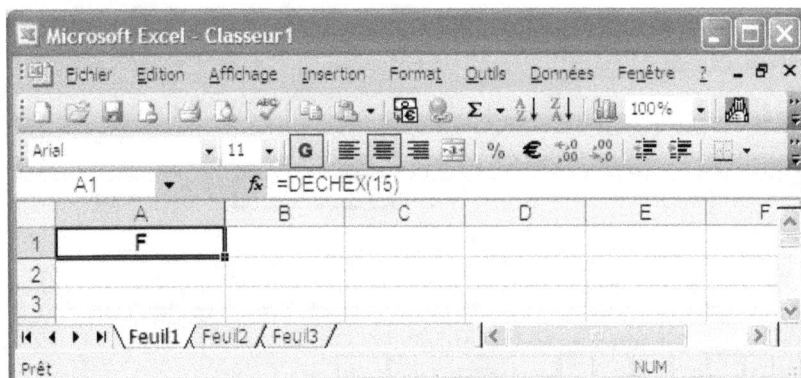

Figure 10.8.

Si nombre<-549 755 813 888 ou si nombre>549 755 813 887, DECHEX renvoie la valeur d'erreur #NOMBRE!

DECOCT

Convertit un nombre décimal en nombre octal.

Si nombre<-536 870 912 ou si nombre>536 870 911, DECOCT renvoie la valeur d'erreur #NOMBRE!

Fonctions de filtrage de valeurs

DELTA

Teste l'égalité de deux nombres. Renvoie 1 si l'argument nombre1 est égal à l'argument nombre2 ; sinon renvoie 0. Cette fonction sert essentiellement à filtrer un ensemble de valeurs.

Syntaxe :

DELTA(nombre1;nombre2)

avec :

- ▶ nombre1 : le premier nombre.
- ▶ nombre2 : le second nombre. S'il est omis, nombre2 est supposé être égal à zéro.

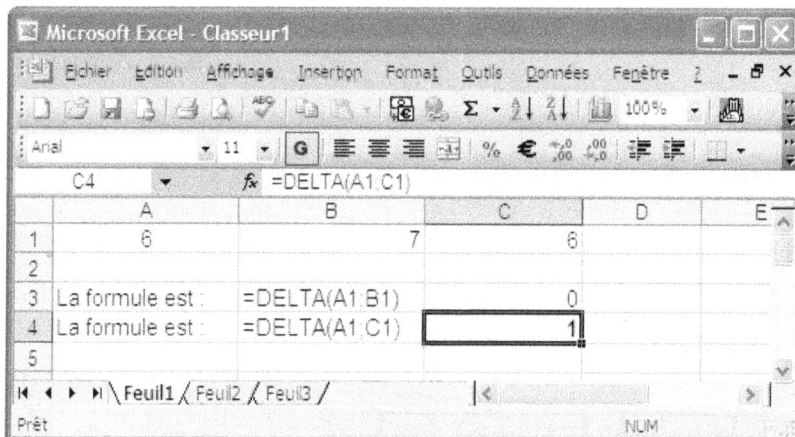

Figure 10.9.

SUP.SEUIL

Renvoie 1 si l'argument nombre est supérieur ou égal à l'argument seuil, ou 0 (zéro) dans le cas contraire. Utilisez cette fonction pour filtrer un ensemble de valeurs.

Syntaxe :

`SUP.SEUIL(nombre;seuil)`

avec :

- **nombre** : la valeur à comparer avec seuil.

- **seuil** : la valeur seuil. Si vous n'indiquez pas de valeur pour seuil, SUP.SEUIL utilise zéro.

Si un argument n'est pas numérique, SUP.SEUIL renvoie la valeur d'erreur **#VALEUR !**

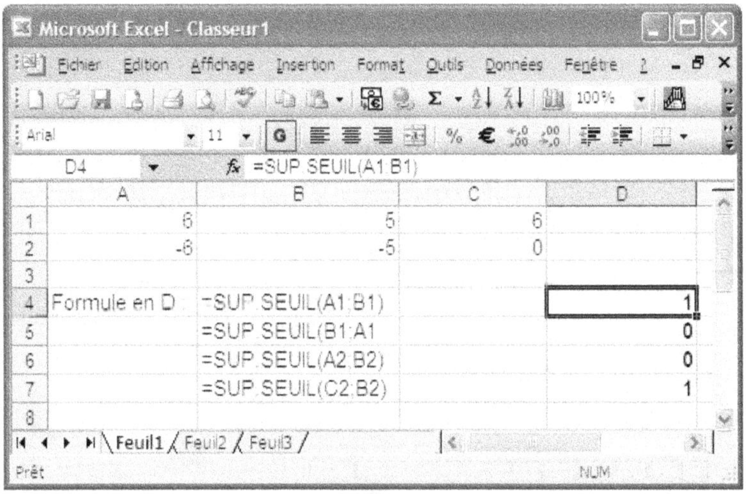

Figure 10.10.

Fonctions d'erreur

ERF

Cette fonction savante également envoie la valeur de la fonction d'erreur entre des limites inférieure et supérieure.

Syntaxe :

`ERF(limite_inf;limite_sup)`

avec :

- **limite_inf** : le paramètre inférieur de la fonction ERF.

- **limite_sup** : le paramètre supérieur de la fonction ERF. Si cette limite est omise, ERF intègre entre zéro et **limite_inf**.

ERFC

Renvoie la fonction d'erreur complémentaire intégrée entre x et l'infini.

Syntaxe :

`ERFC(x)`

où **x** est la limite inférieure pour l'intégration de ERFC.

Conversion hexadécimale
à autre système de numération

HEXBIN

Convertit un nombre hexadécimal sur 10 digits au maximum en un nombre binaire. Le bit de poids fort de **nombre** est le bit de signe. Les autres bits sont des bits de grandeur. Les nombres négatifs sont représentés à l'aide de la notation de complément à 2.

Syntaxe :

`HEXBIN(nombre;nb_car)`

avec :

- **nombre** : le nombre hexadécimal à convertir.
- **nb_car**   représente le nombre de caractères à utiliser. Si cet argument est omis, HEXxxx utilise le nombre de caractères minimum nécessaire. L'argument **nb_car** sert notamment à ajouter des zéros de tête à la valeur renvoyée.

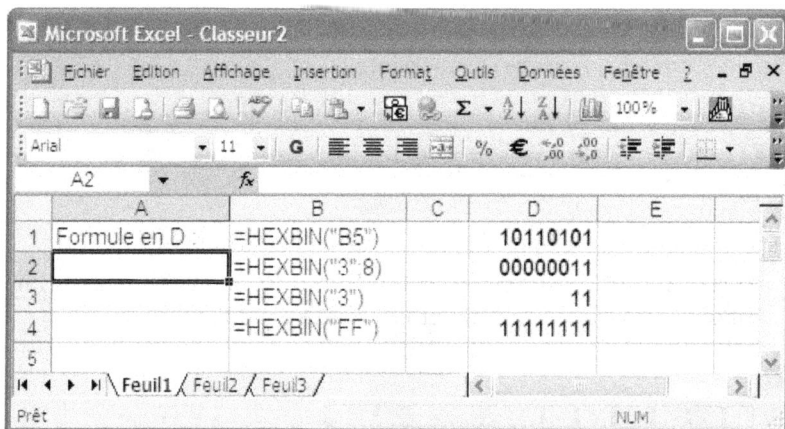

Figure 10.11.

Notez que :

▸ Si **nombre** est négatif, HEXxxx ignore **nb_car**.

▸ Si **nombre** est négatif, il ne peut pas être inférieur à FFFFFFFE00.

▸ Si **nombre** est positif, il ne peut pas être supérieur à 1FF.

▸ Si **nombre** n'est pas un nombre hexadécimal valide, HEXxxx renvoie la valeur d'erreur **#NOMBRE!**

▸ Si HEXxxx requiert plus de caractères que **nb_car** n'en spécifie, la fonction renvoie la valeur d'erreur **#NOMBRE!**

▸ Si **nb_car** n'est pas un nombre entier, il est tronqué à sa partie entière.

▸ Si **nb_car** n'est pas numérique, HEXxxx renvoie la valeur d'erreur **#VALEUR!**

▸ Si **nb_car** est négatif, HEXxxx renvoie la valeur d'erreur **#NOMBRE!**

HEXDEC

Convertit un nombre hexadécimal en nombre décimal.

Syntaxe :

`HEXDEC(nombre)`

où **nombre** est le nombre hexadécimal à convertir, sur 10 digits au maximum.

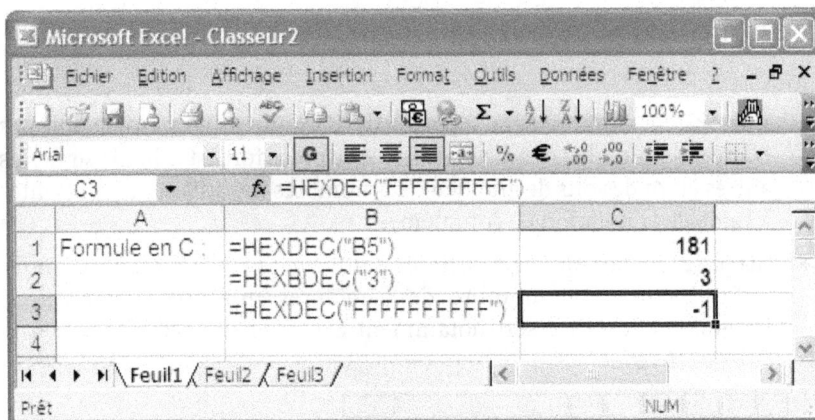

Figure 10.12.

HEXOCT

Convertit un nombre hexadécimal en nombre octal.

Syntaxe :

`HEXOCT(nombre;nb_car)`

avec :

- **nombre** : le nombre hexadécimal à convertir. L'argument nombre ne peut pas comporter plus de 10 caractères (40 bits). Le bit de poids fort de nombre est le bit de signe. Les 39 autres bits sont des bits de grandeur. Les nombres négatifs sont représentés à l'aide de la notation de complément à 2.
- **nb_car** : le nombre de caractères à utiliser. Si nb_car est omis, HEXOCT utilise le nombre de caractères minimum nécessaire. L'argument nb_car sert notamment à ajouter des zéros de tête à la valeur renvoyée.

Conversion octale à autre système de numération

OCTBIN

Convertit un nombre octal en nombre binaire.

Syntaxe :

`OCTBIN(nombre;nb_car)`

avec :

- **nombre** : le nombre octal à convertir. L'argument nombre ne doit pas comporter plus de 10 caractères. Le bit de poids fort est le bit de signe, les autres étant des bits de grandeur. Les nombres négatifs sont représentés à l'aide de la notation de complément à 2.
- **nb_car** : le nombre de caractères à utiliser. Si cet argument est omis, OCTBIN utilise le nombre de caractères minimum nécessaires. L'argument **nb_car** sert notamment à ajouter des zéros de tête à la valeur renvoyée.

De plus :

- Si **nombre** est négatif, OCTBIN ne prend pas en compte **nb_car** et renvoie un nombre binaire de 10 caractères.

▸ Si **nombre** est négatif, il ne peut pas être inférieur à 777777000.

▸ Si nombre est positif, il ne peut pas être supérieur à 777.

▸ Si **nombre** n'est pas un nombre octal valide, OCTBIN renvoie la valeur d'erreur **#NOMBRE !**

▸ Si la fonction OCTBIN requiert plus de caractères que **nb_car** n'en spécifie, elle renvoie la valeur d'erreur **#NOMBRE !**

▸ Si **nb_car** n'est pas un nombre entier, il est tronqué à sa partie entière.

▸ Si l'argument **nb_car** n'est pas numérique, OCTBIN renvoie la valeur d'erreur **#VALEUR !**

▸ Si l'argument **nb_car** est négatif, OCTBIN renvoie la valeur d'erreur **#NOMBRE !**

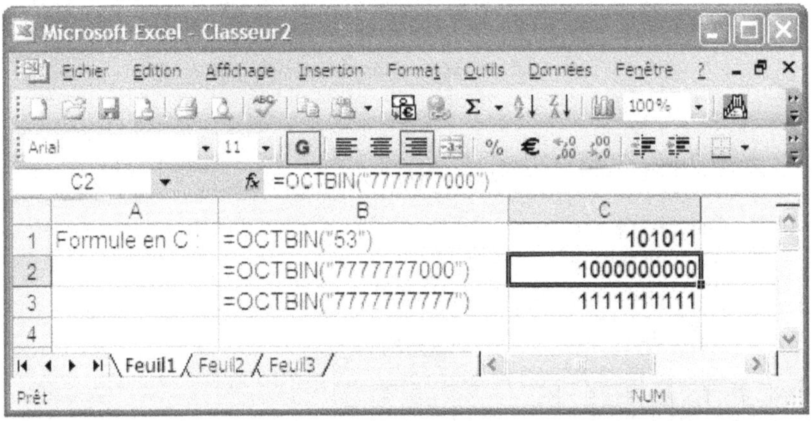

Figure 10.13.

OCTDEC

Convertit un nombre octal en nombre décimal.

Syntaxe :

OCTDEC(nombre)

où **nombre** est le nombre octal à convertir. L'argument **nombre** ne doit pas comporter plus de 10 caractères octaux (30 bits). Le bit de poids fort de nombre est le bit de signe. Les 29 autres bits sont des bits de grandeur. Les nombres négatifs sont représentés à l'aide de la notation de complément à 2.

Si **nombre** n'est pas un nombre octal valide, OCTDEC renvoie la valeur d'erreur #NOMBRE !

OCTHEX

Convertit un nombre octal en nombre hexadécimal.

Syntaxe :

`OCTHEX(nombre;nb_car)`

avec :

- `nombre` : le nombre octal à convertir. L'argument nombre ne doit pas comporter plus de 10 caractères octaux (30 bits). Le bit de poids fort de nombre est le bit de signe. Les 29 autres bits sont des bits de grandeur. Les nombres négatifs sont représentés à l'aide de la notation de complément à 2.
- `nb_car` : le nombre de caractères à utiliser. Si cet argument est omis, OCTHEX utilise le nombre de caractères minimum nécessaires. Il sert notamment à ajouter des zéros de tête à la valeur renvoyée.

De plus :

- Si `nombre` est négatif, OCTHEX ne prend pas en compte `nb_car` et renvoie un nombre hexadécimal de 10 caractères.
- Si `nombre` n'est pas un nombre octal valide, OCTHEX renvoie la valeur d'erreur #NOMBRE !
- Si la fonction OCTHEX requiert plus de caractères que `nb_car` n'en spécifie, elle renvoie la valeur d'erreur #NOMBRE !
- Si `nb_car` n'est pas un nombre entier, il est tronqué à sa partie entière.
- Si `nb_car` n'est pas numérique, OCTHEX renvoie la valeur d'erreur #VALEUR !
- Si `nb_car` est négatif, OCTHEX renvoie la valeur d'erreur #NOMBRE !

Unités pour convertir des valeurs avec CONVERT

Poids et masse

- Gramme "g"
- Slug "sg"
- Livre masse (avoirdupois) "lbm"
- U (unité de masse atomique) "u"
- Once (avoirdupois) "ozm"

Distance

- Mètre "m"
- Mille "mi"
- Mille nautique "Nmi"
- Pouce "in"
- Pied "ft"
- Yard (ou Verge) "yd"
- Angstrom "ang"
- Pica (1/72 in.) "Pica"

Temps

- Année "yr"
- Jour "day"
- Heure "hr"
- Minute "mn"
- Seconde "sec"

Pression

- Pascal "Pa"
- Atmosphère "atm"
- mm de mercure "mmHg"

Force

- Newton "N"
- Dyne "dyn"
- Livre force "lbf"

Énergie

- Joule "J"
- Erg "e"
- Calorie (4,183991 J) "c"
- Calorie (4,186795 J) "cal"
- Électronvolt "eV"
- Cheval-heure "HPh"
- Watt-heure "Wh"
- Livre pied "flb"
- British Thermal Unit "BTU"

Puissance

- Cheval "HP"
- Watt "W"

Magnétisme

- Tesla "T"
- Gauss "ga"

Température

- Degré Celsius "C"
- Degré Fahrenheit "F"
- Degré Kelvin "K"

Capacité

- Cuillère à thé "tsp"
- Cuillère à soupe "tbs"
- Once fluide "oz"
- Tasse "cup"
- Pinte U.S.A. "pt"
- Pinte R.U. "uk_pt"
- Quart "qt"
- Gallon "gal"
- Litre "l"

Les préfixes d'unités abrégés suivants peuvent être ajoutés à n'importe quel argument de_unité ou à_unité métrique.

Tableau 10.1. Préfixes multiplicateurs

Préfixe	Multiplicateur	Abréviation
exa	1E+18	E
peta	1E+15	P
téra	1E+12	T
giga	1E+09	S
méga	1E+06	M
kilo	1E+03	k
hecto	1E+02	h
deca	1E+01	e
déci	1E-01	d
centi	1E-02	c
milli	1E-03	m
micro	1E-06	u
nano	1E-09	n
pico	1E-12	p
femto	1E-15	f
atto	1E-18	a

Applications

Convertir des degrés Fahrenheit en degrés Celsius

Il suffit d'appliquer la fonction CONVERT avec, ici, la conversion de 50 °F en degrés Celsius.

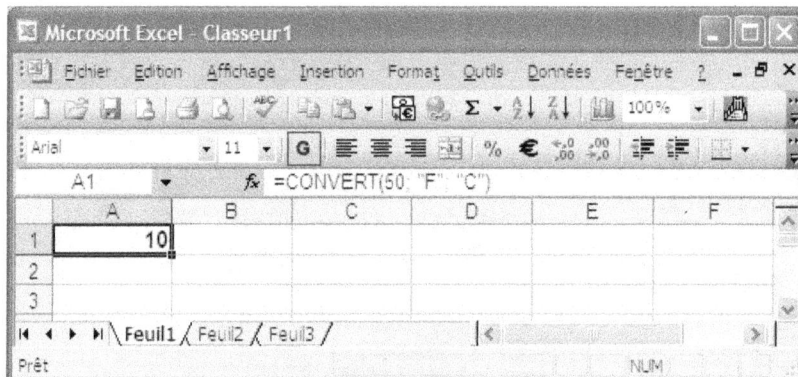

Figure 10.14.

Convertir des pieds en mètres

Appliquez la fonction CONVERT, par exemple ici pour convertir 100 ft (pieds) en mètres.

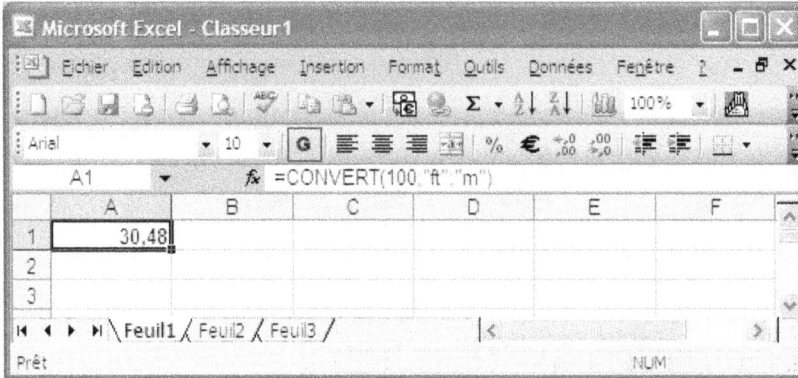

Figure 10.15.

Convertir des gallons en litres

De nouveau, il suffit d'appliquer CONVERT (gallons se note "gal" et litres se note "l").

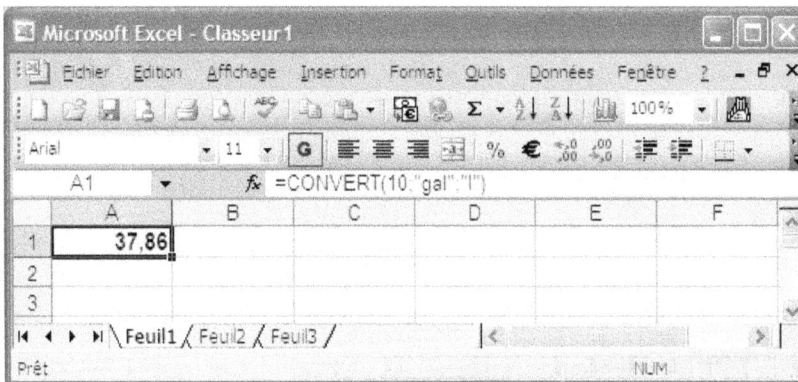

Figure 10.16.

Convertir des pieds carrés en mètres carrés

Il faut emboîter deux fonctions CONVERT. Pour convertir 75 pieds carrés en mètres carrés, on a posé la formule :

```
=CONVERT(CONVERT(75;"ft";"m");"ft";"m")
```

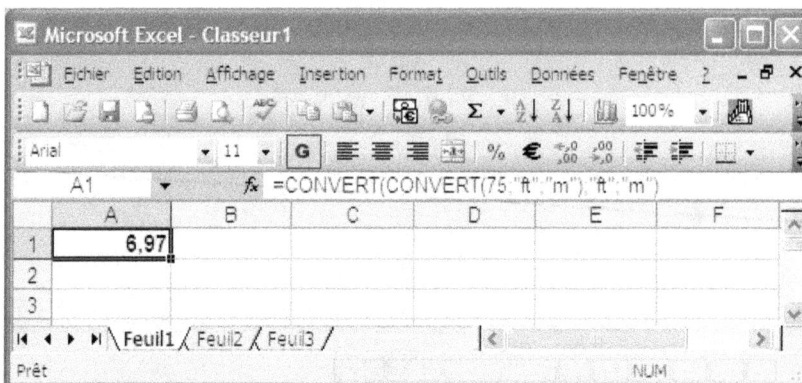

Figure 10.17.

CHAPITRE 11
FONCTIONS STATISTIQUES

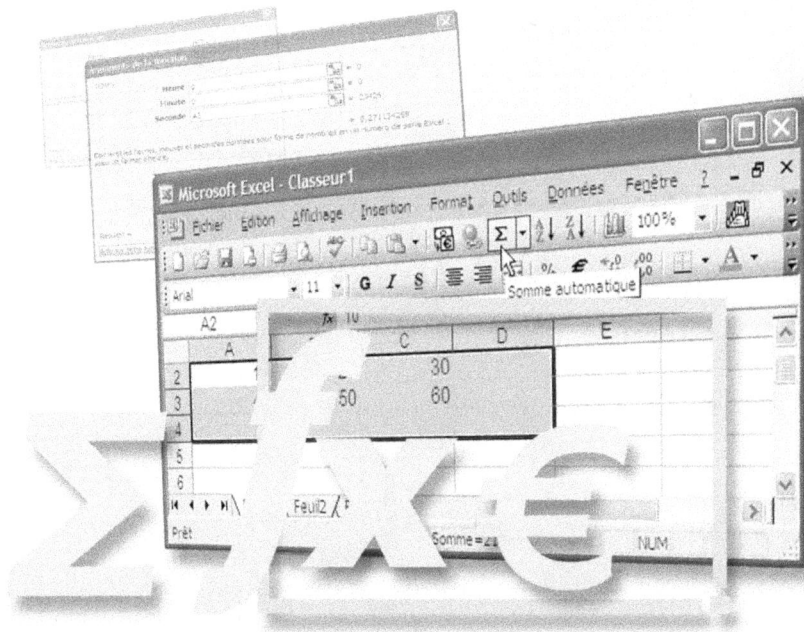

Les fonctions statistiques servent à effectuer une analyse statistique sur des plages de données. La plupart de ces fonctions sont réservées à des professionnels, les statisticiens. Par exemple, la fonction COEFFICIENT.ASYMETRIE répond à l'équation suivante :

$$\frac{n}{(n-1)(n-2)}\sum\left(\frac{x_j - \bar{x}}{s}\right)^3$$

Quelques-unes échappent toutefois à cette règle et se révèlent d'un emploi plus général et plus aisé. Leur liste est relativement importante.

Fonctions statistiques

AVERAGEA	Renvoie la moyenne de ses arguments, nombres, texte et valeurs logiques inclus.
BETA.INVERSE	Renvoie l'inverse de la fonction de distribution pour une distribution bêta spécifiée.
CENTILE	Renvoie le k-ième centile des valeurs d'une plage.
CENTREE.REDUITE	Renvoie une valeur centrée réduite.
COEFFICIENT.ASYMETRIE	Renvoie l'asymétrie d'une distribution.
COEFFICIENT.CORRELATION	Renvoie le coefficient de corrélation entre deux séries de données.
COEFFICIENT.DETERMINATION	Renvoie la valeur du coefficient de détermination R^2 d'une régression linéaire.
COVARIANCE	Renvoie la covariance, moyenne des produits des écarts pour chaque série d'observations.
CRITERE.LOI.BINOMIALE	Renvoie la plus petite valeur pour laquelle la distribution binomiale cumulée est inférieure ou égale à une valeur critère.

CROISSANCE	Calcule des valeurs par rapport à une tendance exponentielle.
DROITEREG	Renvoie les paramètres d'une tendance linéaire.
ECART.MOYEN	Renvoie la moyenne des écarts absolus des observations par rapport à leur moyenne arithmétique.
ECARTYPE	Évalue l'écart-type d'une population en se basant sur un échantillon de cette population.
ECARTYPEP	Calcule l'écart-type d'une population à partir de la population entière.
ERREUR.TYPE.XY	Renvoie l'erreur-type de la valeur y prévue pour chaque x de la régression.
FISHER	Renvoie la transformation de Fisher.
FISHER.INVERSE	Renvoie l'inverse de la transformation de Fisher.
FREQUENCE	Calcule la fréquence d'apparition des valeurs dans une plage de valeurs, puis renvoie des nombres sous forme de matrice verticale.
GRANDE.VALEUR	Renvoie la k-ième plus grande valeur d'une série de données.
INTERVALLE.CONFIANCE	Renvoie l'intervalle de confiance pour une moyenne de population.
INVERSE.LOI.F	Renvoie l'inverse de la distribution de probabilité F.
KHIDEUX.INVERSE	Renvoie, pour une probabilité unilatérale donnée, la valeur d'une variable aléatoire suivant une loi du Khi-deux.
KURTOSIS	Renvoie le kurtosis d'une série de données.
LNGAMMA	Renvoie le logarithme népérien de la fonction Gamma, G(x).

LOGREG	Renvoie les paramètres d'une tendance exponentielle.
LOI.BETA	Renvoie la fonction de distribution cumulée.
LOI.BINOMIALE	Renvoie la probabilité d'une variable aléatoire discrète suivant la loi binomiale.
LOI.BINOMIALE.NEG	Renvoie la probabilité d'une variable aléatoire discrète suivant une loi binomiale négative.
LOI.EXPONENTIELLE	Renvoie la distribution exponentielle.
LOI.F	Renvoie la distribution de probabilité F.
LOI.GAMMA	Renvoie la probabilité d'une variable aléatoire suivant une loi Gamma.
LOI.GAMMA.INVERSE	Renvoie, pour une probabilité donnée, la valeur d'une variable aléatoire suivant une loi Gamma.
LOI.HYPERGEOMETRIQUE	Renvoie la probabilité d'une variable aléatoire discrète suivant une loi hyper-géométrique.
LOI.KHIDEUX	Renvoie la probabilité d'une variable aléatoire continue suivant une loi unila-térale du Khi-deux.
LOI.LOGNORMALE	Renvoie la probabilité d'une variable aléatoire continue suivant une loi lognormale.
LOI.LOGNORMALE.INVERSE	Renvoie l'inverse de la probabilité pour une variable aléatoire suivant la loi lognormale.
LOI.NORMALE	Renvoie la probabilité d'une variable aléatoire continue suivant une loi normale.
LOI.NORMALE.INVERSE	Renvoie, pour une probabilité donnée, la valeur d'une variable aléatoire suivant une loi normale.

LOI.NORMALE.STANDARD	Renvoie la probabilité d'une variable aléatoire continue suivant une loi normale standard.
LOI.NORMALE.STANDARD.INVERSE	Renvoie, pour une probabilité donnée, la valeur d'une variable aléatoire suivant une loi normale standard.
LOI.STUDENT	Renvoie la probabilité d'une variable aléatoire suivant une loi T de Student.
LOI.STUDENT.INVERSE	Renvoie, pour une probabilité donnée, la valeur d'une variable aléatoire suivant une loi T de Student.
LOI.WEIBULL	Renvoie la probabilité d'une variable aléatoire suivant une loi de Weibull.
MAX	Renvoie la valeur maximale d'une liste d'arguments.
MAXA	Renvoie la valeur maximale d'une liste d'arguments, nombres, texte et valeurs logiques inclus.
MEDIANE	Renvoie la valeur médiane des nombres.
MIN	Renvoie la valeur minimale d'une liste d'arguments.
MINA	Renvoie la plus petite valeur d'une liste d'arguments, nombres, texte et valeurs logiques inclus.
MODE	Renvoie la valeur la plus commune d'une série de données.
MOYENNE	Renvoie la moyenne de ses arguments.
MOYENNE.GEOMETRIQUE	Renvoie la moyenne géométrique.
MOYENNE.HARMONIQUE	Renvoie la moyenne harmonique.
MOYENNE.REDUITE	Renvoie la moyenne de l'intérieur d'une série de données.
NB	Détermine les nombres compris dans la liste des arguments.

NB.SI	Compte le nombre de cellules non vides à l'intérieur d'une plage qui répondent à un critère donné.
NB.VIDE	Compte le nombre de cellules vides dans une plage.
NBVAL	Détermine le nombre de valeurs comprises dans la liste des arguments.
ORDONNEE.ORIGINE	Calcule le point auquel une droite doit couper l'axe des ordonnées en utilisant les valeurs x et y existantes.
PEARSON	Renvoie le coefficient de corrélation d'échantillonnage de Pearson.
PENTE	Renvoie la pente d'une droite de régression linéaire.
PERMUTATION	Renvoie le nombre de permutations pour un nombre donné d'objets.
PETITE.VALEUR	Renvoie la k-ième plus petite valeur d'une série de données.
POISSON	Renvoie la probabilité d'une variable aléatoire suivant une loi de Poisson.
PREVISION	Calcule une valeur par rapport à une tendance linéaire.
PROBABILITE	Renvoie la probabilité que des valeurs d'une plage soient comprises entre deux limites.
QUARTILE	Renvoie le quartile d'une série de données.
RANG	Renvoie le rang d'un nombre dans une liste d'arguments.
RANG.POURCENTAGE	Renvoie le rang en pourcentage d'une valeur d'une série de données.
SOMME.CARRES.ECARTS	Renvoie la somme des carrés des écarts.
STDEVA	Évalue l'écart-type d'une population en se basant sur un échantillon de cette population, nombres, texte et valeurs logiques inclus.

STDEVPA	Calcule l'écart-type d'une population à partir de la population entière, nombres, texte et valeurs logiques inclus.
TENDANCE	Calcule les valeurs par rapport à une tendance linéaire.
TEST.F	Renvoie le résultat d'un test F.
TEST.KHIDEUX	Renvoie le test d'indépendance.
TEST.STUDENT	Renvoie la probabilité associée à un test T de Student.
TEST.Z	Renvoie la valeur de probabilité unilatérale du test Z.
VAR	Estime la variance d'une population en se basant sur un échantillon de cette population.
VAR.P	Calcule la variance d'une population en se basant sur la population entière.
VARA	Estime la variance d'une population en se basant sur un échantillon de cette population, nombres, texte et valeurs logiques inclus.
VARPA	Calcule la variance d'une population en se basant sur la population entière, nombres, texte et valeurs logiques inclus.

AVERAGEA

Calcule la moyenne arithmétique des valeurs contenues dans la liste des arguments. En plus des nombres, le calcul peut comprendre du texte ou des valeurs logiques telles que VRAI et FAUX.

Syntaxe :

`AVERAGEA(valeur1;valeur2;...)`

où valeur1, valeur2,... sont les 1 à 30 cellules, plages de cellules ou valeurs dont on veut calculer la moyenne :

▶ Les arguments doivent être des nombres, des noms, des matrices ou des références.

▶ Les arguments de type matrice ou référence contenant du texte ont pour valeur 0 (zéro).

▶ Le texte vide ("") est aussi considéré comme une valeur 0 (zéro). (Si le calcul de la moyenne ne doit pas prendre en compte les valeurs textuelles, utilisez la fonction MOYENNE.)

▶ Les arguments contenant la valeur VRAI ont une valeur 1 ; les arguments contenant la valeur FAUX ont une valeur 0 (zéro).

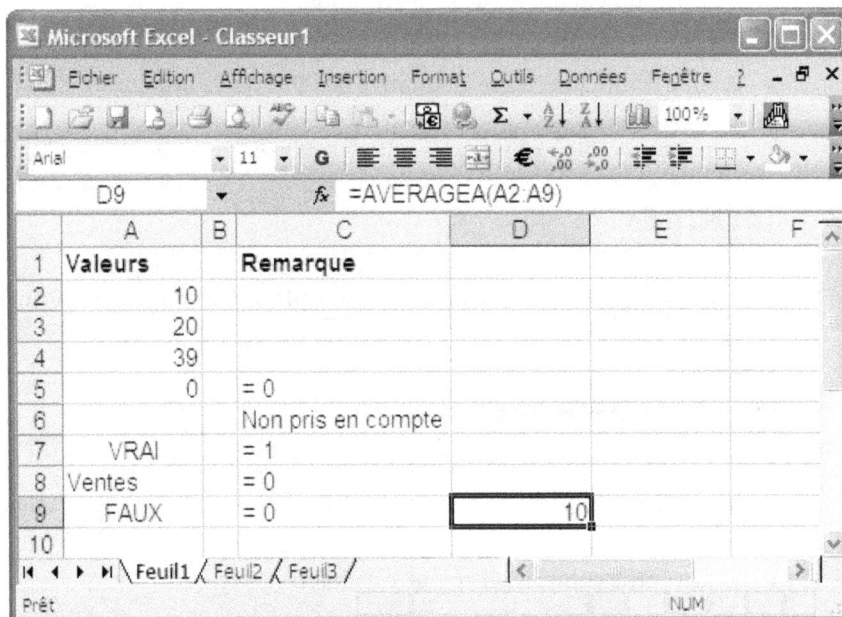

Figure 11.1.

ATTENTION

Lorsque vous calculez une moyenne sur des cellules, notez bien que les cellules vides et les cellules contenant la valeur o (zéro), ne sont pas considérées comme identiques, surtout si vous avez désactivé la case à cocher **Valeurs zéro** sous l'onglet **Affichage** (commande **Options**, menu **Outils**). Les cellules vides ne sont pas prises en compte dans le calcul, contrairement aux valeurs o (zéro).

BETA.INVERSE

Renvoie l'inverse de la fonction de distribution pour une distribution bêta spécifiée.

Syntaxe :

`BETA.INVERSE(probabilité;alpha;bêta;A;B)`

avec :

- `probabilité` : la probabilité associée à la distribution bêta.
- `alpha` : un paramètre de la distribution.
- `bêta` : un paramètre de la distribution.
- `A` : une limite inférieure facultative de l'intervalle des x.
- `B` : une limite supérieure facultative de l'intervalle des x.

CENTILE

Renvoie le k-ième centile des valeurs d'une plage. Cette fonction permet de définir un seuil d'acceptation.

Syntaxe :

`CENTILE(matrice;k)`

avec :

- `matrice` : la matrice ou la plage de données définissant l'étendue relative.
- `k` : le centile compris entre o et 1 inclus.

CENTREE.REDUITE

Renvoie une valeur centrée réduite d'une distribution caractérisée par les arguments **espérance** et **écart_type**.

Syntaxe :

`CENTREE.REDUITE(x;moyenne;écart_type)`

avec :

- **x** : la valeur à centrer et à réduire.
- **moyenne** : l'espérance mathématique de la distribution.
- **écart_type** : l'écart-type de la distribution.

COEFFICIENT.ASYMETRIE

Renvoie l'asymétrie d'une distribution. Cette fonction caractérise le degré d'asymétrie d'une distribution par rapport à sa moyenne.

Syntaxe :

`COEFFICIENT.ASYMETRIE(nombre1;nombre2;...)`

où **nombre1, nombre2,...** sont les 1 à 30 arguments dont on veut déterminer l'asymétrie. On peut aussi utiliser une matrice unique ou une référence à une matrice au lieu d'arguments séparés par des points-virgules.

COEFFICIENT.CORRELATION

Renvoie le coefficient de corrélation des plages de cellules pour les arguments **matrice1** et **matrice2**. Ce coefficient de corrélation sert à déterminer la relation entre deux propriétés.

Syntaxe :

`COEFFICIENT.CORRELATION(matrice1;matrice2)`

avec :

- **matrice1** : une plage de cellules de valeurs.
- **matrice2** : une seconde plage de cellules de valeurs.

COEFFICIENT.DETERMINATION

Renvoie la valeur du coefficient de détermination R^2 d'une régression linéaire ajustée aux observations contenues dans les arguments `y_connus` et `x_connus`.

Syntaxe :

`COEFFICIENT.DETERMINATION(y_connus;x_connus)`

avec :

- `y_connus` : une matrice ou une plage d'observations.
- `x_connus` : une matrice ou une plage d'observations.

COVARIANCE

Renvoie la covariance, moyenne des produits des écarts pour chaque série d'observations. Utilisez la covariance pour déterminer la relation entre deux ensembles de données.

Syntaxe :

`COVARIANCE(matrice1;matrice2)`

avec :

- `matrice1` : la première plage de cellules de nombres entiers.
- `matrice2` : la seconde plage de cellules de nombres entiers.

CRITERE.LOI.BINOMIALE

Renvoie la plus petite valeur pour laquelle la distribution binomiale cumulée est supérieure ou égale à une valeur de critère. Cette fonction intervient essentiellement pour des applications d'assurance qualité.

Syntaxe :

`CRITERE.LOI.BINOMIALE(essais;probabilité_s;alpha)`

avec :

- `essais` : le nombre d'essais de Bernoulli.
- `probabilité_s` : la probabilité de succès de chaque essai.
- `alpha` : la valeur de critère.

CROISSANCE

Calcule la croissance exponentielle prévue à partir des données existantes. Cette fonction renvoie les valeurs **y** pour une série de nouvelles valeurs **x** que vous spécifiez, en utilisant des valeurs **x** et **y** existantes.

Syntaxe :

`CROISSANCE(y_connus;x_connus;x_nouveaux;constante)`

avec :

▶ `y_connus` : la série des valeurs y déjà connues.

▶ `x_connus` : une série facultative de valeurs x, éventuellement déjà connues.

▶ `x_nouveaux` : la nouvelle série de variables x dont la fonction doit donner les valeurs y correspondantes.

▶ `constante` : une valeur logique précisant si la constante **b** doit être forcée à 1.

DROITEREG

Calcule les statistiques pour une droite par la méthode des moindres carrés.

Syntaxe :

`DROITEREG(y_connus;x_connus;constante;statistiques)`

avec :

▶ `y_connus` : la série des valeurs y déjà connues.

▶ `x_connus` : une série de valeurs x facultatives.

▶ `constante` : une valeur logique précisant si la constante **b** doit être forcée à 0.

▶ `statistiques` : une valeur logique indiquant si d'autres statistiques de régression doivent être renvoyées.

ECART.MOYEN

Renvoie la moyenne des écarts absolus des observations par rapport à leur moyenne arithmétique.

Syntaxe :

`ECART.MOYEN(nombre1;nombre2;...)`

où `nombre1,nombre2,...` représentent les 1 à 30 arguments dont on recherche la moyenne des écarts par rapport à leur moyenne. On peut substituer une matrice unique ou une référence à des arguments séparés par un point-virgule.

ECARTYPE

Evalue l'écart-type d'une population en se fondant sur un échantillon de celle-ci.

Syntaxe :

`ECARTYPE(nombre1;nombre2;...)`

où `nombre1, nombre2,...` représentent de 1 à 30 arguments numériques correspondant à un échantillon de population. On peut utiliser une matrice ou une référence à une matrice plutôt que des arguments séparés par des points-virgules.

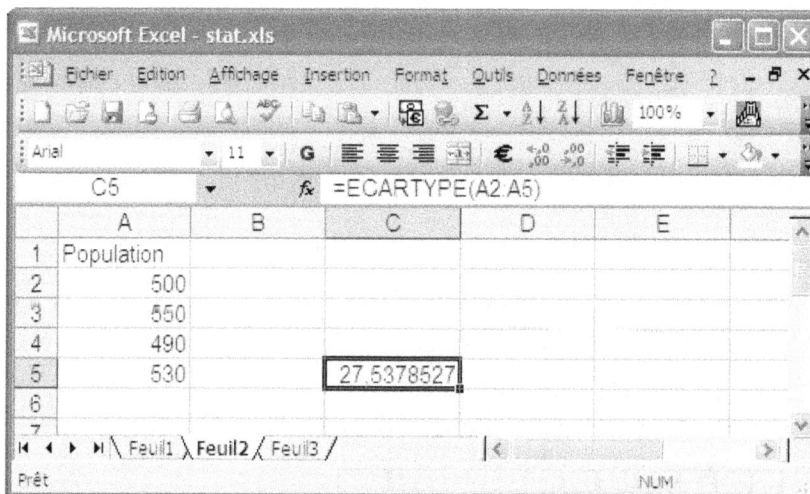

Figure 11.2.

ECARTYPEP

Calcule l'écart-type d'une population à partir de la population entière telle que la déterminent les arguments.

Syntaxe :

```
ECARTYPEP(nombre1;nombre2;...)
```

où **nombre1, nombre2,...** représentent de 1 à 30 arguments numériques correspondant à un échantillon de population. On peut utiliser une matrice ou une référence à une matrice plutôt que des arguments séparés par des points-virgules.

ERREUR.TYPE.XY

Renvoie l'erreur-type de la valeur y prévue pour chaque x de la régression.

Syntaxe :

```
ERREUR.TYPE.XY(y_connus;x_connus)
```

avec :

▸ **y_connus** : une matrice ou une plage d'observations dépendantes.

▸ **x_connus** : une matrice ou une plage d'observations indépendantes.

FISHER

Renvoie la transformation de Fisher à **x**.

Syntaxe :

```
FISHER(x)
```

où **x** est une valeur numérique pour laquelle on veut calculer la transformation.

FISHER.INVERSE

Renvoie l'inverse de la transformation de Fisher.

Syntaxe :

```
FISHER.INVERSE(y)
```

où **y** est la valeur pour laquelle on veut calculer l'inverse de la transformation.

FREQUENCE

Calcule la fréquence d'apparition des valeurs dans une plage de valeurs, puis renvoie des nombres sous forme de matrice verticale.

Syntaxe :

`FREQUENCE(tableau_données;matrice_intervalles)`

avec :

▸ `tableau_données` : une matrice de valeurs ou une référence à la série de valeurs dont on veut calculer les fréquences.

▸ `matrice_intervalles` : une matrice d'intervalles ou une référence aux intervalles.

GRANDE.VALEUR

Renvoie la k-ième plus grande valeur d'une série de données.

Syntaxe :

`GRANDE.VALEUR(matrice;k)`

avec :

▸ `matrice` : la matrice ou la plage de données dans laquelle vous recherchez la k-ième plus grande valeur.

▸ `k` : dans la matrice ou dans la plage de cellules, le rang de la donnée à renvoyer, déterminé à partir de la valeur la plus grande.

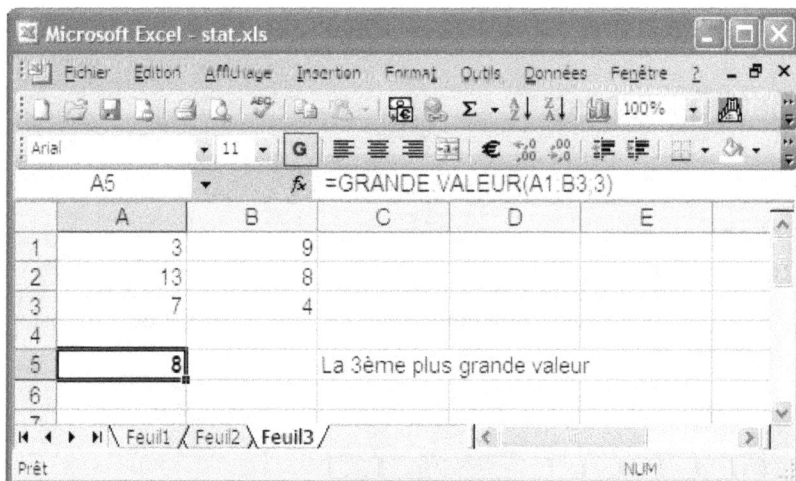

Figure 11.3.

INTERVALLE.CONFIANCE

Renvoie l'intervalle de confiance pour une moyenne de population.

Syntaxe :

`INTERVALLE.CONFIANCE(alpha;standard_dev;taille)`

avec :

- ▸ `alpha` : le niveau critique utilisé pour calculer le niveau de confiance.
- ▸ `standard_dev` : l'écart-type de population pour la plage de données.
- ▸ `taille` : la taille de l'échantillon.

INVERSE.LOI.F

Renvoie l'inverse de la distribution de probabilité F.

Syntaxe :

`INVERSE.LOI.F(probabilité;degrés_liberté1;degrés_liberté2)`

avec

- ▸ `probabilité` : une probabilité associée à la distribution cumulée F.
- ▸ `degrés_liberté1` : le numérateur des degrés de liberté.
- ▸ `degrés_liberté2` : le dénominateur des degrés de liberté.

KHIDEUX.INVERSE

Renvoie l'inverse de la probabilité unilatérale de la distribution khi-deux.

Syntaxe :

`KHIDEUX.INVERSE(probabilité;degrés_liberté)`

avec :

- ▸ `probabilité` : une probabilité associée à la distribution khi-deux.
- ▸ `degrés_liberté` : le nombre de degrés de liberté.

KURTOSIS

Renvoie le kurtosis d'une série de données.

Syntaxe :

`KURTOSIS(nombre1;nombre2;...)`

où **nombre1**, **nombre2**,... sont les 1 à 30 arguments dont on veut calculer le kurtosis. On peut utiliser une matrice ou une référence à une matrice plutôt que des arguments séparés par des points-virgules.

LNGAMMA

Renvoie le logarithme népérien de la fonction Gamma.

Syntaxe :

`LNGAMMA(x)`

où **x** est la valeur dont on veut calculer LNGAMMA.

LOGREG

En analyse de régression, calcule une courbe exponentielle ajustée à vos données et renvoie une matrice de valeurs décrivant cette courbe.

Syntaxe :

`LOGREG(y_connus;x_connus;constante;statistiques)`

avec :

▸ **y_connus** : la série des valeurs y déjà connues.

▸ **x_connus** : une série facultative de valeurs **x**, éventuellement déjà connues.

▸ **constante** : une valeur logique précisant si la constante **b** doit être forcée à 1.

▸ **statistiques** : une valeur logique indiquant si d'autres statistiques de régression doivent être renvoyées.

LOI.BETA

Renvoie la fonction de densité de probabilité bêta cumulée.

Syntaxe :

`LOI.BETA(x;alpha;bêta;A;B)`

avec :

▸ `x` : la valeur comprise entre `A` et `B` à laquelle la fonction doit être calculée.

▸ `alpha` : un paramètre de la distribution.

▸ `bêta` : un paramètre de la distribution.

▸ `A` : une limite inférieure facultative de l'intervalle des `x`.

▸ `B` : une limite supérieure facultative de l'intervalle des `x`.

LOI.BINOMIALE

Renvoie la probabilité d'une variable aléatoire discrète suivant la loi binomiale.

Syntaxe :

`LOI.BINOMIALE(nombre_s;essais;probabilité_s;cumulative)`

avec :

▸ `nombre_s` : le nombre d'essais réussis.

▸ `essais` : le nombre d'essais indépendants.

▸ `probabilité_s` : la probabilité de succès de chaque essai.

▸ `cumulative` : une valeur logique qui détermine le mode de calcul de la fonction.

LOI.BINOMIALE.NEG

Renvoie la probabilité d'une variable aléatoire discrète suivant une loi binomiale négative.

Syntaxe :

```
LOI.BINOMIALE.NEG(nombre_échecs;nombre_succès;proba
bilité_succès)
```

avec :

- `nombre_échecs` : le nombre d'échecs.
- `nombre_succès` : le nombre de succès à obtenir.
- `probabilité_succès` : la probabilité d'obtenir un succès.

LOI.EXPONENTIELLE

Renvoie la distribution exponentielle.

Syntaxe :

```
LOI.EXPONENTIELLE(x;lambda;cumulative)
```

avec :

- `x` : la valeur de la fonction.
- `lambda` : la valeur du paramètre.
- `cumulative` : une valeur logique indiquant le mode de calcul de la fonction exponentielle.

LOI.F

Renvoie la distribution de probabilité F.

Syntaxe :

```
LOI.F(x;degrés_liberté1;degrés_liberté2)
```

avec :

- `x` : la variable avec laquelle la fonction doit être calculée.
- `degrés_liberté1` : le numérateur des degrés de liberté.
- `degrés_liberté2` : le dénominateur des degrés de liberté.

LOI.GAMMA

Renvoie la probabilité d'une variable aléatoire suivant une loi Gamma.

Syntaxe :

`LOI.GAMMA(x; alpha;bêta;cumulative)`

avec :

▸ `x` : la valeur à laquelle on veut évaluer la distribution

▸ `alpha` : un paramètre de la distribution.

▸ `bêta` : un paramètre de la distribution.

▸ `cumulative` : une valeur logique déterminant le mode de calcul de la fonction, cumulatif ou non.

LOI.GAMMA.INVERSE

Renvoie, pour une probabilité donnée, la valeur d'une variable aléatoire suivant une loi Gamma.

Syntaxe :

`LOI.GAMMA.INVERSE(probabilité;alpha;bêta)`

avec :

▸ `probabilité` : la probabilité associée à la loi Gamma.

▸ `alpha` : un paramètre de la distribution.

▸ `bêta` : un paramètre de la distribution.

LOI.HYPERGEOMETRIQUE

Renvoie la probabilité d'une variable aléatoire discrète suivant une loi hypergéométrique.

Syntaxe :

`LOI.HYPERGEOMETRIQUE(succès_échantillon;nombre_échantillon;succès_population;nombre_population)`

avec :

▸ `succès_échantillon` : le nombre de succès de l'échantillon.

▸ `nombre_échantillon` : la taille de l'échantillon.

▸ `succès_population` : le nombre de succès de la population.

▸ `nombre_population` : la taille de la population.

LOI.KHIDEUX

Renvoie la probabilité unilatérale de la distribution khi-deux.

Syntaxe :

`LOI.KHIDEUX(x;degrés_liberté)`

avec :

- **`x`** : la valeur à laquelle vous voulez évaluer la distribution
- **`degrés_liberté`** : le nombre de degrés de liberté.

LOI.LOGNORMALE

Renvoie la probabilité d'une variable aléatoire continue suivant une loi lognormale de x.

Syntaxe :

`LOI.LOGNORMALE(x;moyenne;écart_type)`

avec :

- **`x`** : la variable avec laquelle la fonction doit être calculée.
- **`moyenne`** : l'espérance mathématique de `ln(x)`.
- **`écart_type`** : l'écart-type de `ln(x)`.

LOI.LOGNORMALE.INVERSE

Renvoie l'inverse de la probabilité pour une variable aléatoire suivant la loi lognormale.

Syntaxe :

`LOI.LOGNORMALE.INVERSE(probabilité;moyenne;écart_type)`

avec :

- **`probabilité`** : la probabilité associée à la distribution.
- **`moyenne`** : l'espérance mathématique de `ln(x)`.
- **`écart_type`** : l'écart-type de `ln(x)`.

LOI.NORMALE

Renvoie la probabilité d'une variable aléatoire continue suivant une loi normale pour la moyenne et l'écart-type spécifiés.

Syntaxe :

`LOI.NORMALE(x;moyenne;écart_type;cumulative)`

avec :

▸ `x` : la valeur dont on recherche la distribution

▸ `moyenne` : l'espérance mathématique de la distribution.

▸ `écart_type` : l'écart-type de la distribution.

▸ `cumulative` : une valeur logique déterminant le mode de calcul de la fonction, cumulatif ou non.

LOI.NORMALE.INVERSE

Renvoie, pour une probabilité donnée, la valeur d'une variable aléatoire suivant une loi normale pour la moyenne et l'écart-type spécifiés.

Syntaxe :

`LOI.NORMALE.INVERSE(probabilité;moyenne;écart_type)`

avec :

▸ `probabilité` : une probabilité correspondant à la distribution normale.

▸ `moyenne` : l'espérance mathématique de la distribution.

▸ `écart_type` : l'écart-type de la distribution.

LOI.NORMALE.STANDARD

Renvoie la probabilité d'une variable aléatoire continue suivant une loi normale standard (ou centrée réduite).

Syntaxe :

`LOI.NORMALE.STANDARD(z)`

où `z` est la valeur dont on recherche la distribution.

LOI.NORMALE.STANDARD.INVERSE

Renvoie, pour une probabilité donnée, la valeur d'une variable aléatoire suivant une loi normale standard (ou centrée réduite).

Syntaxe :

```
LOI.NORMALE.STANDARD.INVERSE(probabilité)
```

où `probabilité` est une probabilité correspondant à la distribution normale.

LOI.POISSON

Renvoie la probabilité d'une variable aléatoire suivant une loi de Poisson.

Syntaxe :

```
LOI.POISSON(x;moyenne;cumulative)
```

avec :

- `x` : le nombre d'événements.
- `moyenne` : l'espérance mathématique.
- `cumulative` : une valeur logique déterminant le mode de calcul de la fonction, cumulatif ou non.

LOI.STUDENT

Renvoie la probabilité d'une variable aléatoire suivant la loi de T de Student.

Syntaxe :

```
LOI.STUDENT(x;degrés_liberté;uni/bilatéral)
```

avec :

- `x` : la valeur numérique à laquelle la distribution doit être évaluée.
- `degrés_liberté` : un nombre entier indiquant le nombre de degrés de liberté.
- `uni/bilatéral` : le type de distribution à renvoyer, unilatérale ou bilatérale.

LOI.STUDENT.INVERSE

Renvoie la valeur d'une variable aléatoire suivant la loi de T de Student, en fonction de la probabilité et du nombre de degrés de liberté.

Syntaxe :

`LOI.STUDENT.INVERSE(probabilité;degrés_liberté)`

avec :

▸ `probabilité` : la probabilité associée à la loi bilatérale T de Student.

▸ `degrés_liberté` : le nombre de degrés de liberté utilisés pour caractériser la distribution.

LOI.WEIBULL

Renvoie la probabilité d'une variable aléatoire suivant une loi de Weibull.

Syntaxe :

`LOI.WEIBULL(x;alpha;bêta;cumulée)`

avec :

▸ `x` : la variable avec laquelle la fonction doit être calculée.

▸ `alpha` : un paramètre de la distribution.

▸ `bêta` : un paramètre de la distribution.

▸ `cumulée` : la forme de la fonction.

MAX

Renvoie le plus grand nombre de la série de valeurs.

Syntaxe :

`MAX(nombre1;nombre2;...)`

où `nombre1`, `nombre2`,... sont les 1 à 30 nombres pour lesquels on désire trouver la valeur la plus grande.

Notez que :

▸ Les arguments peuvent être des nombres, des cellules vides, des valeurs logiques ou des nombres représentés sous forme de texte.

- Si un argument est une matrice ou une référence, seuls les nombres et valeurs d'erreur de cette matrice ou de cette référence sont considérés.
- La fonction MAX renvoie la première valeur d'erreur rencontrée dans la matrice ou la référence.
- Les cellules vides, les valeurs logiques ou le texte contenus dans la matrice ou la référence ne sont pas pris en compte. (Si les valeurs logiques et le texte doivent être pris en compte, utilisez la fonction MAXA au lieu de la fonction MAX.)
- Si les arguments ne contiennent pas de nombre, la fonction MAX renvoie o (zéro).

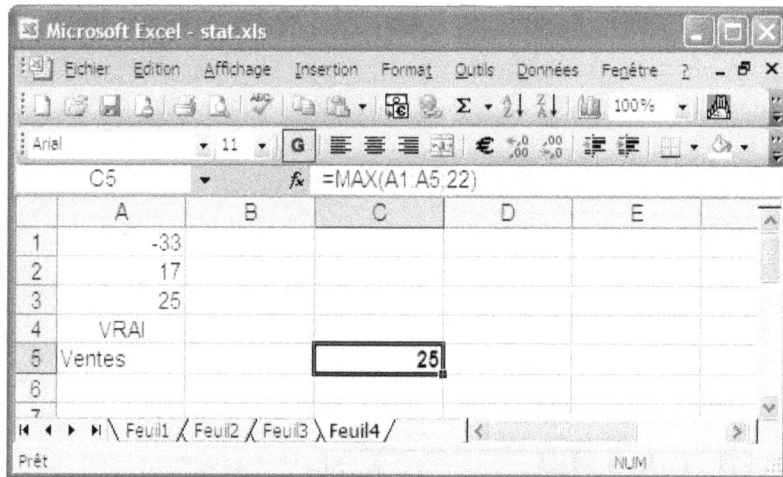

Figure 11.4.

Dans cet exemple, on recherche le plus grand nombre dans A1:A5 en ajoutant 22. La cellule de texte et la cellule logique ne sont pas prises en compte.

MAXA

Renvoie la plus grande valeur contenue dans une liste d'arguments. Outre des nombres, la comparaison peut comprendre du texte ou des valeurs logiques telles que VRAI et FAUX.

Syntaxe :

```
MAXA(valeur1;valeur2;...)
```

où **valeur1**, **valeur2**,... sont les 1 à 30 valeurs parmi lesquelles on recherche la plus grande.

Notez que :

▸ On peut spécifier comme arguments des nombres, des cellules vides, des valeurs logiques ou des représentations textuelles de nombres.

▸ Si l'on spécifie des valeurs d'erreur, des erreurs se produisent. (Si le calcul ne doit pas prendre en compte les valeurs logiques ou textuelles, utilisez la fonction de feuille de calcul MAX.)

▸ Si un argument est une matrice ou une référence, la fonction n'utilise que les valeurs de cette matrice ou référence. Les cellules vides et les valeurs textuelles de la matrice ou de la référence ne sont pas prises en compte.

▸ Les arguments contenant la valeur VRAI ont une valeur de 1 ; les arguments contenant du texte ou la valeur FAUX ont une valeur de 0.

▸ Si les arguments ne contiennent aucune valeur, la fonction MAXA renvoie 0 (zéro).

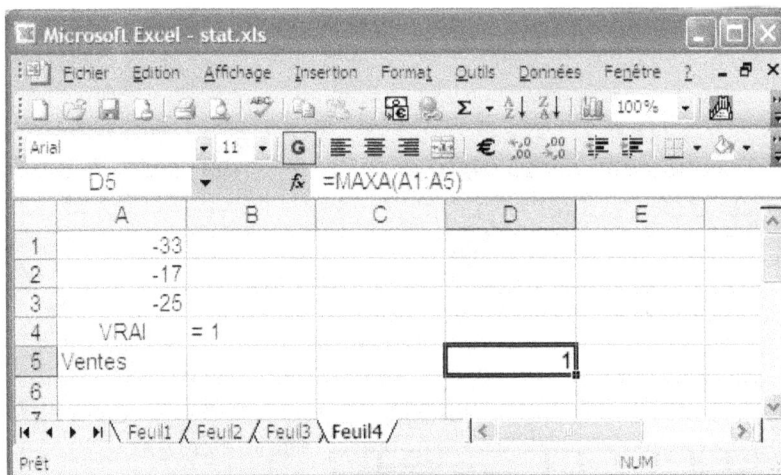

Figure 11.5.

Dans cet exemple, on recherche le plus grand nombre dans A1:A5. La cellule logique est prise en compte.

MEDIANE

Renvoie la valeur médiane des nombres. La médiane est la valeur qui se trouve au centre d'un ensemble de nombres.

Syntaxe :

`MEDIANE(nombre1;nombre2;...)`

où **nombre1, nombre2,...** sont les 1 à 30 nombres dont on cherche la médiane.

Les arguments doivent être des nombres, des noms, des matrices ou des références contenant des nombres. Si une matrice ou une référence utilisée comme argument contient du texte, des valeurs logiques ou des cellules vides, ces valeurs ne sont pas prises en compte. En revanche, les cellules contenant la valeur 0 sont prises en compte.

ATTENTION

Si l'ensemble contient un nombre pair de nombres, la fonction MEDIANE calcule la moyenne des deux nombres du milieu.

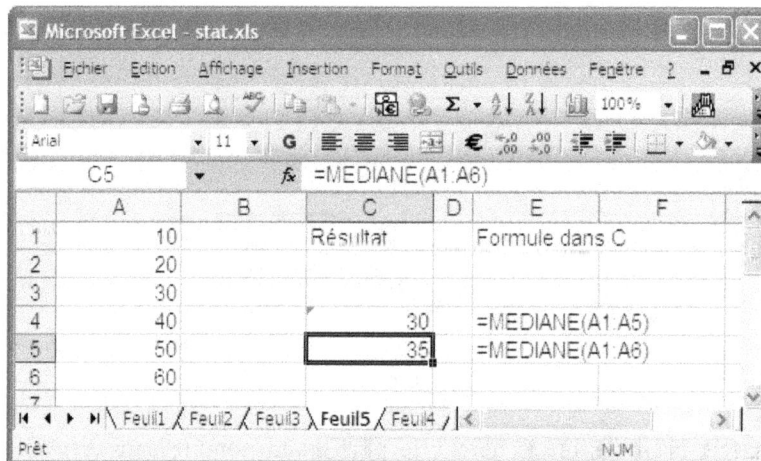

Figure 11.6.

Le calcul est différent selon qu'on examine un nombre de cellules pair ou impair.

MIN

Renvoie le plus petit nombre de la série de valeurs et agit à l'inverse de MAX.

Syntaxe :

```
MIN(nombre1;nombre2;...)
```

où **nombre1**, **nombre2**,... sont les 1 à 30 nombres pour lesquels on désire trouver la valeur la plus grande.

Notez que :

▸ Les arguments peuvent être des nombres, des cellules vides, des valeurs logiques ou des nombres représentés sous forme de texte.

▸ Si un argument est une matrice ou une référence, seuls les nombres et valeurs d'erreur de cette matrice ou de cette référence sont considérés.

▸ La fonction MIN renvoie la première valeur d'erreur rencontrée dans la matrice ou la référence.

▸ Les cellules vides, les valeurs logiques ou le texte contenus dans la matrice ou la référence ne sont pas pris en compte. (Si les valeurs logiques et le texte doivent être pris en compte, utilisez la fonction MINA au lieu de la fonction MIN.)

▸ Si les arguments ne contiennent pas de nombre, la fonction MIN renvoie 0 (zéro).

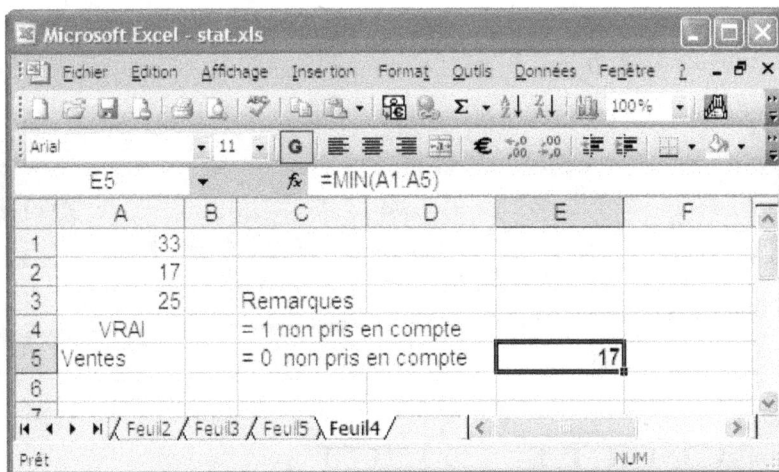

Figure 11.7.

Dans cet exemple, on recherche le plus petit nombre dans A1:A5. La cellule de texte et la cellule logique ne sont pas prises en compte.

MINA

Renvoie la plus petite valeur contenue dans une liste d'arguments. Outre des nombres, la comparaison peut comprendre du texte ou des valeurs logiques telles que VRAI et FAUX.

Syntaxe :

```
MINA(valeur1;valeur2;...)
```

où **valeur1**, **valeur2**,... sont les 1 à 30 valeurs parmi lesquelles on recherche la plus grande.

Notez que :

▸ On peut spécifier comme arguments des nombres, des cellules vides, des valeurs logiques ou du texte.

▸ Si l'on spécifie des valeurs d'erreur, des erreurs se produisent. (Si le calcul ne doit pas prendre en compte les valeurs logiques ou textuelles, utilisez la fonction de feuille de calcul MIN.)

▸ Si un argument est une matrice ou une référence, la fonction n'utilise que les valeurs de cette matrice ou référence. Les cellules vides et les valeurs textuelles de la matrice ou de la référence ne sont pas prises en compte.

▸ Les arguments contenant la valeur VRAI ont une valeur de 1 ; les arguments contenant du texte ou la valeur FAUX ont une valeur de 0.

▸ Si les arguments ne contiennent aucune valeur, la fonction MINA renvoie 0 (zéro).

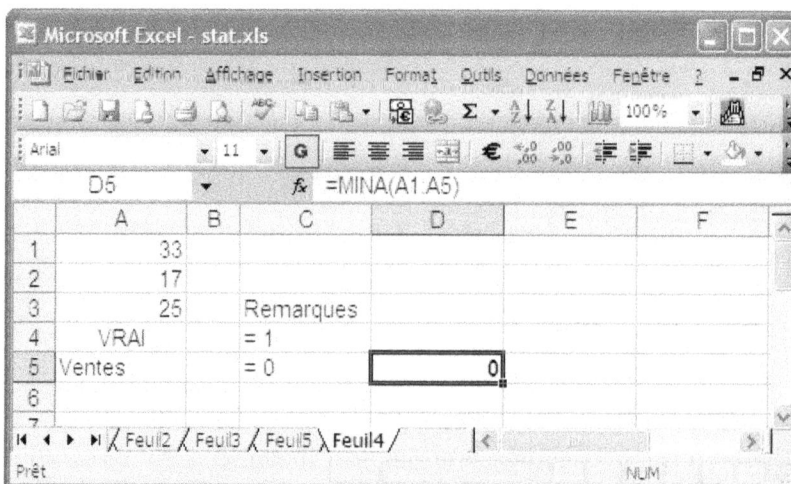

Figure 11.8.

Dans cet exemple, on recherche le plus petit nombre dans A1:A5. La cellule de texte correspond à 0 et est prise en compte.

MODE

Renvoie la valeur la plus fréquente ou la plus répétitive dans une matrice ou une plage de données. Comme la fonction MEDIANE, MODE est une caractéristique de valeur centrale (ou caractéristique de position).

Syntaxe :

```
MODE(nombre1;nombre2;...)
```

où **nombre1, nombre2**,... sont les 1 à 30 arguments dont on veut déterminer le mode. On peut utiliser une matrice unique ou une référence à une matrice, au lieu d'arguments séparés par des points-virgules.

Avec cette fonction :

▶ Les arguments doivent être des nombres, des noms, des matrices ou des références contenant des nombres.

▶ Si une matrice ou une référence utilisée comme argument contient du texte, des valeurs logiques ou des cellules vides, ces valeurs ne sont pas prises en compte.

▶ En revanche, les cellules contenant la valeur 0 sont prises en compte.

▶ Si la série de données ne contient aucune répétition de nombres, MODE renvoie la valeur d'erreur #N/A.

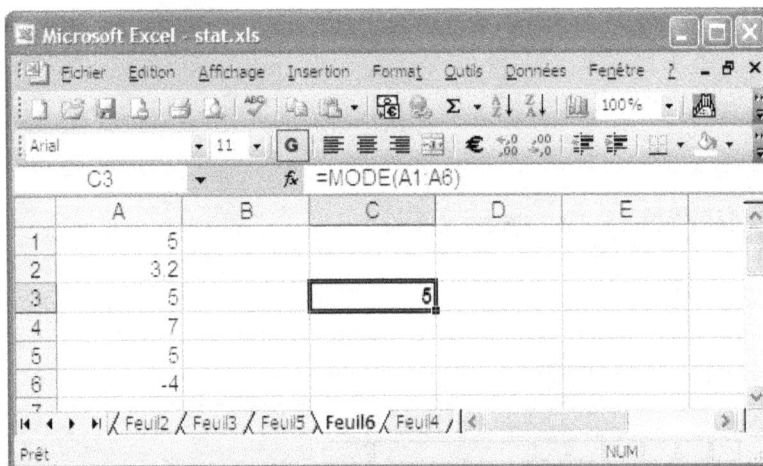

Figure 11.9.

La valeur 5 est répétée trois fois.

MOYENNE

Renvoie la moyenne arithmétique des arguments.

Syntaxe :

MOYENNE(nombre1;nombre2;...)

où **nombre1, nombre2,...** sont les 1 à 30 arguments numériques dont on cherche la moyenne.

Les arguments doivent être soit des nombres, soit des noms, des matrices ou des références contenant des nombres. Si une matrice ou une référence utilisée comme argument contient du texte, des valeurs logiques ou des cellules vides, ces valeurs ne sont pas prises en compte. En revanche, les cellules contenant la valeur 0 sont prises en compte.

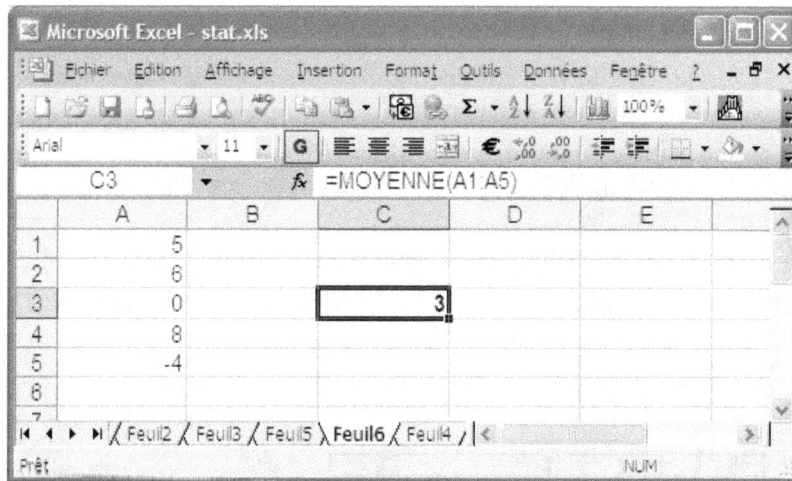

Figure 11.10.

MOYENNE.GEOMETRIQUE

Renvoie la moyenne géométrique d'une matrice ou d'une plage de données positives.

Syntaxe :

MOYENNE.GEOMETRIQUE(nombre1;nombre2;...)

où **nombre1, nombre2,...** sont les 1 à 30 arguments dont on cherche la moyenne. On peut utiliser une matrice ou une référence à une matrice plutôt que des arguments séparés par des points-virgules.

Les arguments doivent être des nombres, des noms, des matrices ou des références contenant des nombres. Si une matrice ou une référence utilisée comme argument contient du texte, des valeurs logiques ou des cellules vides, ces valeurs ne sont pas prises en compte. En revanche, les cellules contenant la valeur o sont prises en compte.

Si l'une des valeurs est égale ou inférieure à o, la fonction renvoie la valeur d'erreur #NOMBRE !

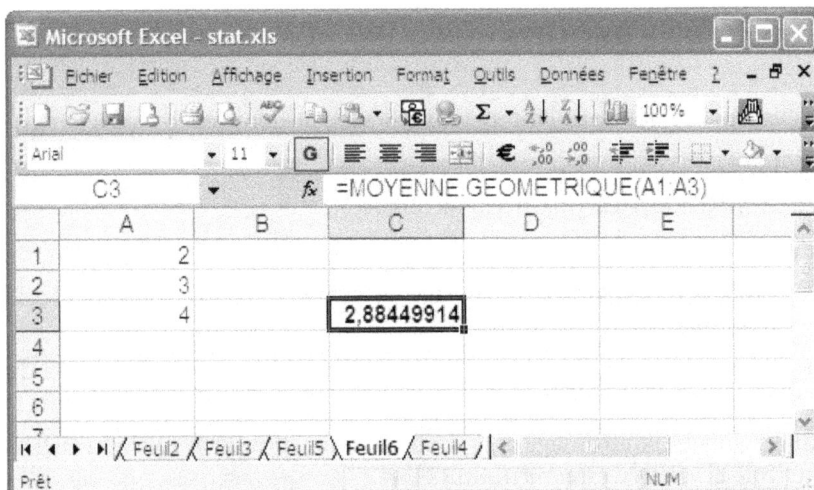

Figure 11.11.

MOYENNE.HARMONIQUE

Renvoie la moyenne harmonique d'une série de données. La moyenne harmonique est l'inverse de la moyenne arithmétique des inverses des observations.

Syntaxe :

MOYENNE.HARMONIQUE(nombre1;nombre2;...)

où **nombre1, nombre2,**... sont les 1 à 30 arguments dont on cherche la moyenne. On peut aussi utiliser une matrice ou une référence à une matrice plutôt que des arguments séparés par des points-virgules.

Les arguments doivent être des nombres, des noms, des matrices ou des références contenant des nombres.

Si une matrice ou une référence utilisée comme argument contient du texte, des valeurs logiques ou des cellules vides, ces valeurs ne sont pas prises en compte. En revanche, les cellules contenant la valeur 0 sont prises en compte. Si l'une des valeurs est égale ou inférieure à 0, la fonction renvoie la valeur d'erreur #NOMBRE !

La moyenne harmonique est toujours inférieure à la moyenne géométrique, elle-même toujours inférieure à la moyenne arithmétique.

MOYENNE.REDUITE

Renvoie la moyenne de l'intérieur d'une série de données.

Syntaxe :

MOYENNE.REDUITE(matrice;pourcentage)

avec :

▸ `matrice` : la matrice ou la plage de valeurs à réduire pour calculer la moyenne.

▸ `pourcentage` : le nombre fractionnaire d'observations à exclure du calcul.

Si l'argument pourcentage est < 0 ou ¹ 1, la fonction MOYENNE.REDUITE renvoie la valeur d'erreur #NOMBRE !

La fonction MOYENNE.REDUITE arrondit le nombre d'observations à exclure au multiple de 2 immédiatement inférieur.

NB

Détermine le nombre de cellules contenant des nombres et les nombres compris dans la liste des arguments. On appliquera NB pour obtenir le nombre d'entrées numériques dans une plage ou dans une matrice de nombres.

Syntaxe :

`NB(valeur1;valeur2;...)`

où `valeur1,valeur2`,... sont les 1 à 30 arguments qui peuvent contenir ou qui référencent différents types de données.

Seuls les arguments qui correspondent à des nombres, à des dates ou à la représentation textuelle de nombres sont pris en compte. Ceux qui correspondent à des valeurs d'erreur ou à du texte ne pouvant pas être traduit en nombres ne sont pas pris en compte.

Si un argument est une matrice ou une référence, seuls les nombres et les dates de cette matrice ou de cette référence sont comptés. Les cellules vides, les valeurs logiques, le texte ou les valeurs d'erreur contenus dans cette matrice ou référence ne sont pas pris en compte.

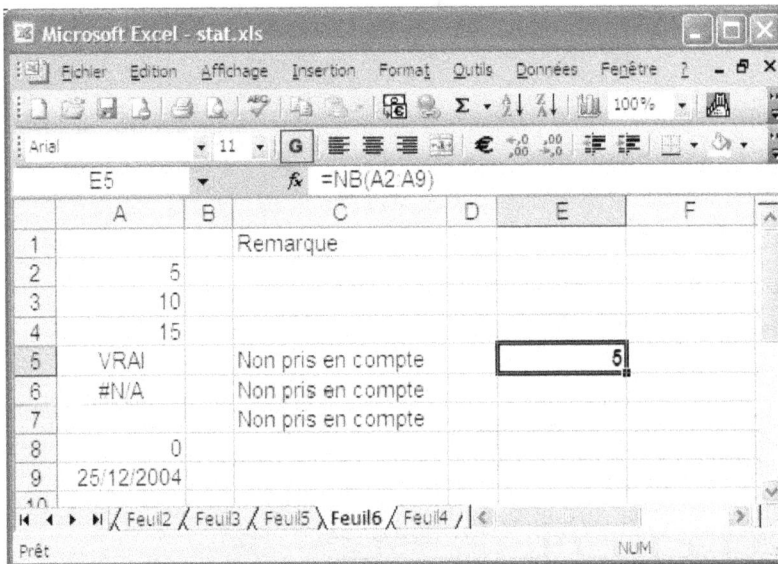

Figure 11.12.

NBVAL

Compte le nombre de cellules non vides et les valeurs comprises dans la liste des arguments. Sa syntaxe est la même que VAL.

```
NBVAL(valeur1;valeur2;...)
```

où **valeur1,valeur2,...** sont les 1 à 30 arguments correspondant aux valeurs à compter. Une valeur correspond ici à tout type d'information, y compris du texte vide (""), la seule exception résidant dans les cellules vides.

Si un argument correspond à une matrice ou à une référence, les cellules vides à l'intérieur de cette matrice ou de cette référence ne sont pas prises en compte. Si vous n'avez pas besoin de compter des valeurs logiques, du texte ou des valeurs d'erreur, utilisez la fonction NB.

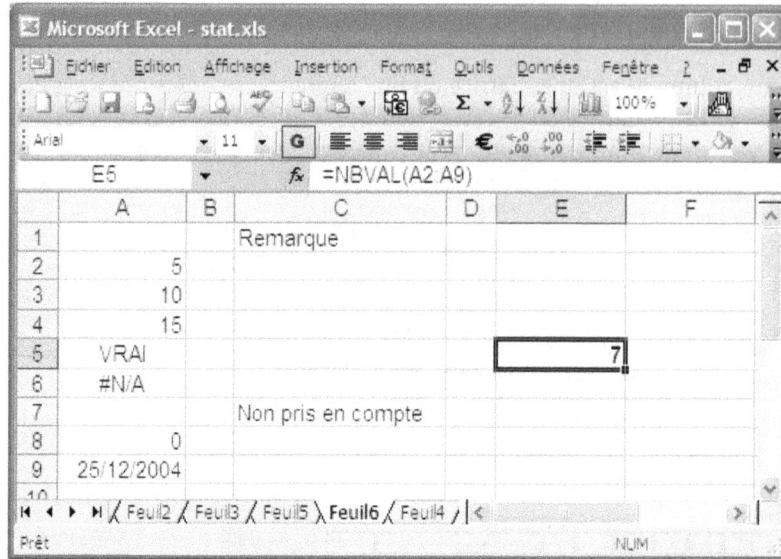

Figure 11.13.

ORDONNEE.ORIGINE

Calcule le point auquel une droite doit couper l'axe des ordonnées en utilisant les valeurs x et y existantes.

Syntaxe :

ORDONNEE.ORIGINE(y_connus;x_connus)

avec :

▸ **y_connus** : la série dépendante d'observations ou de données.

▸ **x_connus** : la série indépendante d'observations ou de données.

PEARSON

Renvoie le coefficient de corrélation d'échantillonnage de Pearson.

Syntaxe :

PEARSON(matrice1;matrice2)

avec :

▸ **matrice1** : une série de valeurs indépendantes.

▸ **matrice2** : une série de valeurs dépendantes.

PENTE

Renvoie la pente d'une droite de régression linéaire.

Syntaxe :

```
PENTE(y_connus,x_connus)
```

avec :

- ▸ `y_connus` : une matrice ou une plage de cellules de points de données dépendantes.
- ▸ `x_connus` : l'ensemble de points de données indépendantes.

PERMUTATION

Renvoie le nombre de permutations pour un nombre donné d'objets pouvant être sélectionnés à partir d'un nombre d'objets déterminé par l'argument `nombre`.

Syntaxe :

```
PERMUTATION(nombre;nombre_choisi)
```

avec :

- ▸ `nombre` : un nombre entier correspondant au nombre d'objets.
- ▸ `nombre_choisi` : un nombre entier correspondant au nombre d'objets contenus dans chaque permutation.

PETITE.VALEUR

Renvoie la k-ième plus petite valeur d'une série de données.

Syntaxe :

```
PETITE.VALEUR(matrice;k)
```

avec :

- ▸ `matrice` : une matrice ou une plage de données numériques dans laquelle vous recherchez la k-ième plus petite valeur.
- ▸ `k` : dans la matrice ou la plage, le rang de la donnée à renvoyer, déterminé à partir de la valeur la plus petite.

PREVISION

Calcule ou prévoit une valeur future à partir de valeurs existantes.

Syntaxe :

```
PREVISION(x;y_connus;x_connus)
```

avec :

- **x** : l'observation dont on veut prévoir la valeur.
- **y_connus** : la matrice ou la plage de données dépendante.
- **x_connus** : la matrice ou la plage de données indépendante.

PROBABILITE

Renvoie la probabilité que des valeurs d'une plage soient comprises entre deux limites.

Syntaxe :

```
PROBABILITE(plage_x;plage_probabilité;limite_inf;
limite_sup)
```

avec :

- **plage_x** : la plage des valeurs numériques de **x** auxquelles sont associées des probabilités.
- **plage_probabilité** : une série de probabilités associée aux valeurs de **plage_x**.
- **limite_inf** : la limite inférieure de la valeur pour laquelle on recherche une probabilité.
- **limite_sup** : la limite supérieure facultative de la valeur pour laquelle on recherche une probabilité.

QUARTILE

Renvoie le quartile d'une série de données.

Syntaxe :

```
QUARTILE(matrice;quart)
```

avec :

- ▸ matrice : la matrice ou la plage de cellules de valeurs numériques pour laquelle vous recherchez la valeur du quartile.
- ▸ quart : la valeur à renvoyer.

RANG

Renvoie le rang d'un nombre figurant dans une liste d'arguments. Le rang d'un nombre est donné par sa taille comparée aux autres valeurs de la liste. Lors du tri d'une liste, le rang d'un nombre est sa position.

Syntaxe

RANG(nombre;référence;ordre)

avec :

- ▸ nombre : le nombre dont on veut connaître le rang.
- ▸ référence : une matrice ou une référence à une liste de nombres. Les valeurs non numériques sont ignorées.
- ▸ ordre : un numéro qui spécifie comment déterminer le rang de l'argument nombre.

Si la valeur de l'argument ordre est :

- ▸ o (zéro) ou si cet argument est omis, Excel calcule le rang d'un nombre comme si la liste définie par l'argument référence était triée par ordre décroissant.

- ▸ Différente de zéro, Excel calcule le rang d'un nombre comme si la liste définie par l'argument référence était triée par ordre croissant.

La fonction RANG attribue le même rang aux nombres en double. Cependant, la présence de nombres en double affecte le rang des nombres suivants.

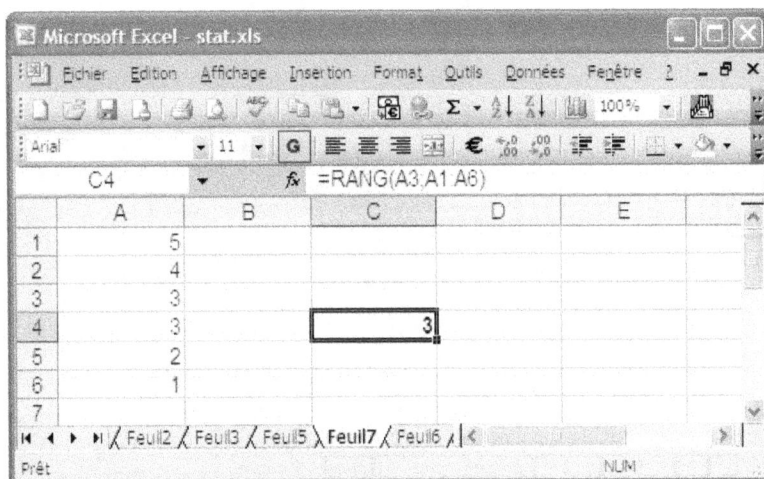

Figure 11.14.

RANG.POURCENTAGE

Renvoie le rang d'une valeur d'une série de données sous forme de pourcentage.

Syntaxe :

`RANG.POURCENTAGE(matrice;x;précision)`

avec :

- `matrice` : la matrice ou la plage de données de valeurs numériques définissant l'étendue relative.
- `x` : la valeur dont on veut connaître le rang.
- `précision` : une valeur facultative indiquant le nombre de décimales du pourcentage renvoyé. Si cet argument est omis, la fonction utilise trois décimales.

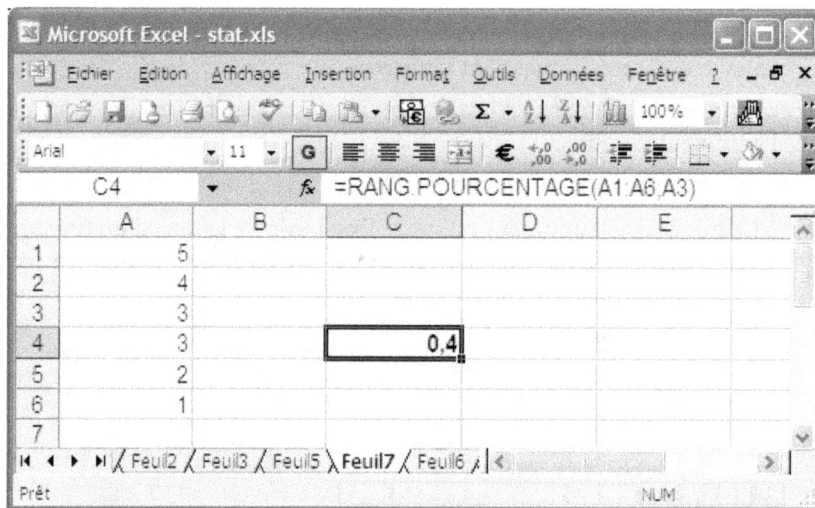

Figure 11.15.

Si l'argument :

- `matrice` est vide, la fonction renvoie la valeur d'erreur #NOMBRE !
- `précision` est < 1, la fonction renvoie la valeur d'erreur #NOMBRE !
- `x` ne correspond à aucune des valeurs de l'argument matrice, la fonction interpole pour renvoyer le rang correct en pourcentage

SOMME.CARRES.ECARTS

Renvoie la somme des carrés des déviations des observations à partir de leur moyenne d'échantillonnage.

Syntaxe :

`SOMME.CARRES.ECARTS(nombre1;nombre2;...)`

où `nombre1`, `nombre2`,... sont de 1 à 30 arguments dont on veut calculer la somme des carrés des déviations. On peut utiliser une matrice ou une référence à une matrice plutôt que des arguments séparés par des points-virgules.

STDEVA

Calcule l'écart-type sur la base d'un échantillon.

Syntaxe :

`STDEVA(valeur1;valeur2;...)`

où `valeur1`, `valeur2`,... sont deux des 1 à 30 valeurs correspondant à l'échantillon de population. On peut utiliser une matrice ou une référence à une matrice plutôt que des arguments séparés par des points-virgules.

STDEVPA

Calcule l'écart-type d'une population en prenant en compte toute la population et en utilisant les arguments spécifiés.

Syntaxe :

`STDEVPA(valeur1;valeur2;...)`

où `valeur1`, `valeur2`,... sont deux des 1 à 30 valeurs correspondant à la population entière. On peut utiliser une matrice ou une référence à une matrice plutôt que des arguments séparés par des points-virgules.

TENDANCE

Calcule les valeurs par rapport à une tendance linéaire.

Syntaxe :

`TENDANCE(y_connus;x_connus;x_nouveaux;constante)`

avec :

- ▸ `y_connus` : la série des valeurs y déjà connues.
- ▸ `x_connus` : une série de valeurs x facultatives.
- ▸ `x_nouveaux` : la nouvelle série de variables.
- ▸ `constante` : une valeur logique précisant si la constante **b** doit être forcée à 0.

TEST.F

Renvoie le résultat d'un test F.

Syntaxe :

`TEST.F(matrice1;matrice2)`

avec :

- ▸ `matrice1` : la première matrice ou plage de données.
- ▸ `matrice2` : la seconde matrice ou plage de données.

TEST.KHIDEUX

Renvoie le test d'indépendance.

Syntaxe :

`TEST.KHIDEUX(plage_réelle;plage_attendue)`

avec :

- ▸ `plage_réelle` : la plage de données contenant les observations à comparer aux valeurs prévues.
- ▸ `plage_attendue` : la plage de données contenant le rapport du produit des totaux de ligne et de colonne avec le total général.

TEST.STUDENT

Renvoie la probabilité associée à un test T de Student.

Syntaxe :

`TEST.STUDENT(matrice1;matrice2;uni/bilatéral;type)`

avec :

- ▸ `matrice1` : la première série de données.
- ▸ `matrice2` : la seconde série de données.
- ▸ `uni/bilatéral` : le type de distribution à renvoyer : unilatérale ou bilatérale.
- ▸ `type` : le type de test T à effectuer.

TEST.Z

Renvoie la valeur bilatérale P du test Z.

Syntaxe :

`TEST.Z(matrice,$\mu 0$,sigma)`

avec :

- ▸ `matrice` : la matrice ou la plage de données par rapport à laquelle tester $\mu 0$.
- ▸ `$\mu 0$` : la valeur à tester.
- ▸ `sigma` : l'écart-type (connu) de la population. Si l'argument est omis, la valeur de l'argument par défaut est l'écart-type de l'échantillon.

VAR

Estime la variance d'une population en se fondant sur un échantillon de cette population.

Syntaxe :

`VAR(nombre1;nombre2;...)`

où `nombre1, nombre2,...` sont de 1 à 30 arguments numériques correspondant à un échantillon de population.

VARA

Calcule la variance sur la base d'un échantillon. Le calcul peut comprendre des nombres, du texte ou des valeurs logiques telles que VRAI et FAUX.

Syntaxe :

```
VARA(valeur1;valeur2;...)
```

où `valeur1`, `valeur2`,... sont de 1 à 30 arguments valeur correspondant à l'échantillon de population.

VAR.P

Calcule la variance d'une population en se fondant sur la population entière.

Syntaxe :

```
VAR.P(nombre1;nombre2;...)
```

où `nombre1`, `nombre2`,... sont de 1 à 30 arguments numériques correspondant à une population entière.

VARPA

Calcule la variance sur la base de l'ensemble de la population. Le calcul peut comprendre des nombres, du texte ou des valeurs logiques telles que VRAI et FAUX.

Syntaxe :

```
VARPA(valeur1;valeur2;...)
```

où `valeur1`, `valeur2`,... sont de 1 à 30 arguments valeur correspondant à la population entière.

CHAPITRE 12

FONCTIONS DE TEXTE ET DE DONNÉES

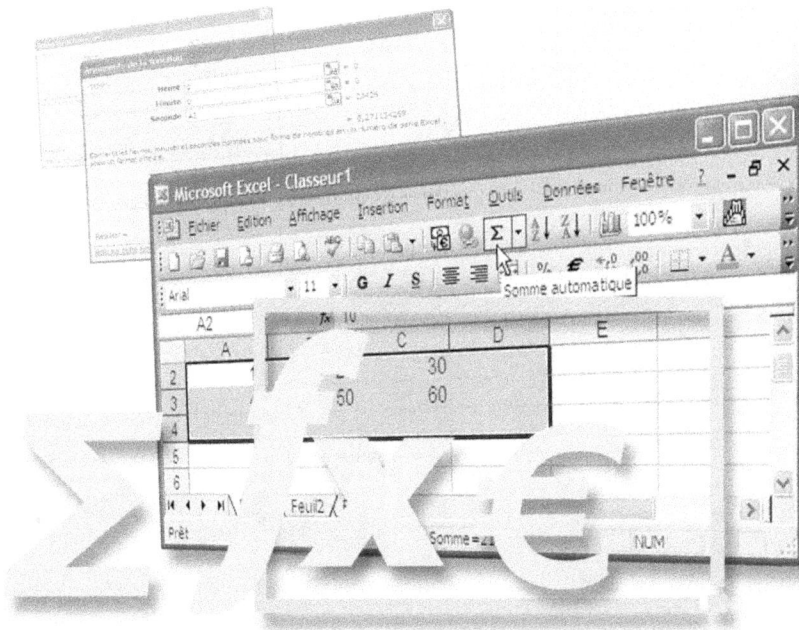

Les fonctions de texte servent à manipuler des chaînes de texte (une série quelconque de caractères, de mots...) dans des formules. Vous pouvez, par exemple, modifier la casse ou déterminer la longueur d'une chaîne de texte. Vous pouvez aussi associer ou concaténer une date à une chaîne de texte.

Fonctions Texte et Données

ASC	Change les caractères anglais ou katakana à pleine chasse (codés sur deux octets) à l'intérieur d'une chaîne de caractères en caractères à demi-chasse (codés sur un octet).
BAHTTEXT	Convertit un nombre en texte en utilisant le format monétaire ß (baht).
CAR	Renvoie le caractère spécifié par le code numérique.
CHERCHE	Trouve un texte dans un autre texte (sans respecter la casse : majuscule/minuscule).
CNUM	Convertit un argument de type texte en nombre.
CODE	Renvoie le numéro de code du premier caractère d'une chaîne de texte.
CONCATENER	Joint plusieurs éléments de texte en un seul élément de texte.
CTXT	Convertit un nombre au format texte avec un nombre de décimales spécifié.
DROITE	Renvoie des caractères situés à l'extrême droite d'une chaîne de caractères.
EPURAGE	Supprime tous les caractères de contrôle du texte.
EXACT	Vérifie si deux valeurs de texte sont identiques.
FRANC ou EURO	Convertit un nombre en texte en utilisant le format monétaire F (franc) ou euro.
GAUCHE	Renvoie des caractères situés à l'extrême gauche d'une chaîne de caractères.

JIS	Change les caractères anglais ou katakana à demi-chasse (codés sur un octet) à l'intérieur d'une chaîne de caractères en caractères à pleine chasse (codés sur deux octets).
MAJUSCULE	Convertit le texte en majuscules.
MINUSCULE	Convertit le texte en minuscules.
MIDB	Renvoie un nombre déterminé de caractères d'une chaîne de texte à partir de la position que vous indiquez pour les langues avec codage sur 2 octets.
NBCAR	Renvoie le nombre de caractères contenus dans une chaîne de texte.
NOMPROPRE	Met en majuscules la première lettre de chaque mot dans une chaîne textuelle.
PHONÉTIQUE	Extrait les caractères phonétiques (furigana) d'une chaîne de texte.
REMPLACER	Remplace des caractères dans un texte.
REMPLACERB	Comme REMPLCER, avec des caractères codés sur deux octets.
REPT	Répète un texte un certain nombre de fois.
STXT	Renvoie un nombre déterminé de caractères d'une chaîne de texte à partir de la position que vous indiquez
SUBSTITUE	Remplace l'ancien texte d'une chaîne de caractères par du nouveau texte.
SUPPRESPACE	Supprime les espaces du texte.
T	Convertit ses arguments en texte.
TEXTE	Convertit un nombre au format texte.
TROUVE	Trouve un texte dans un autre texte (en respectant la casse : majuscule/minuscule.
TROUVEB	Comme TROUVE, pour les langues dont les caractères sont codés sur deux octets.

ASC

Transforme des caractères codés sur 16 bits en notation sur 8 bits, ce qui s'applique essentiellement aux langues dont les caractères sont codés sur 16 bits. Sinon, la fonction ne modifie rien. La fonction inverse est JIS.

Syntaxe :

```
ASC(texte)
```

où `texte` est le texte ou une référence à une cellule contenant le texte que vous souhaitez modifier.

Exemple :

```
=ASC("EXCEL")
```

retourne `Excel`

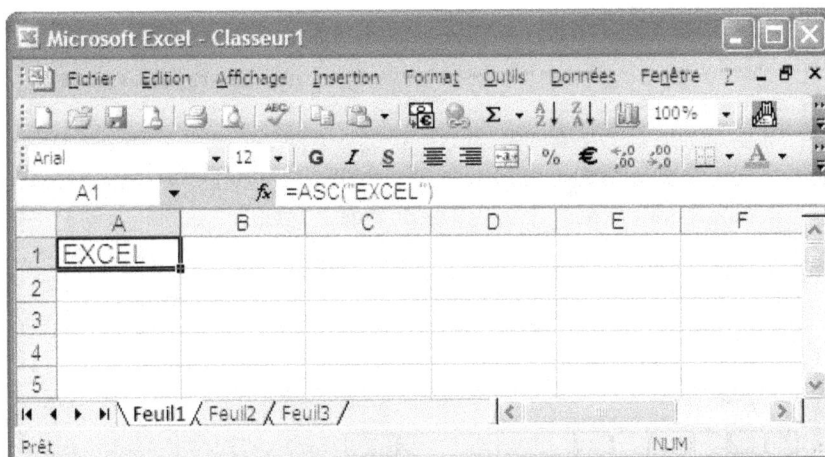

Figure 12.1.

BAHTTEXT

Convertit un nombre en texte thaï et ajoute le suffixe Baht.

CAR

Renvoie le caractère spécifié par le code numérique du jeu de caractères de votre ordinateur, le jeu ANSI sur PC. S'utilise surtout pour convertir en caractères des numéros de pages de code provenant de fichiers stockés sur d'autres types d'ordinateurs.

Syntaxe :

CAR(nombre)

où **nombre** est un nombre compris entre 1 et 255, indiquant le caractère recherché.

Exemple :

CAR(65)

retourne **A**, de code ANSI 65.

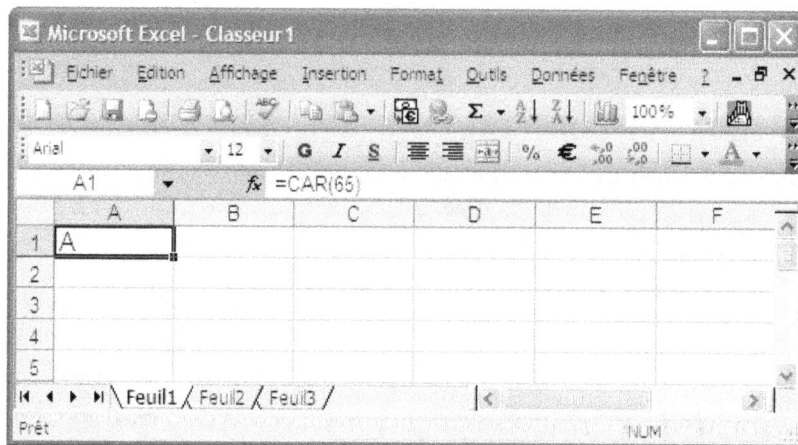

Figure 12.2.

Le code 32 donne un espace, le code 128 le symbole _, etc.

CHERCHE

Renvoie le numéro du caractère à la position spécifiée dans une chaîne de texte à partir de la position de départ spécifiée. Utilisez cette fonction pour déterminer la position d'un caractère ou d'une chaîne de texte dans une autre chaîne de façon à pouvoir utiliser ensuite l'une des fonctions STXT ou REMPLACER pour modifier le texte.

Syntaxe :

`CHERCHE(texte_cherché;texte;no_départ)`

avec :

- `texte_cherché` : le texte que vous voulez trouver. Vous pouvez utiliser les caractères génériques, le point d'interrogation (?) et l'astérisque (∗) dans l'argument texte_cherché. Le point d'interrogation correspond à un caractère unique quelconque et l'astérisque à une séquence de caractères quelconque. Placez entre guillemets un texte littéral.

- `texte` : le texte comprenant la chaîne de texte que vous voulez trouver.

- `no_départ` : indique le numéro du caractère dans l'argument texte à partir duquel la recherche doit débuter. Si :

  - L'argument `no_départ` est omis, sa valeur par défaut est 1.

  - La valeur de l'argument `no_départ` n'est pas supérieure à 0 (zéro) ou est supérieure à la longueur de l'argument texte, la fonction renvoie la valeur d'erreur #VALEUR !

Utilisez l'argument `no_départ` pour sauter un nombre spécifié de caractères. La fonction ne distingue pas les majuscules des minuscules.

La fonction retourne 0 (zéro) si le caractère n'est pas trouvé.

Exemple :

`=CHERCHE("j";"Bonjour")`

retourne 4, la position du **j** dans le mot **bonjour**.

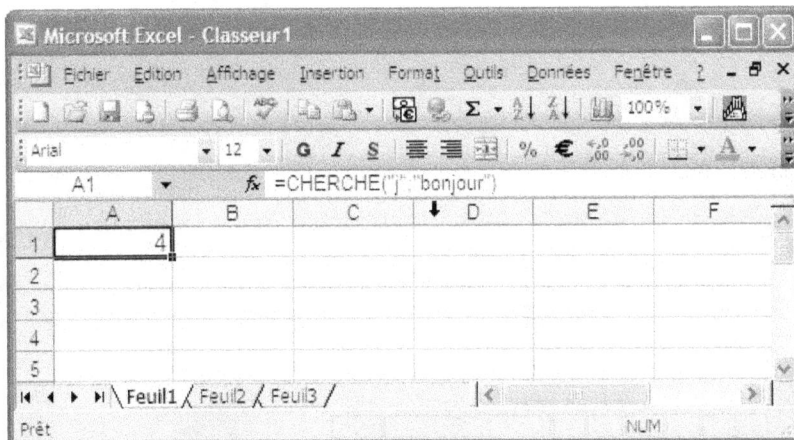

Figure 12.3.

CONSEIL

Utilisez les fonctions CHERCHE en association avec la fonction REMPLACER pour fournir à la fonction REMPLACER la position exacte de l'argument no_départ à partir de laquelle elle doit commencer à insérer le nouveau texte.

CNUM

Convertit en nombre une chaîne de caractères représentant un nombre, par exemple **17:31:15**. L'argument texte peut avoir l'un des formats constants (numérique, de date ou d'heure) reconnus par Excel. Si l'argument texte ne correspond à aucun de ces formats, CNUM renvoie la valeur d'erreur **#VALEUR!**

En fait, cette fonction permet d'assurer la compatibilité avec d'autres tableurs, car Excel convertit automatiquement le texte en nombres, si nécessaire, et n'en a généralement pas besoin.

Syntaxe :

`CNUM(texte)`

où **texte** est le texte placé entre guillemets ou une référence à une cellule contenant le texte à convertir.

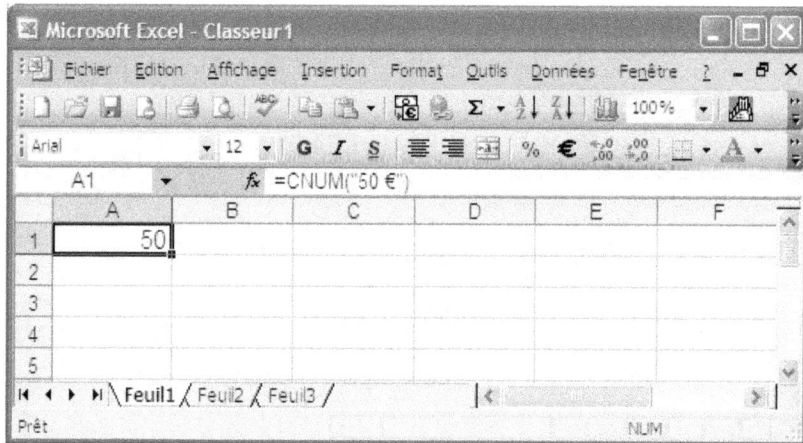

Figure 12.4.

CODE

Renvoie le numéro de code du premier caractère du texte. Le code renvoyé correspond au jeu de caractères ANSI pour les PC. C'est l'inverse de la fonction CAR.

Syntaxe :

CODE("texte")

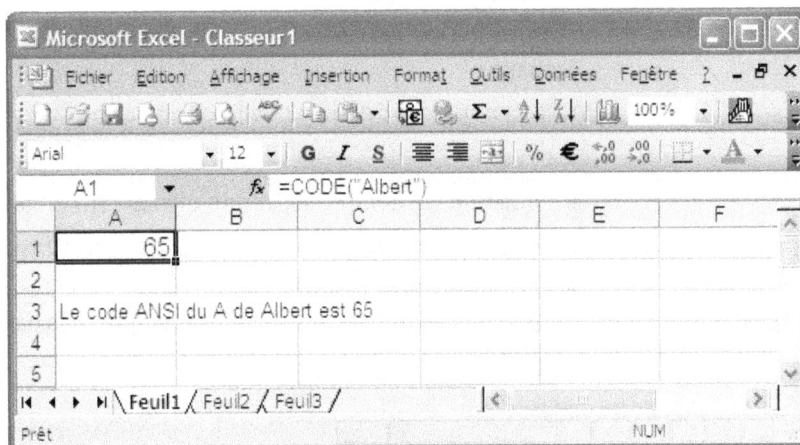

Figure 12.5.

CONCATENER

Assemble plusieurs chaînes de caractères de façon à n'en former qu'une seule.

Syntaxe :

CONCATENER (texte1;texte2;...)

où texte1;texte2;... sont les 1 à 30 éléments de texte à assembler en une chaîne unique. Ce peut être des chaînes de caractères, des nombres ou des références à des cellules.

L'opérateur & peut être utilisé à la place de la fonction CONCATENER pour assembler des éléments de texte.

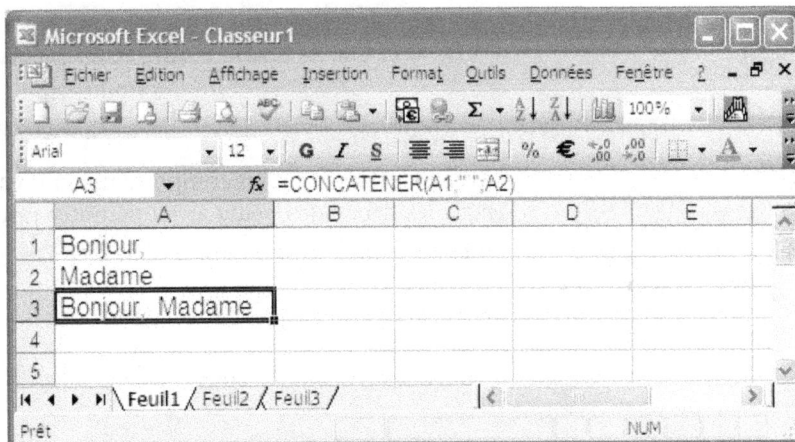

Figure 12.6.

CTXT

Arrondit un nombre (premier argument) au nombre de décimales spécifié par le deuxième argument, lui applique le format décimal avec une virgule et des espaces (cela, si le troisième argument le permet), et renvoie le résultat sous forme de texte.

Syntaxe :

CTXT(nombre;décimales;no_séparateur)

avec :

▶ **nombre** : le nombre à arrondir et convertir en texte.

▶ **décimales** : le nombre de chiffres après la virgule.

▶ **no_séparateur** : une valeur logique qui, lorsqu'elle est notée VRAI, permet d'éviter que des espaces soient insérés dans le texte renvoyé par CTXT.

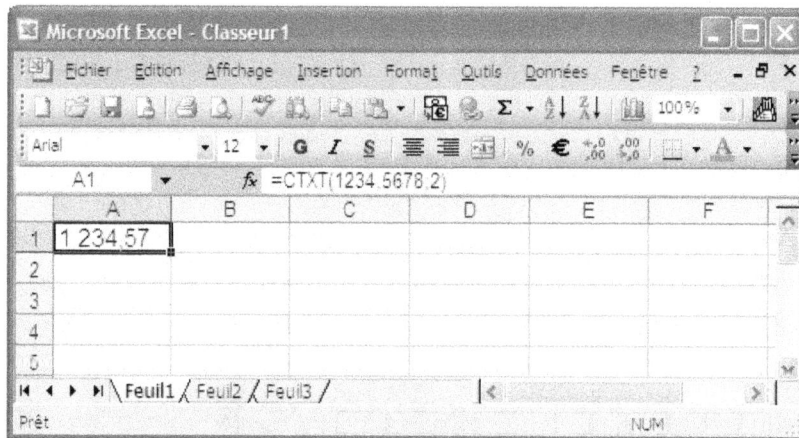

Figure 12.7.

Avec Excel, les nombres comportent au maximum 15 chiffres significatifs, mais les décimales peuvent en compter jusqu'à 127. Si **décimales** est négatif, le nombre est arrondi à gauche de la virgule.

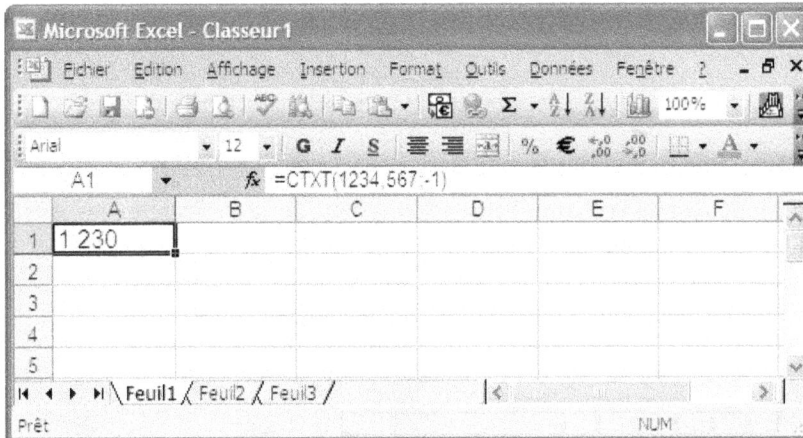

Figure 12.8.

Si **décimales** est omis, le nombre de décimales par défaut est 2.

Si **no_séparateur** est FAUX ou omis, le texte renvoyé comprend des espaces ; s'il est VRAI, les espaces sont supprimés.

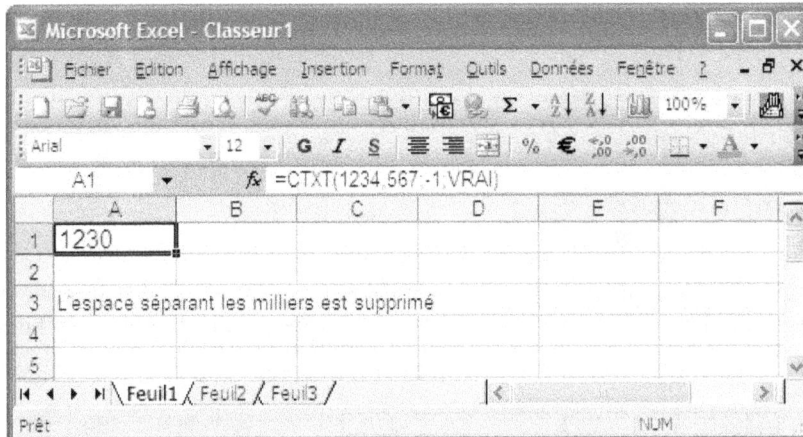

Figure 12.9.

DROITE

Retourne le nombre de caractères spécifiés situés sur la droite de la chaîne indiquée.

Syntaxe :

```
DROITE("texte";nombre_caractères)
```

avec :

- `"texte"` : le texte dans lequel on recherche les caractères.

- `nombre_caractères` : le nombre de caractères à extraire de sa droite. Cette valeur doit être supérieure ou égale à 0 ; si elle est supérieure à la longueur de la chaîne, l'ensemble de cette dernière est retourné ; si elle est omise, sa valeur par défaut est 1.

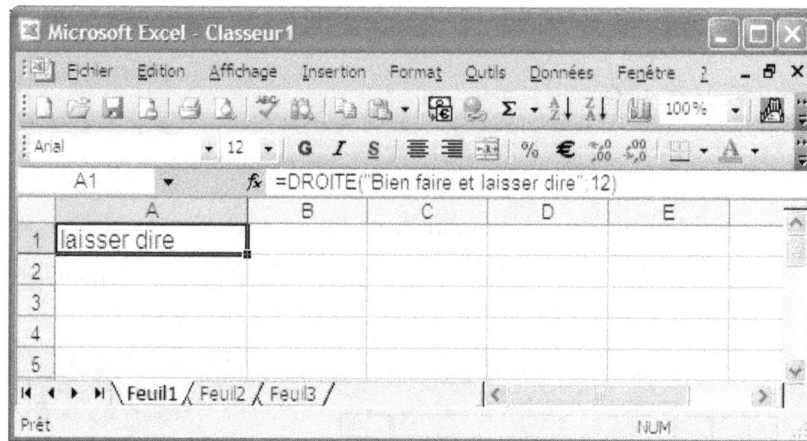

Figure 12.10.

EPURAGE

Supprime tous les caractères de contrôle du texte. Cette fonction intervient essentiellement lorsque du texte importé d'autres applications contient des caractères qui ne pourront peut-être pas être imprimés sous votre système d'exploitation.

Syntaxe :

```
EPURAGE(texte)
```

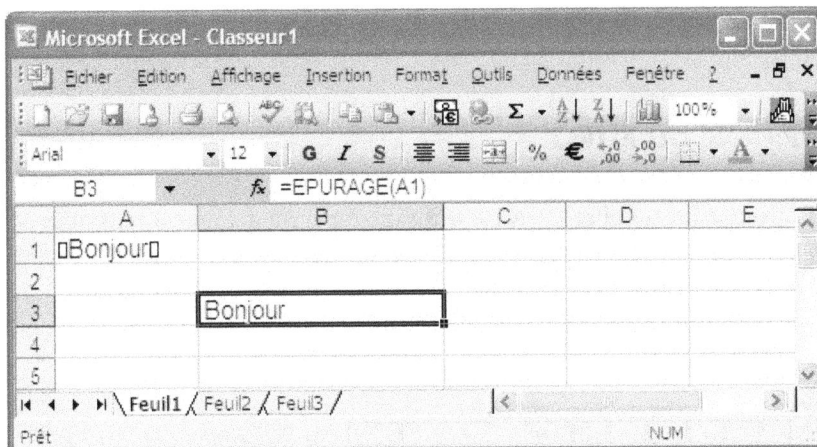

Figure 12.11.

EXACT

Compare deux chaînes de texte et renvoie la valeur VRAI si elles sont identiques ou la valeur FAUX si elles ne sont pas identiques. Cette fonction respecte les majuscules et les minuscules, mais elle ne tient pas compte des différences de mise en forme. Elle est utilisée pour tester la conformité d'un texte tapé dans un document.

Syntaxe :

`EXACT(texte1;texte2)`

avec :

▸ `texte1` : la première chaîne de texte.

▸ `texte2` : la seconde chaîne de texte.

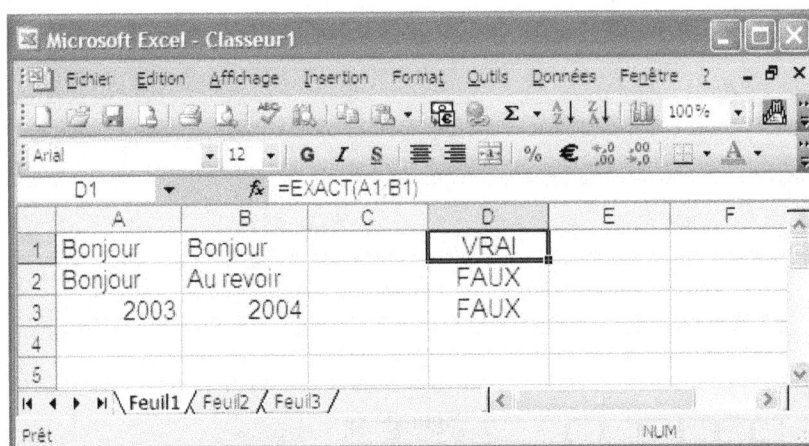

Figure 12.12.

Cette fonction permet de s'assurer si une valeur tapée par un utilisateur correspond à une valeur existant dans une plage de cellule.

FRANC ou EURO

Convertit un nombre en texte utilisant un format monétaire, francs ou euros, par exemple, en fonction de vos paramètres linguistiques, et l'arrondit au nombre de décimales spécifiées. Le format utilisé est :

`-# ##0,00 F;# ##0,00 F`

Syntaxe :

`FRANC(nombre;décimales)`

avec :

- `nombre` : un nombre, une référence à une cellule contenant un nombre ou une formule qui renvoie un nombre.
- `décimales` : le nombre de chiffres à droite de la virgule. Si décimales est négatif, nombre est arrondi à gauche de la virgule. Si cet argument est omis, le nombre est automatiquement arrondi à 2 chiffres après la virgule. Si `décimales` est supérieur au nombre de décimales, des zéros sont ajoutés.

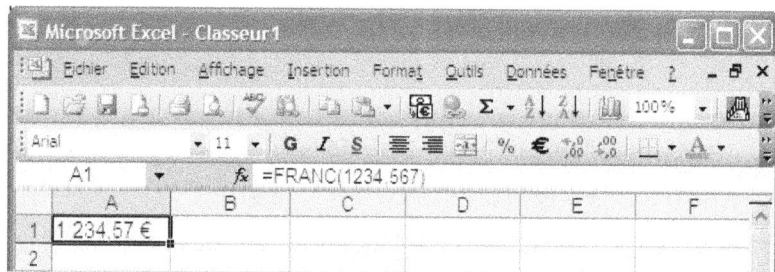

Figure 12.13.

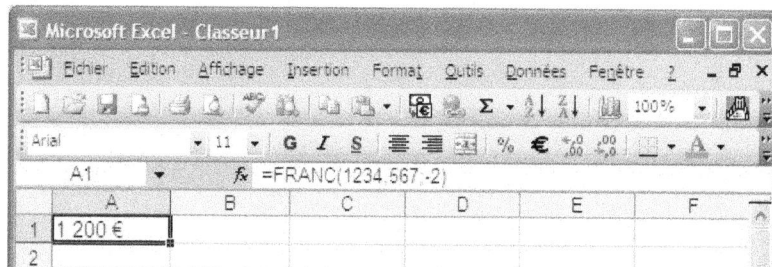

Figure 12.14.

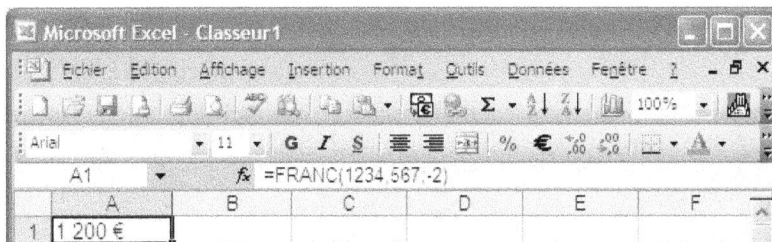

Figure 12.15.

GAUCHE

Renvoie le nombre de caractères spécifié situé à gauche de la chaîne indiquée.

Syntaxe :

GAUCHE("texte";nombre_caractères)

avec :

▶ **"texte"** : le texte dans lequel on recherche les caractères.

▶ **nombre_caractères** : le nombre de caractères à extraire de sa droite. Notez que :

- Cette valeur doit être supérieure ou égale à 0.

- Si elle est supérieure à la longueur de la chaîne, l'ensemble de cette dernière est retourné.

- Si elle est omise, sa valeur par défaut est 1.

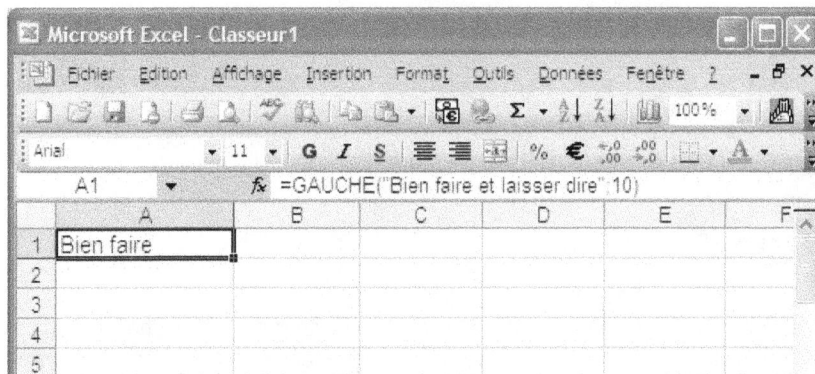

Figure 12.16.

JIS

Transforme un caractère codé sur un octet en caractère codé sur deux octets. S'applique aux caractères anglais ou katakana à demi-chasse (codés sur un octet) à l'intérieur d'une chaîne de caractères en caractères à pleine chasse (codés sur deux octets). La fonction inverse est ASC ; JIS obéit aux mêmes règles.

MAJUSCULE

Convertit un texte en majuscules.

Syntaxe :

MAJUSCULE(texte)

où **texte** est le texte que vous voulez convertir en caractères majuscules. L'argument texte peut être une référence ou une chaîne de caractères.

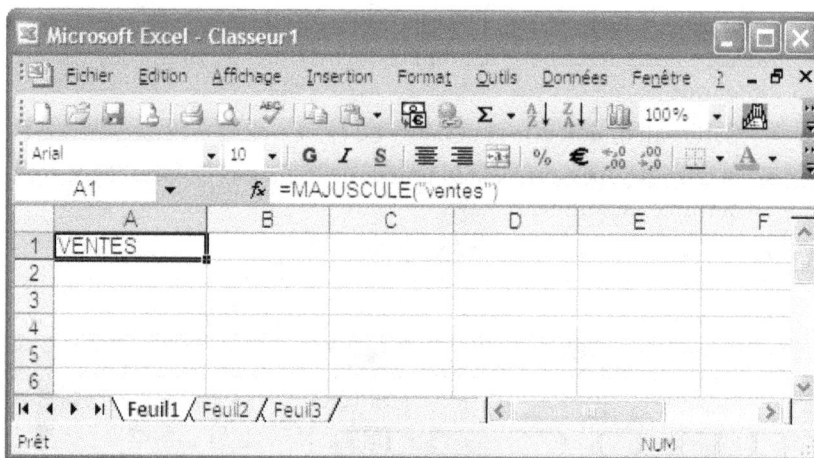

Figure 12.17.

MIDB

MIDB renvoie un nombre donné de caractères extraits d'une chaîne de texte à partir de la position que vous avez spécifiée, et ce, en fonction du nombre d'octets spécifiés. Cette fonction est utilisée avec les langues possédant des caractères codés sur deux octets. Voyez la fonction STXT pour son mode d'emploi identique.

Syntaxe :

```
MIDB(texte,no_départ,no_octets)
```

avec :

- `texte` : est la chaîne de texte contenant les caractères à extraire.

- `no_départ` : est la position dans le texte du premier caractère à extraire. Le premier caractère de texte est 1. Si cet argument est :

  - Supérieur à la longueur de texte : la fonction renvoie une chaîne vide ("").

  - Inférieur à la longueur de texte, mais que `no_départ` plus `no_car` dépasse la longueur de texte : la fonction renvoie tous les caractères jusqu'à la fin de texte.

  - Inférieur à 1 : la fonction renvoie la valeur d'erreur `#VALEUR!`

- `no_octets` : est le nombre de caractères à extraire du texte, en octets. S'il est négatif, la fonction renvoie la valeur d"erreur `#VALEUR!`

MINUSCULE

Convertit toutes les lettres majuscules d'une chaîne de texte en lettres minuscules.

Syntaxe :

```
MINUSCULE(texte)
```

où `texte` est le texte à convertir en caractères minuscules, ou encore une référence à une cellule contenant un texte. Cette fonction ne modifie pas les caractères du texte qui ne sont pas des lettres.

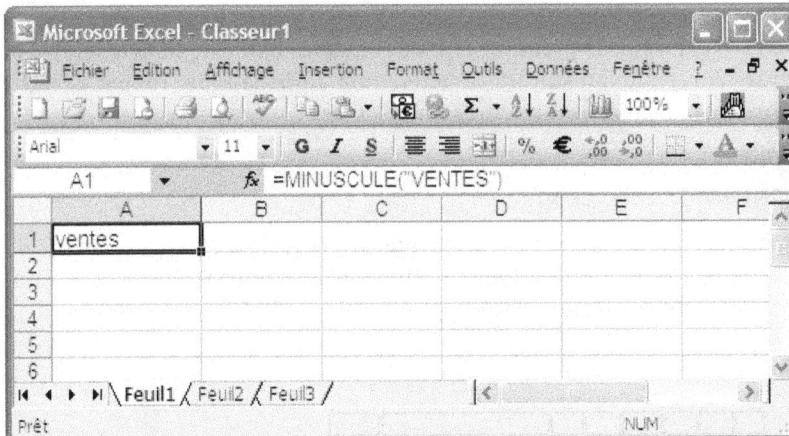

Figure 12.18.

NBCAR

Retourne le nombre de caractères contenus dans une chaîne de texte. Les espaces sont comptés comme des caractères.

Syntaxe :

NBCAR(texte)

où **texte** est un texte, ou une formule qui renvoie du texte, ou encore une référence à une cellule contenant un texte.

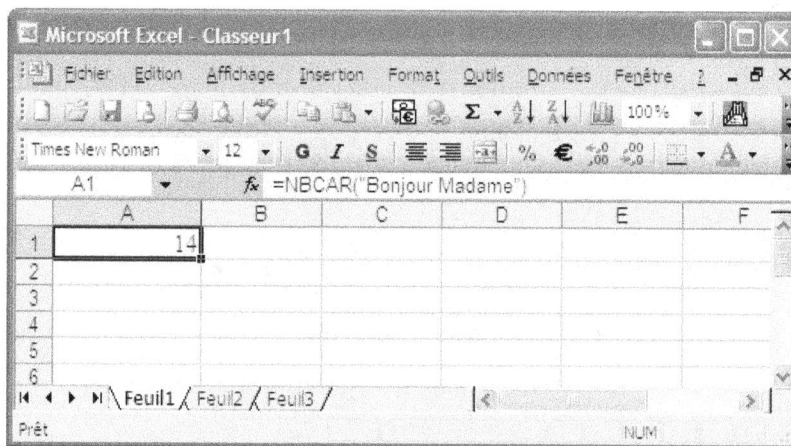

Figure 12.19.

NOMPROPRE

Met en majuscule la première lettre de chaque chaîne de caractères et toute lettre d'un texte qui suit un caractère non alphabétique. Toutes les autres lettres sont converties en lettres minuscules.

Syntaxe :

NOMPROPRE(texte)

où **texte** est un texte, ou une formule qui renvoie du texte, ou encore une référence à une cellule contenant un texte dont vous voulez que certaines lettres soient en majuscules.

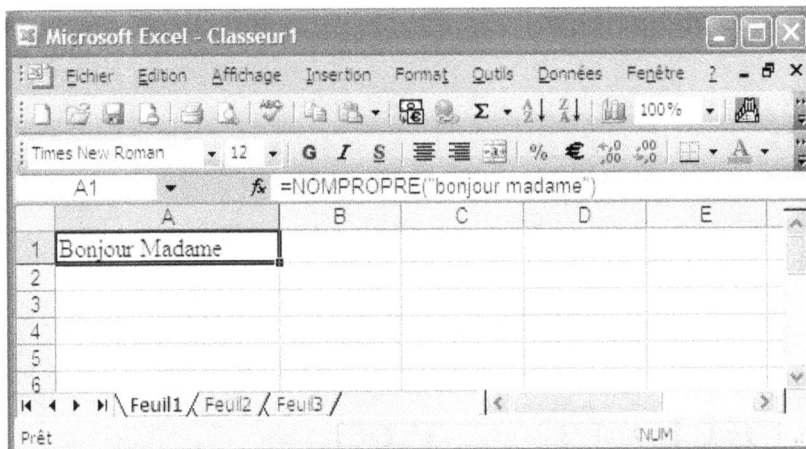

Figure 12.20.

PHONÉTIQUE

Extrait les caractères phonétiques japonais (furigana) d'une chaîne de texte.

REMPLACER

Remplace une chaîne de caractères par une autre, en fonction du nombre de caractères spécifiés.

Syntaxe :

REMPLACER(ancien_texte;no_départ;no_car;nouveau_texte)

avec :

▶ ancien_texte : le texte dont vous voulez remplacer un nombre donné de caractères.

▶ no_départ : la place du premier caractère de la chaîne ancien_texte là où le remplacement par nouveau_texte doit commencer.

▶ no_car : le nombre de caractères ancien_texte que nouveau_texte doit remplacer.

▶ nouveau_texte : le texte qui doit remplacer les caractères ancien_texte.

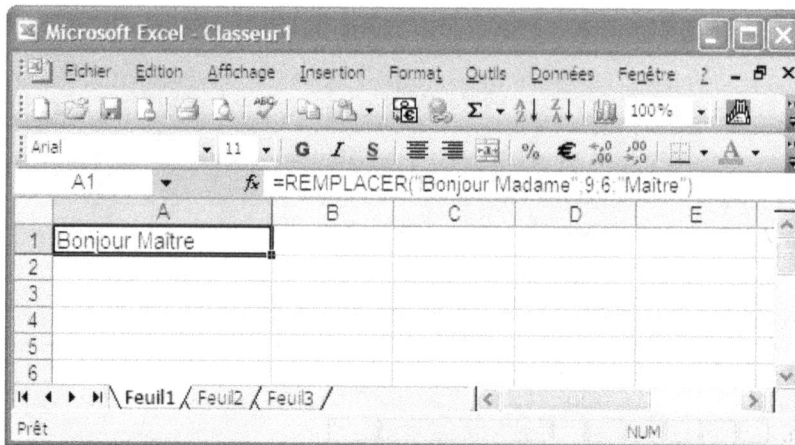

Figure 12.21.

REMPLACERB

Fonctionne comme REMPLACER mais avec les langues dont les caractères sont codés sur deux octets.

Syntaxe :

```
REMPLACERB(ancien_texte,no_départ,no_octets,
nouveau_texte)
```

REPT

Répète un texte un certain nombre de fois, par exemple un caractère à l'intérieur d'une cellule.

Syntaxe :

```
REPT(texte;no_fois)
```

avec :

- ▶ `texte` : le texte à répéter.
- ▶ `no_fois` : un nombre positif indiquant le nombre de fois que le texte doit être répété. Si `no_fois` :
  - est égal à 0 (zéro), la fonction REPT renvoie un texte vide ("").
  - n'est pas un nombre entier, il est tronqué.

Le résultat ne peut pas dépasser 32 767 caractères, sinon la fonction REPT renvoie une valeur d'erreur.

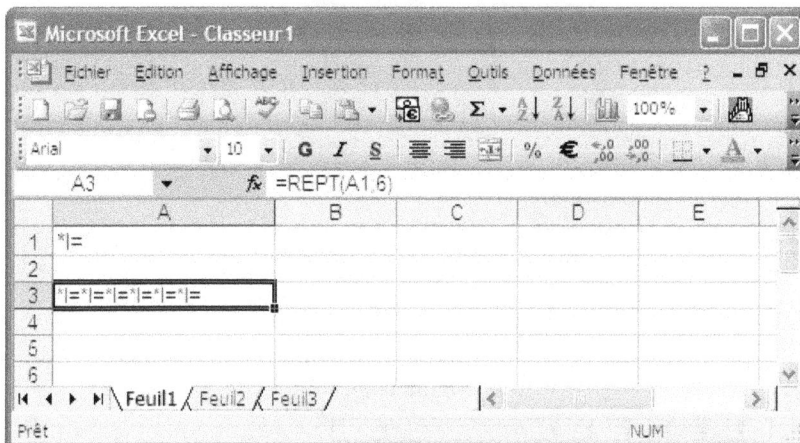

Figure 12.22.

STXT

Renvoie un nombre donné de caractères extraits d'une chaîne de texte à partir de la position que vous avez spécifiée, et ce, en fonction du nombre de caractères spécifiés.

Syntaxe :

`STXT(texte;no_départ;no_car)`

avec :

▸ `texte` : la chaîne de texte contenant les caractères à extraire.

▸ `no_départ` : est la position dans le texte du premier caractère à extraire. Le premier caractère de texte est 1. Si cet argument est :

  ■ Supérieur à la longueur de texte : la fonction renvoie une chaîne vide ("").

  ■ Inférieur à la longueur de texte, mais que `no_départ` plus `no_car` dépasse la longueur de texte : la fonction renvoie tous les caractères jusqu'à la fin de texte.

  ■ Inférieur à 1 : la fonction renvoie la valeur d'erreur #VALEUR!

▸ `no_car` : est le nombre de caractères à extraire du texte. S'il est négatif, la fonction renvoie la valeur d"erreur #VALEUR!

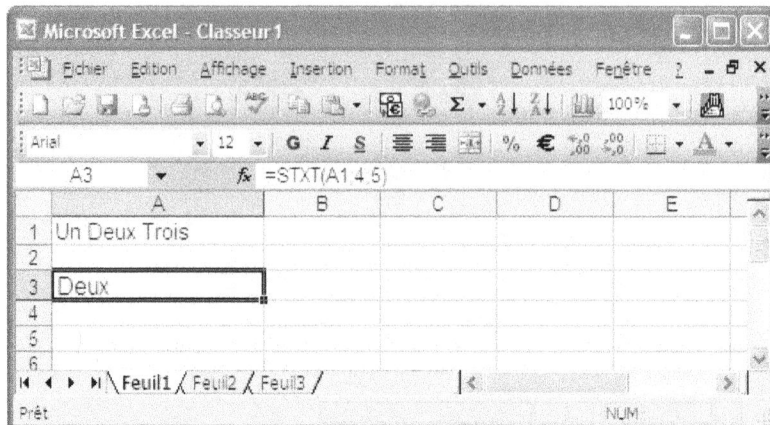

Figure 12.23.

REMARQUE

La fonction MIDB est semblable à STXT et renvoie un nombre donné de caractères extraits d'une chaîne de texte à partir de la position que vous avez spécifiée, et ce, en fonction du nombre d'octets spécifiés. Mais MIDB s'applique à des caractères codés sur deux octets.

SUBSTITUE

Cette fonction sert essentiellement à remplacer un texte spécifique à l'intérieur d'une chaîne de texte. Pour comparaison, la fonction REMPLACER s'utilise pour remplacer n'importe quels caractères se trouvant à un endroit spécifique d'une chaîne de texte.

Syntaxe :

SUBSTITUE(texte;ancien_texte;nouveau_texte;no_position)

avec :

- texte : le texte ou la référence à une cellule contenant le texte dont vous voulez remplacer certains caractères.
- ancien_texte : le texte à remplacer.
- nouveau_texte : le texte qui doit remplacer ancien_texte.
- no_position : indique quelle occurrence de ancien_texte vous souhaitez remplacer par nouveau_texte :
  - Si vous spécifiez no_position, seule l'occurrence correspondante de ancien_texte est remplacée.

- Sinon, toutes les occurrences de `ancien_texte` sont remplacées par `nouveau_texte`.

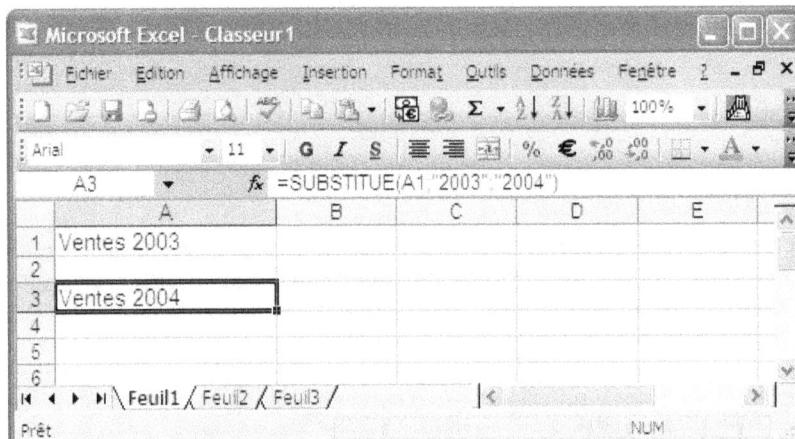

Figure 12.24.

SUPPRESPACE

Nettoie un texte en supprimant tous les espaces doubles, mais non les espaces simples entre les mots.

Syntaxe :

`SUPPRESPACE(texte)`

où `texte` est le texte dont vous voulez supprimer les espaces.

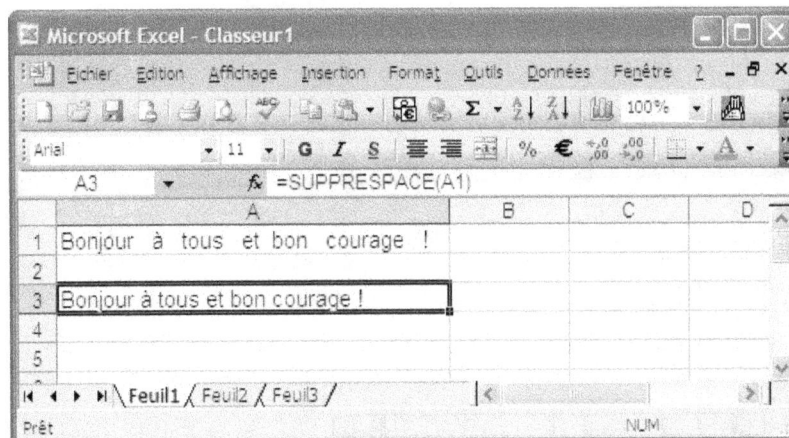

Figure 12.25.

T

Renvoie le texte auquel la valeur se réfère s'il s'agit de texte. Sinon, renvoie une chaîne vide. Cette fonction permet essentiellement d'assurer la compatibilité avec d'autres tableurs.

Syntaxe :

`T(valeur)`

où **valeur** est valeur à tester.

Si l'argument **valeur** est ou fait référence à du texte, la fonction T renvoie l'argument sans modification. Si l'argument **valeur** ne fait pas référence à du texte mais à un nombre ou à une valeur logique, par exemple, la fonction T renvoie du texte vide «».

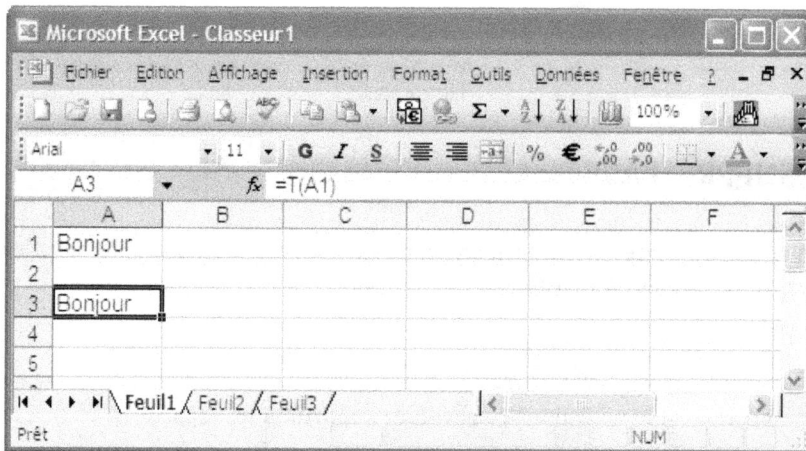

Figure 12.26.

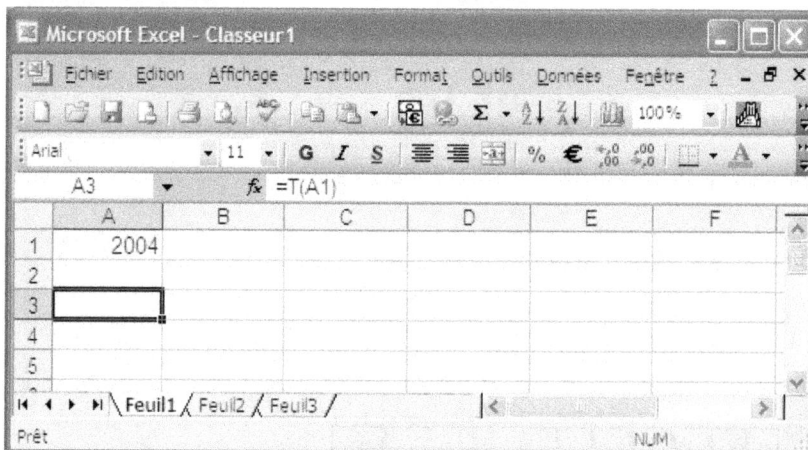

Figure 12.27.

TEXTE

Convertit un nombre en texte. Dès lors, il n'est plus considéré comme un nombre et n'intervient plus dans les calculs.

Syntaxe :

`TEXTE(valeur;format_texte)`

avec :

- ▸ `valeur` : une valeur numérique, une formule dont le résultat est une valeur numérique ou une référence à une cellule contenant une valeur numérique.

- ▸ `format_texte` : est le format du nombre, convertit en texte, que vous adoptez. Cet argument ne peut pas contenir d'astérisque (∗).

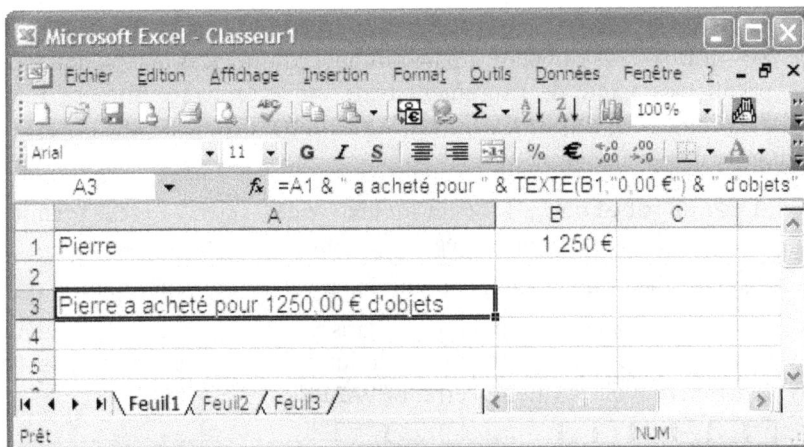

Figure 12.28.

TROUVE

Recherche une chaîne de caractères (`texte_cherché`) dans une autre chaîne (`texte`) et renvoie la position de départ de son premier caractère, cela à partir du premier caractère de `texte`.

REMARQUE

La fonction CHERCHE permet également de trouver une chaîne de caractères à l'intérieur d'une autre, mais la fonction TROUVE, à la différence de CHERCHE, respecte les majuscules et les minuscules et n'admet pas de caractère générique.

En variante, TROUVERB en fait autant mais renvoie le numéro de départ de l'argument `texte_cherché`, selon un nombre d'octets et non de caractères. De ce fait, cette fonction s'applique aux langues dont les caractères sont codés sur deux octets.

Syntaxe :

TROUVE(texte_cherché;texte;no_départ)

avec :

- `texte_cherché` : le texte à trouver.
- `texte` : le texte qui contient celui que vous recherchez.
- `no_départ` : le caractère à partir duquel commencer la recherche. Le premier caractère de l'argument texte est le caractère numéro 1. Si l'argument `no_départ` est omis, la valeur par défaut est 1.

De plus :

- Si `texte_cherché` est "" (soit un texte vide), TROUVE est le premier caractère dont le numéro est égal à l'argument `no_départ` ou à 1.
- `Texte_cherché` ne peut contenir aucun caractère générique.
- Si `texte_cherché` n'apparaît pas dans `texte`, s'il n'est pas supérieur à zéro ou si `no_départ` est supérieur à la longueur de `texte`, la fonction renvoie la valeur d'erreur **#VALEUR !**

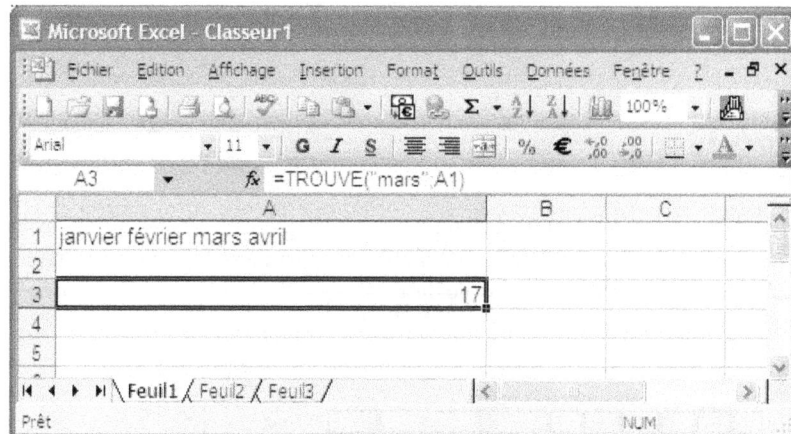

Figure 12.29.

TROUVEB

Cette fonction s'applique aux langues dont les caractères sont codés sur deux octets et fonctionne comme TROUVE.

Syntaxe :

```
TROUVERB(texte_cherché,texte,no_départ)
```

Applications

Certaines de ces fonctions se prêtent à des applications étendues ou originales.

Tracer un histogramme avec REPT

La fonction REPT permet de tracer aisément un histogramme en répétant le même caractère pour spécifier la valeur représentée. Une mise à l'échelle est généralement nécessaire : ici, on a divisé par 4.

```
=REPT("*";B2/4)
```

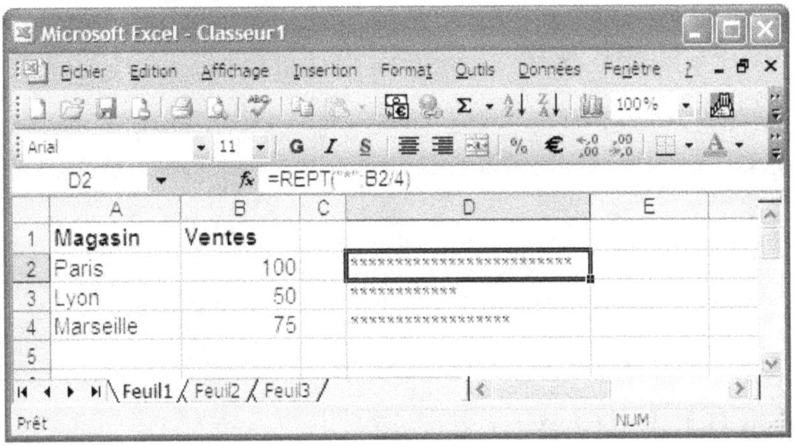

Figure 12.30.

Extraire un texte avec STXT dont on recherche la position avec TROUVE

Dans cette application, TROUVE définit un caractère de référence, ici # précédé par un espace. Sa position de laquelle on soustrait 1 sert à calculer le nombre de caractères à extraire de la chaîne :

```
=STXT(A1;1;TROUVE("#";A1;1)-1)
```

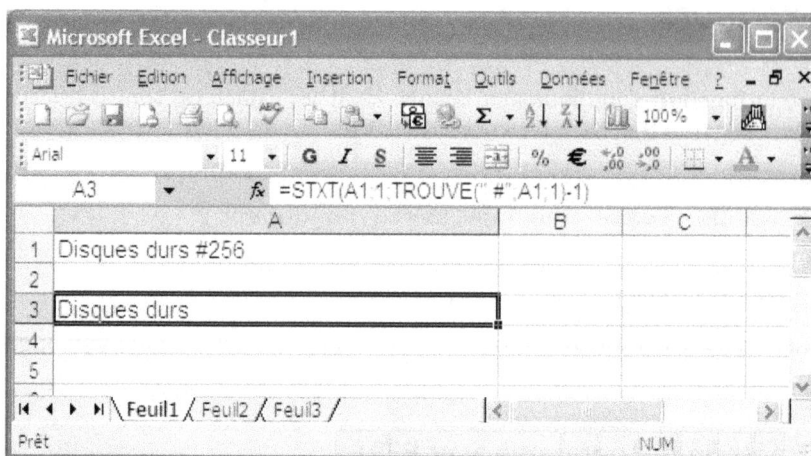

Figure 12.31.

Supprimer le premier mot avec TROUVE et DROITE

Pour supprimer le premier mot d'un texte, il faut rechercher le premier espace, puis ne conserver que ce qui se trouve sur la droite. La formule est ainsi :

```
=DROITE(A1;NBCAR(A1)-TROUVE(" ";A1;1))
```

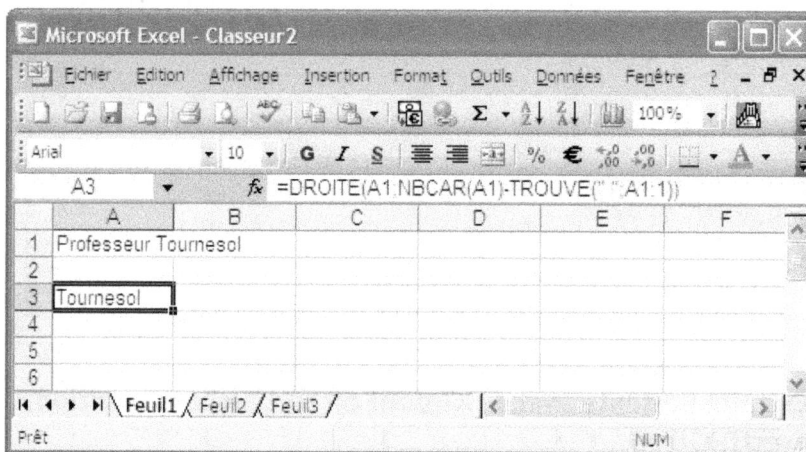

Figure 12.32.

CHAPITRE 13
FONCTIONS DE SYNTHÈSE POUR L'ANALYSE DES DONNÉES

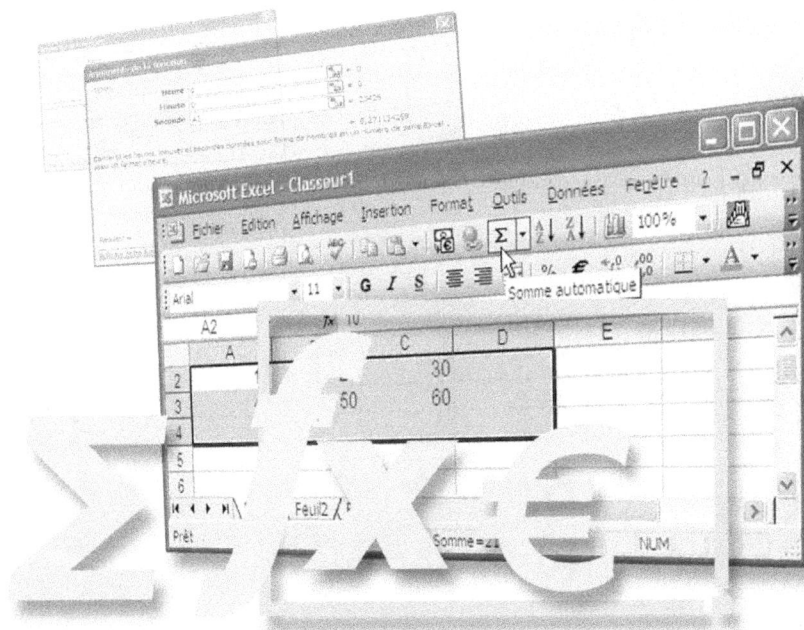

Les fonctions de synthèse sont utilisées dans les sous-totaux automatiques, les consolidations de données ainsi que dans les rapports de tableau croisé dynamique et de graphique croisé dynamique.

Dans les rapports de tableau et graphique croisé dynamique, les fonctions de synthèse sont disponibles pour tous les types de données sources. Les données sources sont des listes ou des tables utilisées pour créer un rapport de tableau ou de graphique croisé dynamique ; elles peuvent provenir d'une liste ou d'une plage Excel, d'une base de données ou d'un " cube " externe, ou encore d'un autre rapport de tableau croisé dynamique, à l'exception des données OLAP.

OLAP est une technologie de base de données optimisée servant à effectuer des requêtes et des rapports au lieu de traiter des transactions. Les données OLAP sont organisées par niveaux hiérarchiques et stockées dans des cubes au lieu de tables.

Les fonctions de synthèse présentées ici sont logiquement classées dans les autres catégories ; de ce fait, vous avez pu les découvrir dans les chapitres précédents. Mais par souci de confort, elles ont été reprises dans ce chapitre.

Fonctions de synthèse pour l'analyse des données

ECARTYPE	Une estimation de l'écart-type d'une population pour laquelle l'échantillon correspond à un sous-ensemble de la population entière.
ECARTYPEP	L'écart-type d'une population qui constitue la totalité des données à synthétiser.
MAX	La valeur la plus élevée.
MIN	La valeur la moins élevée.
MOYENNE	La moyenne des valeurs.
NB	Le nombre de valeurs de données. La fonction Nb est similaire à la fonction feuille de calcul NBVAL. NB est la fonction par défaut lorsque les données ne sont pas de type numérique.
NBVAL	Le nombre de valeurs de données qui sont de type numérique. La fonction Nbval est similaire à la fonction de feuille de calcul NB.

PRODUIT	Le produit des valeurs.
SOMME	La somme des valeurs. Il s'agit de la fonction par défaut pour les données numériques.
VAR	Une estimation de la variance d'une population pour laquelle l'échantillon correspond un sous-ensemble de la population entière.
VAR.P	La variance d'une population qui constitue la totalité des données à synthétiser.

ECARTYPE

Evalue l'écart-type d'une population en se fondant sur un échantillon de celle-ci.

Syntaxe :

ECARTYPE(nombre1;nombre2;...)

où **nombre1, nombre2**,... représentent de 1 à 30 arguments numériques correspondant à un échantillon de population. On peut utiliser une matrice ou une référence à une matrice plutôt que des arguments séparés par des points-virgules.

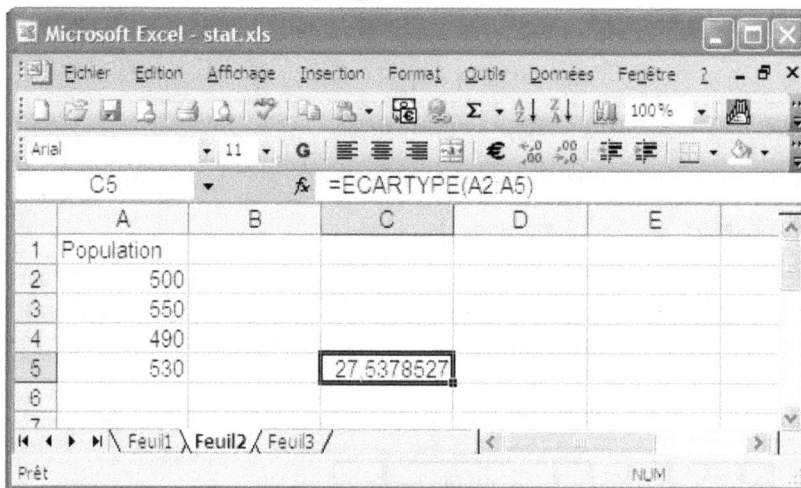

Figure 13.1.

ECARTYPEP

Calcule l'écart-type d'une population à partir de la population entière telle que la déterminent les arguments.

Syntaxe :

`ECARTYPEP(nombre1;nombre2;...)`

où `nombre1`, `nombre2`,... représentent de 1 à 30 arguments numériques correspondant à un échantillon de population. On peut utiliser une matrice ou une référence à une matrice plutôt que des arguments séparés par des points-virgules.

MAX

Renvoie le plus grand nombre de la série de valeurs.

Syntaxe :

`MAX(nombre1;nombre2;...)`

où `nombre1`, `nombre2`,... sont les 1 à 30 nombres pour lesquels on désire trouver la valeur la plus grande.

Notez que :

▸ Les arguments peuvent être des nombres, des cellules vides, des valeurs logiques ou des nombres représentés sous forme de texte.

▸ Si un argument est une matrice ou une référence, seuls les nombres et valeurs d'erreur de cette matrice ou de cette référence sont considérés.

▸ La fonction MAX renvoie la première valeur d'erreur rencontrée dans la matrice ou la référence.

▸ Les cellules vides, les valeurs logiques ou le texte contenus dans la matrice ou la référence ne sont pas pris en compte. (Si les valeurs logiques et le texte doivent être pris en compte, utilisez la fonction MAXA au lieu de la fonction MAX.)

▸ Si les arguments ne contiennent pas de nombre, la fonction MAX renvoie 0 (zéro).

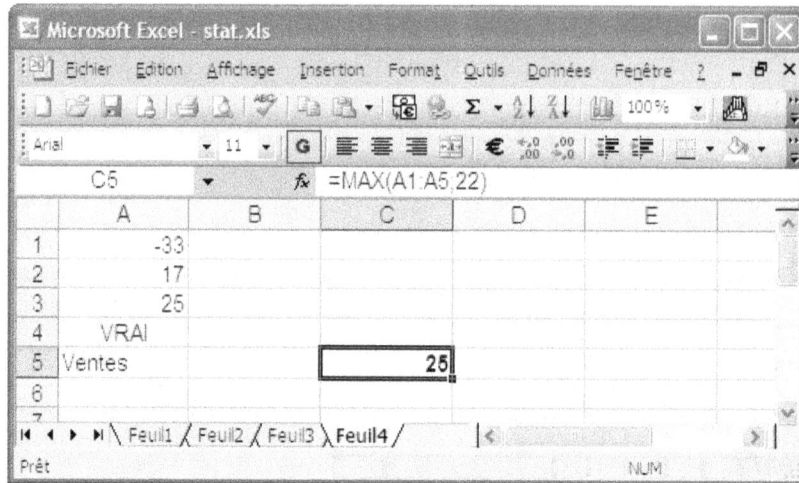

Figure 13.2.

Dans cet exemple, on recherche le plus grand nombre dans A1:A5 en ajoutant 22. La cellule de texte et la cellule logique ne sont pas prises en compte.

MIN

Renvoie le plus petit nombre de la série de valeurs et agit à l'inverse de MAX.

Syntaxe :

`MIN(nombre1;nombre2;...)`

où **nombre1, nombre2,...** sont les 1 à 30 nombres pour lesquels on désire trouver la valeur la plus grande.

Notez que :

▸ Les arguments peuvent être des nombres, des cellules vides, des valeurs logiques ou des nombres représentés sous forme de texte.

▸ Si un argument est une matrice ou une référence, seuls les nombres et valeurs d'erreur de cette matrice ou de cette référence sont considérés.

▸ La fonction MIN renvoie la première valeur d'erreur rencontrée dans la matrice ou la référence.

▸ Les cellules vides, les valeurs logiques ou le texte contenus dans la matrice ou la référence ne sont pas pris en compte. (Si les valeurs logiques et le texte doivent être pris en compte, utilisez la fonction MINA au lieu de la fonction MIN.)

▸ Si les arguments ne contiennent pas de nombre, la fonction MIN renvoie o (zéro).

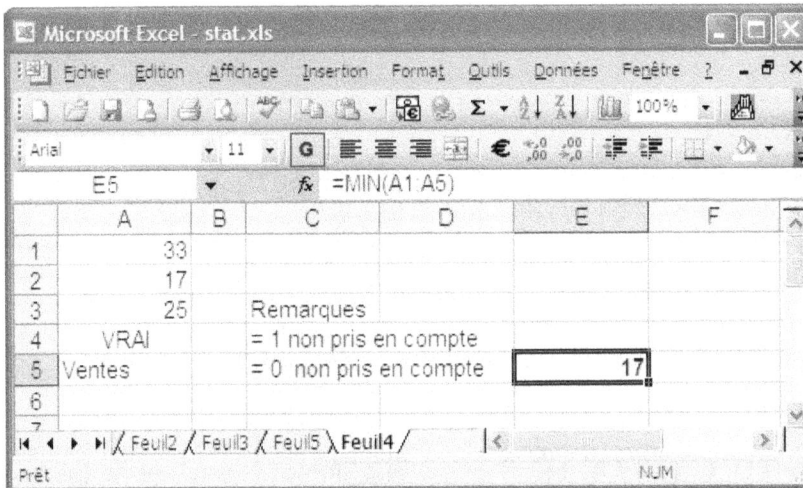

Figure 13.3.

Dans cet exemple, on recherche le plus petit nombre dans A1:A5. La cellule de texte et la cellule logique ne sont pas prises en compte.

MOYENNE

Renvoie la moyenne arithmétique des arguments.

Syntaxe :

`MOYENNE(nombre1;nombre2;...)`

où `nombre1`, `nombre2`,... sont les 1 à 30 arguments numériques dont on cherche la moyenne.

Les arguments doivent être soit des nombres, soit des noms, des matrices ou des références contenant des nombres. Si une matrice ou une référence utilisée comme argument contient du texte, des valeurs logiques ou des cellules vides, ces valeurs ne sont pas prises en compte. En revanche, les cellules contenant la valeur o sont prises en compte.

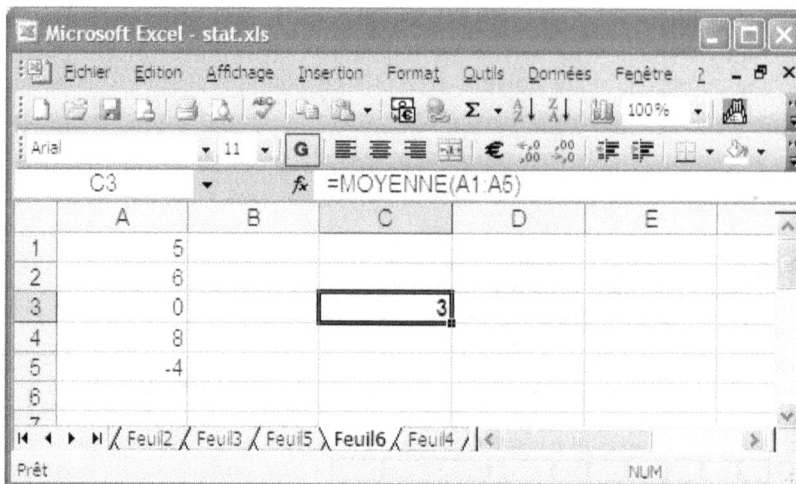

Figure 13.4.

NB

Détermine le nombre de cellules contenant des nombres et les nombres compris dans la liste des arguments. On appliquera NB pour obtenir le nombre d'entrées numériques dans une plage ou dans une matrice de nombres.

Syntaxe :

`NB(valeur1;valeur2;...)`

où **valeur1**, **valeur2**,... sont les 1 à 30 arguments qui peuvent contenir ou qui référencent différents types de données.

Seuls les arguments qui correspondent à des nombres, à des dates ou à la représentation textuelle de nombres sont pris en compte. Ceux qui correspondent à des valeurs d'erreur ou à du texte ne pouvant pas être traduit en nombres ne sont pas pris en compte.

Si un argument est une matrice ou une référence, seuls les nombres et les dates de cette matrice ou de cette référence sont comptés. Les cellules vides, les valeurs logiques, le texte ou les valeurs d'erreur contenus dans cette matrice ou référence ne sont pas pris en compte.

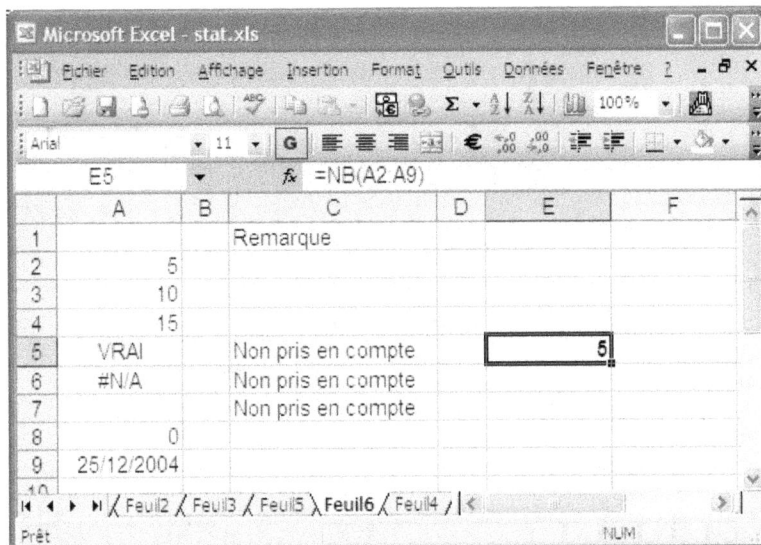

Figure 13.5.

NBVAL

Compte le nombre de cellules non vides et les valeurs comprises dans la liste des arguments. Sa syntaxe est la même que VAL.

```
NBVAL(valeur1;valeur2;...)
```

où `valeur1`, `valeur2`,... sont les 1 à 30 arguments correspondant aux valeurs à compter. Une valeur correspond ici à tout type d'information, y compris du texte vide (""), la seule exception résidant dans les cellules vides.

Si un argument correspond à une matrice ou à une référence, les cellules vides à l'intérieur de cette matrice ou de cette référence ne sont pas prises en compte. Si vous n'avez pas besoin de compter des valeurs logiques, du texte ou des valeurs d'erreur, utilisez la fonction NB.

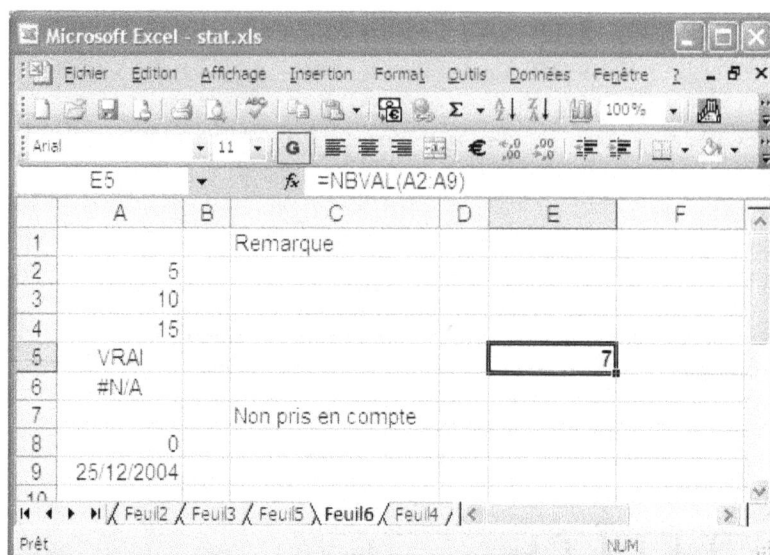

Figure 13.6.

PRODUIT

Renvoie le produit de tous les nombres donnés comme arguments.

Syntaxe :

`PRODUIT(nombre1;nombre2;...)`

où **nombre1, nombre2,...** et la suite peuvent être de 1 à 30 nombres que vous voulez multiplier entre eux.

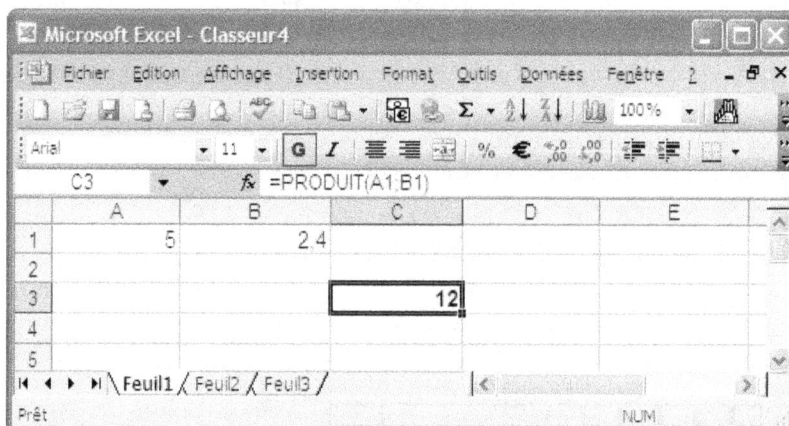

Figure 13.7.

SOMME

C'est la fonction la plus utilisée. Elle additionne tous les nombres contenus dans une plage de cellules.

Syntaxe :

SOMME(nombre1;nombre2;...)

où **nombre1**, **nombre2**,... (de 1 à 30) sont les arguments à additionner :

▸ Les nombres, les valeurs logiques et les représentations de nombres sous forme de texte directement tapés dans la liste des arguments sont pris en compte.

▸ Si un argument est une matrice ou une référence, seuls les nombres de cette matrice ou de cette référence sont pris en compte.

   ■ Les cellules vides, les valeurs logiques, le texte ou les valeurs d'erreur contenus dans cette matrice ou cette référence sont ignorés.

   ■ Les arguments qui sont des valeurs d'erreur ou des chaînes de texte ne pouvant pas être converties en nombres engendrent une erreur.

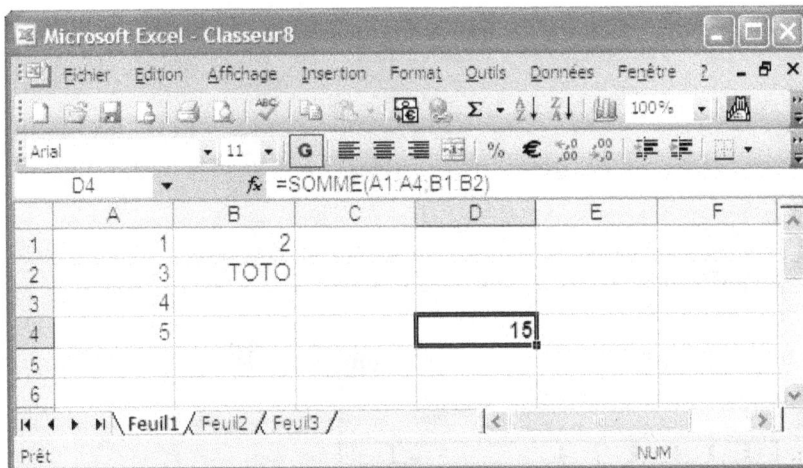

Figure 13.8.

VAR

Estime la variance d'une population en se fondant sur un échantillon de cette population.

Syntaxe :

`VAR(nombre1;nombre2;...)`

où **nombre1, nombre2,**... sont de 1 à 30 arguments numériques correspondant à un échantillon de population.

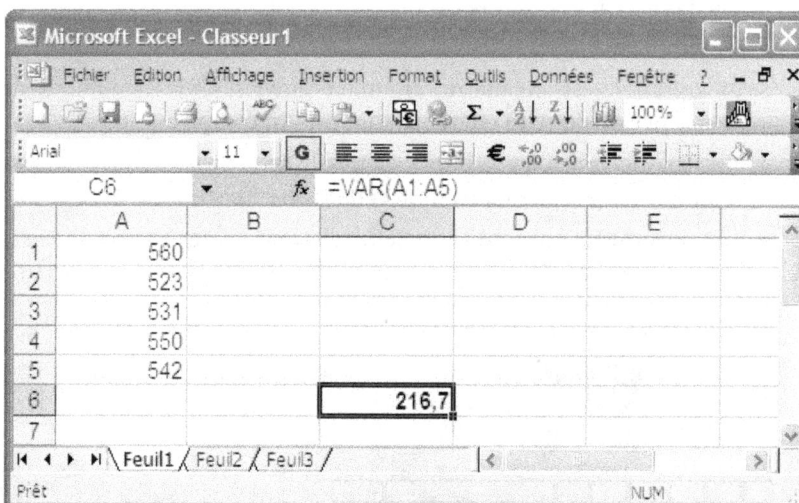

Figure 13.9.

VAR.P

Calcule la variance d'une population en se fondant sur la population entière.

Syntaxe :

`VAR.P(nombre1;nombre2;...)`

où **nombre1, nombre2,**... sont de 1 à 30 arguments numériques correspondant à une population entière.

CHAPITRE 14
FONCTIONS PERSONNALISÉES

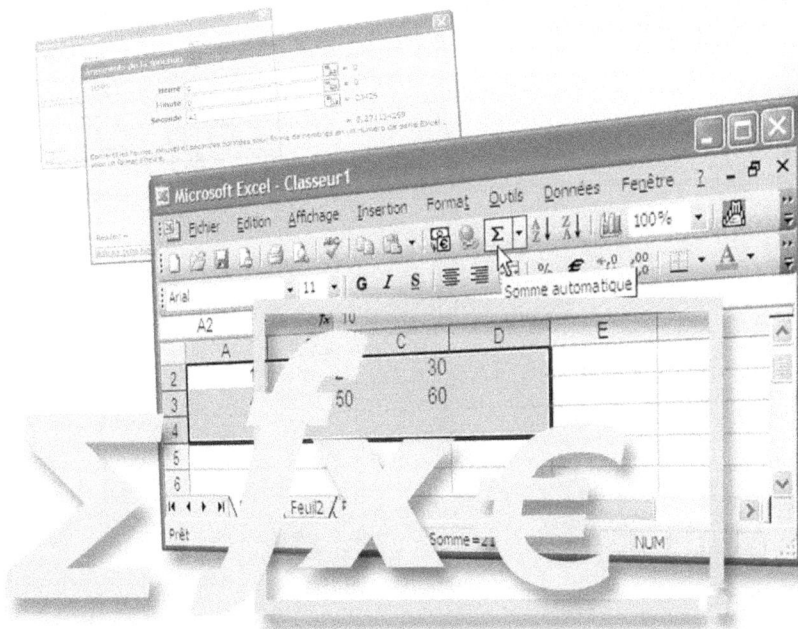

Lorsqu'on examine la liste impressionnante des fonctions dont Excel dispose, on peut se demander s'il est bien nécessaire d'en ajouter de nouvelles sous la forme de fonctions personnelles.

Or, il se peut qu'un jour ou l'autre, vous ayez besoin d'une telle fonction personnalisée pour simplifier votre travail quotidien. L'objectif consistera à combler des lacunes du programme ou encore à remplacer des formules que vous appliquez fréquemment.

Dans ce cas, sachez que vous pouvez créer la fonction qui fait défaut, mais que cela demande des connaissances en programmation, cette fois. En effet, vous composerez votre fonction dans le langage informatique **Visual Basic pour applications**, ou **VBA** en abrégé.

Ce langage est inclus dans Excel, mais il vous faudra l'apprendre séparément. Faute de quoi vous devrez sous-traiter le développement de votre fonction à un utilisateur plus avancé ou à un informaticien.

Dans ce chapitre, qui n'est nullement un cours de Basic, vous allez simplement découvrir comment on peut composer une fonction. Vous constaterez aussi qu'il existe quelques fonctions complémentaires non listées dans les catégories générales.

Fonctions complémentaires

Outre les fonctions proposées par Excel par défaut apparaissent parfois quelques autres fonctions dites **personnalisées**. Nombre de programmes d'application, en effet, en introduisent automatiquement.

Pour en observer la liste :

1. Sélectionnez une cellule et cliquez sur l'icône **fx** se trouvant dans la barre de formule.

2. Ouvrez la liste déroulante **Ou sélectionnez une catégorie** et cliquez sur **Personnalisées**.

3. Leur liste s'affiche (figure 14.1), mais aucune aide ne les accompagne.

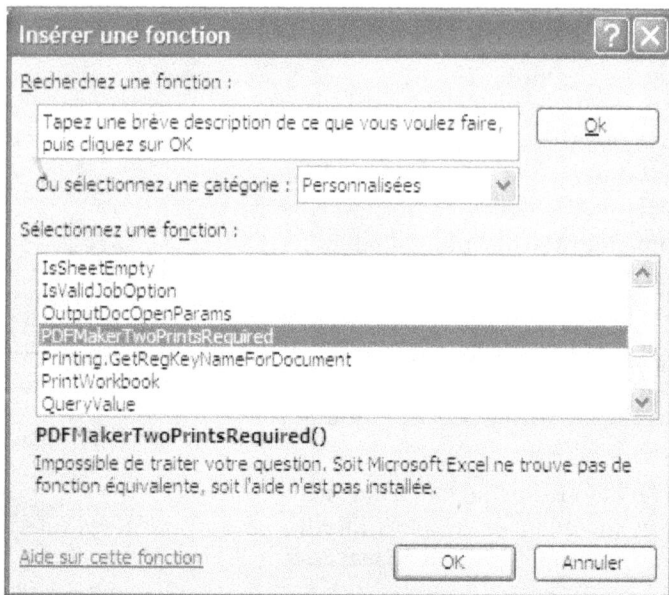

Figure 14.1. La liste des fonctions personnalisées.

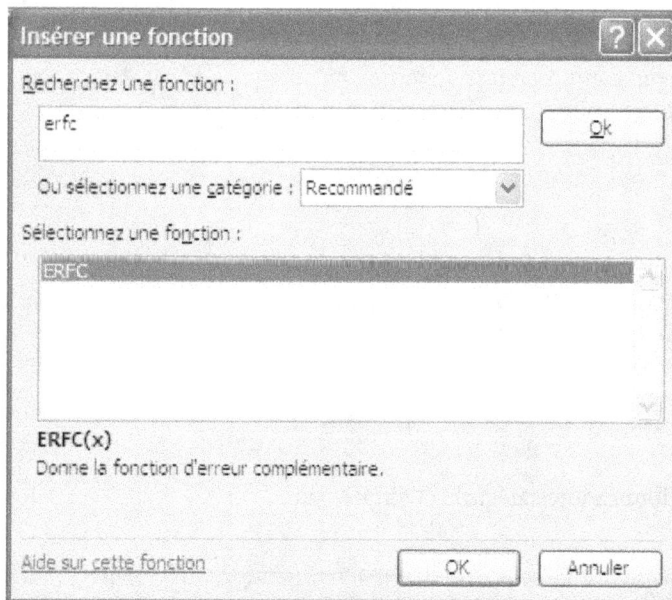

Figure 14.2. Il existe d'autres fonctions normalement hors catégories, telles que ERFC.

Vous n'avez pas accès à ces fonctions.

Par ailleurs, il existe encore quelques autres fonctions normalement hors des catégories classiques présentées dans les chapitres précédents, mais que vous pouvez retrouver : par exemple les fonctions ERF et ERFC. Ouvrez la même boîte de dialogue **Insérer une fonction** ; à la rubrique **Recherchez une fonction**, tapez ERFC et cliquez sur le bouton supérieur **OK**. Vous constaterez que cette fonction apparaît dans la catégorie non listée **Recommandé** (figure 14.2).

Sachez que :

▸ ERF retourne une fonction d'erreur intégrée entre deux limites.

▸ ERFC renvoie la fonction d'erreur complémentaire intégrée entre x et l'infini.

Règles de fonctionnement de l'éditeur VBA

Vous pouvez donc personnaliser votre tableur et créer des fonctions à la demande que vous utilisez dans vos feuilles de calcul. Elles peuvent combler des lacunes du programme ou encore remplacer des formules que vous appliquez fréquemment.

Les fonctions personnalisées d'Excel doivent être rédigées dans le langage Visual Basic pour Applications (VBA, en abrégé). Vous pouvez les placer dans une feuille de calcul, dans un module propre à un classeur ou encore dans un fichier de macros :

▶ Si la fonction est élaborée dans le code VBA d'une feuille de calcul, elle n'est accessible que via les macros du classeur. Vous pouvez l'appeler dans une macro, mais vous ne pouvez pas vous en servir dans une cellule de la feuille de calcul.

▶ En revanche, si la fonction est créée dans un module VBA, elle s'affiche dans la liste des fonctions d'Excel, dans la catégorie **Personnalisées**, mais seulement dans le classeur dans lequel vous avez enregistré ce module VBA.

▶ Si vous souhaitez en disposer dans toutes vos feuilles de calcul, il vous faudra enregistrer le classeur contenant le module sous forme d'un fichier de macros.

Ouvrir l'éditeur VBA

Pour ouvrir l'éditeur VBA :

1. Ouvrez Excel et cliquez sur le menu **Outils**, sur **Macro**, puis sur **Visual Basic Editor**.

ASTUCE

Pour aller plus vite, appuyez tout simplement sur la combinaison **Alt + F11**.

---

2. Par défaut, Excel considère que les lignes de code que vous allez créer sont destinées à la seule feuille de calcul active. Vous devez donc lui indiquer que vous voulez créer un **module** VBA pour qu'il s'applique au classeur. Pour cela, cliquez sur le menu **Insertion**, puis sur **Module**.

La fenêtre de l'éditeur VBA qui s'est affichée est désormais prête à l'emploi (figure 14.3).

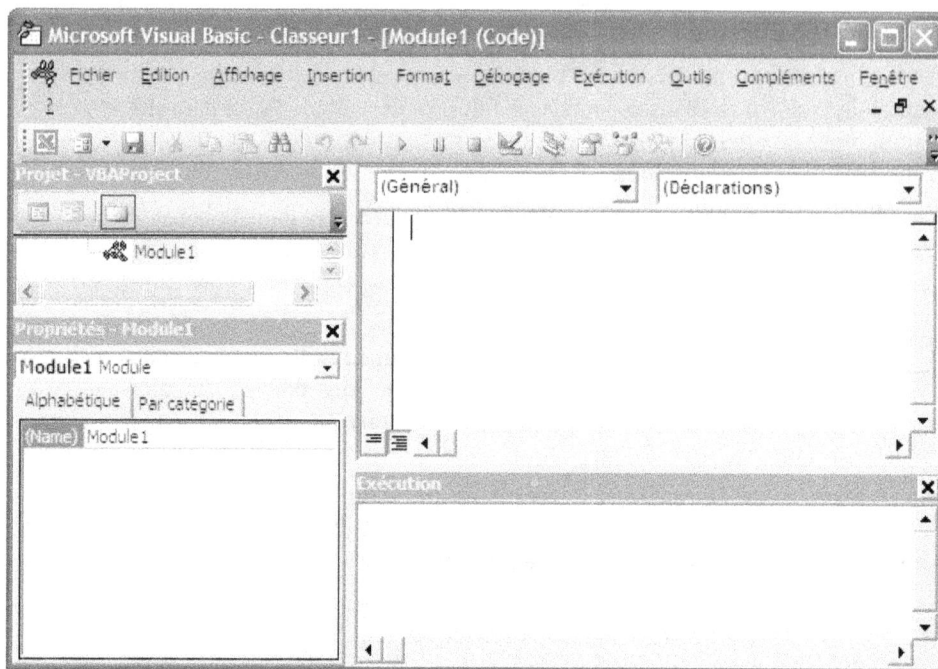

Figure 14.3. La fenêtre de l'éditeur VBA.

Créer une fonction

Nous vous proposons de créer une fonction simple servant à convertir des degrés Fahrenheit en degrés Celsius. Cette fonction demande un argument, le nombre de degrés Fahrenheit à convertir.

Tapez ce qui suit dans la fenêtre de l'éditeur en respectant l'orthographe anglaise (avec **Function**, par exemple), les retours à la ligne, et en n'omettant pas l'apostrophe qui préfixe la deuxième ligne.

```
Function Celsius(fDegres)
'Convertit une température Fahrenheit en degrés
Celsius
    Celsius = (fDegres - 32) * 5 / 9
End Function
```

Dans ce programme, la première ligne fournit trois informations :

▸ D'abord, le mot-clé Basic **Function**, indiquant qu'on décrit une fonction.

▸ Puis le nom attribué à cette fonction. C'est sous ce nom que vous l'appellerez dans la feuille de calcul ou dans le classeur.

▸ Enfin, le nom de la variable que vous choisissez. Cette variable est le nombre de degrés Fahrenheit à convertir en degrés Celsius.

La deuxième ligne est ce que les programmeurs appellent un **commentaire** : son seul but est de vous expliquer ce que la fonction fait ; elle ne joue aucun autre rôle et vous pourriez la supprimer. Mais si vous la conservez, n'oubliez pas de la préfixer par une apostrophe.

La troisième ligne est la formule de calcul dans laquelle on reprend le nom de la variable.

La quatrième et dernière ligne spécifie que la fonction est terminée (**End Function**).

REMARQUE

Si l'éditeur a placé d'office une première ligne **Sub Nomdela macro()** et une dernière ligne **EndSub**, supprimez-les. Elles servent à préparer une macro. Or, ici, on veut une fonction débutant par **Function Nomdela fonction** et s'achevant par **End Function**.

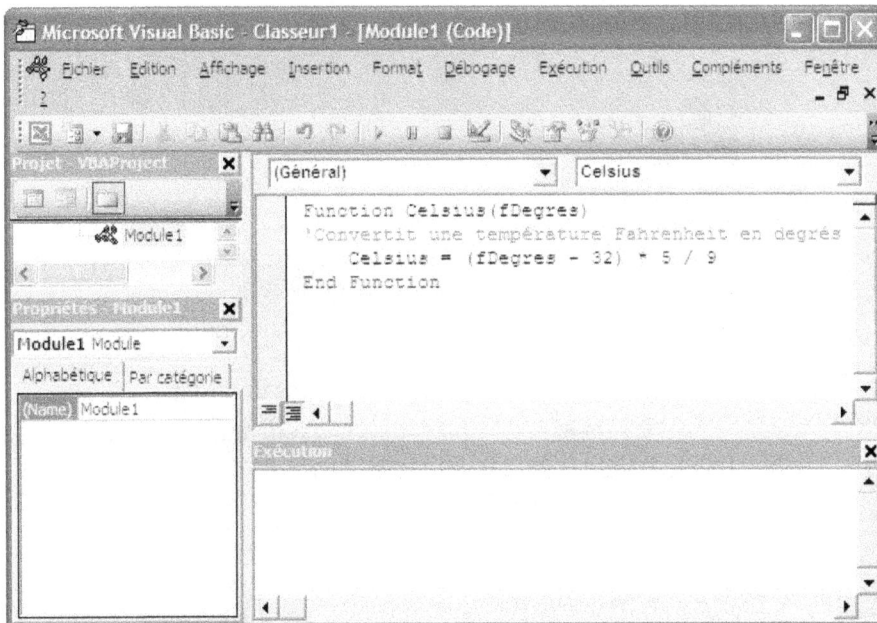

Figure 14.4. Le programme de la fonction est complet.

L'écran offre alors l'aspect de la figure 14.4. Il reste à enregistrer ce programme :

☐ Cliquez sur le menu **Fichier**.

☐ Cliquez sur **Enregistrer** et trouvez un nom pour ce fichier.

Vous pouvez fermer l'éditeur VBA et revenir dans la feuille de calcul. Si vous cliquez sur l'icône *fx* dans la barre de formule et si vous choisissez la catégorie **Personnalisées**, vous y trouverez le nom de votre nouvelle fonction (figure 14.5).

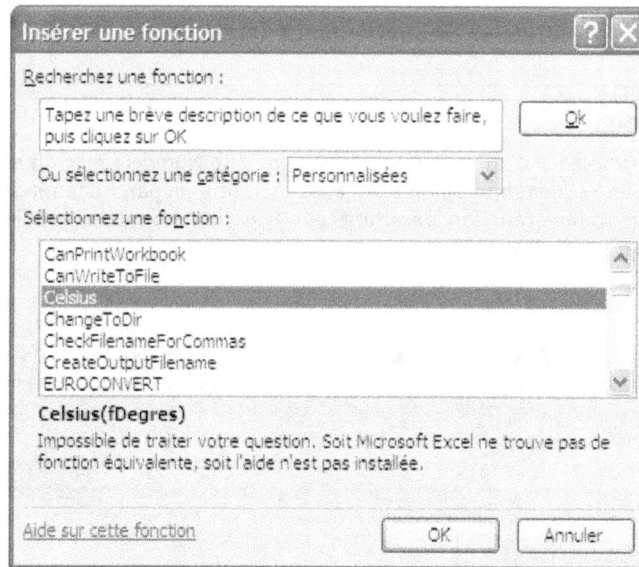

Figure 14.5. La nouvelle fonction est listée
dans la catégorie Personnalisées

Le texte du commentaire inférieur indique que vous n'avez pas créé de fichier d'aide pour votre fonction, mais c'est sans importance.

Vous pouvez maintenant utiliser cette fonction comme n'importe quelle autre (figure 14.6). Si vous la sélectionnez dans la liste et si vous validez, une seconde boîte de dialogue reprend le même message.

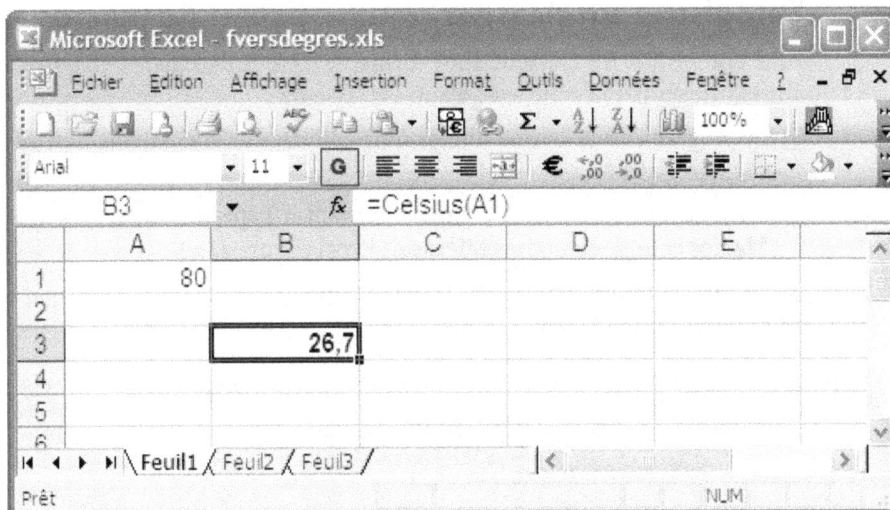

Figure 14.6. Vous pouvez appeler cette nouvelle fonction comme toute autre.

Fonction personnalisée sans argument

La fonction que nous vous présentons maintenant offre la particularité de ne pas posséder d'argument, ce qui fait la valeur de cet exemple. Appelée **Aleat**, elle engendre un nombre aléatoire compris entre 1 et 500. Cette fonction personnalisée fait appel à la fonction Basic RND pour créer un nombre aléatoire, et non à la fonction ALEA d'Excel. Elle ne possède donc pas d'argument mais vous devrez quand même placer des parenthèses vides.

Tapez ces lignes dans l'éditeur VBA :

```
Function Aleat()
'Pour créer un nombre aléatoire entre 1 et 500
    Aleat=Rnd*500
End Function
```

La rédaction, l'enregistrement et l'exécution de cette fonction sont semblables à ce qui a été vu avec la fonction précédente.

Enregistrer un classeur comme fichier de macros

Pour enregistrer un classeur sous forme de fichier de macros et pouvoir ainsi l'utiliser par la suite avec d'autres classeurs :

1. Le programme de la fonction terminé, cliquez sur le menu **Fichier**, puis sur **Enregistrer**.

2. Dans la boîte de dialogue d'enregistrement, à **Type de fichier**, choisissez **Macros complémentaires Microsoft Excel** (figure 14.7).

3. Donnez un nom à ce fichier ; c'est ce nom que vous retrouverez par la suite.

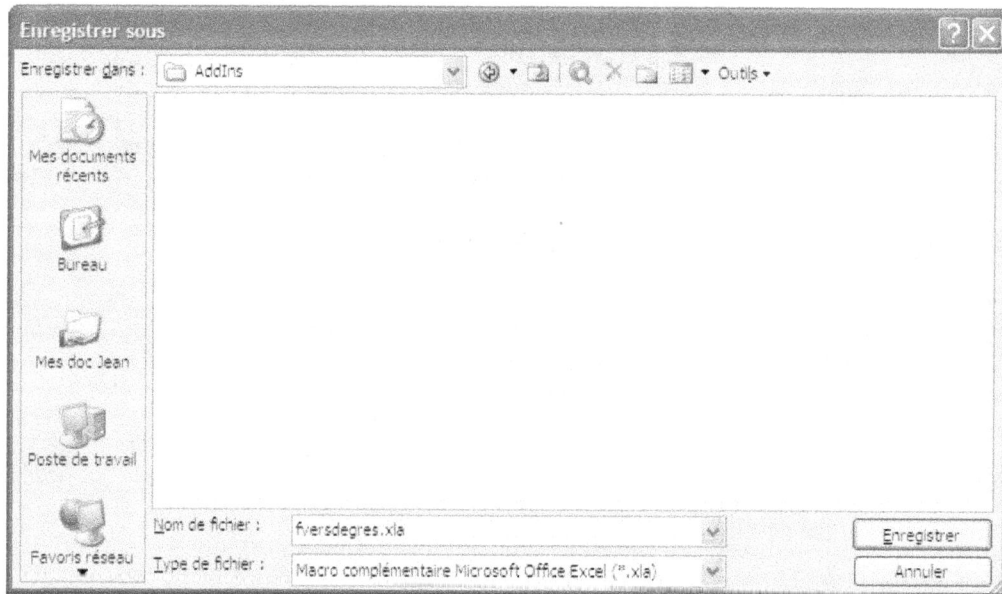

Figure 14.7. Choisissez *Macros complémentaires* à *Type de fichier*.

4. Enregistrez votre fichier.

5. Ouvrez un nouveau classeur.

6. Dans la liste des fonctions complémentaires, vous trouvez maintenant la nouvelle macro sous le nom de son fichier d'enregistrement (figure 14.8).

Si tel n'est pas le cas, vous devrez activer les macros complémentaires. Pour cela, cliquez sur le menu **Outils**, puis sur **Macros complémentaires**. Cochez la case correspondant au nom de votre fichier de fonctions et cliquez sur **OK**.

Vous disposerez ainsi des fonctions que vous avez créées.

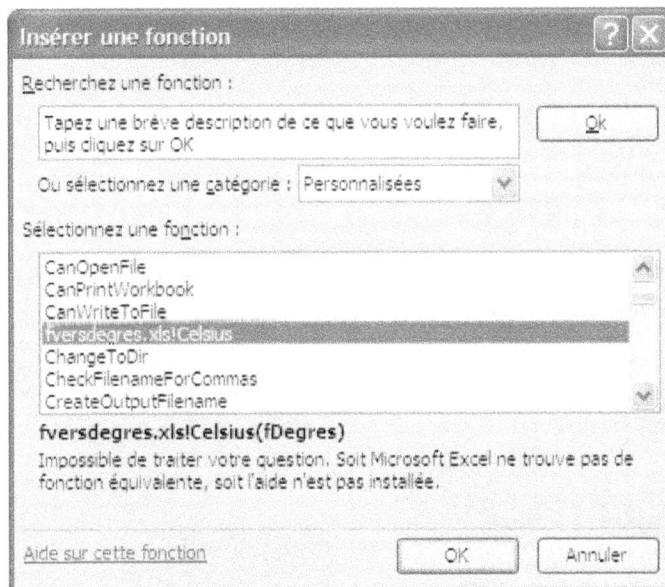

Figure 14.8. Vous devrez activer votre fichier
de macros complémentaires.

PARTIE II

OUTILS MATHÉMATIQUES

Chapitre 15

Tableaux croisés dynamiques

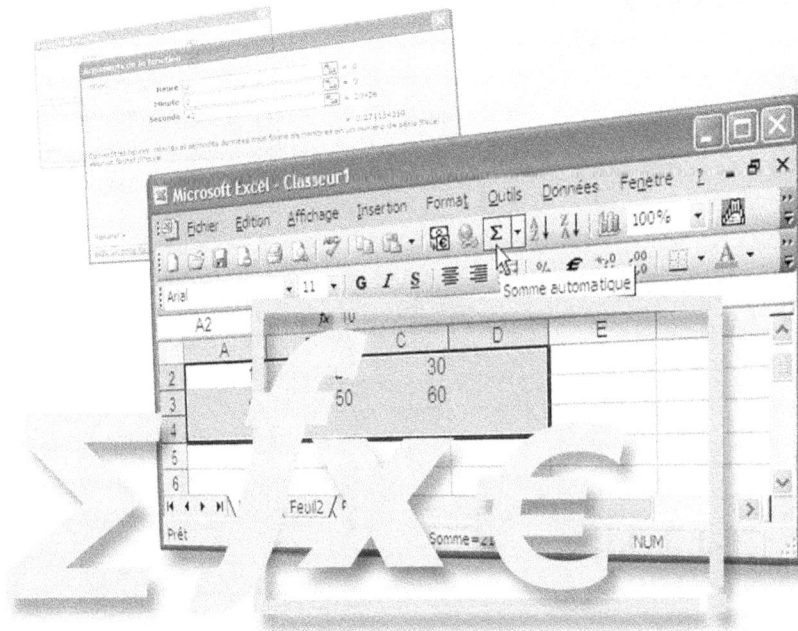

Un tableau croisé dynamique ou, plus précisément, un rapport de tableau croisé dynamique pour reprendre l'expression plus complète de Microsoft, est un tableau vivant, interactif, présentant des données et les calculs sous forme de synthèses. Il fournit un aperçu de vos calculs sous différents angles d'attaque. Certaines fonctions lui sont particulièrement destinées. Sa transformation graphique produit un rapport de graphique croisé dynamique.

Créer un tableau croisé dynamique

Un tableau croisé dynamique offre une synthèse de vos calculs. Vous pouvez instantanément en modifier l'organisation avec la souris. Vous ne pouvez toutefois créer un tableau croisé dynamique qu'à partir de feuilles organisées en liste ou en bases de données.

Pour créer un tableau croisé dynamique :

1. Affichez le tableau à convertir en tableau croisé dynamique et sélectionnez l'une de ses cellules pour qu'Excel le reconnaisse en entier, par exemple le tableau de la figure 15.1. Vous pouvez aussi le sélectionner totalement, titres des colonnes compris.

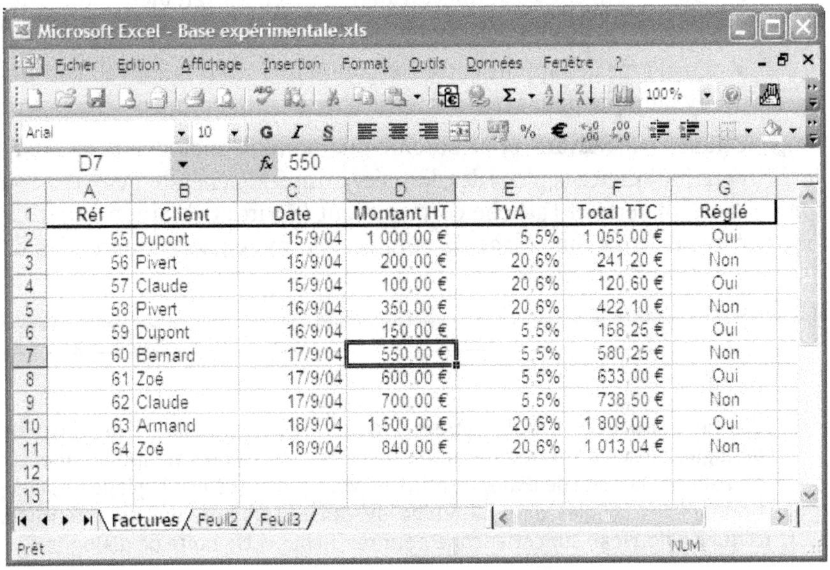

	A	B	C	D	E	F	G
1	Réf	Client	Date	Montant HT	TVA	Total TTC	Réglé
2	55	Dupont	15/9/04	1 000,00 €	5,5%	1 055,00 €	Oui
3	56	Pivert	15/9/04	200,00 €	20,6%	241,20 €	Non
4	57	Claude	15/9/04	100,00 €	20,6%	120,60 €	Oui
5	58	Pivert	16/9/04	350,00 €	20,6%	422,10 €	Non
6	59	Dupont	16/9/04	150,00 €	5,5%	158,25 €	Oui
7	60	Bernard	17/9/04	550,00 €	5,5%	580,25 €	Non
8	61	Zoé	17/9/04	600,00 €	5,5%	633,00 €	Oui
9	62	Claude	17/9/04	700,00 €	5,5%	738,50 €	Non
10	63	Armand	18/9/04	1 500,00 €	20,6%	1 809,00 €	Oui
11	64	Zoé	18/9/04	840,00 €	20,6%	1 013,04 €	Non
12							
13							

Figure 15.1. La base de données à transformer en tableau croisé dynamique.

☐2 Cliquez sur le menu **Données**, puis sur sa commande **Rapport de tableau croisé dynamique**. Un assistant prend la relève avec un premier écran (figure 15.2).

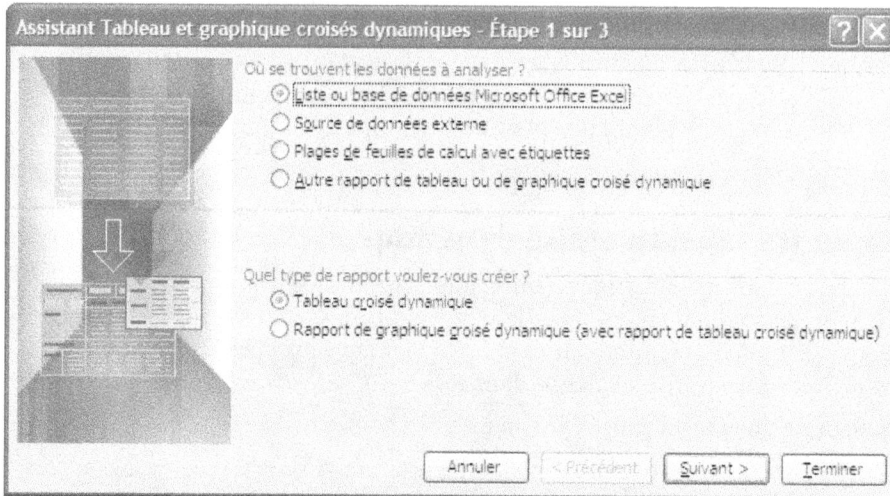

Figure 15.2. La première apparition de l'assistant.

☐3 Spécifiez :

- Où se trouvent les données à analyser : ici, il s'agit bien d'une liste ou d'une base de données Excel.

- Quel type de rapport vous souhaitez créer : ce sera un **Tableau croisé dynamique** pour cette démonstration.

☐4 Cliquez sur **Suivant** pour obtenir une boîte de dialogue dans laquelle vous indiquerez la plage des données utilisées. Généralement, l'assistant l'a découverte et l'affiche correctement (figure 15.3). Sinon, tapez cette plage dans la zone Plage de données ou, mieux, sélectionnez-les dans votre feuille de calcul.

ASTUCE

L'icône **Réduction-rétablissement**, encore appelée **Réduire la boîte de dialogue**, située à l'extrémité droite de cette zone, réduit temporairement à deux lignes la boîte de dialogue afin que vous puissiez saisir la plage en sélectionnant les cellules dans la feuille de calcul. Lorsque vous avez terminé, cliquez à nouveau sur cette icône pour réafficher cette boîte de dialogue.

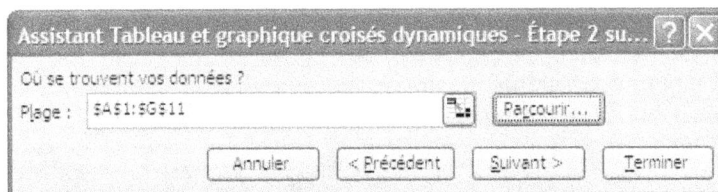

Figure 15.3. Définissez la plage des données.

NOTE

Vous pouvez aussi cliquer sur les onglets des feuilles pour sélectionner des données dans plusieurs feuilles de calcul. Si la plage se trouve dans un autre classeur, tapez le nom du classeur et le nom de la feuille dans la zone Plage de données, en utilisant une syntaxe telle que :

`[nomclasseur]nomfeuille!plage)`

5 Cliquez sur le bouton **Suivant**. La fenêtre suivante de l'assistant s'affiche. Les options disponibles sont (figure 15.4) :

- **Nouvelle feuille** : cette option crée une feuille de calcul dans le même classeur pour y placer le rapport de tableau croisé dynamique. C'est le choix effectué ici.

- **Feuille existante** : sélectionnez une cellule de la feuille de calcul courante ou tapez une référence de cellule pour indiquer la cellule d'angle supérieur gauche à partir de laquelle se créera le tableau croisé.

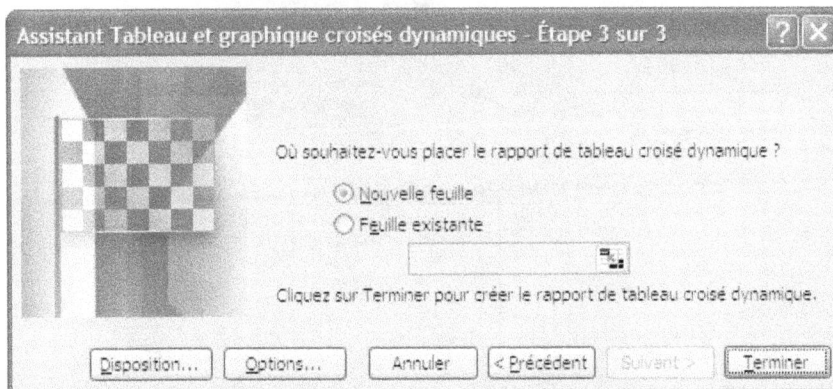

Figure 15.4. Définissez la plage des données.

⑥ Cliquez sur le bouton **Disposition** dans la boîte de dialogue précédente, et non sur **Terminer** (encore que ce soit possible avec les récentes mises à jour d'Excel : voyez un peu plus loin) pour afficher une fenêtre comportant un graphique important (figure 15.5) ; il représente l'aspect futur du tableau croisé.

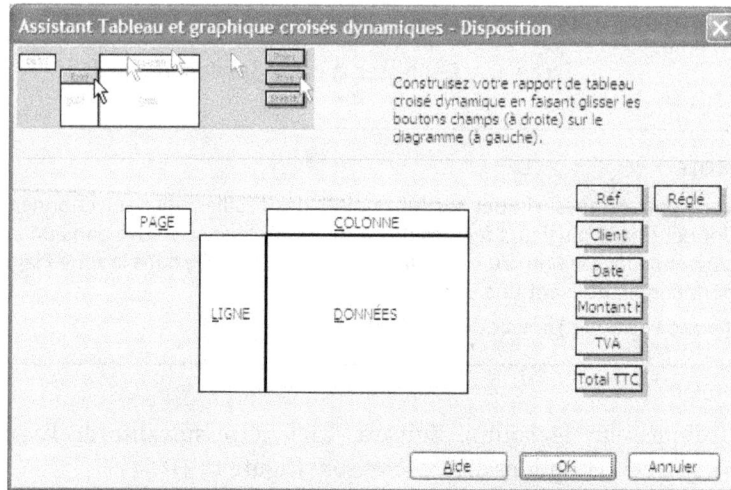

Figure 15.5. La fenêtre pour définir la distribution des données.

⑦ Sur la droite figurent les étiquettes des colonnes de votre tableau actif. Vous devez les déplacer sur les rectangles blancs du centre en les faisant glisser avec la souris. Ainsi, avec le tableau exemple, vous pourriez créer ce que montre la figure 15.6.

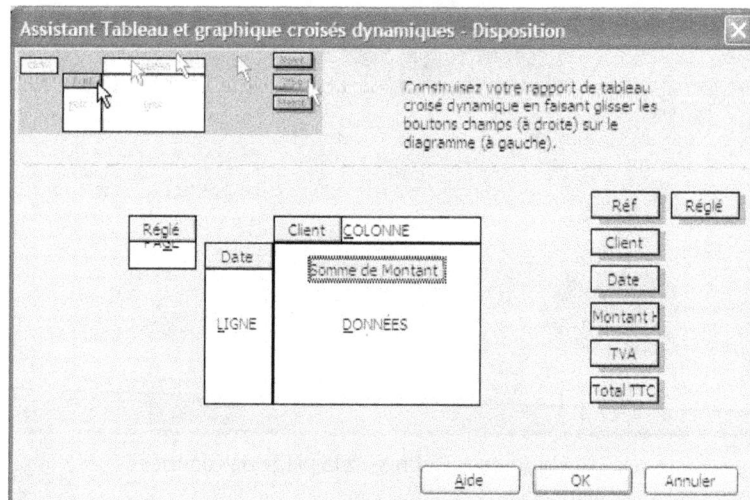

Figure 15.6. Les champs ont été placés
dans la matrice du tableau croisé dynamique.

⑧ Cliquez sur le bouton **OK** pour revenir à la fenêtre précédente ; négligez le bouton **Options** pour un essai.

⑨ Cliquez maintenant sur le bouton **Terminer**.

Le tableau croisé dynamique apparaît, avec cet exemple dans une feuille séparée (figure 22.4), avec sa barre d'outils spécialisée. Vous disposez maintenant d'une vue de synthèse sur votre tableau.

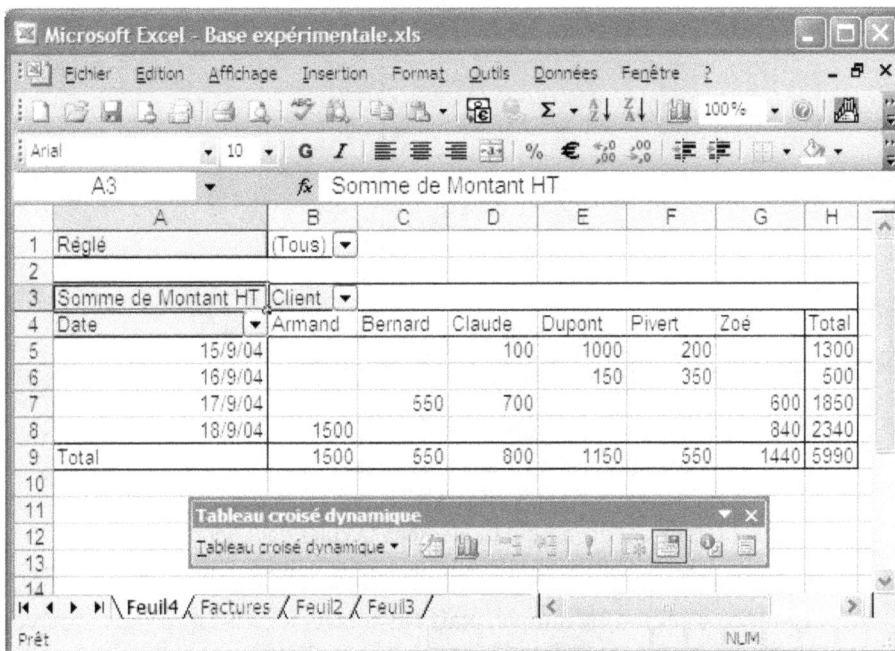

Somme de Montant HT	Client						
Date	Armand	Bernard	Claude	Dupont	Pivert	Zoé	Total
15/9/04			100	1000	200		1300
16/9/04				150	350		500
17/9/04		550	700			600	1850
18/9/04	1500					840	2340
Total	1500	550	800	1150	550	1440	5990

Figure 15.7. Le tableau croisé dynamique tel qu'il a été défini.
Les totaux ont été automatiquement calculés par Client et par Date.
La barre d'outils Tableau croisé dynamique est affichée.

En variante

Si, à l'étape 6 précédente, vous cliquez sur le bouton **Terminer**, la mise en place des étiquettes se fera directement dans la fenêtre d'Excel qui s'affiche alors comme le montre la figure 15.8. Mais cela, avec les récentes mises à jour du programme.

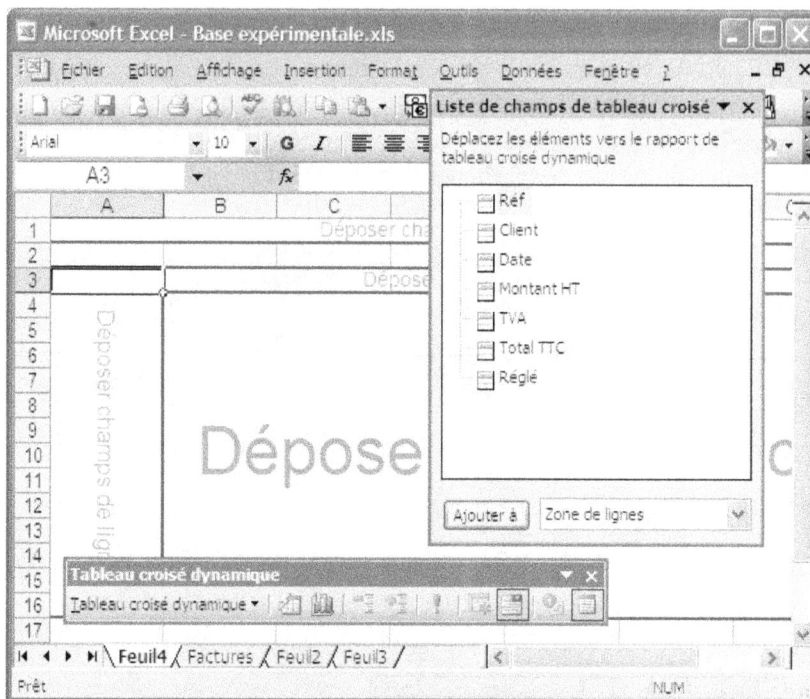

Figure 15.8. Le tableau croisé dynamique tel qu'il a été défini.
Les totaux ont été automatiquement calculés par Client et par Date.
La barre d'outils Tableau croisé dynamique est affichée.

Le mode d'emploi est simple, mais l'avantage, ici, c'est que vous observez immédiatement le résultat de chacun de vos choix :

1 Dans la fenêtre **Liste des champs de tableau croisé**, choisissez un champ.

2 Ouvrez la liste déroulante du bas et sélectionnez une zone.

3 Cliquez sur le bouton **Ajouter à**.

4 Recommencez avec les autres zones.

5 Lorsque vous avez terminé, fermez la fenêtre **Liste des champs de tableau croisé**. Vous pouvez travailler avec votre tableau.

Fonctionnement d'un tableau croisé dynamique

Il reste maintenant à expérimenter le fonctionnement d'un tel tableau croisé, les quelques règles applicables étant les suivantes :

▸ Cliquez sur une flèche de liste déroulante pour afficher le contenu du champ correspondant. Par exemple, si vous cliquez sur **Réglé (Tous)**, en **B2**, la liste qui s'ouvre offre trois options : **Tous**, **Non** et **Oui**. Si vous cliquez sur **Non**, puis sur le bouton **OK** se trouvant en bas de la liste, le tableau se réorganise pour n'afficher que les seuls clients avec **Non** dans la colonne **Réglé** (figure 15.9).

▸ Faites glisser un bouton de champ avec la souris pour modifier la vue. Par exemple, et après avoir rétabli l'affichage de tous les clients, faites glisser le bouton **Réglé** sous **Montant HT**, à gauche de **Date**, l'affichage détaille, cette fois, les clients débiteurs et les autres.

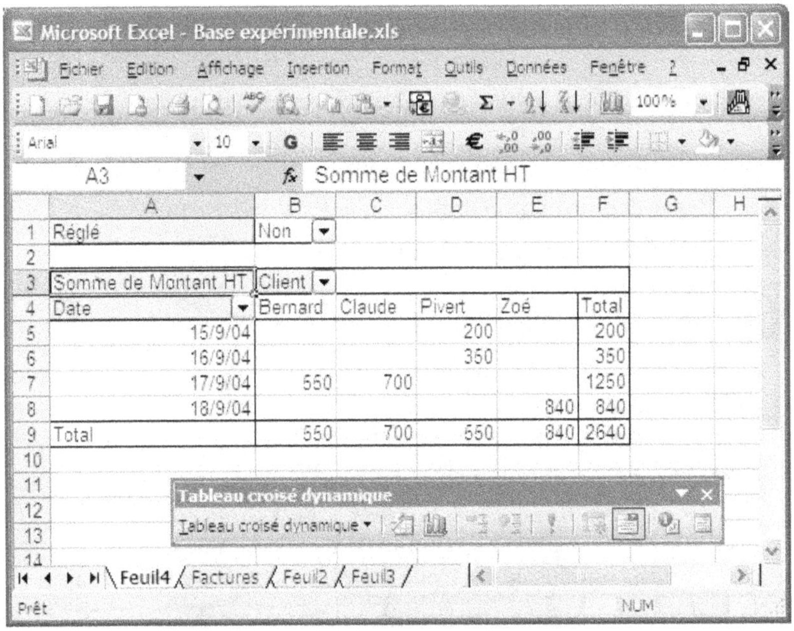

Figure 15.9. Le tableau réorganisé avec les clients dont la colonne Réglé comporte la mention Non.

On pourrait multiplier les exemples. Les possibilités sont tellement nombreuses qu'il faudrait un livre complet pour les traiter toutes. Expérimentez-les.

Barre d'outils pour tableau croisé dynamique

Si cette barre d'outils ne s'affiche pas automatiquement avec le tableau ou si vous l'avez supprimée :

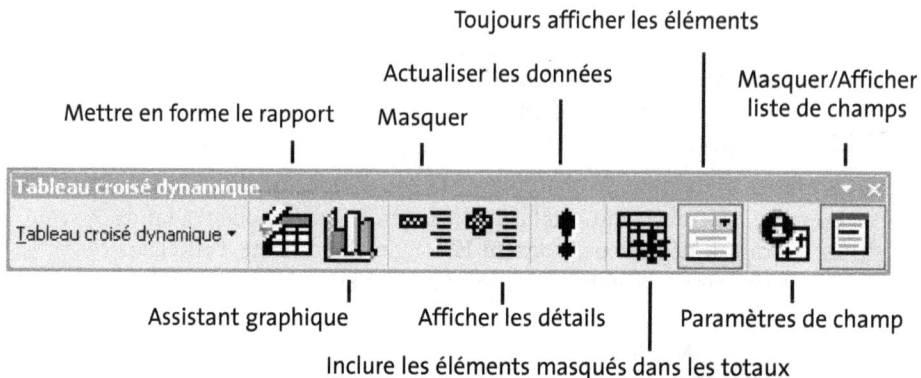

Figure 15.10. Barre d'outils pour tableaux croisés dynamiques.

1. Cliquez avec le bouton droit sur une autre barre d'outils.

2. Cliquez sur **Tableau croisé dynamique**.

La barre d'outils **Tableau croisé dynamique** comporte les icônes et les options suivantes (figure 15.10) :

- ▸ **Tableau croisé dynamique** : une liste déroulante propose des commandes applicables au tableau croisé dynamique, certaines doublant les fonctions des icônes.

- ▸ **Mettre en forme le rapport** : ouvre une fenêtre de modèles de rapports de tableau prédéfinis. Cela fonctionne tout comme avec la mise en forme automatique des tableaux ordinaires. Sélectionnez l'une des mises en forme disponibles pour qu'elle s'applique à votre tableau croisé.

- ▸ **Assistant graphique** : il traduit instantanément en graphique croisé dynamique le tableau croisé tel qu'il apparaît à l'écran (figure 15.11).

- ▸ **Assistant Tableau croisé dynamique** : cette icône relance l'Assistant mis en œuvre au début de ce chapitre.

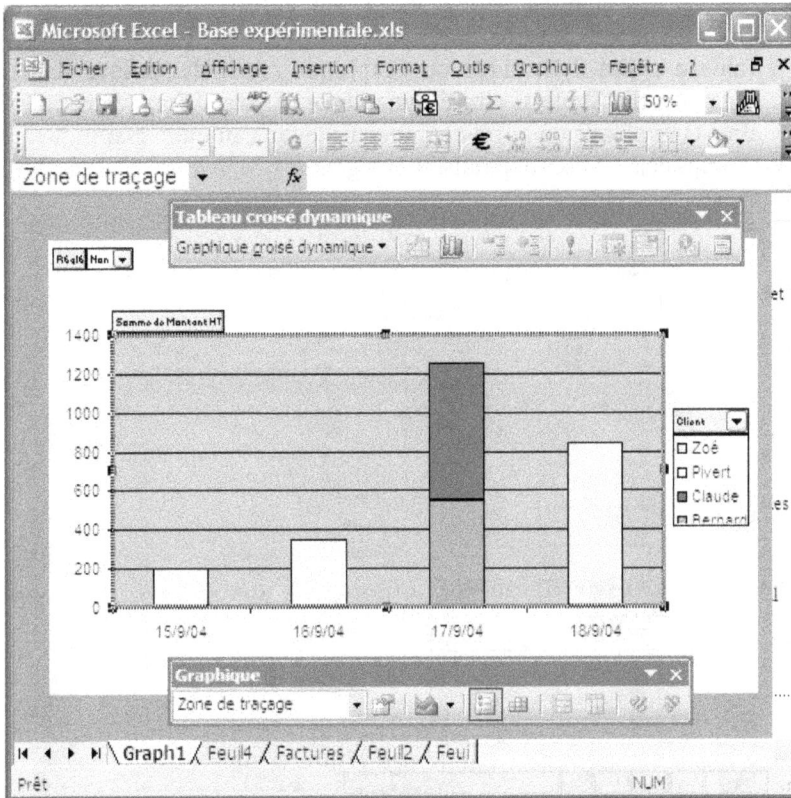

Figure 15.11. Graphique croisé dynamique. A la barre d'outils Tableau croisé dynamique s'ajoute maintenant la barre d'outils Graphique.

▸ **Masquer** : masque les données de détail affichées.

▸ **Afficher les détails** : réaffiche les données de détail.

▸ **Actualiser les données** : met le tableau à jour lorsque les données source ont été modifiées.

▸ **Inclure les éléments masqués dans le tableau** : les introduit dans le tableau croisé dynamique.

▸ **Paramètres de champ** : sert à modifier les paramètres, tels que les sous-totaux, les options de tri et de mise en forme du champ sélectionné. Cette icône ouvre une boîte de dialogue permettant de sélectionner une autre fonction.

▶ **Afficher liste champs** : cette icône devient ensuite Afficher les champs. Elle affiche ou masque simplement la fenêtre listant les champs **Tableau croisé dynamique** ou **Graphique croisé dynamique** dans la barre d'outils **Tableau croisé dynamique** (figure 15.12). Vous pouvez ainsi faire glisser un autre champ dans le tableau ou le graphique. Les champs déjà utilisés apparaissent en gras.

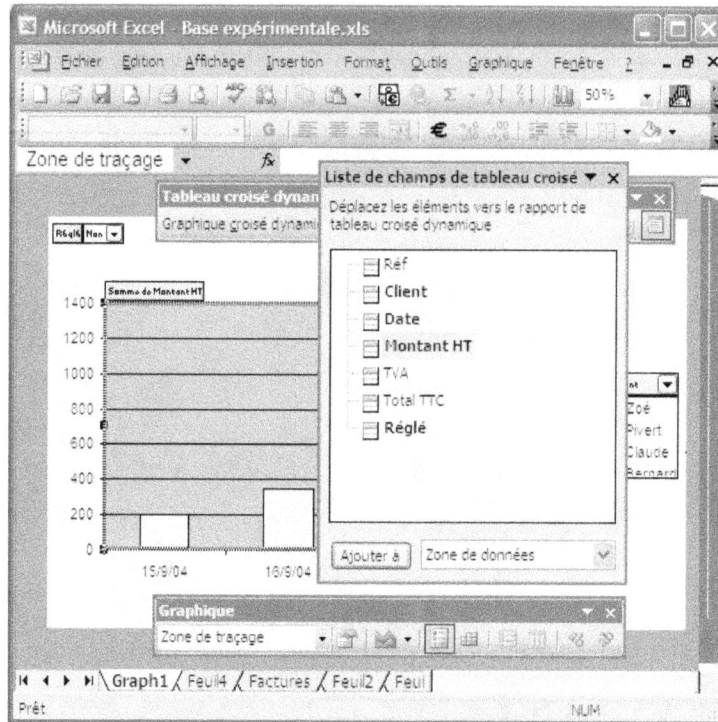

Figure 15.12. La liste des champs s'affiche sur le graphique.

Options de tableau croisé dynamique

Dans le menu déroulant **Tableau croisé dynamique** de la barre d'outils figure la commande **Options de la table**. Elle ouvre une boîte de dialogue dont certaines des options sont importantes. Vous obtiendrez la même boîte de dialogue en cliquant sur le bouton **Options** que vous trouverez, par exemple, dans l'une des fenêtres de l'assistant.

En voici les fonctions :

▸ **Totaux des colonnes** : affiche le total général de chacune des colonnes. Dans un rapport de graphique croisé dynamique, le total général est affiché dans le rapport de tableau croisé dynamique associé.

▸ **Totaux des lignes** : le pendant, mais pour les lignes.

REMARQUE

Les deux options précédentes permettent d'afficher ou de masquer les totaux lorsqu'ils ne sont pas indispensables.

▸ **Mise en forme automatique** : applique le format automatique par défaut à votre rapport de tableau croisé dynamique.

▸ **Sous-total des éléments page masquée** : incorpore les éléments masqués de champ de page dans les sous-totaux de rapport de tableau croisé dynamique. Dans un rapport de graphique croisé dynamique, les sous-totaux sont affectés au rapport de tableau croisé dynamique associé. Cette option n'est pas disponible dans les rapports fondés sur des données source provenant de bases OLAP.

▸ **Fusionner les étiquettes** : fusionne les cellules de toutes les étiquettes de lignes et de colonnes extérieures dans le rapport de tableau croisé dynamique. Non disponible dans les rapports de graphiques croisés dynamiques.

▸ **Préserver la mise en forme** : maintient la mise en forme appliquée aux données du rapport de tableau croisé dynamique lorsque vous actualisez le rapport ou modifiez sa mise en forme. Non disponible dans les rapports de graphique croisé dynamique.

▸ **Répéter les étiquettes des éléments sur chaque page imprimée** : pour imprimer en haut de chaque page les étiquettes des éléments de champs de lignes externes. Elles sont imprimées dans tous les champs de lignes situés sur la gauche du champ dans un groupe.

▸ **Impression des titres :** pour utiliser les étiquettes de champ et des éléments du rapport de tableau croisé dynamique comme impression de titres de ligne et de colonne. Avant de choisir cette option, cliquez sur le menu **Fichier**, sur **Mise en page**, sur l'onglet **Feuille**, puis désactivez les cases **Lignes à répéter en haut** et **Colonnes à répéter à gauche**, et assurez-vous que seul le rapport actuel se trouve dans la zone d'impression.

- **Mise en page** : pour sélectionner l'ordre d'affichage des champs de page. La mise en forme par défaut des champs est vers le bas, puis à droite. Non disponible dans les rapports de graphique croisé dynamique.

- **Champs par colonne** : pour sélectionner le nombre de champs de page que vous souhaitez inclure dans une ligne ou une colonne avant de commencer une nouvelle ligne ou colonne de champ de page. Non disponible dans les rapports de graphique croisé dynamique.

- **Valeurs d'erreur, afficher** : activez cette case pour afficher une valeur à la place d'une erreur ; tapez ensuite la valeur à afficher. Non disponible dans les rapports de graphique croisé dynamique.

- **Cellules vides, afficher** : activez cette case pour afficher une valeur à la place des cellules vides ; tapez ensuite la valeur à afficher. Non disponible dans les rapports de graphique croisé dynamique.

- **Marquer les totaux avec ∗** : affiche un astérisque (∗) à côté de chaque sous-total et total dans les rapports de tableau croisé dynamique fondés sur des sources de données OLAP pour indiquer que ces valeurs incluent tous les types d'éléments masqués, ainsi que les éléments affichés.

- **Enregistrer les données et la mise en forme** : enregistre une copie des données internes pour le rapport dans le fichier de classeur afin que vous n'ayez pas à actualiser le rapport lorsque vous ouvrez ce fichier.

- **Activer le rappel des éléments** : décochez cette case pour désactiver l'affichage des détails lorsque vous double-cliquez sur une cellule dans la zone de données.

- **Actualiser lors de l'ouverture** : pour mettre à jour les données du rapport de tableau croisé dynamique ou du rapport de graphique croisé dynamique depuis les données source à chaque ouverture du classeur.

- **Données externes** : définit des options pour les données de rapport de tableau croisé dynamique et de rapport de graphique croisé dynamique obtenues à partir d'une source externe. Disponibles que si votre rapport utilise des données externes.

Rapport de graphique croisé dynamique

Un rapport de graphique croisé dynamique associe la synthèse interactive des données fournies par un rapport de tableau croisé dynamique à l'aspect attrayant et aux avantages d'un graphique. Nous vous en avons fourni un premier exemple ci-dessus. Les principales différences entre un graphique courant et un graphique croisé dynamique sont les suivantes :

- Un graphique courant contient des champs de lignes et de colonnes, alors qu'un graphique croisé dynamique contient des champs de catégories et de séries.

- Vous devez créer un graphique courant pour chaque vue de synthèse de données que vous voulez afficher. Avec les rapports de graphiques croisés dynamiques, en revanche, vous créez un seul graphique et vous modifiez l'affichage des synthèses à l'aide de la souris.

- La mise en forme des séries de données, y compris l'adjonction de courbes de tendance et de barres d'erreur, n'est pas conservée après modification de la disposition du rapport de graphique croisé dynamique. Mieux vaut donc attendre d'avoir obtenu la disposition désirée ou d'afficher les données avant d'appliquer une mise en forme spécifique aux séries de données.

REMARQUE

Un rapport de graphique croisé dynamique est toujours associé à un rapport de tableau graphique croisé dynamique et utilise les mêmes types de données source.

Il est possible de modifier instantanément un rapport de graphique croisé dynamique pour montrer différentes façons d'afficher les mêmes données. Si vous vous êtes familiarisé avec les graphiques classiques, vous constaterez que la plupart des opérations telles que la mise en forme, le choix d'un type de graphique, l'affichage d'étiquettes et de titres de catégorie ou d'axe, etc. s'exécutent de la même manière dans les rapports de graphiques croisés dynamiques que dans les graphiques classiques.

Créer un rapport de graphique croisé dynamique

Lorsque vous créez un rapport de graphique croisé dynamique, Excel crée automatiquement et en même temps un rapport de tableau croisé dynamique associé. Si vous disposez déjà du rapport de tableau croisé dynamique existant, vous pouvez l'utiliser pour créer votre rapport graphique, qui représentera ce tableau, nous vous avons montré comment précédemment.

Pour créer un rapport de graphique croisé dynamique, vous démarrez comme pour créer un tableau croisé dynamique :

1. Ouvrez le classeur dans lequel vous souhaitez créer le rapport.

2. Si vous utilisez une liste (telle qu'une base de données) ou une base de données Excel, cliquez sur une cellule dans la liste ou dans la base de données.

3. Cliquez sur le menu **Données**, puis sur **Rapport de tableau croisé dynamique**.

4. L'Assistant **Tableau et graphique croisé dynamique** apparaît (revoyez la figure 15.2). Cliquez, cette fois, sur la case **Graphique croisé dynamique (avec le rapport de tableau croisé dynamique)**.

5. Poursuivez selon les indications de l'Assistant.

Tout comme dans un rapport de tableau croisé dynamique, vous pouvez déplacer les boutons et réorganiser ce graphique à volonté. Vous pouvez modifier la disposition du rapport de graphique croisé dynamique en faisant glisser un champ vers la zone de dépôt de la série. Vous pouvez également changer de type de graphique.

Utiliser les champs

Quelques notions sur les champs utilisés dans les rapports de graphiques croisés dynamiques peuvent désorienter l'utilisateur débutant. Voici leurs définitions :

- **Un champ de colonne** est un champ qui se voit affecter une orientation de colonne dans un rapport de tableau croisé dynamique ; les éléments associés à un champ de ligne s'affichent sous forme d'étiquettes de colonne.

- **Un champ de ligne** est un champ qui se voit attribuer une orientation de ligne dans un rapport de tableau croisé dynamique ; les éléments associés à un champ de ligne s'affichent sous forme d'étiquettes de ligne.

- **Un champ de catégorie** de graphique croisé dynamique est un champ affecté à une orientation de catégorie dans un rapport de graphique croisé dynamique ; dans un graphique courant, les catégories s'affichent généralement sur l'axe des abscisses (X) ou sur l'axe des ordonnées (Y).

- **Un champ de série** de graphique croisé dynamique est un champ affecté à une orientation de série. Dans un graphique courant, les séries sont représentées dans la légende.

- **La zone de dépôt** d'un rapport de tableau ou de graphique croisé dynamique est la zone dans laquelle des champs provenant de la liste des champs de la barre d'outils **Tableau croisé dynamique** peuvent être déposés en tenant compte des remarques suivantes :

  - Ces types de rapports comportent tous deux des zones de dépôt propres aux champs de pages et aux champs de données.

  - Les rapports de tableau croisé dynamique contiennent également des zones de dépôt pour les champs de colonnes et les champs de lignes, et les rapports de graphiques croisés dynamiques, des zones de dépôt pour les champs de catégories et les champs de séries.

- **Un champ de page** de tableau croisé dynamique est un champ qui se voit affecter une orientation de page dans un rapport de tableau ou de graphique croisé dynamique. Vous pouvez soit afficher une synthèse de tous les éléments dans un champ de page, soit afficher ces éléments l'un après l'autre et filtrer les données pour tous les autres. Dans les listes de tableaux croisés dynamiques de pages Web, les champs de filtre sont les mêmes que les champs de page des rapports de tableaux croisés dynamiques.

- **La zone de dépôt** d'un champ de page ou de tout autre champ est généralement dessinée par Excel dans le rapport, comme le montre la figure 15.13 pour un champ de page.

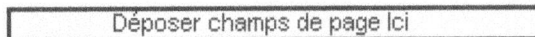

Figure 15.13. Zone de dépôt d'un champ de page.

Cela étant, vous pouvez créer un rapport de graphique croisé dynamique depuis n'importe quel rapport de tableau croisé dynamique.

NOTE

Lorsque vous créez un rapport de graphique croisé dynamique depuis un rapport de tableau croisé dynamique, les **champs de ligne** du tableau deviennent des **champs de catégorie** dans le graphique et les **champs de colonne** du tableau deviennent des **champs de série** dans le graphique.

L'utilisation de champs de page constitue une façon commode de synthétiser rapidement un sous-ensemble de données sans avoir à modifier les informations de série et de catégorie. Chaque vue ou page de données affiche les mêmes informations de catégorie et de série, ce qui permet de comparer aisément les vues.

De même, en vous permettant de n'extraire qu'un sous-ensemble d'un vaste ensemble de données, les champs de page restent en mémoire lorsque le graphique utilise des données source externes.

DÉFINITION

On appelle champ dynamique le nom du champ placé en étiquette dans l'entête de ligne ou de colonne d'un tableau croisé dynamique. C'est ce champ que vous pouvez déplacer avec la souris.

Ajouter un champ

Si vous voulez supprimer un champ, faites-le glisser avec la souris et déposez-le hors du graphique, sur une zone grise. Le graphique se réorganise aussitôt.

Pour ajouter un champ :

1. Affichez la liste des champs en cliquant sur l'icône **Liste des champs** dans la barre d'outils **Tableau croisé dynamique**. Cette icône deviendra **Masquer liste des champs**.

2. Faites glisser le champ sur le graphique à la position voulue pour qu'il se réorganise.

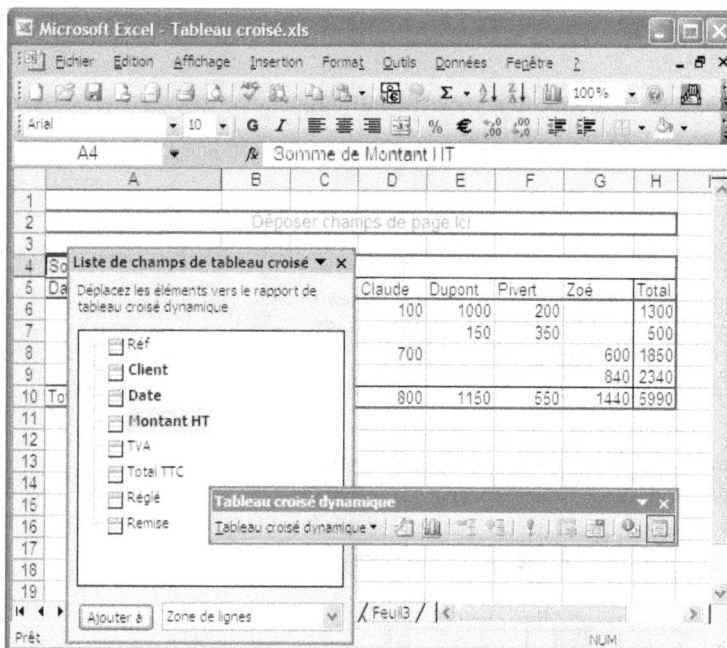

Supprimer un champ

Pour supprimer un champ du tableau, faites-le glisser en dehors du tableau croisé dynamique. Le tableau se réorganise en conséquence et montre où vous pouvez en ajouter (figure 15.14).

Figure 15.14. Un champ a été supprimé, en haut du tableau. L'écran indique que l'espace libre est prêt à en recevoir un autre.

Déplacer un champ

En le faisant glisser avec la souris, vous déplacez un champ et vous réorganisez le tableau pour afficher d'autres vues de synthèse.

REMARQUE

Toutes les modifications que vous apportez dans le graphique croisé dynamique sont automatiquement reportées dans le tableau croisé dynamique. L'inverse est également vrai.

Appliquer une fonction autre que SOMME

Pour modifier le calcul d'un champ, vous devez repasser dans le tableau croisé dynamique. Faites cette expérience :

☐1 Affichez le graphique croisé dynamique.

☐2 Sélectionnez un champ, par exemple **Somme de Montant HT**.

☐3 Cliquez sur l'icône **Paramètres de champ**, dans la barre d'outils **Tableau croisé dynamique**.

☐4 Dans la boîte de dialogue **Champ Pivot Table** qui s'affiche, le champ sélectionné est actif ; sinon, sélectionnez un champ (figure 14.15)

☐5 Dans la liste **Synthèse par**, sélectionnez une autre opération, par exemple **Moyenne**.

☐6 Cliquez sur le bouton **OK**. Le graphique se transforme en conséquence et affiche non plus le total, mais la moyenne (figure 14.16).

☐7 Si l'intitulé SOMME DE ne s'est pas automatiquement modifié sur la ligne 10 et la colonne H correspondantes, cliquez sur ces en-têtes et commencez à taper **Moyenne** pour que le remplacement s'effectue.

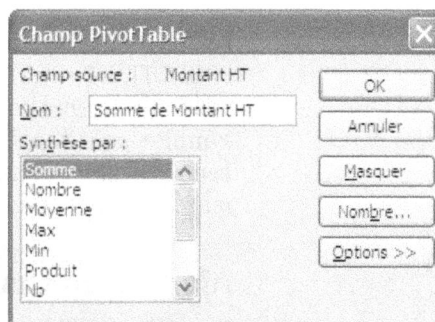

Figure 15.15. Vous disposez d'un choix de plusieurs fonctions à appliquer, SOMME étant active par défaut.

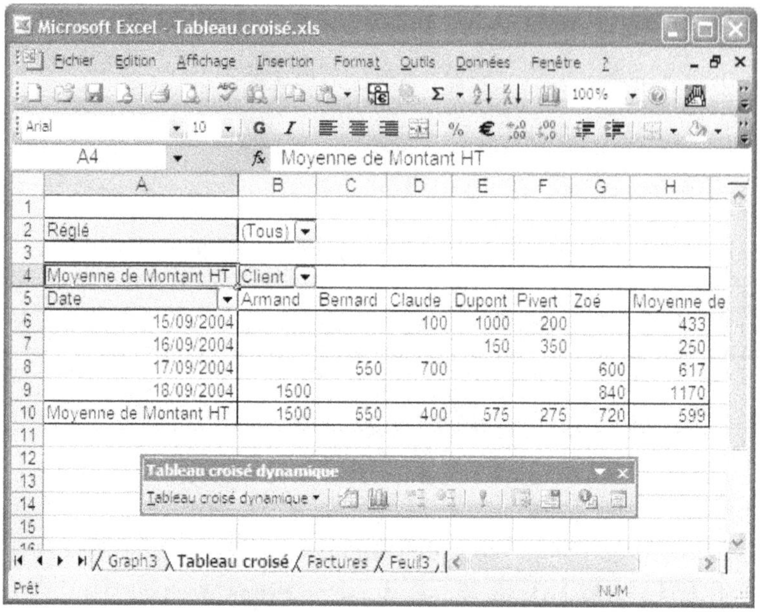

Figure 15.16. La tableau a maintenant
calculé les moyennes et non plus les totaux.

Les fonctions disponibles sont : SOMME, NOMBRE, MOYENNE, MAX, MIN, PRODUIT, NB, ECARTYPE, ECARTYPEP, VAR et VARP, des fonctions qui vous ont été présentées dans le chapitre consacré aux « Fonctions de synthèse pour l'analyse des données ». La fonction NOMBRE est quelque peu particulière puisqu'elle indique, ici, simplement un nombre d'occurrences ; sélectionnez-la pour examiner son action banale.

Ajouter un champ calculé

Vous pouvez ajouter un champ calculé à votre graphique :

1 Cliquez sur le bouton du champ entrant dans le calcul, par exemple **Somme de Montant HT**. L'objectif consiste, ici, à calculer une remise.

2 Cliquez sur **Tableau croisé dynamique** dans la barre d'outils **Tableau croisé dynamique**.

3 Cliquez sur **Formules**, puis sur **Champ calculé**.

4 Dans la boîte de dialogue qui s'affiche, tapez le nom du nouveau champ, par exemple **Remise**.

5 Appuyez sur **Tab** pour passer dans le champ **Formule**. Il faut composer une formule. Vous pouvez commencer par taper le signe égal (=), bien que ce ne soit pas nécessaire si vous ajoutez d'abord un champ.

6 Sélectionnez le champ dans la liste du dessous, par exemple **Total TTC**, et cliquez sur le bouton **Insérer un champ**.

7 Terminez la formule en tapant par exemple *12% (figure 15.17).

8 Cliquez sur **Ajouter**, et enfin sur **OK**. Le nouveau champ apparaît dans la liste des champs et vous pouvez l'intégrer dans le rapport ou dans le graphique.

Par exemple, dans la figure 15.18, on a voulu afficher toutes les remises pour tous les clients. Par conséquent, on a ouvert la liste des champs et on a fait glisser le champ **Remise** sur le tableau croisé qui s'est réorganisé.

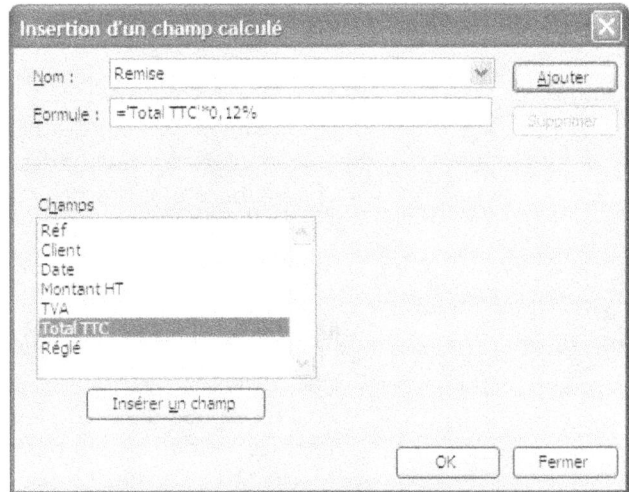

Figure 15.17. La formule de calcul a été créée pour un nouveau champ, Remise.

Figure 15.18. Le tableau réorganisé avec le champ Remise.

Date	Armand	Bernard	Claude	Dupont	Pivert	Zoé	Total
15/09/2004			0,14 €	1,27 €	0,29 €		1,70 €
16/09/2004				0,19 €	0,51 €		0,70 €
17/09/2004		0,70 €	0,89 €			0,76 €	2,34 €
18/09/2004	2,17 €					1,22 €	3,39 €
Total	2,17 €	0,70 €	1,03 €	1,46 €	0,80 €	1,98 €	8,13 €

Par défaut, les cellules vides contiennent o et affichent le symbole _. Pour supprimer ce symbole inutile, ce qui est plus agréable :

1 On a sélectionné l'ensemble du tableau.

2 On a appliqué l'une des astuces présentées dans le chapitre « Astuces et notions complémentaires » à la section « Afficher ou masquer des valeurs zéro ». L'astuce retenue ici consiste à appliquer une fonction conditionnelle SI telle que **Si la cellule est égale à zéro, afficher son contenu en blanc.**

Modifier le format des nombres d'un champ

Vous disposez des mêmes options de format dans un tableau croisé dynamique que dans une feuille de calcul. Pour modifier le format des nombres pour un champ complet, en une seule opération :

1 Sélectionnez un champ.

2 Dans la barre d'outils **Tableau croisé dynamique**, cliquez sur l'icône **Paramètres du champ**.

3 La boîte de dialogue **Champ Pivot Table** s'affiche. Cliquez sur le bouton **Nombre**.

4 Cliquez sur la catégorie et choisissez votre format (figure 15.19).

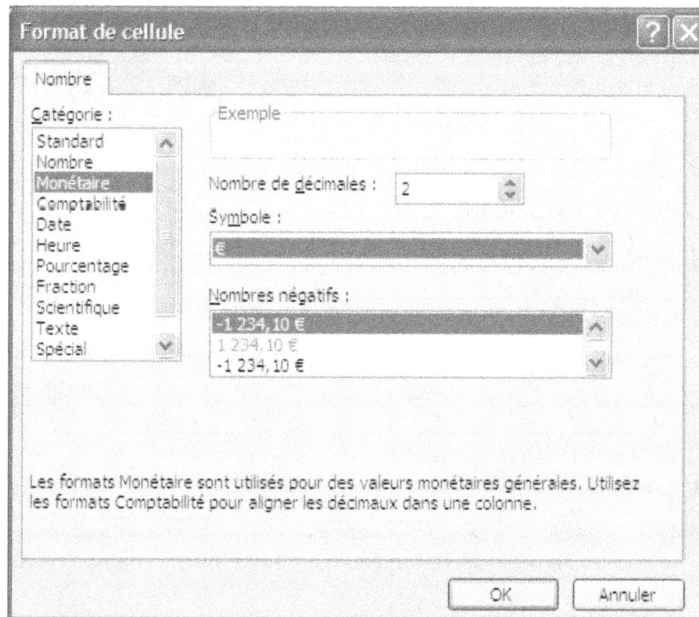

Figure 15.19. Choisissez le format que vous souhaitez appliquer.

⑤ Cliquez deux fois de suite sur OK, une fois dans la boîte de format et la seconde dans la boîte **Champ Pivot Table**. Le nouveau format est appliqué (figure 15.20).

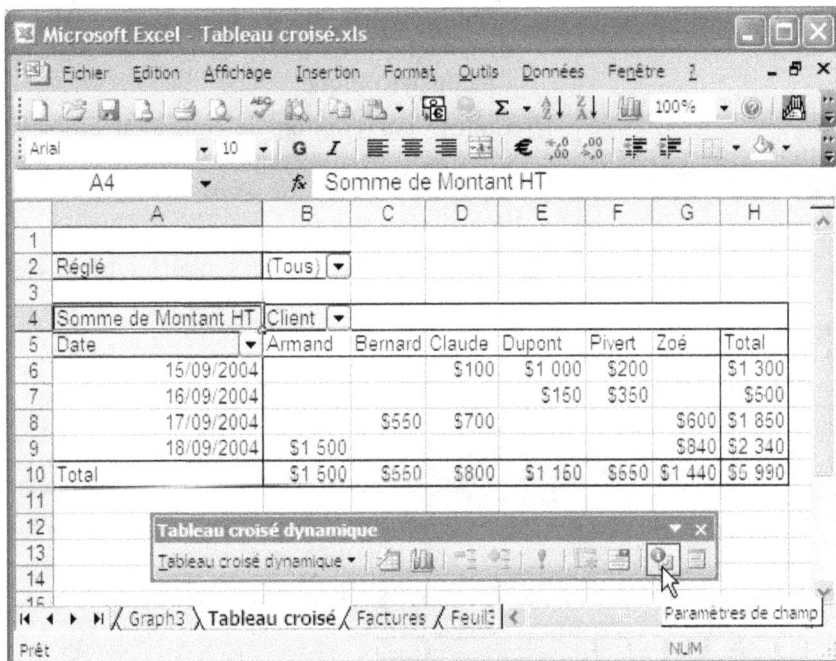

Figure 15.20. Ici, on a appliqué le format monétaire dollars, sans décimales.

Renommer un champ dynamique

Pour renommer un champ, double-cliquez dessus. La boîte de dialogue **Champ de tableau croisé dynamique** s'affiche (figure 15.21). Tapez le nouveau nom dans la zone **Nom** en remplacement de l'ancien et cliquez sur **OK**.

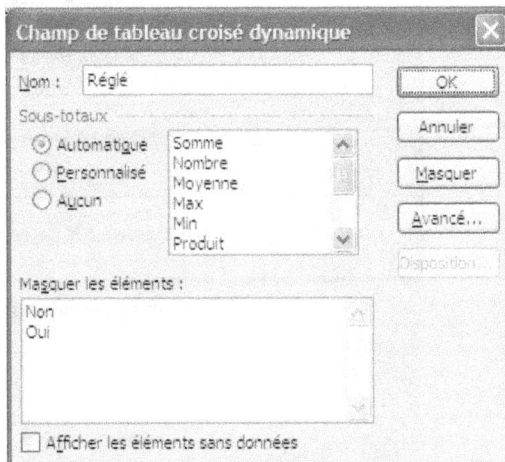

Figure 15.21. Tapez le nouveau nom en remplacement de l'ancien.

Introduire des sous-totaux

Vous pouvez créer des sous-totaux dans un tableau croisé dynamique, mais à la condition d'avoir placé plusieurs champs dans les emplacements :

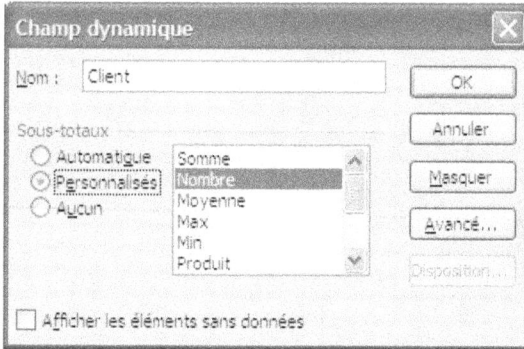

1. Double-cliquez sur le bouton d'un champ dynamique pour ouvrir la boîte de dialogue **Champ dynamique**.

2. Cliquez sur l'option de sous-total qui vous intéresse, par exemple **Nombre**. Automatiquement, le bouton **Personnalisé** est sélectionné (figure 15.22).

3. Cliquez sur **OK**. Les sous-totaux sont ajoutés. C'est ce que montre la figure 15.23.

Figure 15.22. Choisissez le type de sous-total à créer.

Figure 15.23. Les sous-totaux ont été ajoutés.

Mettre automatiquement en forme un tableau croisé

Tout comme vous pouvez mettre un tableau classique en forme automatiquement, vous pouvez mettre en forme un tableau croisé dynamique automatiquement :

1. Affichez le tableau et sélectionnez l'une de ses cellules.

2. Cliquez sur le menu **Format**, puis sur **Mise en forme automatique**. La boîte de dialogue des formats prédéfinis s'affiche (figure 15.24).

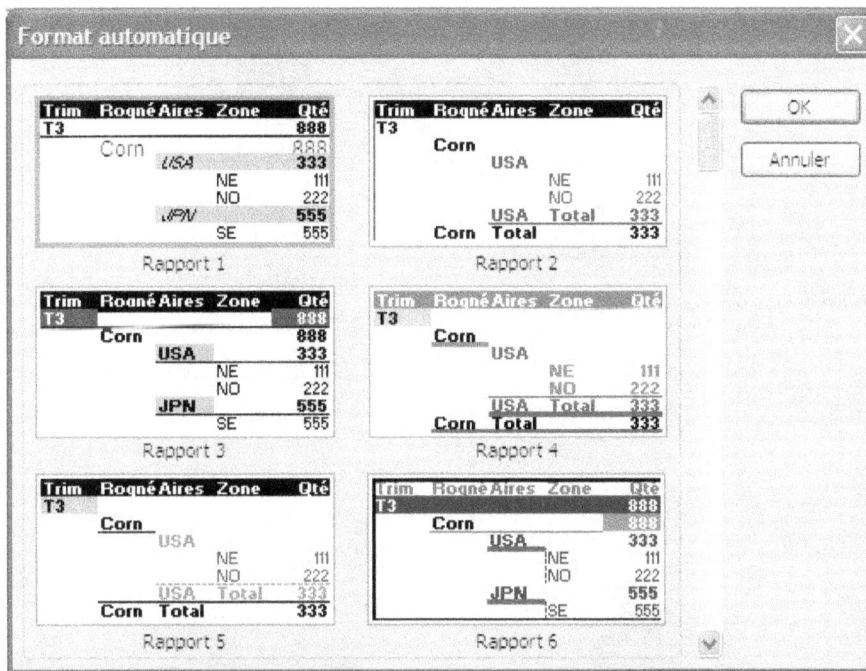

Figure 15.24. Boîte de dialogue des formats prédéfinis.

3. Cliquez sur le format souhaité puis sur **OK** : le tableau croisé adopte aussitôt ce modèle (figure 15.25).

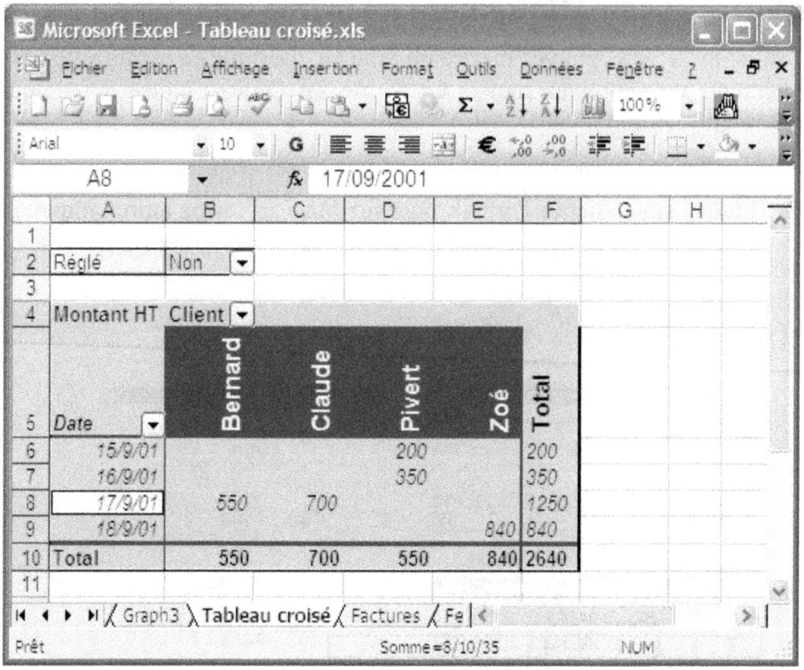

Figure 15.25. Le format automatique a été appliqué au tableau croisé.

CHAPITRE 16
CONSOLIDER DES DONNÉES

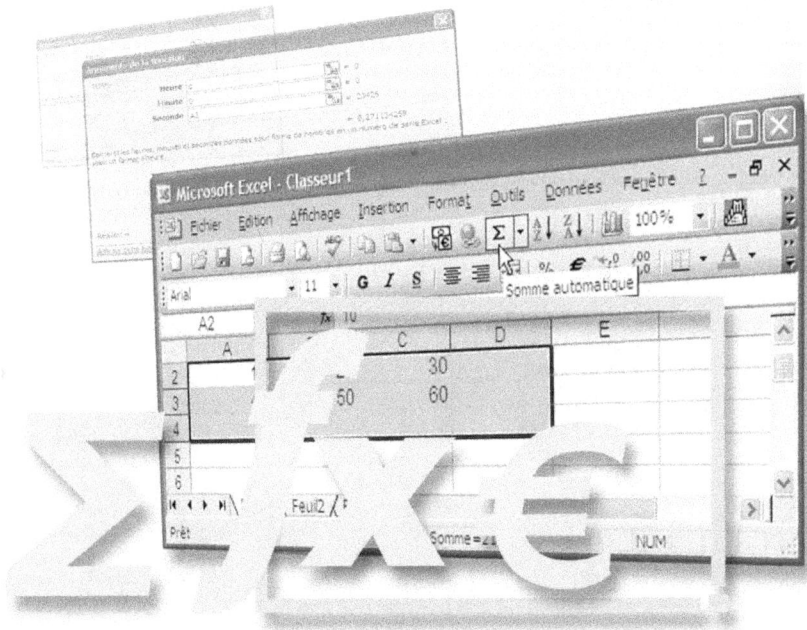

Un problème type de consolidation est le suivant : vous gérez une chaîne de magasins à succursales multiples. Vous recevez périodiquement des tableaux de vente de chacun d'eux. Vous devez les collationner et calculer des totaux, produit par produit, pour l'ensemble des ventes.

Pour ce faire, plusieurs cas peuvent se présenter : les relevés que vous recevez sont tous bâtis sur le même modèle avec les mêmes produits dans le même ordre, ou alors ils sont construits différemment.

La consolidation peut typiquement faire appel aux fonctions qui vous ont été présentées dans le chapitre consacré aux « Fonctions de synthèse pour l'analyse des données ».

Introduction à la consolidation

Consolider des valeurs consiste à regrouper des données identiques provenant d'une ou de plusieurs feuilles. Par exemple, on consolide les ventes d'une chaîne de magasins multiples en les additionnant pour obtenir les ventes totales. La consolidation peut s'effectuer en additionnant des valeurs, mais également en appliquant d'autres fonctions de calcul. Elle fait appel :

▸ Aux données **source**, celles qui vont être utilisées pour effectuer cette consolidation.

▸ A la **table de consolidation**, laquelle résulte de cette opération et est encore appelée **zone de destination**.

Il existe quatre méthodes pour consolider les données :

▸ **Par position** : on l'utilise lorsque les données de toutes les sources sont organisées selon un ordre et dans des emplacements identiques. Tel est le cas lorsqu'on combine les données provenant d'une série de feuilles de calcul créées à partir du même modèle.

▸ **Par catégorie** : c'est la méthode à appliquer si vous voulez synthétiser un ensemble de feuilles de calcul comportant les mêmes étiquettes, mais dont les données sont distribuées différemment. Cette méthode associe les données de chaque feuille de calcul ayant les mêmes étiquettes.

CONSEIL

Si vous entrez les données en utilisant une série de formulaires créés à l'aide du même modèle et si vous souhaitez répertorier les données entrées à partir de chaque formulaire dans une seule feuille de calcul, pensez à utiliser l'assistant **Modèle avec suivi des données**.

▸ **Utilisation des références 3D** (en trois dimensions) : cette méthode est la plus courante. Vous vous référez à une pile de feuilles de calcul, ce qui explique cette notion de 3D. Lorsque vous utilisez des références 3D, il n'existe aucune restriction d'organisation des données source (celles qu'il faut consolider).

▸ **Création d'un rapport de tableau croisé dynamique** : cette méthode est semblable à la consolidation par catégorie, mais elle offre davantage de souplesse dans la réorganisation des catégories.

Préparer une consolidation

Pour effectuer une consolidation, il convient de bien la préparer. Voici quelques mesures de bon sens :

▸ **Noms pour les zones source** : pour faciliter le suivi des zones source, nommez chaque plage ; vous utiliserez les noms ou les étiquettes par la suite. C'est ce qui n'a pas été fait dans ce qui suit, afin de mieux vous montrer les plages déclarées.

▸ **Référence à des zones source dans la même feuille de calcul** : si les zones source et la zone de destination se trouvent dans la même feuille de calcul, utilisez soit les références de cellule ou de plage, soit les noms.

▸ **Référence à des zones source dans des feuilles de calcul différentes** : si les zones source et la zone de destination sont situées dans des feuilles de calcul différentes, utilisez des références ou des noms spécifiant la feuille et la cellule ou la plage.

▸ **Référence à des zones source dans des classeurs différents** : si les zones source et la zone de destination sont situées dans des classeurs différents, il faut ajouter cette information ; utilisez des références ou des noms comportant le nom du classeur, de feuille de calcul et de la cellule ou de la plage.

▸ **Référence à des zones source dans des lieux de stockage différents** : dernière hypothèse, si les zones source et la zone de destination se trouvent dans des classeurs situés sur divers disques ou ordinateurs, utilisez les références ou les noms de chemin d'accès complet, de classeur, de feuille et de cellule ou de plage.

Astuce

Vous pouvez omettre les noms de feuilles de calcul dans les références si votre classeur porte des noms que vous lui avez attribués, et non des étiquettes utilisées comme noms.

Souvenez-vous de bien indiquer les références, car les exemples qui suivent font appel à des feuilles situées dans le même classeur par souci de simplification.

Pour exécuter des consolidations avec des données de sources extérieures, vous cliquerez sur le bouton **Parcourir** de la boîte de dialogue de consolidation et vous les rechercherez.

Consolider des données par position

C'est la méthode la plus simple. Pour consolider des données, il faut disposer d'au moins deux tableaux source, par exemple ceux d'Orléans et de Grenoble. Ces tableaux sont dotés d'une organisation identique, faute de quoi il faudrait appliquer une autre méthode (figure 16.1) ; les produits sont désignés par des lettres de l'alphabet et les montants n'ont pas été formatés en monétaire pour que ces exemples restent dépouillés. On a choisi des feuilles distinctes appelées **Orléans** et **Grenoble.**

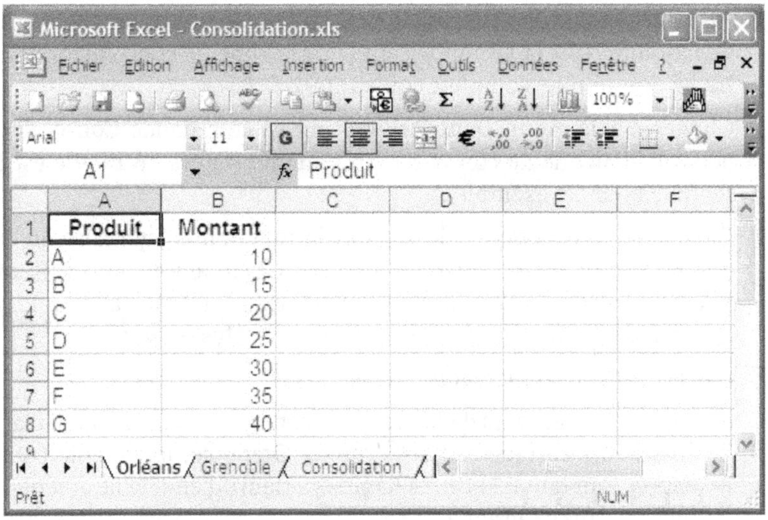

Figure 16.1. La feuille à consolider pour Orléans.
Les feuilles sont bâties sur le même modèle.

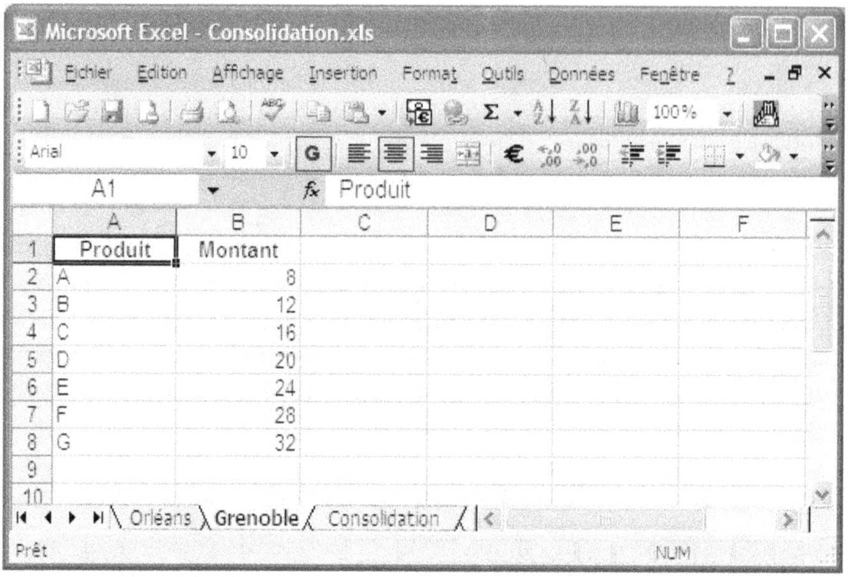

Figure 16.2. La feuille à consolider pour Grenoble.
Ces deux feuilles sont bâties sur le même modèle.

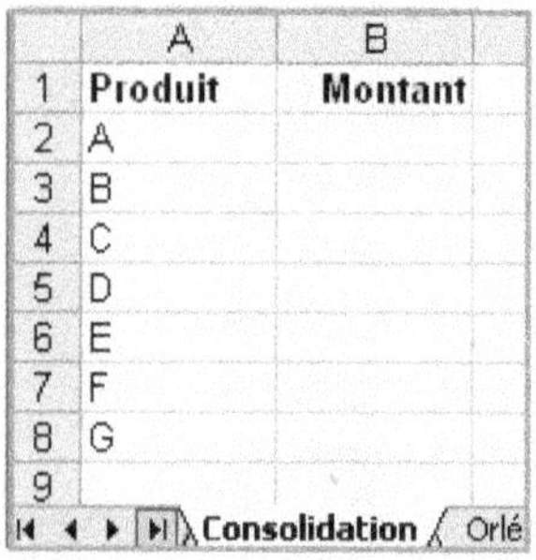

Figure 16.3. La feuille de
consolidation, encore vide.

La table de consolidation, appelée ici Consolidation, a été préparée, mais, bien sûr, les totaux sont encore vides (figure 16.3).

La procédure est la suivante :

1. Affichez la table de consolidation, dont l'organisation est identique, et sélectionnez soit la première cellule de la zone de consolidation, donc **B2** ici, soit la zone complète couvrant **B2:B8**.

2. Cliquez sur le menu **Données**, puis sur sa commande **Consolider**. La boîte de dialogue de consolidation s'affiche (figure 16.4 : elle est déjà remplie pour cet exemple).

3. Dans la zone **Fonction**, sélectionnez la fonction de synthèse qu'Excel doit utiliser pour consoler les données. Ces fonctions sont présentées plus loin, mais ici, c'est la fonction SOMME qu'il faut appliquer. Elle apparaît d'ailleurs sélectionnée par défaut le plus souvent.

4. Dans la zone **Référence**, vous pouvez :

   - Taper les références de la première zone source de la consolidation, en valeurs absolues. C'est la feuille **Grenoble**, la zone de consolidation couvrant **B2:B8**. La ligne supérieure d'en-tête ne doit pas être incluse dans cette zone.

   - Mieux, spécifier le nom de la zone de consolidation.

- Une autre méthode consiste à afficher cette feuille et à sélectionner la plage utile. Cliquez sur l'icône de **Réduction-rétablissement** située à droite de la zone **Référence** pour réduire provisoirement cette fenêtre sur deux lignes, ce qui dégage le tableau sous-jacent et vous permet d'opérer votre sélection ; après sélection, recliquez sur cette même icône.

5 Quelle que soit la méthode, cliquez sur le bouton **Ajouter**. Les coordonnées de la zone source s'affichent dans le cadre **Références source**.

Figure 16.4. La boîte de dialogue de consolidation, ici déjà remplie.

6 Recommencez avec chaque zone source à consolider. Vous constaterez qu'une fois une plage sélectionnée, Excel en conserve la mémoire et la reporte automatiquement dans la feuille suivante pour vous éviter toute peine inutile. Après l'ajout d'**Orléans**, la boîte de dialogue est celle de la figure 16.3.

7 Ne vous souciez pas de la rubrique **Étiquettes dans**, dans un premier temps, non plus que de la ligne **Lier aux données source** et cliquez sur le bouton **OK**, la consolidation s'exécute et procure le résultat de la figure 16.5.

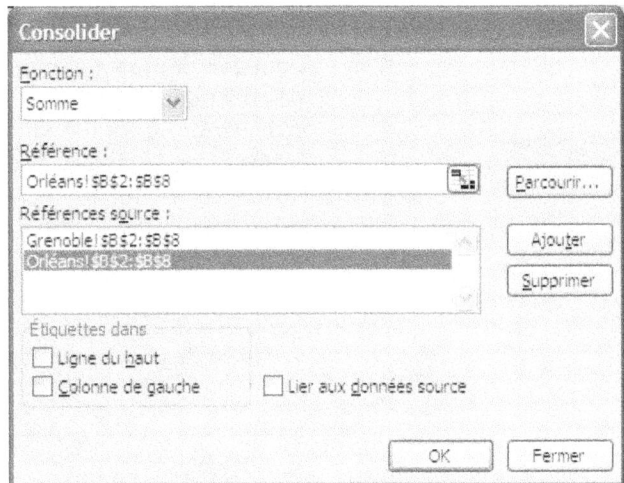

Figure 16.5. La consolidation a été exécutée.

Consolider des données par catégorie

Cette fois, les catégories sont bien les mêmes, mais leur distribution n'est pas identique d'une feuille source à l'autre. C'est ce que montrent les figure 16.6 et 16.7 où les produits d'**Orléans** et de **Grenoble** ne respectent pas le même ordre. Le tableau de consolidation (figure 16.8) est encore vide (voyez les onglets, en bas).

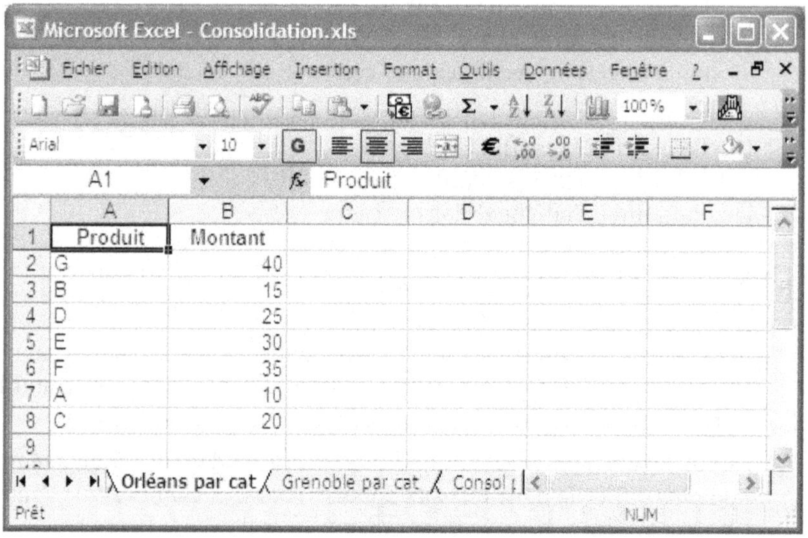

Figure 16.6. Les catégories se trouvent dans le plus grand désordre dans la colonne Produit, ici pour Orléans.

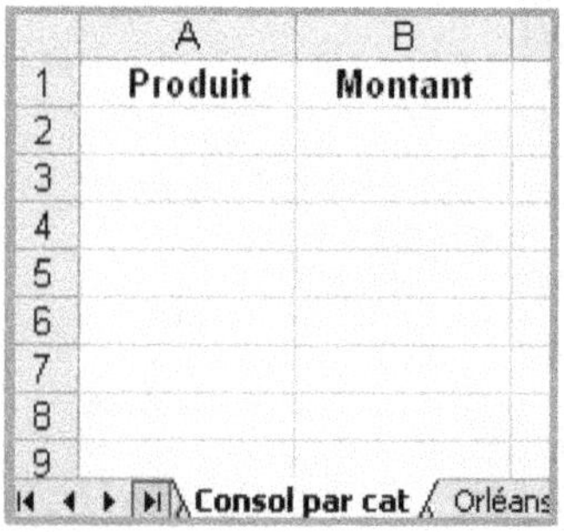

Figure 16.8. La feuille de conso-lidation par catégorie : elle doit rester vide au départ.

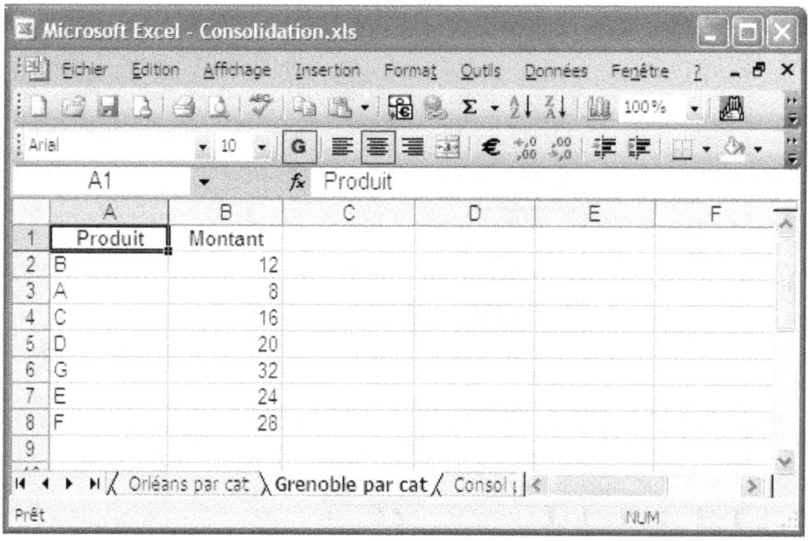

Figure 16.7. Les catégories se trouvent dans le plus grand désordre dans la colonne Produit, ici pour Grenoble.

La procédure est quasiment la même, avec une légère différence, il faut inclure la colonne des catégories (des produits) dans la sélection :

1. Affichez la table de consolidation, totalement vide de catégories et de chiffres.

2. Sélectionnez la zone de consolidation ou sa seule cellule d'angle gauche supérieur, donc **A2** maintenant.

3. Cliquez sur le menu **Données**, puis sur sa commande **Consolider**. La boîte de dialogue de consolidation s'affiche, comme dans la figure 16.3.

4. Dans la zone **Fonction**, sélectionnez la fonction de synthèse qu'Excel doit utiliser pour consolider les données. Ici, c'est encore la fonction SOMME qu'il faut appliquer.

5. Comme précédemment, dans la zone **Référence**, au choix :

   - Tapez la référence d'une zone source, ici, **A2:B8**, en valeurs absolues.

   - Ou tapez le nom de la zone cible.

   - Ou bien cliquez sur le bouton **Réduction-rétablissement**, affichez cette feuille, puis sélectionnez cette zone, **A2:B8** dans notre exemple. Recliquez sur le bouton **Réduction-rétablissement**.

ATTENTION

La ligne supérieure d'en-tête ne doit pas être incluse dans cette zone mais, cette fois, vous devez inclure la colonne A désignant les produits.

---

6. Cliquez sur le bouton **Ajouter**.

7. Ajoutez de la même façon, et comme précédemment, les autres zones source.

8. Important : à la rubrique **Étiquettes dans**, cochez la case indiquant où se trouvent les étiquettes des produits, **Colonne de gauche** dans notre exemple (figure 16.9). C'est là la grande différence indiquant à Excel qu'il doit se fier aux étiquettes pour consolider.

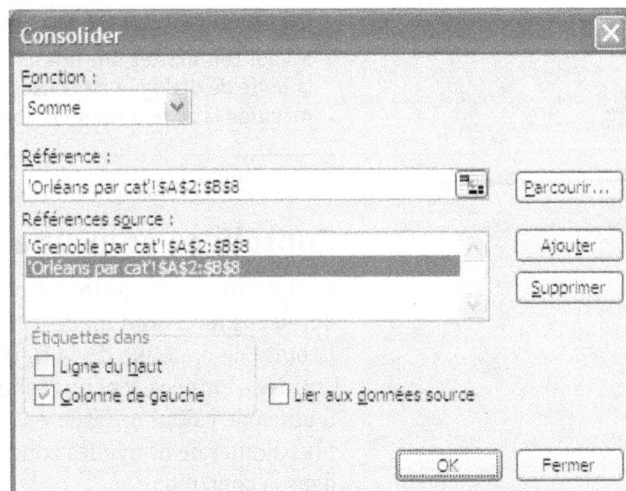

Figure 16.9. Boîte de dialogue pour consolider des données par catégorie.

⑨ Continuez à ignorer, en un premier temps, la ligne **Lier aux données source**.

⑩ Cliquez sur le bouton **OK**, la consolidation s'exécute. Excel reprend l'ordre des catégories de la dernière feuille (figure 16.10).

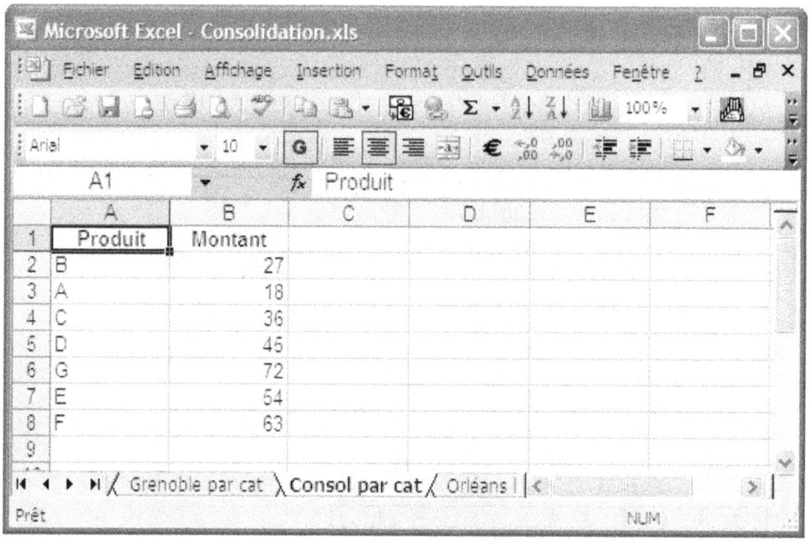

Figure 16.10. Résultat de la consolidation par catégorie.

Rien ne vous interdit, maintenant, de trier votre feuille par ordre alphabétique des catégories.

EN CAS D'ERREUR DE MANIPULATION

Si vous commettez une erreur, recommencez et supprimez les références dans la boîte de dialogue de consolidation. Surtout, veillez à ne pas introduire par mégarde la zone de destination dans la zone **Références source** !

Consolider pour une mise à jour automatique

Pour mettre à jour automatiquement la table de consolidation lorsque les données source sont modifiées, cochez la case **Lier aux données source** dans la boîte de dialogue de la figure 16.3. Dans ce cas, pour créer des liaisons entre les données, les zones source et destination doivent se situer dans des feuilles de calcul différentes. Une fois les liaisons créées, vous ne pouvez plus ajouter de nouvelles zones source ni changer les zones source incluses dans la consolidation.

Quand vous liez plusieurs feuilles, la zone de consolidation reçoit les références externes des feuilles, puis les formules de calcul. En l'absence de lien, il n'existe aucune formule. Deux cas se présentent, selon qu'il s'agit de feuilles de structure identique ou différente.

Structure identique

Si les documents sont de structure identique (figure 16.11), Excel crée un plan sur deux niveaux dans le document de destination. Le premier niveau contient la référence aux lignes des documents source, le second, le résultat de la consolidation.

La figure 16.12 montre la boîte de dialogue de consolidation de deux feuilles de structure identique et la figure 16.13 le résultat de la consolidation.

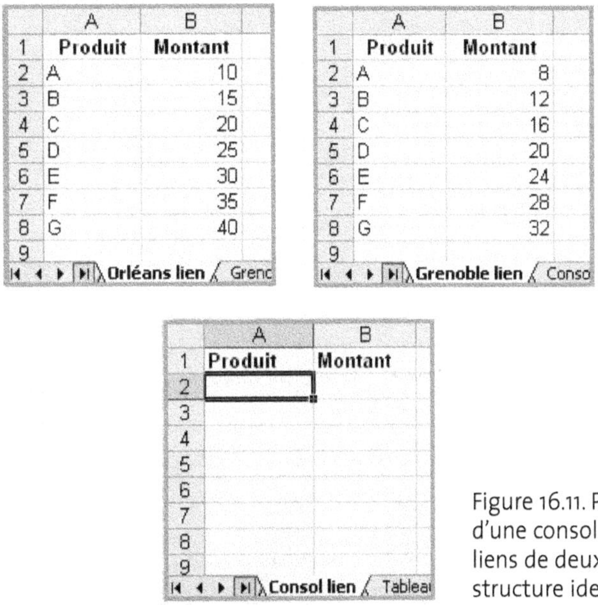

Figure 16.11. Préparation d'une consolidation avec liens de deux feuilles de structure identique.

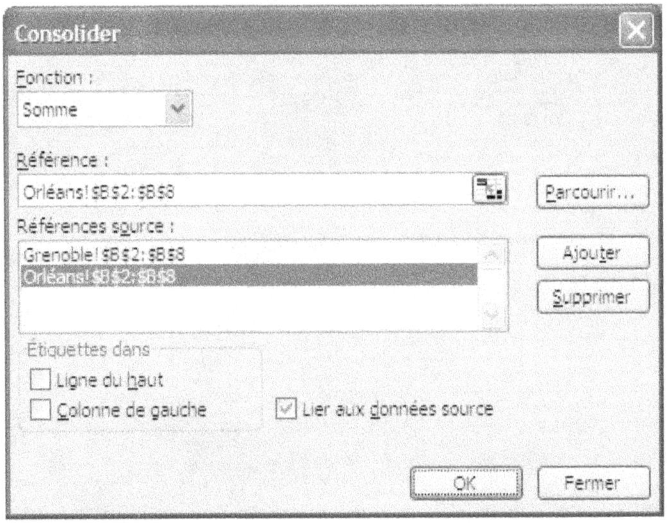

Figure 16.12. Boîte de dialogue de consolidation avec liens de deux feuilles de structure identique.

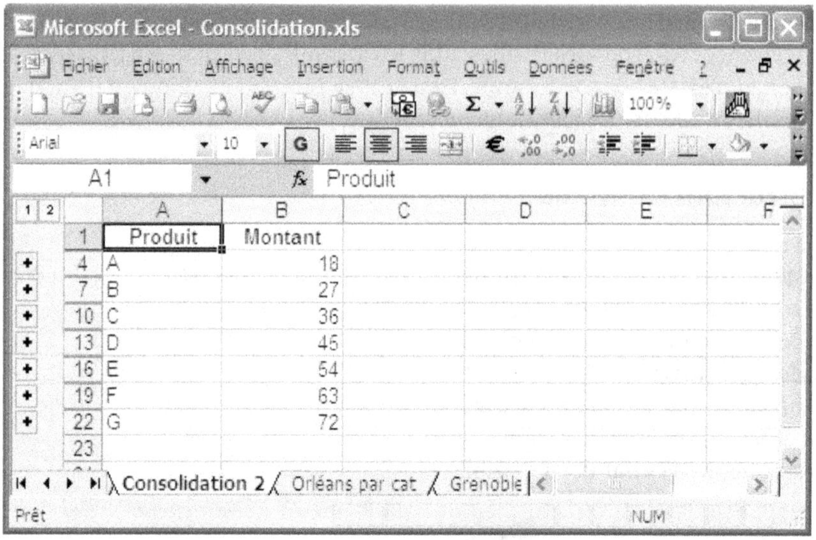

Figure 16.13. Résultat de la consolidation en mode Plan.

Dans la figure 16.14, on a développé deux niveaux du plan ; dans la figure 16.15, on a remplacé les résultats par leurs formules, pour que vous compreniez bien ce que cela représente et comment le plan est organisé.

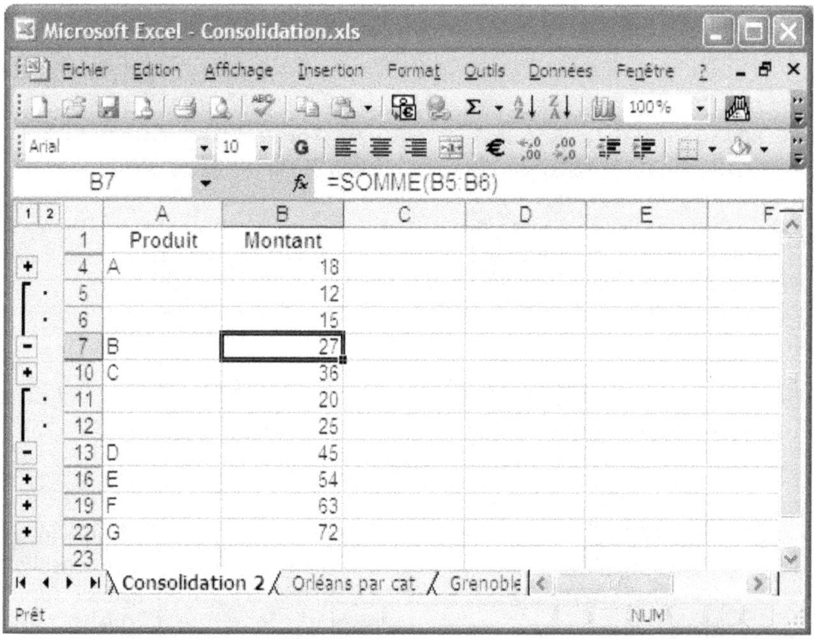

Figure 16.14. Le plan peut être partiellement développé. Examinez
la barre de formule pour comprendre comment il se comporte.

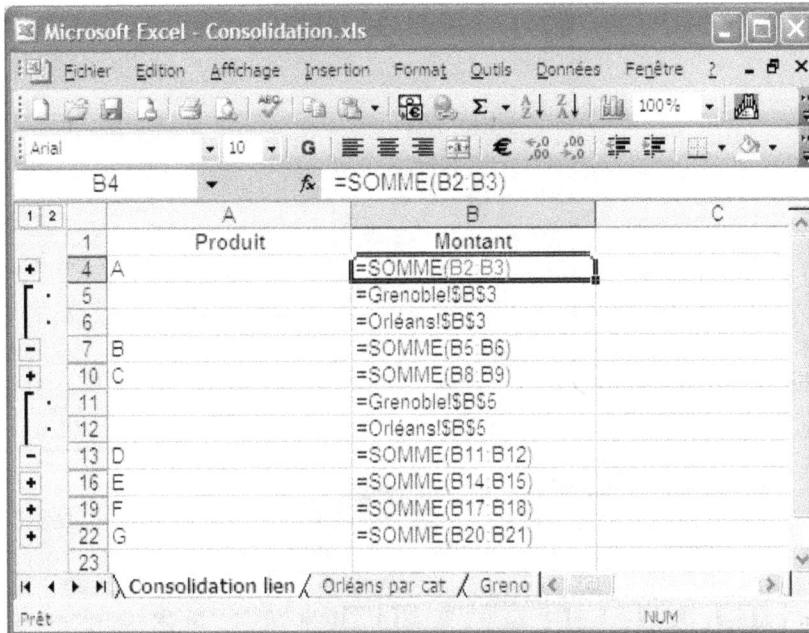

Figure 16.15. On a remplacé les résultats par leurs formules.

Structure différente

Dans le cas d'une structure différente (figure 16.16), la boîte de dialogue de consolidation doit être remplie en tenant compte de la colonne A, comme le montre la figure 16.17. Excel ajoute une colonne supplémentaire à la consolidation ; si l'on développe au moins un niveau, on obtient un tableau de consolidation tel que celui de la figure 16.18.

Figure 16.16. Préparation de la consolidation avec lien pour des structures différentes. En haut, les données source. En bas, la feuille cible.

Figure 16.17. Boîte de dialogue de consolidation avec des structures différentes et avec liens.

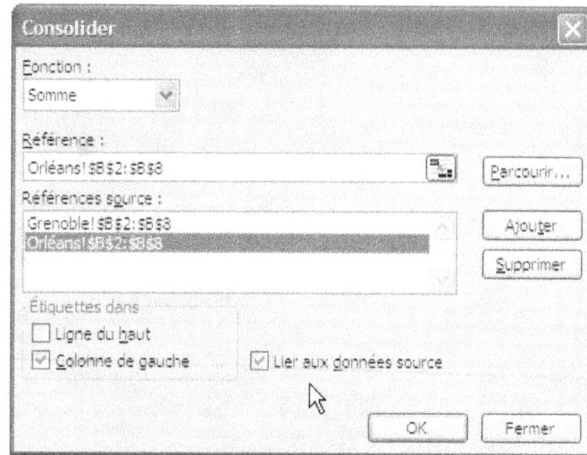

Figure 16.18. Résultat de la consolidation avec un niveau développé.

Pratique de la consolidation avec références 3D

Pour présenter l'usage du mode de consolidation avec des liens 3D, supposons, d'abord, qu'on utilise plusieurs feuilles de calcul de structure identique, par exemple pour **Janvier**, **Février** et **Mars** (figure 16.19), et que l'on consolide dans une quatrième feuille appelée **Consolidation**.

Pour consolider des données à l'aide de références 3D, la procédure est la suivante :

1. Ouvrez la feuille **Consolidation**. Elle a ici été réduite au strict minimum, pour ne pas vous troubler.

2. Dans la cellule devant recevoir la consolidation, ici **B3**, tapez le début de la formule de totalisation (figure 16.20) :

   =SOMME (

	A	B
1	**Janvier**	
2	Chocolats	10
3	Glaces	20
4	Caramels	30
5	**Total**	**60**
6		

	A	B
1	**Février**	
2	Chocolats	15
3	Glaces	25
4	Caramels	5
5	**Total**	**45**
6		

	A	B
1	**Mars**	
2	Chocolats	17
3	Glaces	9
4	Caramels	27
5	**Total**	**53**
6		

Figure 16.19. Les trois feuilles Janvier, Février et Mars.

TEMPS	▼ ✗ ✓ *fx* =SOMME(		
	A	B	C	D
1	**Consolidation**			
2				
3	**Total**	=SOMME(		
4		SOMME(**nombre1**; [nombre2]; …)		
5				

1. Tapez le début de la formule dans B3.

TEMPS	▼ ✗ ✓ *fx* =SOMME('Janvier:Mars'!B5		
	A	B	C	D
1	**Janvier**			
2	Chocolats	10		
3	Glaces	20		
4	Caramels	SOMME(**nombre1**; [nombre2]; …)		
5	**Total**	60		
6				

2. Après avoir associé les 3 feuilles, pointez la cellule à consolider dans l'une d'elles.

B3	▼ *fx* =SOMME(Janvier:Mars!B5)		
	A	B	C	D
1	**Consolidation**			
2				
3	**Total**	158		
4				

3. La formule terminée, la consolidation s'est opérée dans B3.

Figure 16.20. Etapes pour la pose d'une formule 3D.

3. Cliquez sur l'onglet **Janvier**.

4. Maintenez la touche **Maj** enfoncée et cliquez sur l'onglet **Mars**. Si **Février** se trouve logiquement au milieu, les trois onglets sont sélectionnés.

5 Dans la feuille **Janvier**, cliquez sur la cellule dont le contenu fait partie de la consolidation, ici B5 pour le total par mois. Puisque la structure des feuilles est identique, la même cellule est simultanément sélectionnée dans **Janvier**, **Février** et **Mars**.

6 La formule est terminée, cliquez sur le bouton **Entrée** dans la barre de formule.

Le total apparaît aussitôt dans la cellule de consolidation. Si la structure des feuilles n'était pas identique, vous devriez désigner chaque cellule faisant partie de la consolidation à tour de rôle.

Modifier une consolidation

La synthèse des données ayant été réalisée par consolidation, vous pouvez ajouter, supprimer ou changer les zones source de votre consolidation, à la condition de ne pas avoir lié les données. Dans ce dernier cas, il vous faudrait supprimer la table de consolidation, puis la recréer.

Vous pouvez également lier la table de consolidation aux données source, ainsi que vous l'avez vu, afin qu'Excel mette automatiquement à jour la table de consolidation lorsque les données de la zone source sont modifiées.

Ajouter une autre zone source à une consolidation

Pour ajouter une autre zone source à une consolidation et reconsolider les données :

1 Cliquez sur la cellule située dans l'angle supérieur gauche de la table de consolidation.

2 Cliquez sur le menu **Données**, puis sur **Consolider**.

3 Cliquez dans la zone **Référence**.

4 Ajoutez la nouvelle zone source. Ouvrez le classeur qui la contient, puis sélectionnez-la.

5 Cliquez sur le bouton **Ajouter**.

6 Pour reconsolider les données en incluant les nouvelles zones source, cliquez sur **OK**. Pour accepter les modifications sans consolider les données, cliquez sur le bouton **Fermer**.

Changer une référence de zone source dans une consolidation

La procédure est très proche :

1. Cliquez sur la cellule d'angle gauche de la table de consolidation.
2. Cliquez sur le menu **Données**, puis sur **Consolider**.
3. Dans la zone **Références source**, sélectionnez la zone source à modifier.
4. Dans la zone **Référence**, modifiez la référence sélectionnée.
5. Cliquez sur le bouton **Ajouter**.
6. Si vous ne souhaitez pas conserver l'ancienne référence, sélectionnez-la dans la zone **Références source**, puis cliquez sur le bouton **Supprimer**.
7. Pour consolider les données en utilisant les zones source modifiées, cliquez sur **OK**. Pour accepter les modifications sans consolider les données, cliquez sur le bouton **Fermer**.

Supprimer une référence de zone source

Vous avez certainement déjà deviné comment procéder pour supprimer une référence de zone source :

1. Cliquez sur la cellule d'angle gauche de la table de consolidation.
2. Cliquez sur le menu **Données**, puis sur **Consolider**.
3. Dans la zone **Références source**, sélectionnez la référence de zone source à supprimer.
4. Cliquez sur le bouton **Supprimer**.
5. Pour consolider les données sans la zone source supprimée, cliquez sur **OK**. Pour accepter les modifications sans consolider les données, cliquez sur le bouton **Fermer**.

REMARQUE

Lorsque vous effectuez une consolidation avec des références 3D, vous pouvez modifier la consolidation en changeant les formules utilisées pour inclure des zones source supplémentaires ; ou bien en ajoutant ou en supprimant une feuille de calcul dans une plage de noms de feuille de calcul utilisée dans les formules. Ce qui paraît évident.

Fonctions de consolidation

La consolidation permet d'effectuer de nombreuses autres opérations qu'une somme. Pour vous en convaincre, cliquez sur la liste déroulante **Fonction** dans la boîte de dialogue de consolidation.

Les fonctions disponibles sont les suivantes :

▶ SOMME : calcule la somme en consolidant.

▶ NOMBRE : compte le nombre de valeurs non vides.

▶ MOYENNE : calcule la moyenne.

▶ MAX : extrait la plus grande valeur.

▶ MIN : extrait la plus petite valeur.

▶ PRODUIT : multiplie les valeurs.

▶ NB : compte le nombre de valeurs.

▶ ECARTYPE et ECARTYPEP : calculent l'écart-type.

▶ VAR et VARP : calculent la variance.

Ces fonctions s'emploient de la même façon. Elles vous ont été présentées dans le chapitre consacré aux « Fonctions de synthèse pour l'analyse des données ».

Utiliser des étiquettes ou des noms

Dans les exemples qui précèdent, nous n'avons pas utilisé les étiquettes ou les noms des plages de références, cela pour bien montrer leur étendue. En pratique, l'usage des étiquettes ou des noms se révélera toujours plus simple ; en voici une illustration.

Supposons que, dans la consolidation simple par position du début de ce chapitre, à la section « Consolider des données par position », on ait nommé les plages des villes respectivement **Orléans** et **Grenoble**. Pour déclarer les références dans la boîte de dialogue de consolidation, il suffit alors de taper **Orléans**, puis **Grenoble**. La consolidation s'exécute très exactement de la même façon.

CHAPITRE 17

HYPOTHÈSES DE TRAVAIL, VALEURS CIBLES ET SIMULATION

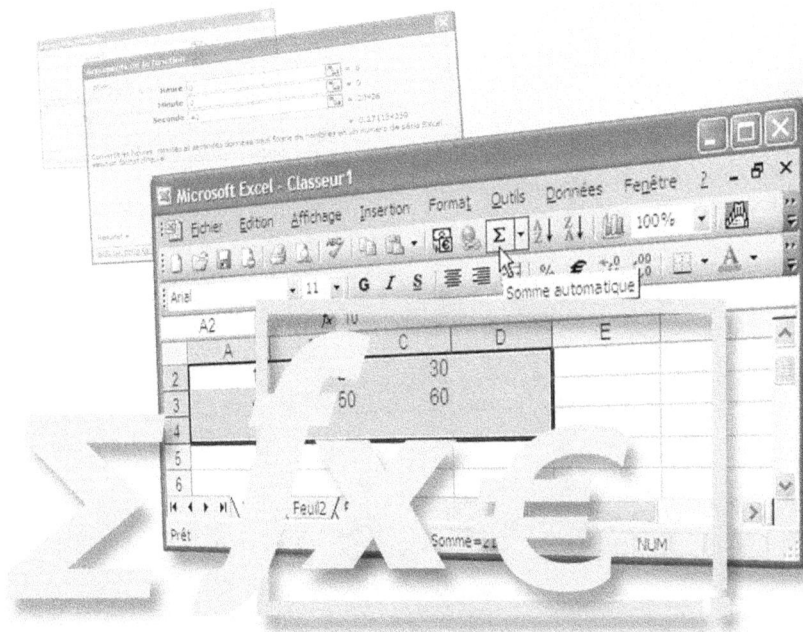

L'une des raisons du succès des tableurs réside dans la facilité avec laquelle ils permettent d'échafauder des hypothèses de travail et d'étudier leurs répercussions, simplement en modifiant le contenu d'une ou de plusieurs cellules. C'est ce que l'on commence par apprendre lorsqu'on s'initie aux tableurs.

Mais il existe des outils plus puissants. Ainsi, vous pouvez élaborer des scénarios de calcul (chaque scénario répond à ses propres conditions), ce qui permet de comparer plusieurs options très aisément, ou encore rechercher des valeurs cibles, effectuer des simulations et procéder à l'analyse de vos données en appliquant diverses autres méthodes.

Formuler des hypothèses

La pose d'une hypothèse la plus simple consiste à modifier une valeur dans un tableau, puis à examiner ce que procurent les cellules qui en dépendant (on les appelle des cellules dépendantes).

Il existe toutefois des méthodes plus élaborées faisant appel aux **tables d'hypothèses**, ou **tables de données**. Une telle table est une plage de cellules qui affiche les effets de la modification de certaines valeurs ou formules sur les résultats.

Les tables de données fournissent :

▶ Une méthode raccourcie permettant de calculer plusieurs options de modification en une seule opération.

▶ Un mode d'affichage et de comparaison des résultats de toutes les différentes variations dans votre feuille de calcul.

Ces tables doivent être créées indépendamment de tout tableau courant et se présentent sous deux formes :

▶ Table à une seule variable.

▶ Table à deux variables.

Table d'hypothèse à une variable

Voici le principe général de fonctionnement d'une table d'hypothèse à une seule variable, un exposé qui sera suivi par un exemple pratique. Dans une telle table, il faut que :

▶ Les valeurs d'entrée servant à élaborer la table d'hypothèse soient listées en colonne ou en ligne. Ce choix est le vôtre.

▶ Les formules utilisées fassent référence à une cellule d'entrée contenant la variable.

Principe de la construction d'une table d'hypothèse à une variable

La procédure générale est la suivante :

1 Tapez, en colonne ou en ligne, la liste des valeurs que vous voulez remplacer dans la cellule d'entrée.

2 Si les valeurs d'entrée sont affichées :

■ En colonne, tapez la formule de calcul dans la ligne située au-dessus de la première valeur et dans la cellule située à droite de la colonne de valeurs. C'est impératif. (Vous taperiez d'éventuelles formules supplémentaires à droite de la première formule.)

■ En ligne, tapez la formule dans la colonne située à gauche de la première valeur et dans la cellule située en dessous de la ligne de valeurs. (Vous taperiez d'éventuelles formules supplémentaires sous la première formule.)

3 Sélectionnez la plage de cellules contenant les formules et valeurs que vous souhaitez remplacer.

4 Cliquez sur le menu **Données**, puis sur **Table**. Une fenêtre **Table** s'affiche. S'il s'agit d'une table :

■ En colonne, tapez la référence de la cellule d'entrée dans la zone **Cellule d'entrée en colonne**.

■ En ligne, tapez la référence de la cellule d'entrée dans la zone **Cellule d'entrée en ligne**.

5 Cliquez sur **OK** pour exécuter les calculs.

Exemple de construction d'une table d'hypothèse à une variable

Prenons un exemple très simple d'hypothèse, parfaitement transposable à des cas plus complexes. Supposons qu'un montant de 1 000 soit soumis à des charges de 20 %. On calcule d'abord la valeur totale, montant plus charges. Puis on se demande comment cette valeur totale évoluerait si le taux des charges passait de 18 à 22 % par pas de 1. Le tableau complet permettant d'effectuer le calcul est présenté figure 17.1.

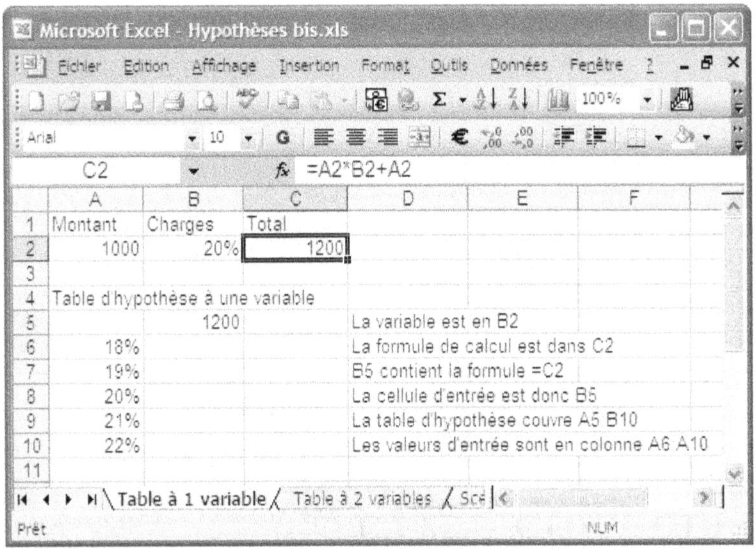

Figure 17.1. La table d'hypothèse à une variable avant calcul.

D'abord, on pose le problème, pour mémoire, sur la ligne 2 :

▸ B2 contient le taux de charges, ce qui va servir de variable pour le calcul. C'est la cellule d'entrée.

▸ La formule de calcul en **C2** est à l'évidence :

```
=A2*B2+A2
```

Puis il faut préparer la zone réservée à l'hypothèse sous la forme d'une table à une seule entrée (une seule variable) :

1. La formule de calcul dans **B2** est réintroduite dans **B5** non pas par copie (car les références resteraient relatives), mais simplement en posant une formule d'égalité avec **B2** :

```
=B2
```

2. Dans la plage **A6:A10**, on inscrit les taux successifs.

3. Tous les éléments étant en place, il reste à lancer le calcul fondé sur cette hypothèse. Sélectionnez l'espace de la table, donc **A5:B10**.

4 Cliquez sur le menu **Données**, puis sur sa commande **Table**. Elle affiche la boîte de dialogue **Table** (figure 17.2).

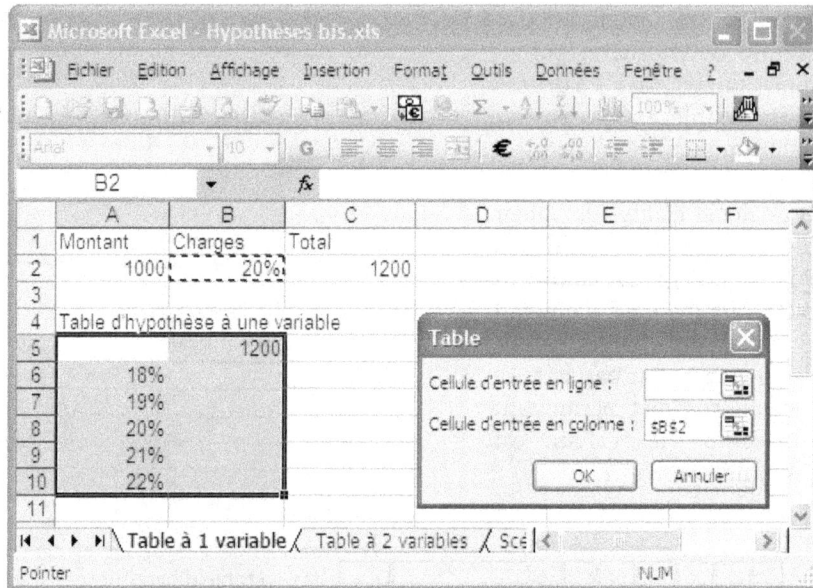

Figure 17.2. Sélection de la table d'hypothèse.
La boîte de dialogue Table est ici affichée et remplie.

5 Remplissez cette boîte de dialogue ainsi que le montre la figure 17.2

- Le tableau des résultats étant présenté en colonnes, c'est la seconde ligne qui convient.

- Cliquez sur la zone de texte de la seconde ligne. La cellule d'entrée dans le tableau contenant la variable est **B2**. Ne tapez pas cette adresse, cliquez simplement sur cette cellule. Ses coordonnées s'affichent en références absolues.

ASTUCE

Utilisez les icônes **Réduction-rétablissement** qui se trouvent à l'extrémité droite des zones de texte pour escamoter cette boîte de dialogue et opérer vos sélections dans la feuille. Celles-ci effectuées, cliquez à nouveau sur ces icônes.

---

⑥ Cliquez sur **OK**. Le tableau est calculé et affiche ce que montre la figure 17.3. Vous trouvez ici les valeurs calculées sur la base de l'hypothèse de départ.

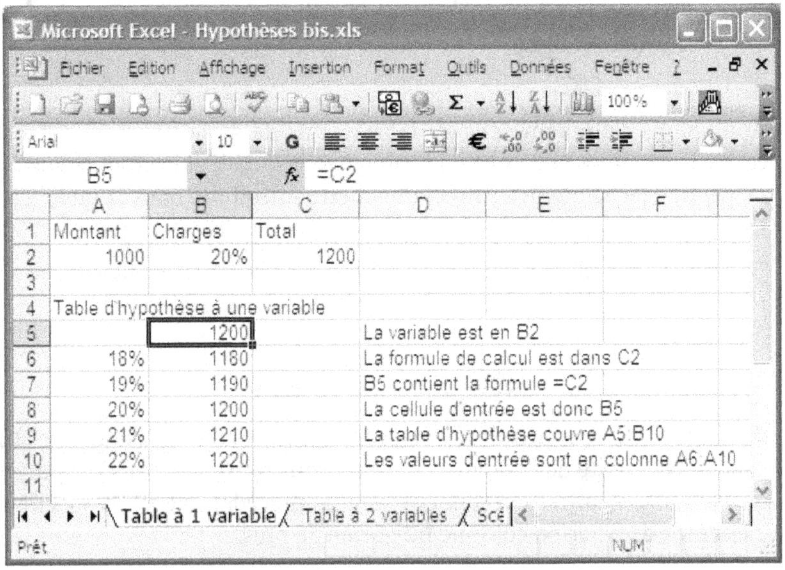

Figure 17.3. La table d'hypothèse à une entrée après calcul.

Ajouter des formules ou des valeurs dans une table à une entrée

Dans une table à une seule variable, vous pouvez ajouter des formules ou des valeurs et procéder à un recalcul. Chaque formule doit impérativement se référer à la même cellule d'entrée. L'exemple suivant a pour seul mérite de rester ultra simple : vous pourrez le vérifier sans calculette. La procédure générale d'ajout est la suivante :

① Si les valeurs d'entrée sont affichées :

- **En colonne**, tapez la nouvelle formule dans une cellule vide à droite de la formule existante, dans la ligne supérieure de la table.

- **En ligne**, tapez la nouvelle formule dans une cellule vide sous la formule existante, dans la première colonne de la table.

② Sélectionnez la table de données, y compris la colonne ou la ligne contenant la nouvelle formule.

③ Cliquez sur le menu **Données**, puis sur **Table**. Si les valeurs d'entrée sont :

- **En colonne**, tapez la référence de la cellule d'entrée dans la zone **Cellule d'entrée en colonne**.
- **En ligne**, tapez la référence de la cellule d'entrée dans la zone **Cellule d'entrée en ligne**.

④ Cliquez sur **OK**.

Appliquons cette démarche au tableau calculé de la figure 17.3. On veut calculer séparément les charges pour chaque taux. Cet exemple montre que la formule de calcul peut directement être introduite dans la table d'hypothèse :

① Dans la cellule située à droite de la première formule, tapez la seconde formule :

```
=A2*B2
```

② Sélectionnez la table selon la plage `A5:C10`.

③ Cliquez sur le menu **Données**, puis sur sa commande **Table**. Elle affiche la même boîte de dialogue, celle que vous retrouvez dans la figure 17.4. Remplissez-la très exactement comme précédemment, en spécifiant la cellule d'entrée en colonne `B2` et rien de plus.

④ Cliquez sur **OK**. La table est recalculée, ainsi que le montre la figure 17.5.

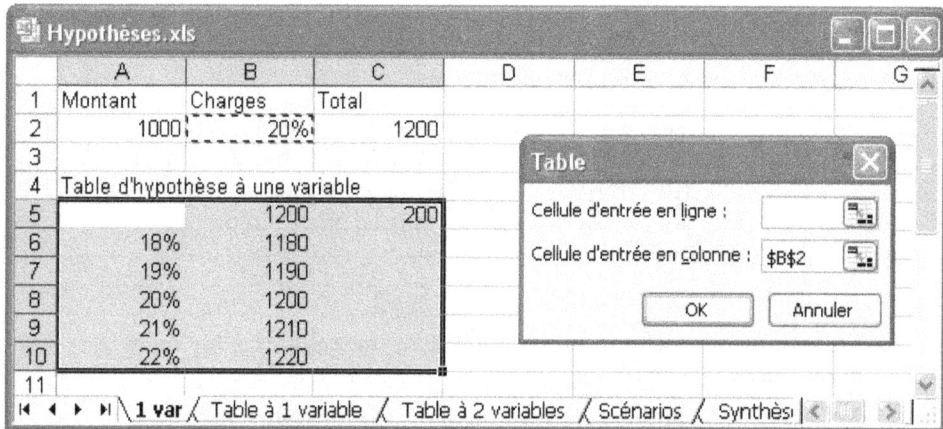

Figure 17.4. Préparation du calcul avec une formule supplémentaire.

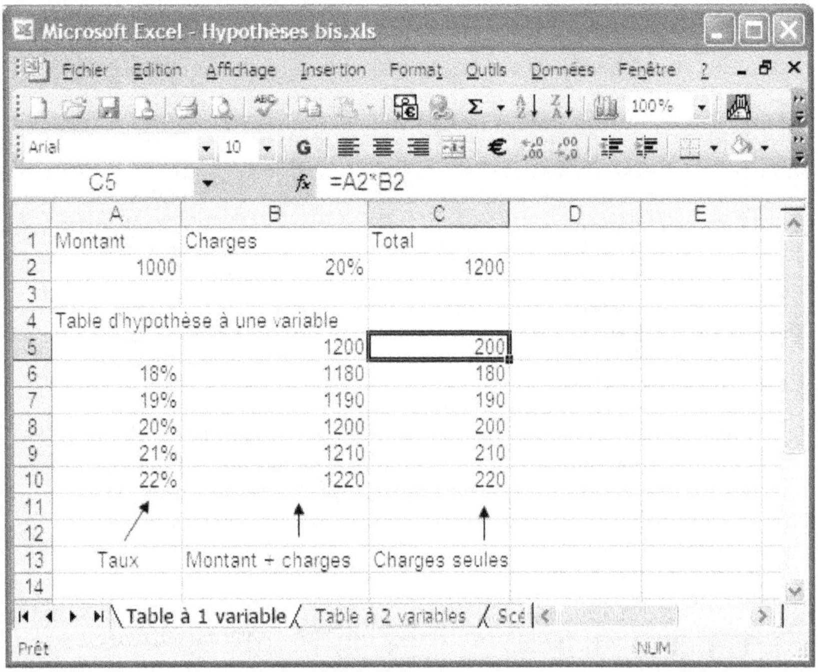

Figure 17.5. Calcul d'une variable avec deux formules.

De même, vous pouvez ajouter des valeurs dans une table déjà calculée, mais en dessous, puis la recalculer à volonté (figure 17.6). En effet, une table calculée constitue une matrice et vous ne pouvez agir qu'en bloc sur elle. Cela signifie que, pour insérer de nouvelles valeurs, vous devez d'abord effacer la matrice.

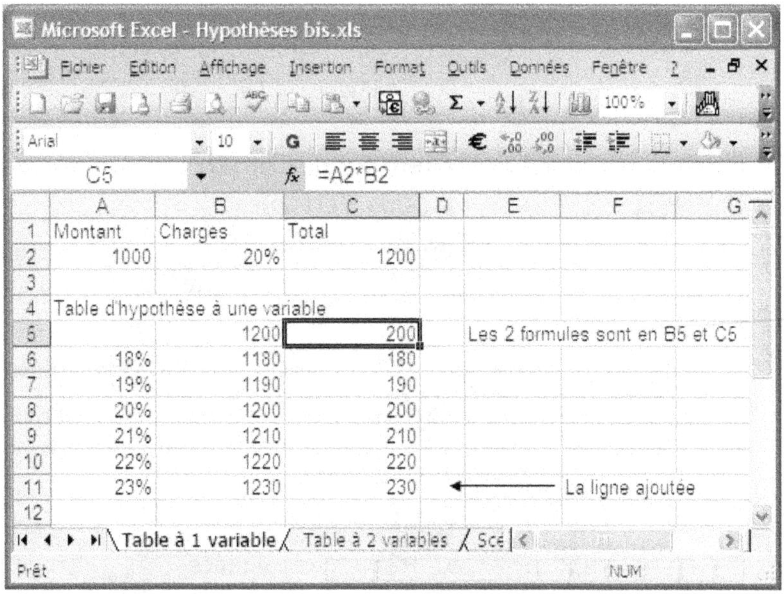

Figure 17.6. On a ajouté une ligne de valeur, puis on a recalculé la table.

Table d'hypothèse à deux variables

Les tables de données à deux variables ne font appel qu'à une seule formule de calcul, mais :

- Elles disposent de deux listes de valeurs d'entrée.
- La formule doit faire référence à deux cellules d'entrée différentes.
- Il faut taper la formule faisant référence aux deux cellules d'entrée dans une cellule de la feuille de calcul.

Principe du calcul d'une table à deux variables

Cela étant, le principe est le suivant :

1. Il faut taper une liste de valeurs d'entrée dans la même colonne, sous la formule. La seconde liste des valeurs d'entrée doit apparaître dans la même ligne, à droite de la formule. Ces positions sont impératives.
2. On sélectionne ensuite la plage de cellules contenant la formule, ainsi que la ligne et la colonne contenant les valeurs.
3. On clique sur le menu **Données**, puis sur **Table** pour ouvrir la même boîte de dialogue **Table**.
4. Dans la zone **Cellule d'entrée en ligne**, on tape la référence de la cellule d'entrée pour les valeurs d'entrée dans la ligne.
5. Dans la zone **Cellule d'entrée en colonne**, on tape la référence de la cellule d'entrée pour les valeurs d'entrée dans la colonne.
6. On clique sur **OK** pour exécuter les calculs.

Exemple de construction d'une table d'hypothèse à deux variables

Pour cet exemple, on va reprendre le problème précédent, mais en compli quant. On veut connaître l'évolution du total :

- Lorsque le taux varie de 18 à 22 % par pas de 1.
- Mais également lorsque le montant varie de 800 à 1 200 par pas de 100.

La figure 17.7 montre comment disposer la table pour exécuter les calculs. On a placé les montants en ligne et les taux en colonne. Les deux cellules d'entrée sont :

- **A2** pour les lignes.
- **B2** pour les colonnes.

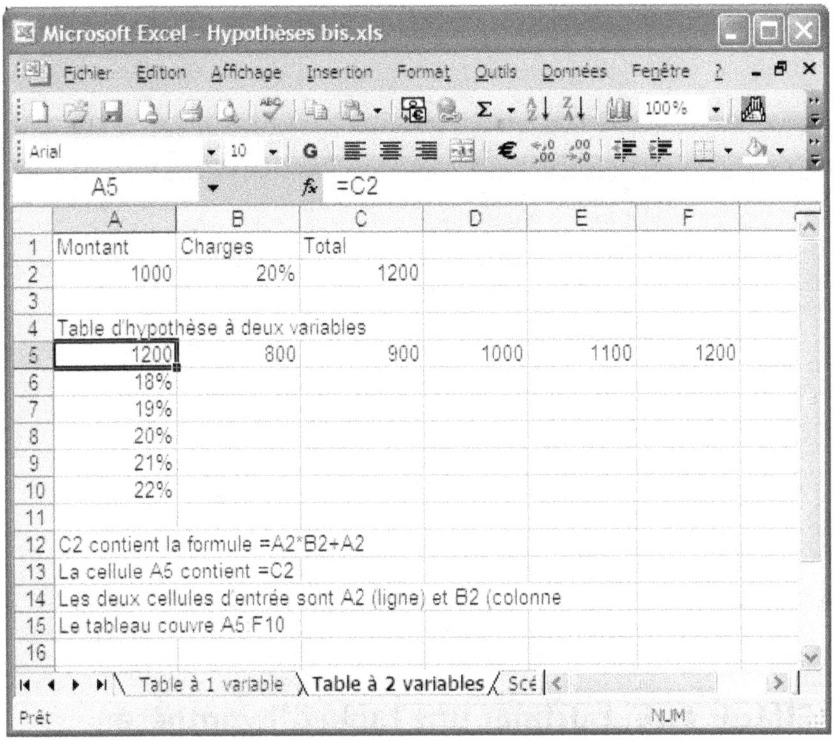

Figure 17.7. Table à deux variables avant calcul.

Dès lors, et tout comme précédemment :

1 Sélectionnez l'espace de la table, donc **A5:F10**.

2 Cliquez sur le menu **Données**, puis sur sa commande **Table**. Elle affiche la même boîte de dialogue que celle de la figure 17.4.

3 Remplissez cette table :

- Les montants étant en ligne, cliquez sur la première zone de texte, **Cellule d'entrée en ligne**, puis cliquez sur la cellule **A2**.

- Les taux étant en colonne, cliquez sur la zone de texte **Cellule d'entrée en colonne**, puis sur la cellule **B2**. Les coordonnées s'affichent en références absolues.

4 Cliquez sur **OK** pour exécuter les calculs, ce qui procure ce que montre la figure 17.8.

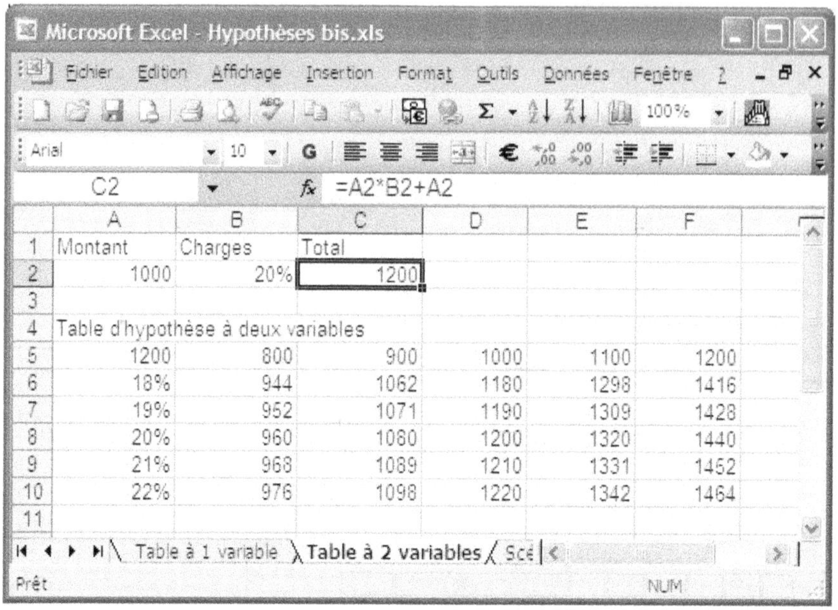

	A	B	C	D	E	F
1	Montant	Charges	Total			
2	1000	20%	1200			
3						
4	Table d'hypothèse à deux variables					
5	1200	800	900	1000	1100	1200
6	18%	944	1062	1180	1298	1416
7	19%	952	1071	1190	1309	1428
8	20%	960	1080	1200	1320	1440
9	21%	968	1089	1210	1331	1452
10	22%	976	1098	1220	1342	1464
11						

Figure 17.8. La table d'hypothèse à deux variables vient d'être calculée.

Effacer ou supprimer une table d'hypothèse

On ne peut ni effacer ni déplacer les valeurs individuelles d'une table d'hypothèse. En effet, les valeurs résultantes forment une matrice ; de ce fait, l'effacement ne peut s'effectuer qu'en bloc. Il n'est pas nécessaire de sélectionner aussi les formules et les valeurs d'entrée.

Pour effacer les valeurs calculées :

1. Sélectionnez toutes les valeurs résultant du calcul dans la table de données.
2. Cliquez sur le menu **Edition**, sur **Effacer**, puis sur **Contenu**. Ou appuyez sur la touche de suppression **Suppr**.

Pour effacer l'ensemble de la table de données :

1. Sélectionnez l'ensemble de la table, y compris toutes les formules, valeurs d'entrée, valeurs résultantes, formats et commentaires si vous en avez introduits.
2. Cliquez sur le menu **Edition**, sur **Effacer**, puis sur **Tout**.

Scénarios pour l'étude de cas

Un scénario permet d'étudier plusieurs situations à partir du même tableau de base. Il est constitué par un ensemble de valeurs d'entrée, dites **cellules variables**, qu'Excel enregistre sous le nom que vous avez choisi. Chaque ensemble représente un groupe d'hypothèses de simulation que vous pouvez appliquer à une feuille de calcul pour étudier ses effets. Un scénario admet jusqu'à 32 cellules variables.

Par exemple, si vous souhaitez créer un budget et si vous ne connaissez pas les rentrées avec précision, vous pouvez définir différentes valeurs, puis vous permuterez les scénarios pour exécuter des analyses par simulation. Vous étudierez les cas **Optimiste**, **Pessimiste** ou **Neutre**, par exemple. C'est ce que vous allez découvrir à partir du tableau de la figure 17.9 dans lequel la cellule pivot est la B4 : toutes les autres en dépendent.

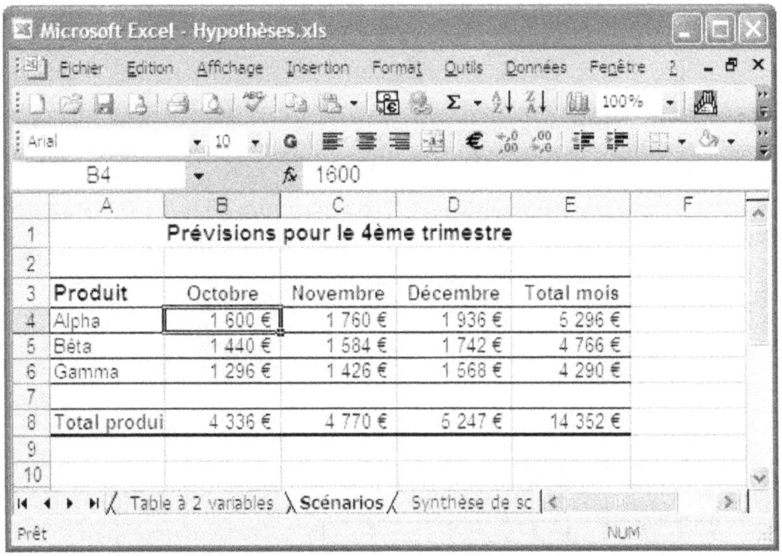

Figure 17.9. Tableau utilisé pour étudier les scénarios.

Créer un scénario

Pour créer un scénario, il faut faire appel au **Gestionnaire de scénarios** :

1. Sélectionnez une cellule du tableau auquel vous voulez appliquer le scénario, par exemple celle d'angle supérieur gauche, B4, la cellule pivot de ce tableau ; c'est sa zone qui s'affichera ensuite automatiquement.

2. Cliquez sur le menu **Outils**, puis sur **Gestionnaire de scénarios**. La fenêtre **Gestionnaire de scénarios** apparaît ; elle indique qu'aucun scénario n'a encore été conçu.

3. Cliquez sur le bouton **Ajouter**. Une nouvelle fenêtre s'affiche.

4. Dans la zone **Nom du scénario**, tapez le nom du scénario. On peut commencer par le scénario **Optimiste** si l'on retient l'hypothèse de trois scénarios.

5. Dans la zone **Cellules variables**, spécifiez les références de la ou des cellules que vous voulez modifier. Dans ce cas, il s'agit uniquement de B4 ; cliquez sur cette cellule, dont les références apparaissent en coordonnées absolues.

6. Sous **Protection**, sélectionnez les options souhaitées (pour une expérience, laissez ces deux cases non cochées) :

   - **Changements interdits** : cette option protège les scénarios contre tout changement. Vous devrez également protéger la feuille en cliquant sur le menu **Outils**, sur **Protection**, puis sur **Protéger la feuille**. Vous devrez désactiver la case **Changements interdits** avant de modifier ou de supprimer le scénario.

   - **Masquer** : activez cette case si vous voulez masquer les scénarios. Vous devrez également protéger la feuille en cliquant sur le menu **Outils**, sur **Protection**, puis sur **Protéger la feuille**.

7. Cliquez sur **OK** (figure 17.10).

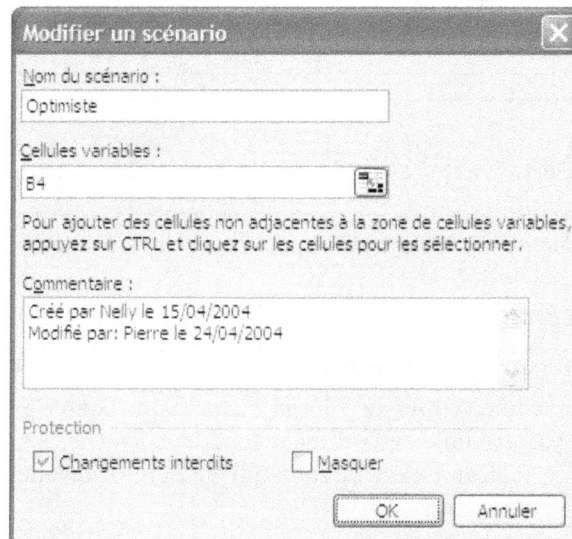

Figure 17.10. Création du premier scénario Optimiste.

8. Dans la boîte de dialogue **Valeurs de scénarios** qui apparaît, tapez les valeurs désirées pour les cellules successives à modifier, une seule dans notre cas ; on a tapé 1 800 (figure 17.11).

9. Pour créer le scénario, cliquez sur **OK**.

10. Pour créer d'autres scénarios, cliquez sur **Ajouter**, puis répétez cette même procédure, ce qui a été fait pour les scénarios **Neutre** (valeur : 1 600) et **Pessimiste** (valeur : 1 400).

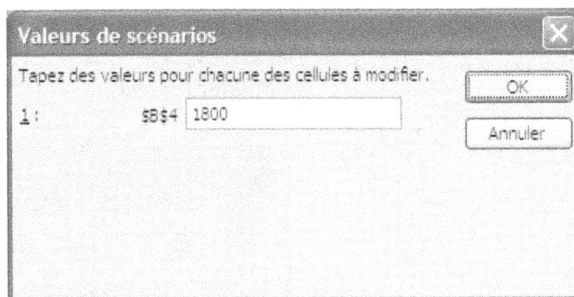

Figure 17.11. La valeur du scénario est spécifiée.

11. Lorsque vous avez terminé de créer vos scénarios, cliquez sur **OK**, puis, dans la boîte de dialogue **Gestionnaire de scénarios**, qui a enregistré les scénarios créés (figure 23.12), cliquez sur **Fermer**.

ASTUCE

Pour conserver les valeurs d'origine des cellules modifiées, créez un scénario qui utilise les valeurs d'origine des cellules avant de créer les scénarios qui les modifient. C'est ce qui a été fait avec le scénario **Neutre**.

Appliquer un scénario

Il reste, maintenant, à appliquer ces scénarios. Quand vous appliquez un scénario, vous modifiez les valeurs des cellules enregistrées comme parties de ce scénario :

1. Affichez la table pour laquelle vous avez préparé des scénarios.

2. Cliquez sur le menu **Outils**, puis sur **Gestionnaire de scénarios**. La fenêtre de la figure 17.12 apparaît, superposée à votre tableau.

3. Cliquez sur le nom du scénario que vous voulez exécuter.

4. Cliquez sur le bouton **Afficher**.

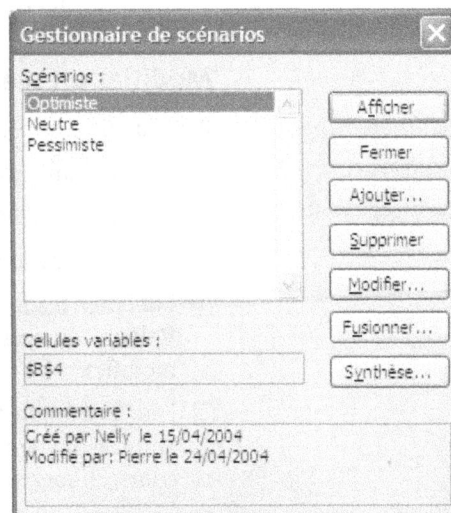

Figure 17.12. Les trois scénarios sont enregistrés.

Le scénario est automatiquement appliqué à votre feuille de calcul (figure 17.13). Vous pouvez ainsi passer facilement de l'un à l'autre pour comparer les résultats.

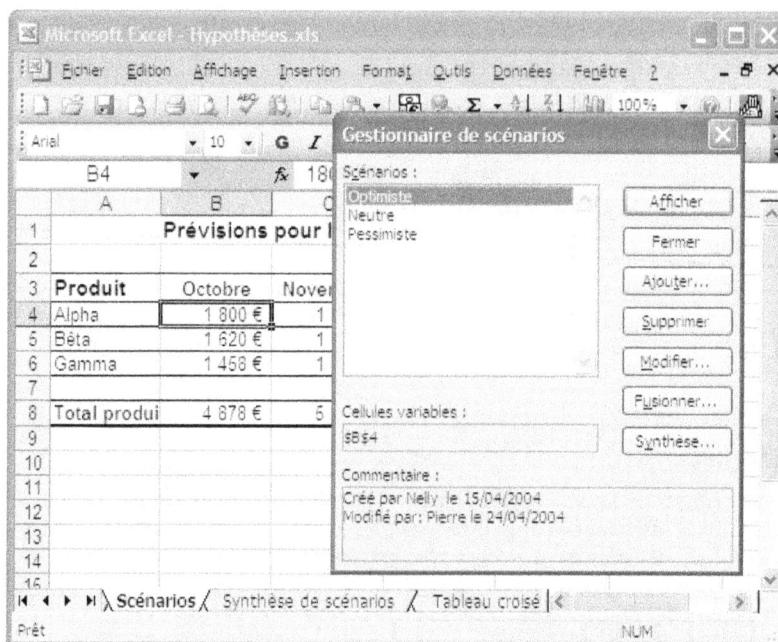

Figure 17.13. Application d'un scénario à la feuille de calcul.

Modifier un scénario

Pour modifier un scénario :

[1] Cliquez sur le menu **Outils**, puis sur **Gestionnaire de scénarios**.

[2] Cliquez sur le nom du scénario que vous souhaitez modifier.

[3] Cliquez sur **Modifier**.

[4] Effectuez les modifications souhaitées, puis, dans la boîte de dialogue **Valeurs de scénarios**, tapez les valeurs désirées pour les cellules à modifier.

[5] Pour enregistrer les modifications, cliquez sur **OK**. Pour revenir à la boîte de dialogue **Gestionnaire de scénarios** sans modifier le scénario en cours, cliquez sur **Annuler**.

Si vous conservez le nom d'origine d'un scénario après l'avoir modifié, les nouvelles valeurs des cellules variables remplacent les valeurs du scénario d'origine.

Supprimer un scénario

Pour supprimer un scénario :

1. Cliquez sur le menu **Outils**, puis sur **Gestionnaire de scénarios**.

2. Cliquez sur le nom du scénario que vous voulez supprimer.

3. Cliquez sur le bouton **Supprimer**.

Fusionner des scénarios d'une autre feuille de calcul

Lorsque tous les modèles de simulation des feuilles de calcul sont identiques, vous pouvez aisément fusionner des scénarios existants en les copiant dans la feuille active :

1. Ouvrez tous les classeurs contenant les scénarios que vous voulez fusionner.

2. Basculez vers la feuille de calcul dans laquelle vous souhaitez fusionner les scénarios.

3. Cliquez sur le menu **Outils**, puis sur **Gestionnaire de scénarios**.

4. Cliquez sur **Fusionner**.

5. Dans la zone **Classeur**, cliquez sur un nom de classeur.

6. Dans la zone **Feuille**, cliquez sur le nom d'une feuille de calcul contenant les scénarios à fusionner, puis cliquez sur **OK**. Toutes les cellules variables des feuilles de calcul source doivent faire référence aux cellules variables correspondantes sur la feuille de calcul active.

7. Pour fusionner des scénarios d'autres feuilles de calcul, renouvelez la même procédure.

Créer un rapport de synthèse des scénarios

Voici une autre fonction des plus astucieuse. Si vous créez un rapport de synthèse des scénarios, vous pouvez afficher simultanément leurs résultats.

Pour créer un tel rapport :

1. Cliquez sur le menu **Outils**, puis sur **Gestionnaire de scénarios**.

2. Cliquez sur **Synthèse**.

3. Dans la fenêtre qui apparaît (figure 17.14), cliquez sur **Synthèse de scénarios** (ou sur **Tableau croisé dynamique** si vous préférez créer un tel tableau).

④ Dans la zone **Cellules résultantes**, tapez ou sélectionnez les références des cellules dont les valeurs sont modifiées par les scénarios, ou encore celles dont vous voulez suivre l'évolution. Séparez les différentes références par un point-virgule (;). Le plus probable est qu'Excel les présélectionne automatiquement toutes pour vous.

⑤ Cliquez sur **OK** ; le rapport est créé dans une nouvelle feuille de votre classeur.

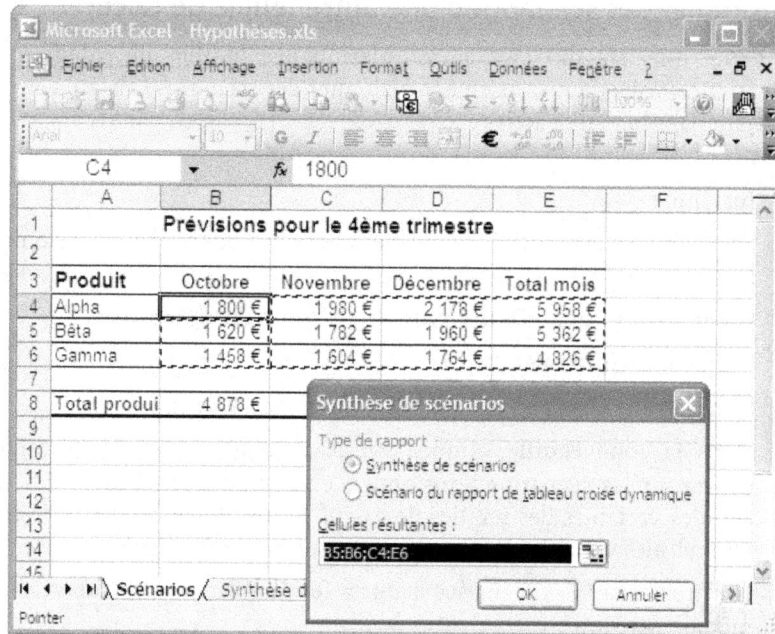

Figure 17.14. Choisissez le type de synthèse et les cellules résultantes.

La figure 17.15 montre un rapport fondé sur les définitions présentées précédemment, en mode **Plan** ; vous y trouvez les résultats des trois scénarios qui ont été préparés. Vous pouvez également réaliser un rapport de tableau croisé dynamique à partir des scénarios et manipuler ce tableau croisé.

C'est Excel qui a ajouté les lignes du bas, en guise de mode d'emploi. La colonne D rappelle l'état d'origine du tableau.

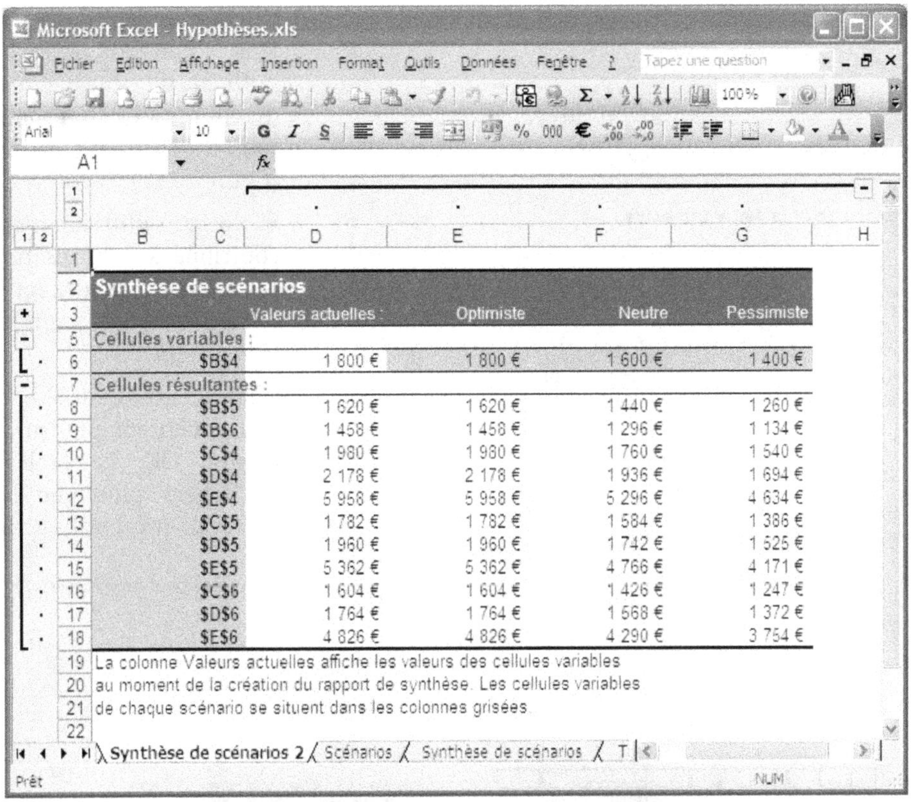

		D	E	F	G
Synthèse de scénarios					
		Valeurs actuelles :	Optimiste	Neutre	Pessimiste
Cellules variables :					
	B4	1 800 €	1 800 €	1 600 €	1 400 €
Cellules résultantes :					
	B5	1 620 €	1 620 €	1 440 €	1 260 €
	B6	1 458 €	1 458 €	1 296 €	1 134 €
	C4	1 980 €	1 980 €	1 760 €	1 540 €
	D4	2 178 €	2 178 €	1 936 €	1 694 €
	E4	5 958 €	5 958 €	5 296 €	4 634 €
	C5	1 782 €	1 782 €	1 584 €	1 386 €
	D5	1 960 €	1 960 €	1 742 €	1 525 €
	E5	5 362 €	5 362 €	4 766 €	4 171 €
	C6	1 604 €	1 604 €	1 426 €	1 247 €
	D6	1 764 €	1 764 €	1 568 €	1 372 €
	E6	4 826 €	4 826 €	4 290 €	3 754 €

La colonne Valeurs actuelles affiche les valeurs des cellules variables au moment de la création du rapport de synthèse. Les cellules variables de chaque scénario se situent dans les colonnes grisées.

Figure 17.15. Le rapport de synthèse des scénarios est automatiquement présenté en mode Plan.

Un tel rapport convient parfaitement si vous êtes l'unique utilisateur. Mais si plusieurs utilisateurs peuvent intervenir pour modifier les valeurs, mieux vaut passer par un rapport de tableau croisé dynamique, ce dernier vous permettant de connaître l'auteur de chaque scénario.

Créer un rapport de synthèse multi-utilisateur

Pour créer un tel rapport :

1. Cliquez sur le menu **Outils**, puis sur **Gestionnaire de scénarios**.
2. Cliquez sur le bouton **Synthèse**.
3. Cochez l'option **Scénario du rapport de tableau croisé dynamique** (figure17.16).

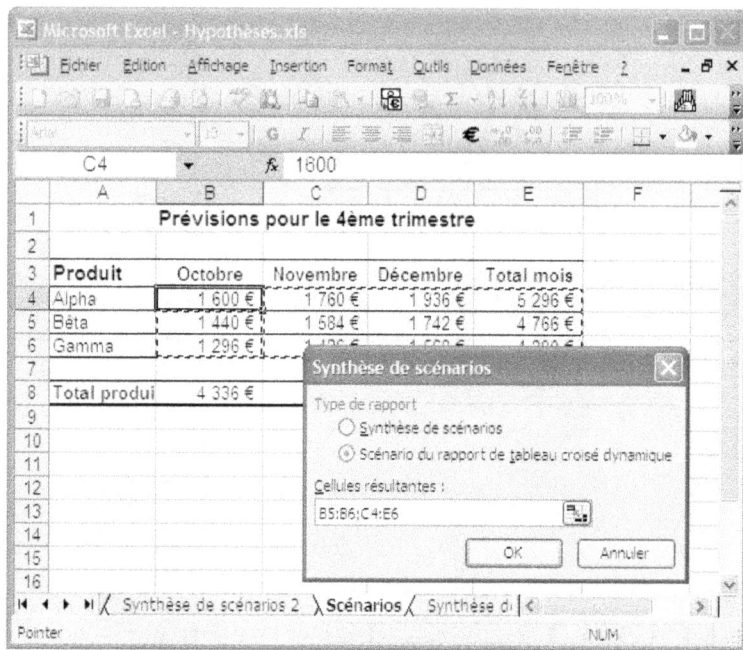

Figure 17.16. Pour créer un scénario du rapport
de tableau croisé dynamique.

4 Cliquez sur le bouton **OK**. Une nouvelle feuille s'affiche, un tableau croisé dynamique qui regroupe tous les scénarios définis (figure 17.17).

Si plusieurs utilisateurs ont contribué à la réalisation des scénarios, cliquez sur le champ de page pour les lister (figure 17.18).

Cliquez ensuite sur le nom d'un utilisateur, puis sur le bouton **OK**. Le tableau n'affichera plus que les scénarios de cet utilisateur.

Figure 17.17. Le tableau croisé dynamique regroupe tous les scénarios définis.

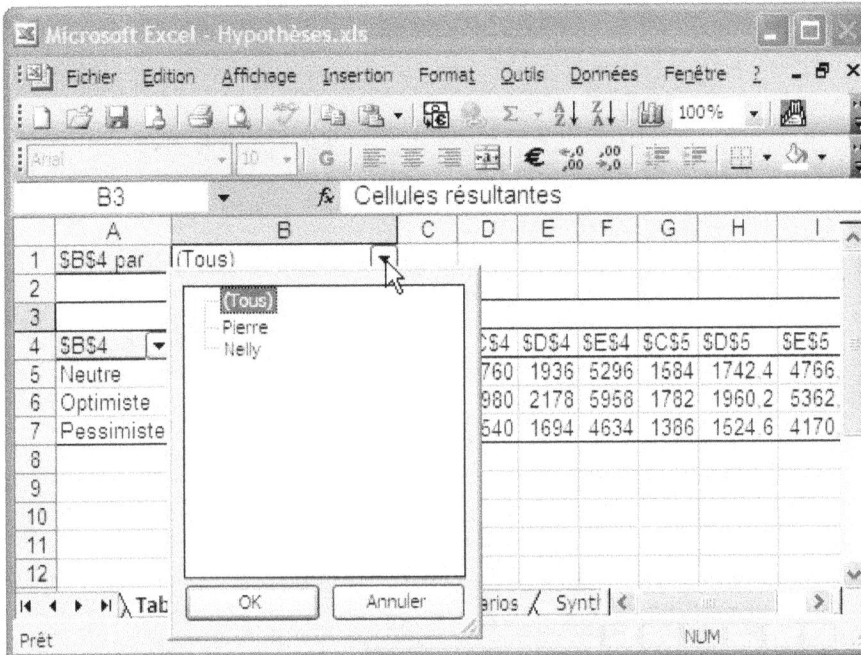

Figure 17.18. La liste des utilisateurs ayant défini des scénarios.

Chercher une valeur cible

Lorsque vous connaissez le résultat qu'une formule isolée doit atteindre, mais non la valeur dont elle a besoin pour déterminer ce résultat, vous pouvez utiliser la fonction **Valeur cible**. Pendant la recherche de cette valeur cible, Excel modifie la valeur d'une cellule déterminée jusqu'à ce que la formule dépendant de cette cellule renvoie le résultat souhaité.

Voici un exemple simpliste. Vous voulez acquérir un produit affiché 5 000 €, mais vous ne voulez le payer que 4 000 €. Quel doit être le montant de la remise demandée ? C'est cela, la recherche d'une valeur cible. Pour cet exemple, on compose un tableau dans lequel (figure 17.19) :

▶ **A2** contient le montant de l'achat, 5 000.

▶ **B2** contient la formule de calcul. C'est le contenu de **A2** moins la remise qui résulte de la multiplication du taux de remise, calculé dans C3, par le montant initial. La formule est donc :

`=A2−A2*C2`

▶ **C2** contiendra la remise calculée, donc la valeur cible.

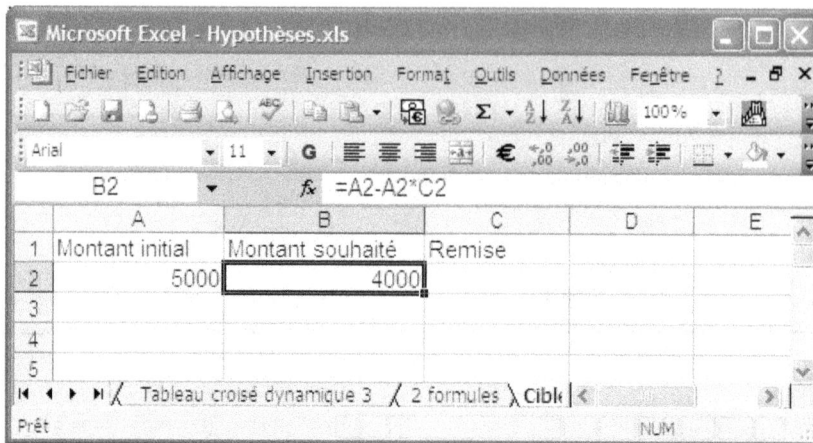

Figure 17.19. Tableau pour un calcul de valeur cible. Tant que le calcul n'est pas effectué, B2 contient la même chose que A2.

Pour résoudre ce problème et trouver la remise :

1. Sélectionnez la formule, donc B2.

2. Cliquez sur le menu **Outils**, puis sur sa commande **Valeur cible**.

3. Remplissez la boîte de dialogue sans taper les adresses. Cliquez directement sur les cellules correspondantes dans le tableau :

   - Cellule à définir : c'est la cellule dans laquelle se trouve la formule, donc B2.

   - Cellule à modifier : c'est la cellule dans laquelle se trouvera la valeur cible, donc C2, en adressage absolu.

4. Tapez seulement la valeur cible, donc 4000 (figure 17.20).

5. Cliquez sur le bouton **OK**.

Le programme calcule la valeur cible. Dès qu'il l'a trouvée, il affiche une boîte de dialogue telle que celle

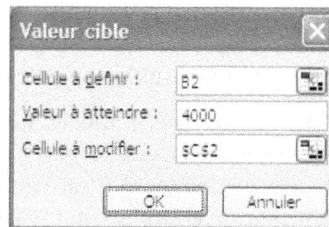

Figure 17.20. Boîte de dialogue de calcul d'une valeur cible.

de la figure 17.21. Elle se superpose au tableau dans lequel le résultat est déjà inscrit 0,20 ou 20 % si la cellule est formatée en pourcentage.

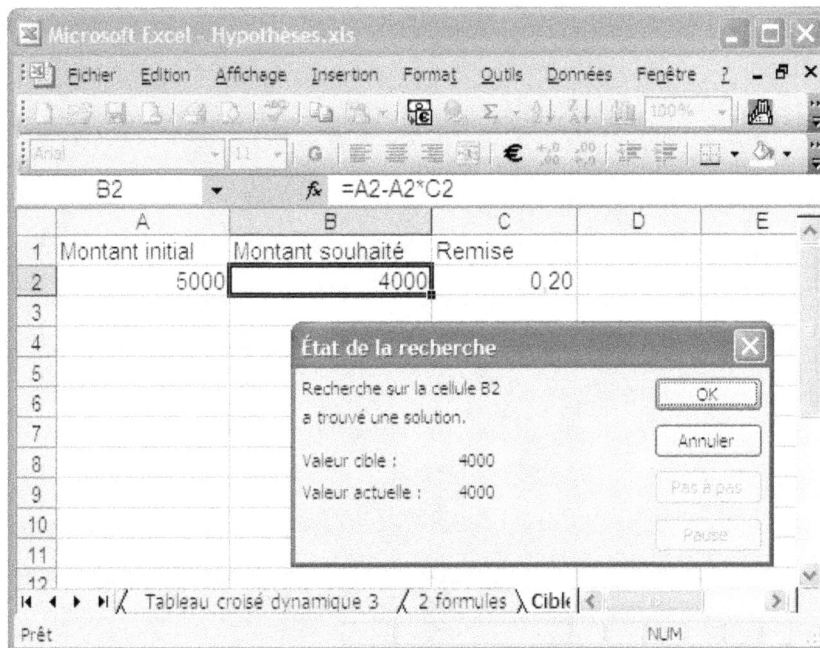

Figure 17.21. Excel a trouvé la valeur cible.

Si vous avez modifié des valeurs et si vous souhaitez restaurer les anciennes, cliquez sur l'icône d'annulation, dans la barre d'outils Standard. La recherche d'une valeur cible est simple et rapide, mais peu puissante. Lorsque le problème est plus complexe, il vous faut faire appel au Solveur.

CHAPITRE 18

LE SOLVEUR POUR DES SIMULATIONS COMPLEXES

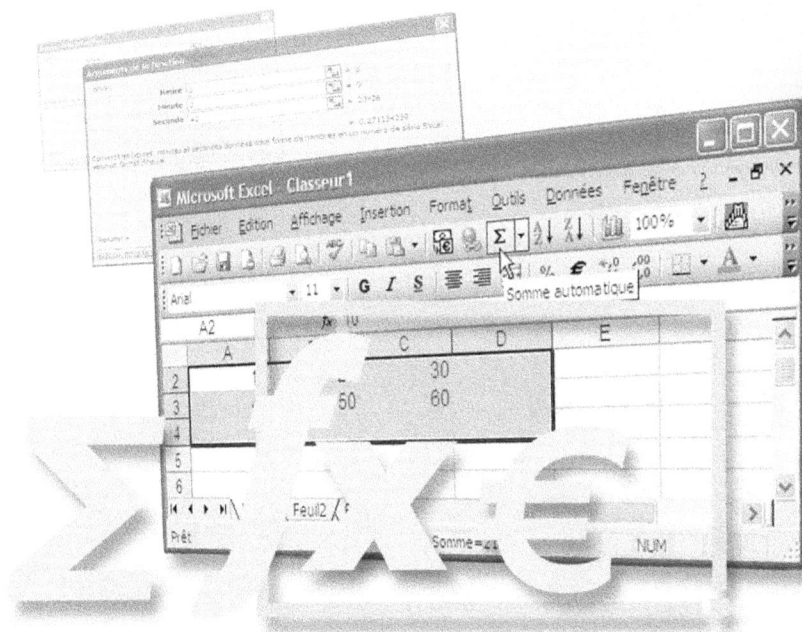

Si la simple recherche d'une valeur cible est impuissante à trouver la solution d'un problème, faites appel au Solveur. C'est un puissant outil de simulation qui tient compte de conditions spécifiques pour calculer des objectifs.

Principe de fonctionnement

On utilise le Solveur pour recherchez la valeur optimale d'une cellule cible en ajustant les valeurs de plusieurs autres cellules, ou encore pour imposer des limites à plusieurs valeurs intervenant dans un calcul.

En voici quelques exemples :

▸ On recherche le meilleur rapport prix/promotion pour maximiser les bénéfices sur la vente d'un produit.

▸ On s'impose un budget limité qu'il faut respecter en ajustant des variables.

▸ On calcule un rythme de croissance qui ne risque pas de compromettre le fonctionnement de l'entreprise.

La procédure générale est la suivante :

1. Vous créez votre feuille de calcul.

2. Vous désignez une cellule cible. Elle est appelée objectif. Son contenu sera calculé pour qu'il soit optimisé, maximisé ou minimisé, selon le problème.

3. Vous spécifiez les cellules de variables, celles dont le contenu peut être modifié. Elles contiennent les variables de décision. Leur contenu sera ajusté par le Solveur.

4. Vous indiquez d'éventuelles contraintes dont le programme tiendra compte pour exécuter ses calculs. Une contrainte est une valeur devant être maintenue dans certaines limites. Elles peuvent s'appliquer aussi bien à la cellule cible qu'aux cellules variables.

Le problème ainsi posé, le Solveur recherche les valeurs répondant aux contraintes et calcule la valeur cible recherchée.

Lorsque vous avez défini un problème, le Solveur conserve les paramètres que vous avez entrés dans ses boîtes de dialogue et les enregistre. Vous pouvez définir des problèmes distincts dans les différentes feuilles d'un classeur. Vous les retrouverez tels quels lors d'une future ouverture du classeur.

Le Solveur sait résoudre des problèmes d'optimisation :

▸ **Linéaires et non linéaires** : ils reflètent la nature des relations entre les éléments d'une feuille de calcul.

▸ **De nombres entiers** : il s'agit de problèmes dont un élément au moins présente une contrainte de nombre entier. Cet élément doit prendre une valeur sans décimales, ou logique (oui ou non, 1 ou 0).

Installer le Solveur

Si le Solveur n'apparaît pas dans le menu **Outils**, vous devez installer sa macro complémentaire :

1. Cliquez sur le menu **Outils**, puis sur **Macros complémentaires**.

2. Dans la boîte de dialogue **Macro complémentaire**, activez la case à cocher **Solveur** ou **Complément Solveur**, ou un nom proche selon ce qui s'affiche sur votre écran (figure 18.1), puis cliquez sur **OK**.

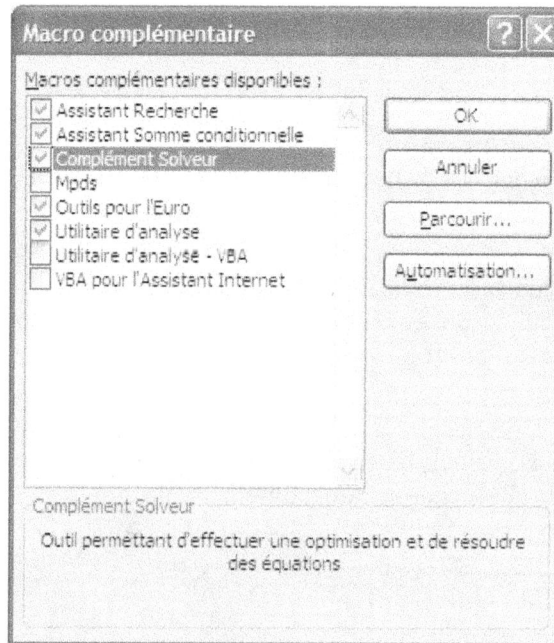

Figure 18.1. Activez la case à cocher Solveur.

Remarque

Si l'option **Solveur** n'est pas listée dans la boîte de dialogue **Macros complémentaires**, vous devrez exécuter de nouveau le programme d'installation d'Excel en vous assurant que vous avez sélectionné l'option d'installation du Solveur.

---

3 Si un message vous demande si vous avez installé la fonction, cliquez sur **Oui**.

Cas pratique d'utilisation du Solveur

Pour cet exemple d'utilisation, on va utiliser un tableau simplifié de comptabilité, celui de la figure 18.2. Toutes les valeurs sont liées, mais le détail des formules offre peu d'intérêt ici. On veut déterminer la valeur maximale pouvant être affectée aux commissions pour définir un total des ventes n'entraînant pas des dépenses supérieures à un seuil fixé.

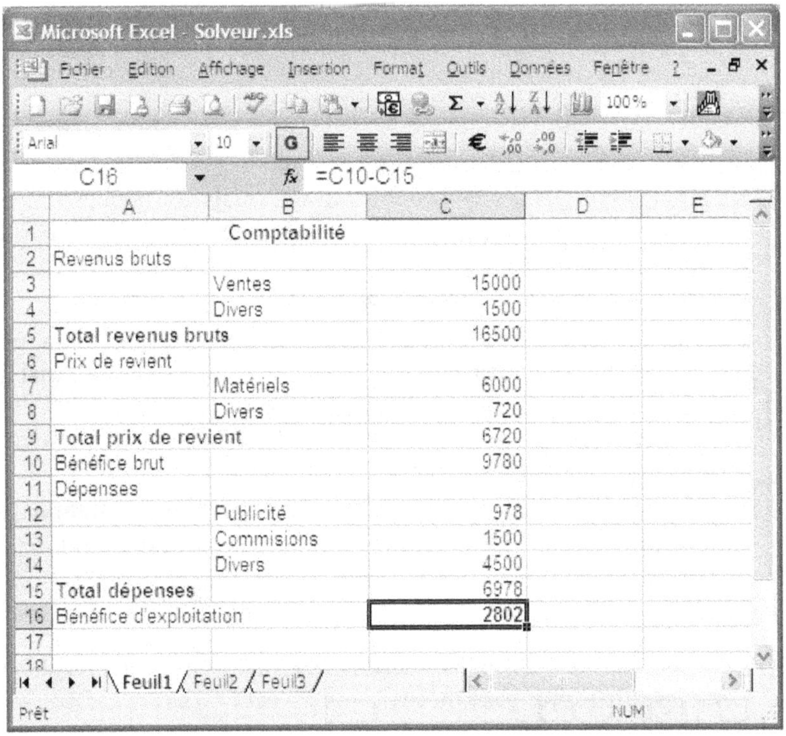

	A	B	C	D	E
1		Comptabilité			
2	Revenus bruts				
3		Ventes	15000		
4		Divers	1500		
5	**Total revenus bruts**		16500		
6	Prix de revient				
7		Matériels	6000		
8		Divers	720		
9	**Total prix de revient**		6720		
10	Bénéfice brut		9780		
11	Dépenses				
12		Publicité	978		
13		Commisions	1500		
14		Divers	4500		
15	**Total dépenses**		6978		
16	Bénéfice d'exploitation		2802		
17					

Figure 18.2. Tableau initial de comptabilité.

La procédure est la suivante :

① Cliquez sur le menu **Outils**, puis sur **Solveur**. La boîte de dialogue **Paramètres du solveur** apparaît (figure 18.3).

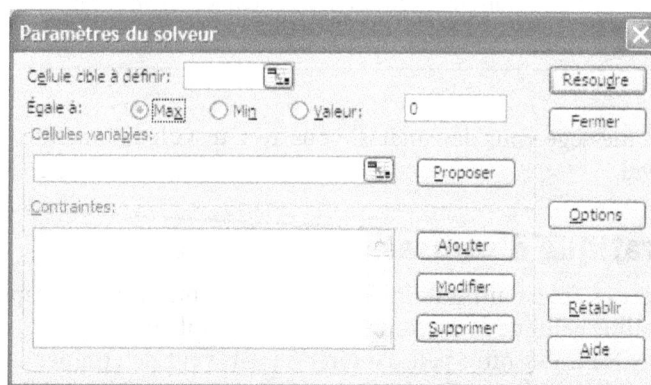

Figure 18.3. La boîte de dialogue Paramètres du Solveur.

② La cellule cible est **C13**, pour les commissions. Cliquez sur le bouton **réduction-rétablissement** de la ligne **Cellule cible à définir** pour escamoter la boîte de dialogue.

③ Cliquez sur **C13**, puis cliquez de nouveau sur le bouton **réduction-rétablissement**.

④ Ici, le calcul porte sur une valeur maximale, mais vous pouvez choisir une valeur minimale ou une valeur que vous indiquez en cochant les boutons de la ligne **Egale à**. Conservez **Max** cochée puisqu'on recherche la valeur maximale attribuée aux commissions.

⑤ Indiquez au Solveur quelles sont les cellules variables, celles qu'il peut modifier pour trouver le résultat. Cliquez sur la zone **Cellules variables**. La valeur des commissions étant liée aux ventes, cliquez sur la cellule **C3**, dont les coordonnées apparaîtront en valeurs absolues. Si vous avez nommé la cellule **Ventes**, tapez simplement ce nom.

⑥ Supposons qu'on veuille aussi limiter les dépenses, donc introduire une contrainte. Cliquez sur le bouton **Ajouter** à droite de l'espace **Contraintes**. La fenêtre des contraintes apparaît.

⑦ Cliquez sur la cellule **C15**, pour **Total des dépenses**.

⑧ Appuyez sur **Tab** pour passer dans la zone des opérateurs. Par défaut, c'est l'opérateur **plus petit ou égal à** qui est actif ; il n'est pas nécessaire d'en changer.

⑨ Appuyez encore sur **Tab** pour passer à **Contrainte** et tapez celle-ci, par exemple 8000. La boîte de dialogue des contraintes est remplie (figure 18.4).

⑩ Cliquez sur **OK** pour fermer la boîte de déclaration des contraintes. Vous revenez à la boîte de dialogue Paramètres du Solveur, totalement remplie (figure 18.5).

Figure 18.4. La contrainte a été déclarée.

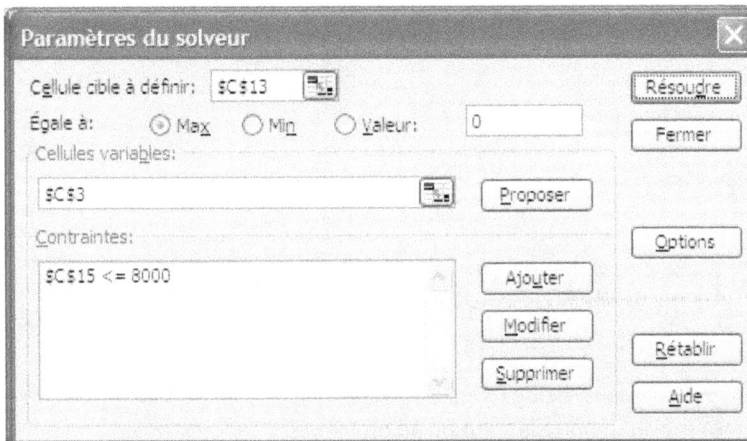

Figure 18.5. La boîte de dialogue du Solveur est remplie.

⑪ Pour trouver une solution, cliquez sur le bouton **Résoudre** dans la boîte de dialogue du Solveur. Le tableau est recalculé et, à côté, le Solveur indique qu'il a trouvé une solution dans la boîte de dialogue **Résultat du Solveur** (figure 18.6). Il vous demande si vous voulez la conserver, cette case étant cochée par défaut ; cliquez sur **OK**.

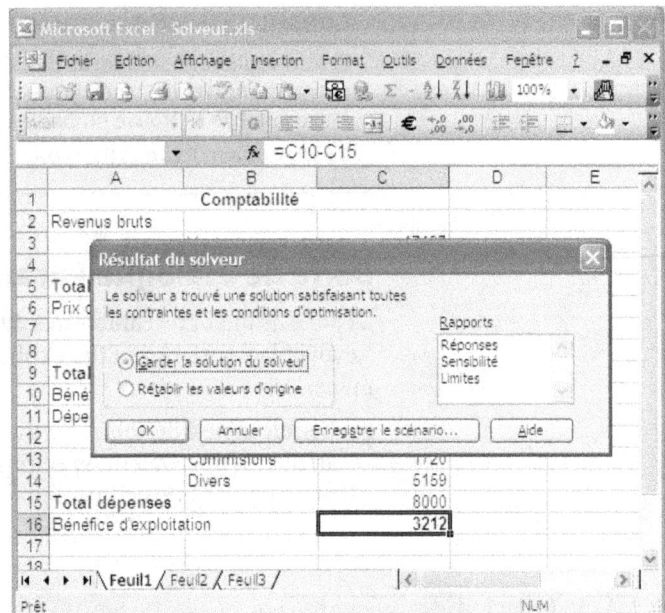

Figure 18.6. Le Solveur a trouvé une solution.

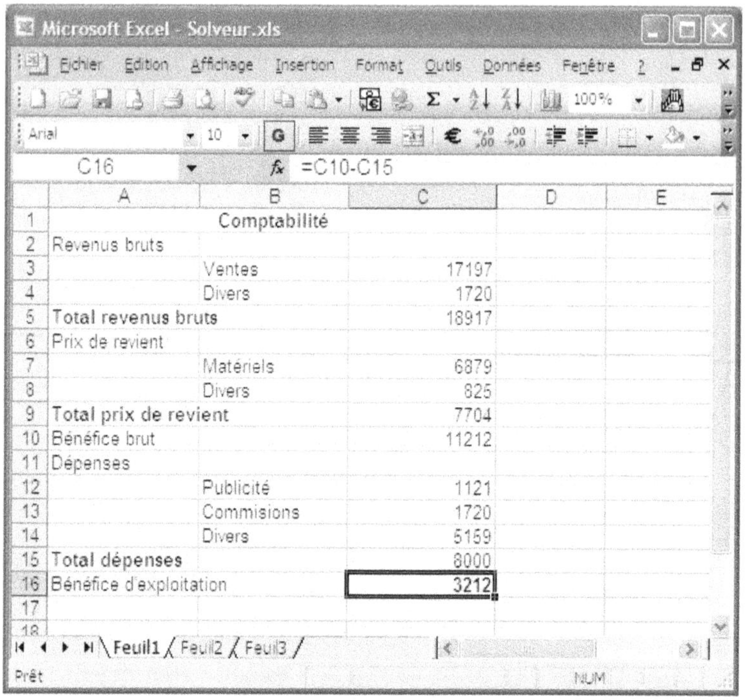

Figure 18.7. Le tableau a été recalculé et apporte la solution au problème.

Le tableau recalculé (figure 18.7). Le Solveur a trouvé que, pour atteindre la valeur maximale des commissions, soit 1 720, les ventes doivent passer de 15 000 à 17 197, le bénéfice d'exploitation passant de 2 802 à 3 212.

CONSEIL

Si vous voulez exécuter un autre exemple d'utilisation du Solveur, vous pouvez charger une feuille spécifique, `Solvsamp.xls`, fournie avec Excel par Microsoft. Elle se trouve probablement dans le dossier :

`C:\Program Files\Microsoft Office\Office11\Samples`

Boîte de dialogue Paramètres du Solveur

La boîte de dialogue **Paramètres du Solveur** propose les rubriques suivantes (revoyez la figure 18.3). Elles expliquent les actions que vous pouvez encore mener avec elles :

▸ **Cellule cible à définir** : spécifie la cellule cible à laquelle vous souhaitez attribuer une valeur spécifique ou que vous voulez minimiser ou maximiser. Cette cellule doit contenir une formule.

- **Égale à** : indique si vous voulez minimiser, maximiser la cellule cible ou lui attribuer une valeur spécifique. Dans ce dernier cas, tapez la valeur souhaitée dans la zone.

- **Cellules variables** : spécifie les cellules pouvant être modifiées jusqu'à ce que les contraintes d'un problème soient satisfaites et que la cellule indiquée dans la zone **Cellule cible à définir** atteigne sa cible. Les cellules variables doivent être liées directement ou indirectement à la cellule cible.

- **Proposer** : détermine toutes les cellules dépourvues de formules auxquelles fait référence la formule figurant dans la zone **Cellule cible à définir** et place leurs références dans la zone **Cellules variables**.

- **Contraintes** : impose les restrictions courantes au problème.

- **Ajouter** : affiche la boîte de dialogue **Ajouter une contrainte**.

- **Modifier** : affiche la boîte de dialogue **Modifier une contrainte**.

- **Supprimer** : supprime la contrainte sélectionnée.

- **Résoudre** : démarre le processus de résolution du problème défini.

- **Fermer** : ferme la boîte de dialogue sans résoudre le problème. Toutes les modifications que vous avez effectuées en cliquant sur les boutons **Options**, **Ajouter**, **Modifier** ou **Supprimer** sont conservées.

- **Options** : affiche la boîte de dialogue **Options du Solveur**, dans laquelle vous pouvez charger et enregistrer des modèles de problème, ainsi que contrôler des fonctions avancées du processus de résolution. Nous vous en présentons le contenu plus loin.

- **Rétablir** : efface les paramètres du problème courant et rétablit les paramètres d'origine.

Boîte de dialogue Résultat du Solveur

La boîte de dialogue **Résultat du Solveur** (revoyez la figure 18.6) affiche un message de fin d'exécution du calcul. Elle comporte les rubriques suivantes :

- **Garder la solution du solveur** : choisissez cette option pour accepter la solution et placer les valeurs obtenues dans les cellules variables.

- **Rétablir les valeurs d'origine** : cliquez sur cette option pour rétablir les valeurs d'origine dans les cellules variables.

- **Rapports** : crée le type de rapport spécifié et place chaque rapport dans une feuille distincte du classeur. Vous disposez de trois options :
  - **Réponses** : répertorie la cellule cible et les cellules variables accompagnées de leurs valeurs d'origine et finale, des contraintes ainsi que des informations sur ces dernières.

- **Sensibilité** : fournit des informations sur le niveau de sensibilité de la solution aux modifications mineures apportées à la formule figurant dans la zone **Cellule cible à définir** de la boîte de dialogue **Paramètres du Solveur** ou aux contraintes. Ce rapport n'est pas engendré pour les modèles imposant des contraintes sur les nombres entiers. Pour les modèles non linéaires, le rapport fournit des valeurs pour les gradients réduits et les multiplicateurs Lagrange. Pour les modèles linéaires, le rapport inclut des coûts réduits, des prix fictifs, un coefficient objectif (augmentation et réduction autorisées) et des contraintes sur les plages de droite.

- **Limites** : répertorie la cellule cible ainsi que les cellules variables accompagnées de leurs valeurs respectives, de leurs limites inférieure et supérieure et de leurs valeurs cibles. Ce rapport n'est pas engendré pour les modèles n'imposant aucune contrainte sur des nombres entiers. La limite inférieure correspond à la plus petite valeur qu'une cellule variable peut accepter tout en maintenant les autres cellules variables inchangées et en respectant les contraintes. La limite supérieure est la valeur la plus élevée.

▸ **Enregistrer le scénario** : ouvre la boîte de dialogue **Enregistrer le scénario**, dans laquelle vous pouvez enregistrer les valeurs de cellule à utiliser avec le Gestionnaire de scénarios d'Excel.

Enregistrer les valeurs des variables comme scénario

Il est parfois intéressant d'enregistrer des résultats obtenus par le Solveur en tant qu'éléments de scénario :

1. Dans la boîte de dialogue **Résultat du Solveur** de la figure 18.6, cliquez sur le bouton **Enregistrer le scénario**.

2. Dans la boîte de dialogue qui apparaît et dans la zone **Nom du scénario**, tapez le nom du scénario.

3. Cliquez sur le bouton **OK**.

ASTUCE

Si vous voulez afficher les différents jeux de valeurs, exécutez chaque scénario. Si vous préférez créer un scénario sans enregistrer la solution du Solveur ou sans afficher les résultats dans la feuille de calcul, enregistrez le scénario dans la boîte de dialogue **Résultat du Solveur**, puis cliquez sur **Rétablir les valeurs d'origine**.

Boîte de dialogue Options du Solveur

Pour ouvrir la boîte d'options, ouvrez la boîte Paramètres du Solveur et cliquez sur son bouton Options. Cette boîte de dialogue offre des rubriques destinées à des utilisateurs très avertis (figure 18.8) :

▸ **Temps max** : limite la durée du processus de résolution d'un problème. Entrez un nombre entier positif jusqu'à 32 767, sachant que la valeur 100 par défaut convient dans la majorité des cas.

▸ **Itérations** : pour exécuter ses calculs, Excel procède à des itérations dont le nombre maximal par défaut est également de 100, ce qui convient très généralement. Vous pouvez aller jusqu'à 32 767.

▸ **Précision** : gouverne la précision des réponses. Le nombre entré ici :

■ Est utilisé pour déterminer si la valeur d'une cellule soumise à une contrainte atteint la valeur cible ou reste comprise entre les limites supérieure ou inférieure que vous avez spécifiées.

Figure 18.8. Les options du Solveur.

■ Doit être un nombre fractionnaire entre 0 et 1 (non compris).

■ Est de 0,000 001 par défaut.

■ Procure une précision moindre si le nombre est plus grand. La durée des calculs augmente avec la précision requise.

▸ **Tolérance** : la résolution des problèmes faisant intervenir des cellules variables limitées à des valeurs entières peut prendre beaucoup de temps. En effet, on suppose que le Solveur doit d'abord résoudre de nombreux problèmes secondaires. Vous pouvez ajuster cette zone qui représente le pourcentage d'erreur admis dans la solution optimale lorsqu'une contrainte de nombre entier s'applique à un élément quelconque du problème. Une tolérance élevée accélère le processus. Ce paramètre est sans effet en l'absence de contrainte de nombre entier.

▸ **Convergence** : spécifie la valeur de convergence entre les solutions successives que le Solveur doit obtenir pour poursuivre.

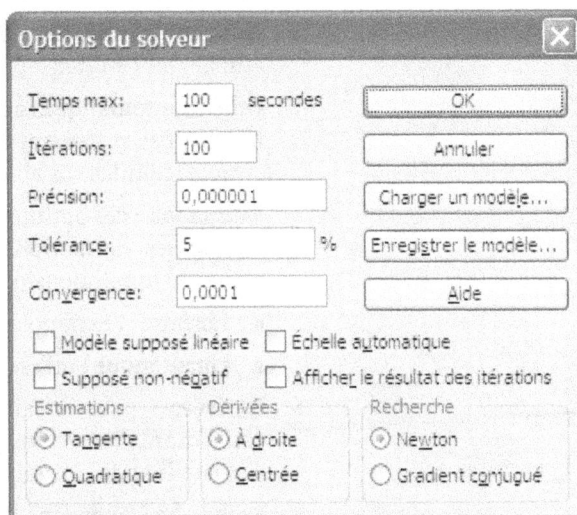

- **Modèle supposé linéaire** : cochez cette case si vous n'éprouvez guère de doute pour accélérer la recherche de la solution. Ne peut être utilisé que si toutes les relations sont linéaires.

- **Supposé non négatif** : cochez cette case si vous n'éprouvez guère de doute pour accélérer la recherche de la solution.

- **Afficher les résultats des itérations** : le Solveur s'interrompt pour afficher les résultats obtenus par chaque itération.

- **Echelle automatique** : active la mise à l'échelle automatique, une option utile si des différences importantes de grandeurs existent entre les entrées (cellules variables) et les sorties (cible à définir et contraintes).

- **Estimation** : ces options servent à préciser la démarche appliquée pour obtenir les estimations initiales des variables de base dans chaque recherche unidimensionnelle, avec :

  - **Linéaire** : l'extrapolation est linéaire à partir d'un vecteur tangentiel.

  - **Quadratique** : utilise une extrapolation quadratique.

- **Dérivées** : pour spécifier une différenciation centrée ou à droite concernant les estimations de dérivées partielles des fonctions d'objectifs et de contraintes.

- **Recherche** : détermine l'algorithme de recherche.

- **Charger un modèle** : affiche cette boîte de dialogue.

- **Enregistrer le modèle** : affiche cette boîte de dialogue.

REMARQUE

Des solutions ne peuvent pas être trouvées à tous les problèmes. Excel affichera des messages spécifiques pour vous en informer.

Outils d'analyse de statistiques

Excel propose un ensemble d'outils d'analyse de données, appelé **Utilitaire d'analyse**, que vous pouvez utiliser pour éviter certaines étapes lors du développement d'analyses statistiques ou techniques complexes.

Lorsque vous travaillez avec l'un de ces outils, vous devez fournir les données et les paramètres pour chaque analyse. L'outil utilise alors les fonctions macros, statistiques ou techniques appropriées, puis affiche les résultats dans une table de sortie. Certains outils engendrent des graphiques en plus de tables de sortie.

Pour afficher la liste des outils d'analyse disponibles, cliquez sur le menu **Outils**, puis sur sa commande **Utilitaire d'analyse** (figure 18.9). Si elle ne figure pas dans le menu **Outils**, vous devez installer la macro complémentaire **Utilitaire d'analyse**.

ATTENTION

L'usage de ces outils suppose une excellente connaissance des statistiques ou des diverses techniques impliquées.

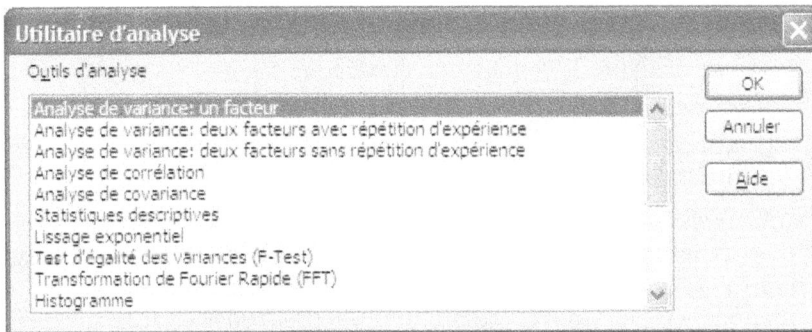

Figure 18.9. Liste des utilitaires d'analyse.

Références circulaires

Certains calculs sont vraiment particuliers en ce sens qu'ils se réfèrent à eux-mêmes. Le résultat courant dépend d'un résultat précédent, lequel dépend lui-même du résultat précédent, etc. Pour effectuer de tels calculs, il faut procéder à des tours de piste successifs, des **itérations** ; on dit qu'on traite de **références circulaires**.

Cette introduction doit vous sembler hermétique, mais voici un exemple qui devrait tout éclaircir. Un représentant est commissionné non pas sur son chiffre d'affaires, comme cela se pratique couramment, mais sur le bénéfice qu'il permet de réaliser.

Supposons qu'on produit revienne à 1 000 €. S'il le vend 2 500 €, on peut supposer que le représentant est commissionné sur la différence : 2 500 − 1 000 = 1 500 €. S'il le vend 1 200 €, on peut également supposer qu'il est commissionné sur 1 200 − 1 000 = 200 €. C'est simple ? Non, c'est absolument faux !

S'il vend le produit 2 500 €, le bénéfice n'est pas ce qui vient d'être calculé, 2 500 – 1 000 = 1 500 €, car il faut faire intervenir la commission. La formule exacte mais théorique de calcul du bénéfice est :

```
Prix de vente - Prix de revient - Commission
```

Ce n'est plus du tout la même chose, et c'est là où le calcul se complique.

Mettons que sa commission soit de 40 %, pour arrondir les calculs et bien vous montrer la difficulté de la chose :

S'il vend le produit 2 500 €, la marge est de 1 500 € et sa commission pourrait être de 40 % de 1 500 €, soit 600 €. Vous suivez ?

Mais ce n'est pas encore cela. En effet, la marge réelle est alors de :

```
2 500 - 1 000 - 600 = 900 €
```

Dans ce cas de figure, la commission devrait être calculée sur 900 €, ce qui la ramène à 40 % de 900 = 360 € (au lieu des 600 € précédents).

C'est encore faux, car avec ce dernier nombre, la commission est réduite et le bénéfice s'accroît !

Le calcul exact ne peut alors se faire qu'en recommençant sans cesse ce processus, les résultats s'affinant à chaque nouveau tour de calcul. C'est pourquoi l'on parle d'**itérations**, ou de **références circulaires**. Lorsqu'on estime que la valeur trouvée est suffisamment proche de l'idéal, le calcul est arrêté.

Ainsi, la formule qui doit être placée dans la cellule C2 de la figure 18.10 est :

```
=0,4*(B2-(A2+C2))
```

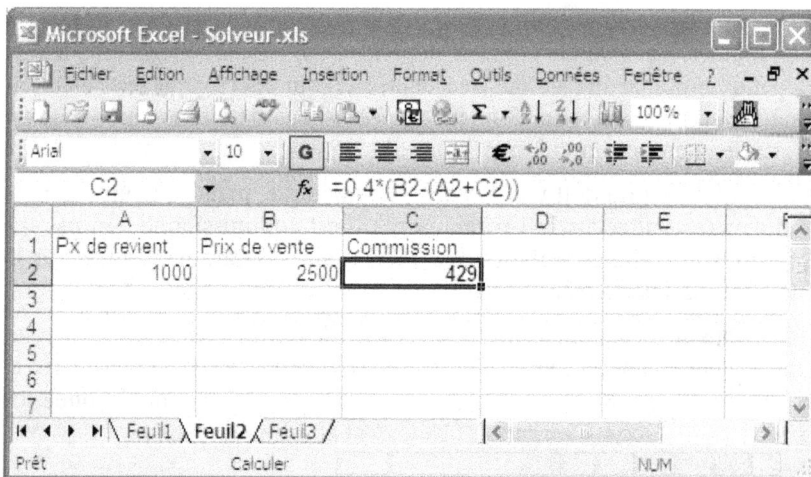

Figure 18.10. Calcul avec références circulaires. Le résultat est ici affiché.

ATTENTION

Excel ne peut pas calculer les formules comprenant des références circulaires en mode de calcul normal. Il faut autoriser ce calcul spécial. Ce point est abordé p. 474).

Lorsque vous créez une référence circulaire et que vous travaillez en mode normal, un message d'alerte s'affiche (figure 18.11).

Si :

▸ La référence circulaire est accidentelle, cliquez sur **OK**. La barre d'outils **Référence circulaire** s'affiche et la cellule contenant la référence est mise à zéro (figure 18.12).

Figure 18.11. Message d'alerte sur les références circulaires.

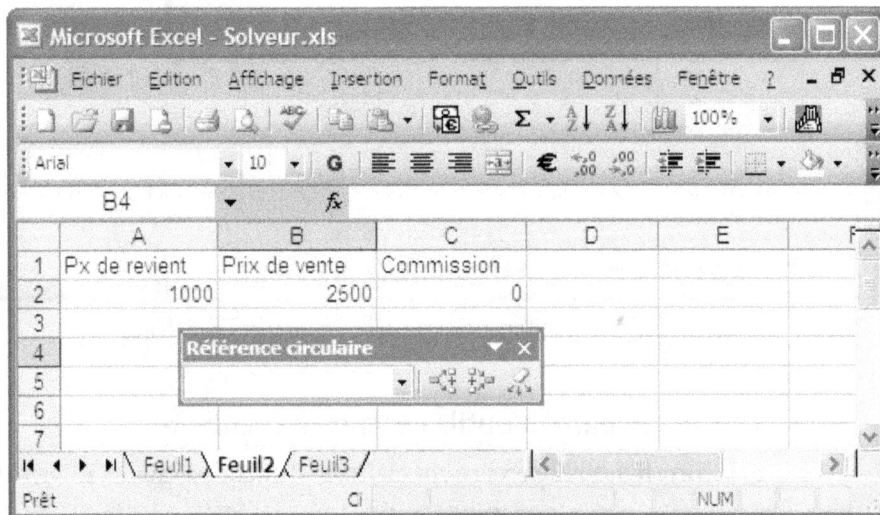

▸ Si la référence circulaire est volontaire, comme ici, vous devez prendre les mesures nécessaires pour autoriser ce type de calcul. Cela étant fait (voyez la section suivante), Excel s'exécute. Avec le problème posé dans la figure 18.10, le résultat est 429 €.

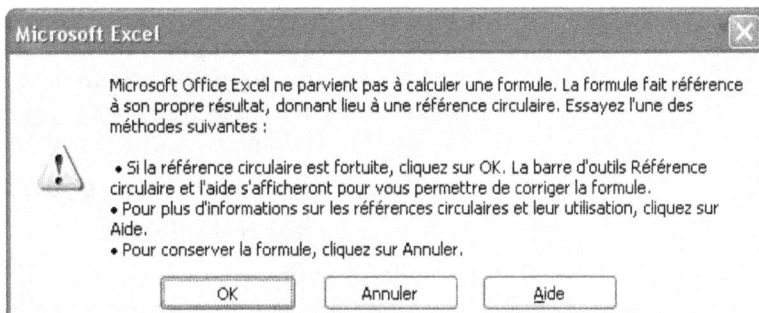

Figure 18.12. La barre d'outils Référence circulaire.

Permettre à Excel de travailler avec les références circulaires

Une formule qui fait référence à sa propre cellule, directement ou indirectement, est donc appelée **référence circulaire**. Pour calculer une formule de ce type, Excel doit calculer une fois chaque cellule de la référence circulaire en utilisant les résultats de l'itération précédente.

Par défaut, lorsque Excel y est autorisé, le programme stoppe le calcul après 100 itérations ou lorsque l'écart entre deux calculs successifs de toutes les valeurs de la référence ne dépasse pas 0,001. Pour permettre à Excel d'accepter les références circulaires et de les calculer :

1. Cliquez sur le menu **Outils**, sur **Options**, puis sur l'onglet **Calcul**.

2. Activez la case à cocher **Itération**.

3. Indiquez le nombre maximal d'itérations et l'écart maximal qu'Excel peut utiliser pour approcher le bon résultat (figure 18.13).

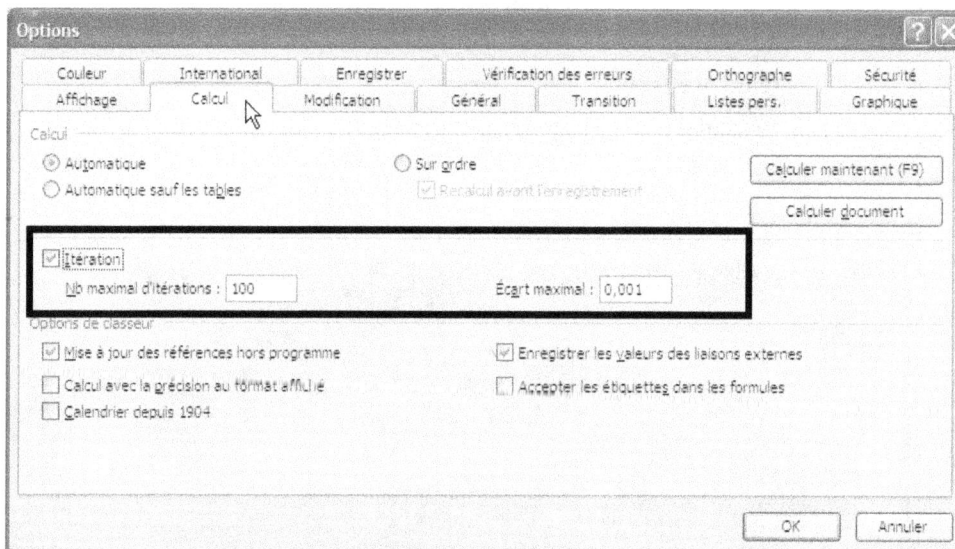

Figure 18.13. Il faut autoriser le calcul des références circulaires.

Afficher la barre d'outils Référence circulaire

Si la barre d'outils **Référence circulaire** ne s'affiche pas automatiquement :

1. Cliquez sur le menu **Outils**, puis sur **Personnaliser**.

[2] Cliquez sur l'onglet **Barres d'outils**, puis activez la case à cocher **Référence circulaire**. Cette barre d'outils est représentée figure 18.14.

Sachez que :

▸ Les cellules antécédentes sont les cellules situées en amont, dont dépend une cellule contenant une formule.

▸ Les dépendantes sont des cellules situées en aval et dont le contenu dépend d'une cellule contenant une formule.

Naviguer parmi les références circulaires

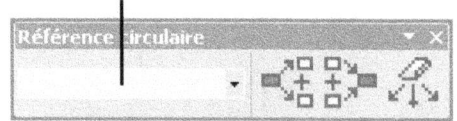

Repérer les antécédents

Repérer les dépendants

Supprimer toutes les marques

Figure 18.14. Barre d'outils
Référence circulaire.

CHAPITRE 19
SUPPLÉMENTS ET ASTUCES

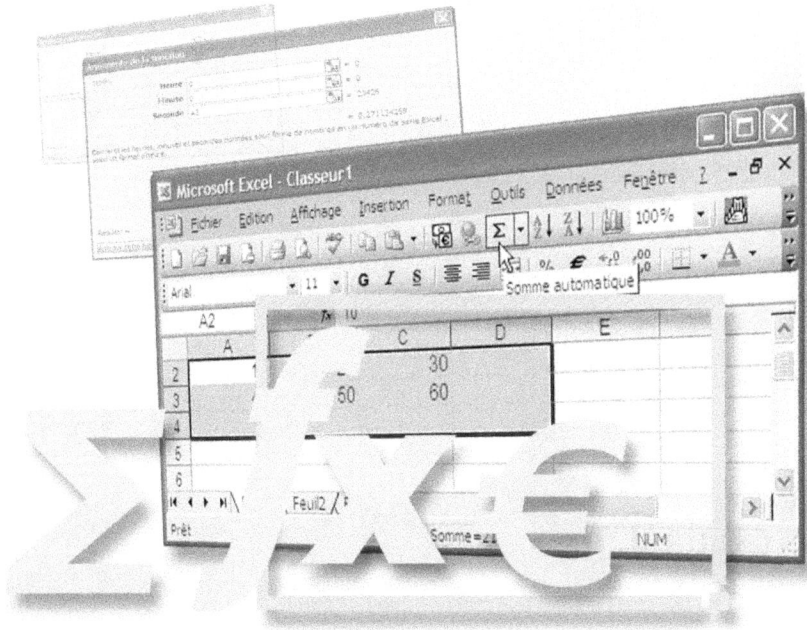

Si vous voulez travailler dans les meilleures conditions, vous devez bien maîtriser l'usage non seulement des fonctions mais aussi des calculs. Voici quelques notions complémentaires et quelques astuces utiles que vous devrez ou que vous pourrez appliquer en maintes occasions.

Afficher ou masquer des valeurs zéro

Il n'est souvent pas élégant ni utile d'afficher des valeurs o dans des cellules. Par exemple, vous avez préparé un tableau du calcul couvrant toute l'année et l'on n'est qu'en janvier ; les cellules contenant des formules pour les mois suivants affichent o. Vous pouvez supprimer ces o en appliquant plusieurs méthodes.

Afficher ou masquer toutes les valeurs zéro dans une feuille de calcul

Pour afficher ou masquer globalement toutes les valeurs zéro dans une feuille de calcul :

1. Cliquez sur le menu **Outils**, sur **Options**, puis sur l'onglet **Affichage**.

2. Au choix (figure 19.1) :

   - Pour afficher les valeurs zéro (o) dans les cellules, activez la case à cocher **Valeurs zéro**.

   - Pour afficher les valeurs zéro sous la forme de cellules vides, désactivez cette case à cocher.

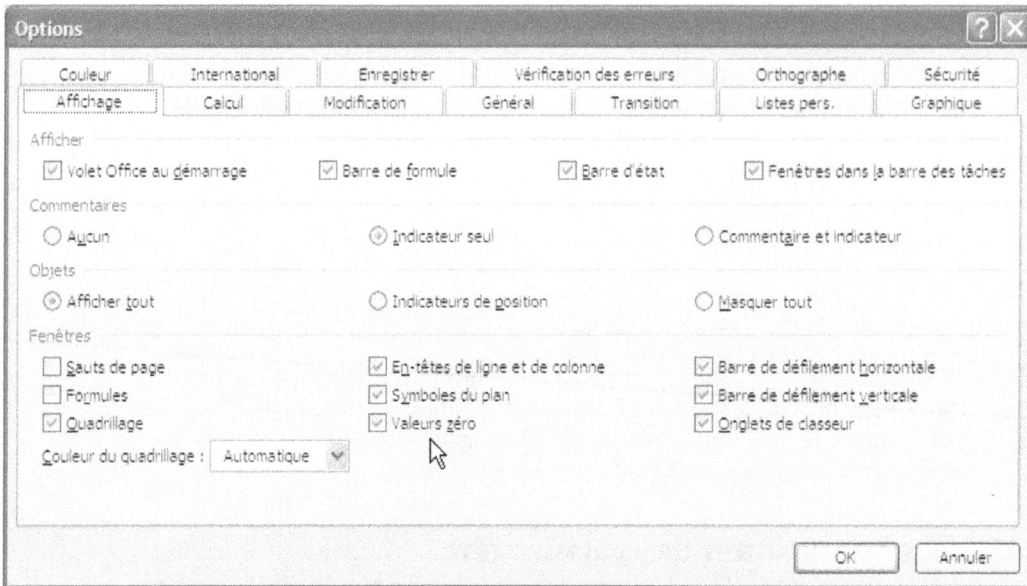

Figure 19.1. Pour afficher les valeurs zéro sous la forme de cellules vides,
désactivez la case à cocher Valeurs zéro.

Utiliser un format de nombre pour masquer les valeurs zéro dans des cellules sélectionnées

Pour utiliser un format de nombre pour masquer les valeurs zéro dans des cellules sélectionnées :

1. Sélectionnez les cellules qui contiennent des zéros (o) à masquer.

2. Cliquez sur le menu **Format**, sur **Cellule**, puis sur l'onglet **Nombre**.

3. Dans la liste **Catégorie**, cliquez sur **Personnalisé**.

4. Dans le champ **Type**, tapez 0;-0;;@ (figure 19.2).

Attention, toutefois : cette méthode applique un format pour masquer les valeurs zéro dans les cellules sélectionnées. Si la valeur figurant dans l'une de ces cellules se transforme en valeur différente de zéro, le format de la valeur est similaire au format numérique standard.

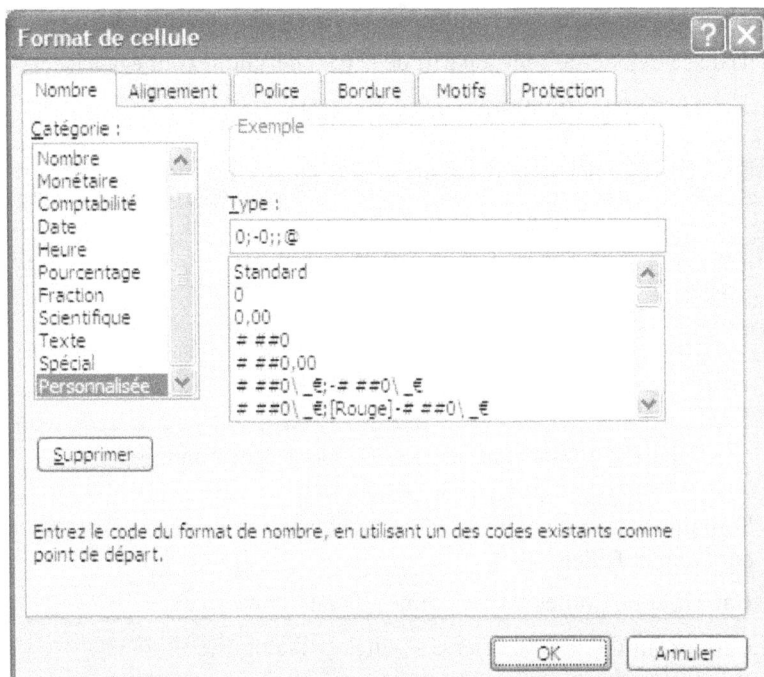

Figure 19.2. Créez un format personnalisé pour supprimer les zéros.

Notez aussi que :

▶ Les valeurs masquées apparaissent uniquement dans la barre de formule ou dans une cellule si vous effectuez des modifications dans la cellule. Elles ne sont pas imprimées.

▶ Pour afficher de nouveau les valeurs masquées, sélectionnez les cellules concernées, cliquez sur le menu **Format**, sur **Cellule** puis sur l'onglet **Nombre**. Dans la liste **Catégorie**, cliquez sur **Standard** pour appliquer le format numérique par défaut. Pour afficher de nouveau une date ou une heure, sélectionnez le format de date ou d'heure approprié sous l'onglet **Nombre**.

Utiliser une mise en forme conditionnelle pour masquer les valeurs zéro renvoyées par une formule

Pour utiliser une mise en forme conditionnelle pour masquer les valeurs zéro renvoyées par la formule :

1 Sélectionnez la cellule qui contient la valeur zéro.

2 Cliquez sur le menu **Format**, puis sur **Mise en forme conditionnelle**.

③ Dans la zone à gauche, cliquez sur **La valeur de la cellule est**.

④ Dans la deuxième zone à partir de la gauche, cliquez sur **égale à**.

⑤ Dans la zone à droite, tapez o (figure.19.3).

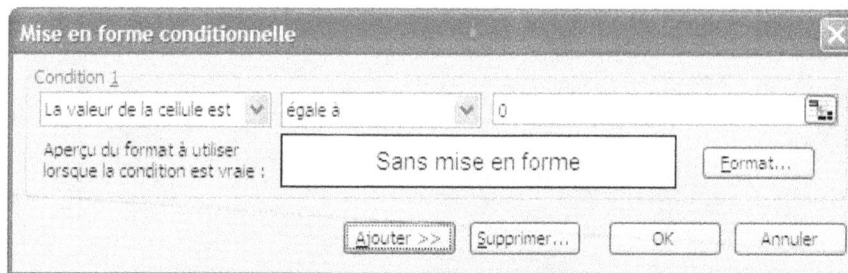

Figure 19.3. Définissez une mise en forme conditionnelle.

⑥ Toujours dans cette boîte de dialogue, cliquez sur le bouton **Format**, puis sur l'onglet **Police**.

⑦ Dans la zone **Couleur**, sélectionnez **blanc** (figure 19.4).

⑧ Cliquez sur OK pour fermer ces boîtes de dialogue.

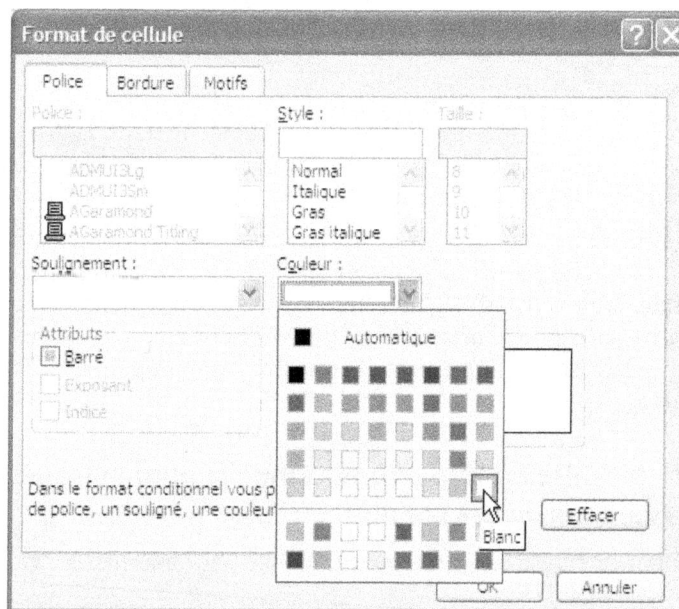

Figure 19.4. Choisissez la couleur blanche.

Utiliser une formule pour remplacer les zéros par des blancs ou des tirets

Pour utiliser une formule remplaçant les zéros par des blancs ou des tirets, il faut utiliser la fonction SI.

Dans l'exemple de la figure 19.5, la formule dans la cellule cible remplace le zéro par un blanc. La formule est :

```
=SI(A1-B1=0;" ";A1-B1)
```

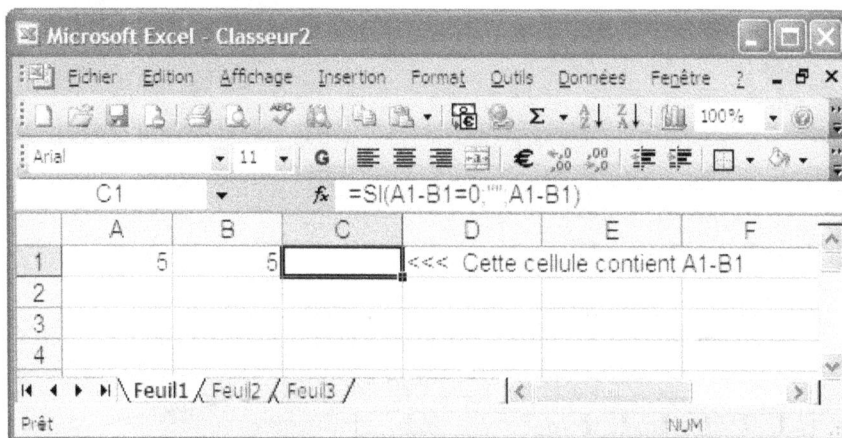

Figure 19.5. Remplacez un zéro par un blanc avec SI.

Dans l'exemple de la figure 19.6, la formule dans la cellule cible remplace le zéro par un tiret. La formule est :

```
=SI(A1-B1=0;"-";A1-B1)
```

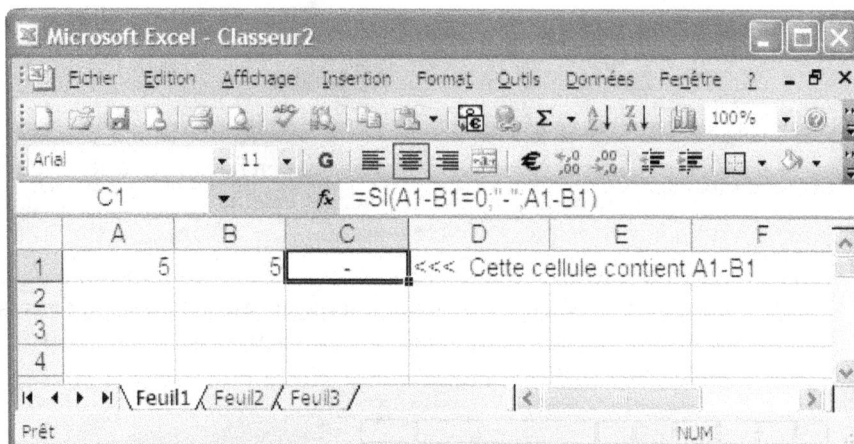

Figure 19.6. Remplacez un zéro par un tiret avec SI.

Masquer les valeurs zéro dans un rapport de tableau croisé dynamique

Pour masquer les valeurs zéro dans un rapport de tableau croisé dynamique :

☐ Cliquez sur le rapport (figure 19.7).

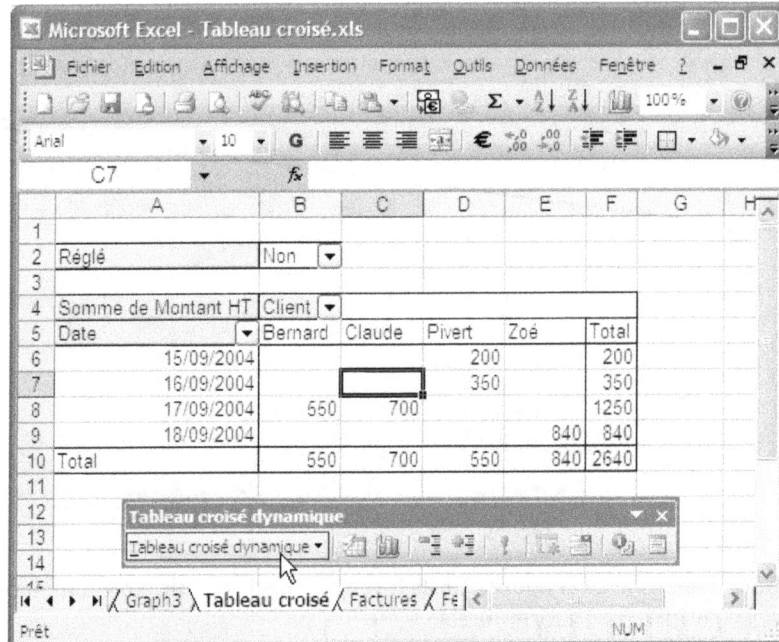

Figure 19.7. Cliquez sur une cellule du rapport.

☐ Dans la barre d'outils **Tableau croisé dynamique**, cliquez sur **Tableau croisé dynamique**, puis sur **Options de la table**.

☐ Au choix, sous la rubrique **Options de mise en forme**, à (figure 19.8) :

- **Valeurs d'erreur**, tapez la valeur à afficher en lieu et place des erreurs dans la zone de texte,. Pour afficher les erreurs comme des cellules vides, supprimez tout caractère présent dans la zone de texte.

- **Cellules vides**, tapez la valeur à afficher dans les cellules vides. Pour afficher des cellules vides, supprimez tout caractère présent dans la zone de texte. Pour afficher des zéros, désactivez la case à cocher.

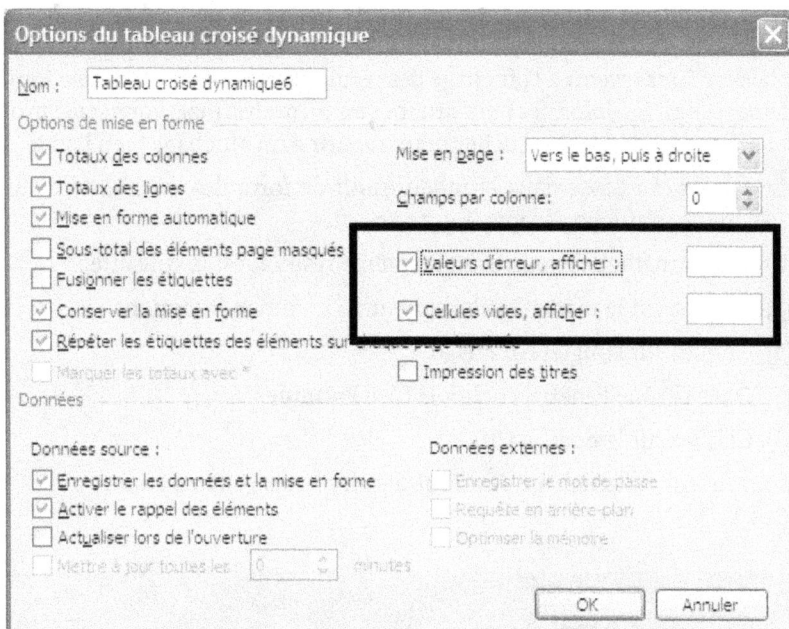

Figure 19.8. Masquer les zéros dans les rapports de tableau croisé dynamique.

Insérer rapidement des cellules

Voici une astuce simple et efficace. Plutôt que de passer par le menu **Insertion** pour ajouter de nouvelles lignes ou colonnes, vous pouvez appliquer une méthode plus rapide : appuyez sur **Ctrl + Maj +** (le signe plus) du clavier alphanumérique. Une boîte de dialogue apparaît ; elle permet de choisir ce que vous souhaitez insérer et comment : lignes, colonnes, etc. (figure 19.9) Indiquez-le et validez en cliquant sur **OK**.

Afficher les formules dans les cellules

Pour bien vérifier ce que vous avez pu introduire dans les cellules, vous pouvez sélectionner une cellule et observer ce qu'affiche la barre de formule. Cette méthode est efficace, bien qu'un peu longue avec un tableau réel contenant de nombreuses formules.

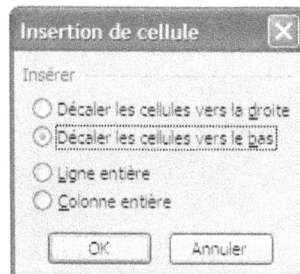

Figure 19.9. Boîte de dialogue d'insertion de lignes ou de colonnes ou de décalage.

Une autre méthode consiste à demander à Excel d'afficher dans les cellules elles-mêmes les formules que vous avez posées, au lieu de montrer le résultat des calculs. Cette action n'est pas sélective et s'applique à la feuille entière simultanément. Vous pourrez imprimer le document que vous affichez ainsi.

Pour remplacer l'affichage des résultats par celui des formules, il suffit d'appuyer sur la combinaison `Ctrl + "` (**Ctrl** plus les guillemets du clavier). Pour revenir à l'affichage des résultats, renouvelez la même frappe. Excel élargit les colonnes pour afficher les formules, mais vous serez probablement amené à les retoucher pour aboutir à un affichage bien lisible.

Ce faisant, on passe dans le mode **Audit de formules**, une barre d'outils spécifiques s'affiche dès lors (figure 19.10).

Une autre méthode aboutissant au même résultat est la suivante :

1 Cliquez sur le menu **Outils**, puis sur sa commande **Options**.

2 Cliquez sur l'onglet **Affichage**.

3 Dans la zone Fenêtre, cochez la case **Formule**.

4 Cliquez sur le bouton **OK**.

Pour revenir à l'affichage des résultats, décochez cette case ou appuyez sur `Ctrl + "`.

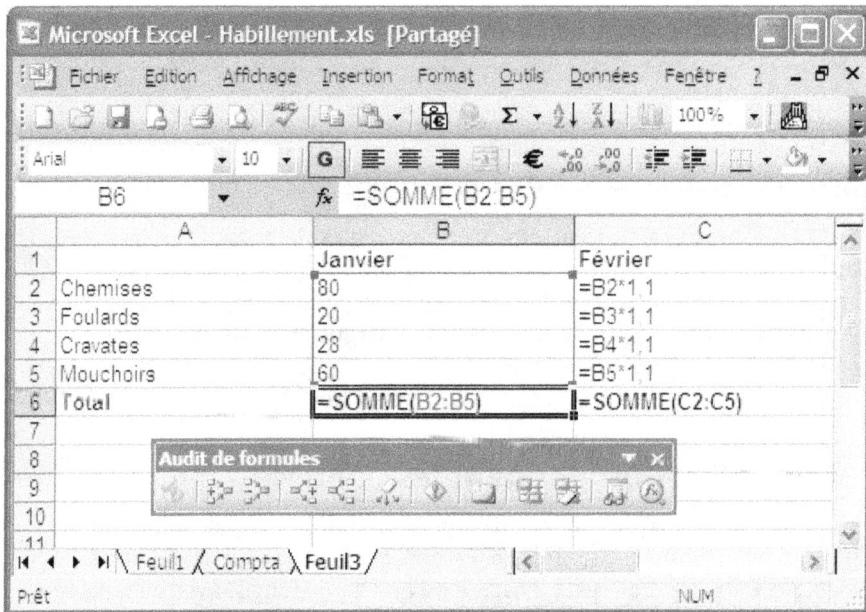

Figure 19.10. Pour afficher les formules dans les cellules au lieu de leur résultat.

Masquer les formules par souci de confidentialité

Pour des raisons de confidentialité lorsque vous travaillez en public, vous pouvez empêcher l'affichage des formules dans la barre de formule. Pour cela, il vous faut formater les cellules contenant les formules comme masquées, puis protéger la feuille de calcul :

1. Sélectionnez la plage des cellules contenant les formules que vous souhaitez masquer. Vous pouvez sélectionner des plages non adjacentes ou même l'intégralité de la feuille.

2. Cliquez sur le menu **Format**, sur **Cellule**, puis sur l'onglet **Protection**.

3. Activez la case à cocher **Masquée** (figure 19.11).

4. Cliquez sur **OK**.

5. Cliquez sur le menu **Outils**, sur **Protection**, puis sur **Protéger la feuille**.

6. Assurez-vous que la case à cocher de la première rubrique, en haut, **Protéger la feuille et le contenu des cellules verrouillées**, est activée (figure 19.12).

7. Cliquez sur **OK**.

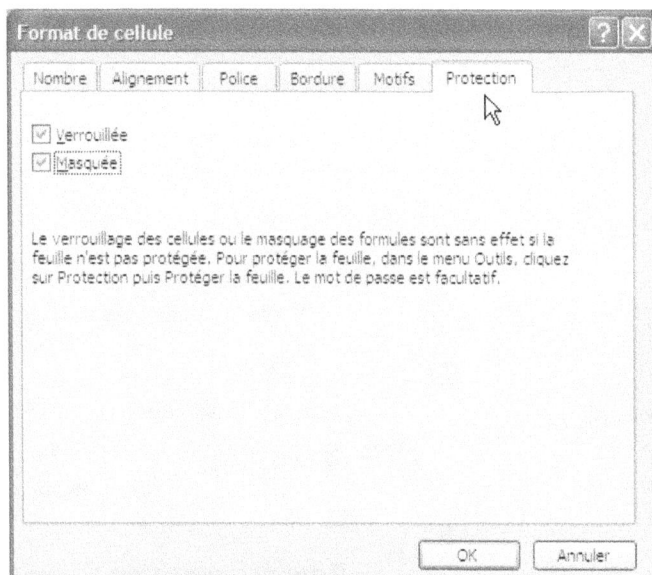

Figure 19.11. Cochez la case Masquée.

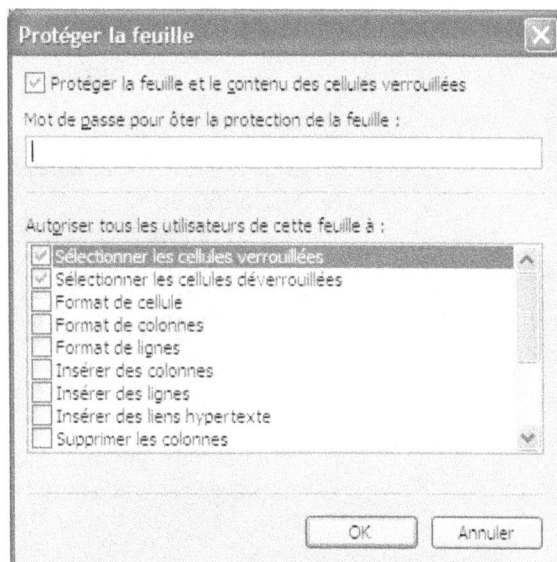

Figure 19.12. La case à cocher Protéger la feuille et le contenu des cellules verrouillées doit être cochée.

Dès lors, la formule n'apparaît plus dans la barre de formule lorsque sa cellule est sélectionnée (figure 19.13).

La formule n'apparaît pas dans la barre de formule

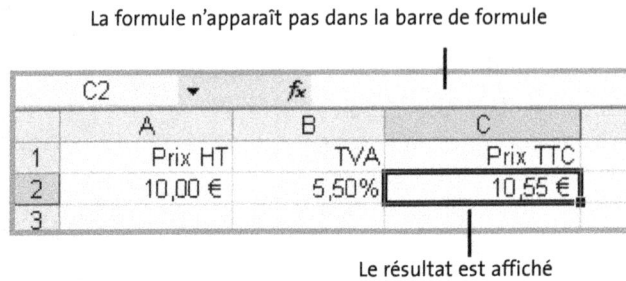

Le résultat est affiché

Figure 19.13. La barre de formule n'affiche plus la formule
de la cellule sélectionnée lorsque cette dernière est protégée.

Pour afficher de nouveau des formules masquées, supprimez la protection de la feuille de calcul :

1. Sélectionnez les cellules à déprotéger.

2. Cliquez sur le menu **Outils**, sur **Protection**, puis sur **Oter la protection**.

Remplacer une formule par sa valeur calculée

Une formule ayant été composée dans une cellule, vous pouvez la remplacer par sa valeur (la formule sera perdue) :

1. Sélectionnez la cellule contenant la formule à remplacer par son résultat.

2. Cliquez sur l'icône **Copier**, dans la barre d'outils **Standard**.

3. Cliquez sur le menu **Edition**, sur sa commande **Collage spécial**, puis sur l'option **Valeurs**.

4. Appuyez sur **Entrée**. La valeur calculée remplace la formule.

Évaluer une partie d'une formule

Si vous souhaitez calculer une partie d'une formule (figure 19.14) :

1. Sélectionnez la partie de la formule à calculer.

2. Appuyez sur la touche de fonction F9. La zone sélectionnée est remplacée par son résultat.

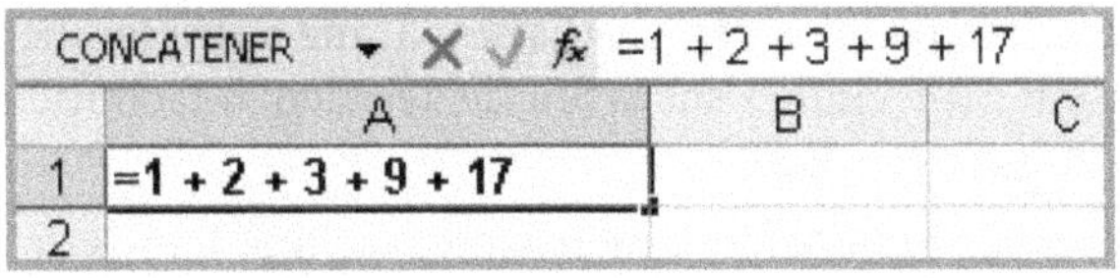

La formule initiale

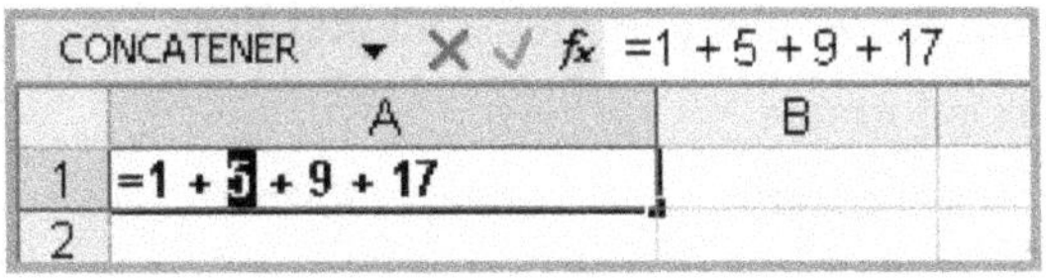

On a calculé 2 + 3

Figure 19.14. La zone sélectionnée est remplacée
par le résultat de son calcul.

Calculer avec d'autres feuilles ou d'autres classeurs

Vous pouvez partager des données stockées dans plusieurs feuilles de calcul et dans plusieurs classeurs en utilisant des **liaisons** ou des **références externes**. Les liaisons sont particulièrement utiles lorsqu'il n'est pas possible de conserver dans un même classeur des modèles de feuille de calcul de grande taille.

Pour créer une formule calculant des données situées dans une autre feuille de calcul ou dans un autre classeur :

1. Avant de créer une liaison avec un nouveau classeur, vous devez enregistrer le classeur courant.

2. Dans le classeur contenant la formule, sélectionnez la cellule dans laquelle vous souhaitez taper la référence externe.

RÉFÉRENCE EXTERNE

Une référence externe est une référence à une cellule, à un nom ou à une plage d'une feuille située dans un autre classeur Excel.

---

3. Puis, et selon le cas :

- Si vous créez une nouvelle formule, tapez un signe égal (=).

- Si vous tapez une référence externe dans la formule, tapez l'opérateur ou la fonction qui doit précéder la référence externe.

- Si vous souhaitez créer une liaison à une autre feuille de calcul du classeur actif, cliquez sur la feuille de calcul qui contient les cellules que vous voulez lier.

- Si vous souhaitez créer une liaison avec une feuille de calcul située dans un autre classeur, passez dans ce classeur, puis cliquez sur la feuille de calcul qui contient les cellules que vous souhaitez lier.

4. Sélectionnez les cellules que vous souhaitez lier.

5. Complétez la formule.

6. Lorsque vous avez terminé, appuyez sur **Entrée**.

Lier à une feuille dans le même classeur

La figure 19.15 montre une formule créant une liaison à la feuille **Prospection**, dans le même classeur courant, et calculant la somme de l'espace C5:C15. Notez bien que le nom de la feuille de calcul et un point d'exclamation (!) servant de séparateur précèdent la référence de plage.

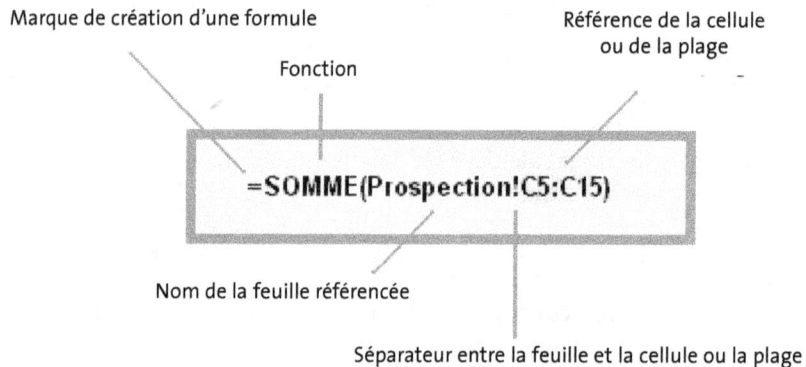

Figure 19.15. Formule type de calcul d'une somme avec liaison à la feuille Prospection du même classeur.

Lier à une feuille de calcul d'un autre classeur

Vous pouvez également créer des hiérarchies de classeurs liés. Un groupe de magasins à succursales multiples peut, par exemple, effectuer le suivi de données dans des classeurs séparés ; les données sont ensuite rassemblées dans un classeur qui les synthétise au niveau régional.

REMARQUE

Lorsque les cellules qui fournissent les données à une liaison sont modifiées, Excel ne met automatiquement à jour la liaison que si le classeur qui la contient est ouvert. Si vous choisissez de lier des classeurs, n'oubliez pas de les mettre à jour lorsque vous mettez à jour ou lorsque vous modifiez les données dans le classeur source. Si un classeur dépendant est ouvert lorsque vous modifiez les données dans le classeur source, Excel met automatiquement à jour ce classeur. Si le classeur dépendant n'est pas ouvert, vous pouvez mettre les liaisons à jour manuellement.

Excel propose deux méthodes pour afficher les formules comportant des liaisons vers d'autres classeurs, selon que le classeur source (c'est-à-dire celui qui fournit des données à une formule) est ouvert ou fermé :

▸ Lorsque la source est ouverte, la liaison contient le nom du classeur entre crochets droits, suivi du nom de la feuille de calcul, d'un point d'exclamation (!) et des cellules dont dépend la formule. Par exemple :

```
=Somme([Marseille]Ventes!C5:C15)
```

▸ Lorsque la source est fermée, la liaison contient l'intégralité du chemin d'accès, par exemple :

```
=Somme("C:\Mes
documents\Gestion\[Marseille.xls]Ventes"!C5:C15)
```

Références relatives, absolues et mixtes

Les notions d'adressage relatif, absolu ou mixte peuvent parfois déconcerter. C'est pourtant bien simple.

Références relatives

L'un des modes d'adressage, celui qui s'applique par défaut le plus souvent, est dit relatif. Pourquoi ? Tout simplement parce que, si vous copiez ou si vous déplacez une formule d'un endroit de la feuille à l'autre, Excel ajuste ses références de façon à fournir un résultat toujours juste.

Si, par exemple, A1 contient 2, B1 contient 3 et C1 contient la formule de calcul :

```
=A1+B1
```

Le résultat affiché par C1 est 5, la barre de formule montrant celle-ci.

En réalité, Excel a enregistré les références des cellules selon une méthode particulière qui peut se traduire en langage courant par : *dans la cellule courante, totaliser le contenu de la cellule située à deux emplacements sur la gauche au contenu de la cellule située à un emplacement sur la gauche.*

C'est ce qu'on appelle **références relatives**. En effet, si vous copiez cette formule dans la cellule C2, l'addition s'exécutera sur A2 + B2 (figure 19.16). La formule s'est transposée en :

=A2+B2

Elle s'applique donc parfaitement. C'est très souvent cette méthode qu'on souhaite appliquer par défaut dans les feuilles de calcul.

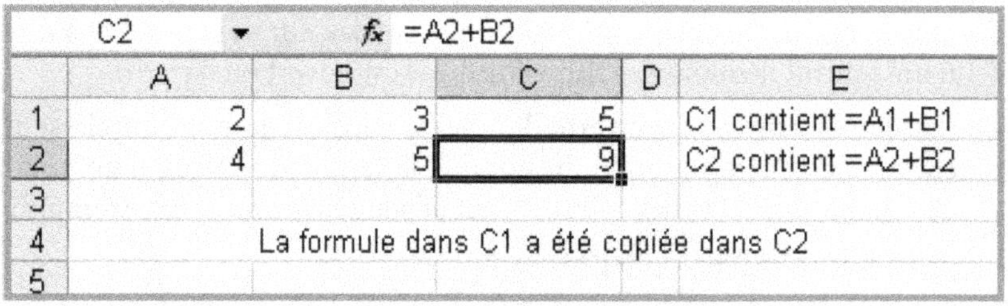

Figure 19.16. La copie d'une formule en adressage relatif
ne modifie pas son mode de fonctionnement.

Références absolues

Si l'on ne veut pas modifier les références d'une formule lorsqu'on la copie ou lorsqu'on la déplace, il faut faire appel aux **références absolues**. Cette fois, la formule ordonne l'addition sans discussion possible de **A1 + B1**. Excel enregistre : *additionner le contenu de A1 (en références absolues) au contenu de la cellule B1, elle aussi en références absolues*. Si vous déplacez la formule, elle se référera toujours à A1 et à B1.

La marque d'une référence absolue est le préfixe dollar (**$**). Si l'on a entré une formule en références absolues dans C1 et si on la copie dans C2, le résultat est rigoureusement identique, car la formule n'a pas été transposée ; l'addition porte donc sur A1 + B1 dans la figure 19.17.

La formule A1 + A2 s'écrit, en références absolues :

A1+B1

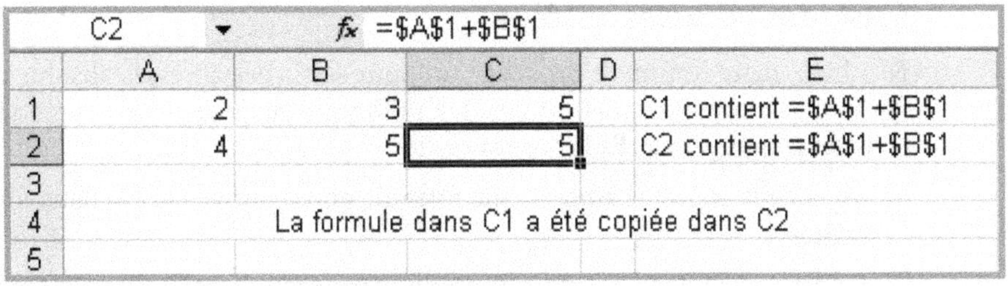

Figure 19.17. Addition de A1 et B1 dans C2 en adresses absolues.

Moralité : si vous voulez que les transpositions d'adresses s'exécutent, adoptez l'adressage relatif ; si vous ne voulez pas qu'elles s'exécutent, appliquez l'adressage absolu. Il n'y a pas de règle de choix, car tout dépend de votre tableau, du contexte et des opérations que vous pouvez ou devez exécuter.

Références mixtes

Cette troisième et dernière notion mélange savamment les deux précédentes. En effet, la référence absolue peut s'appliquer à la colonne et à la ligne, ou bien à l'une ou à l'autre seulement. Or, en utilisant le symbole **$** avec l'une ou l'autre, on crée une référence mixte. Le tableau 19.1 illustre toutes ces possibilités.

Tableau 19.1. Modes d'adressage

Adressage	Ecriture	Adressage colonne	Adressage ligne
Relatif	C3	Relatif	Relatif
Absolu	C3	Absolu	Absolu
Mixte	$C3	Absolu	Relatif
	C$3	Relatif	Absolu

Saisir des adresses absolues

Fort bien, mais comment procède-t-on pour saisir des adresses absolues ?
On peut, bien évidemment, taper les préfixes $ mais la bonne méthode
consiste à appuyer sur **F4** lors de la saisie :

1. Vous vous apprêtez à poser une formule en tapant le signe **=** dans une cellule.

2. Pointez ou cliquez sur une autre cellule, par exemple M12. Dans la barre de formule tout comme dans la cellule s'inscrivent ses références, donc M12.

3. Appuyez une fois sur **F4**, et la référence que vous lisez devient absolue avec M12.

4. Si vous renouvelez les appuis sur **F4**, vous faites défiler toutes les combinaisons possibles à tour de rôle : après M12 succèdent les adresses M$12, puis $M12, puis retour au relatif avec M12. Après quoi l'on recommence avec M12, etc.

5. Arrêtez-vous sur l'adressage requis et poursuivez la formule.

Méfiez-vous toujours de ces distinctions dans l'adressage et pensez-y lorsque le résultat n'est pas conforme à vos espérances.

Références 3D

Si vous voulez analyser des données dans une cellule ou dans une plage de cellules disposées sur plusieurs feuilles de calcul du classeur, il vous faut faire appel à des références 3D (en trois dimensions).

Une référence 3D inclut la référence des cellules ou des plages de cellules, précédées d'une plage de noms de feuilles de calcul. Excel utilise alors toutes les feuilles de calcul comprises entre le premier et le dernier nom de la référence.

Par exemple, la formule :

`=SOMME(Feuil3:Feuil12!C5)`

additionne toutes les valeurs contenues dans la cellule C5 de l'ensemble des feuilles de calcul situées entre la **Feuille 3** et la **Feuille 12**, celles-ci incluses. Le point d'exclamation (!) sépare les données.

Créer une référence 3D

Pour créer une référence à une même cellule ou plage de cellules dans plusieurs feuilles à l'aide d'une référence 3D, le classeur doit à l'évidence contenir plusieurs feuilles de calcul. Si tel est bien le cas :

1. Cliquez sur la cellule dans laquelle vous voulez entrer la fonction.

2. Tapez = (un signe égal).

3. Entrez le nom de la fonction.

4. Tapez une parenthèse ouvrante.

5. Cliquez sur l'onglet correspondant à la première feuille de calcul à référencer.

6. Maintenez la touche **Maj** enfoncée et cliquez sur l'onglet correspondant à la dernière feuille de calcul à référencer.

7. Sélectionnez la cellule ou la plage de cellules à référencer.

8. Complétez la formule.

ATTENTION

Méfiez-vous, ensuite, du déplacement ou de la suppression de feuilles ainsi référencées, ou encore de l'insertion d'une feuille supplémentaire dans cette plage. Vous risquez d'introduire des erreurs de calcul.

Valeurs d'erreur

Lorsqu'une formule ne parvient pas à calculer correctement son résultat, Excel affiche une valeur d'erreur. Les valeurs d'erreur peuvent résulter de l'utilisation de texte dans une formule qui exige une valeur numérique, de la suppression d'une cellule à laquelle une formule fait référence, de l'utilisation d'une cellule trop étroite pour afficher le résultat, d'une division par zéro (ce qui est strictement prohibé), etc.

Il se peut que les valeurs d'erreur ne résultent pas de la formule elle-même. Par exemple, si une formule affiche une valeur d'erreur sous la forme #N/A ou #VALEUR!, il est possible que ce soit non pas la cellule à laquelle la formule fait référence qui contienne une erreur, mais une tout autre située en amont.

Vous pourrez retrouver des cellules qui produisent des valeurs d'erreur dans d'autres formules à l'aide des outils d'audit. En attendant, voici quels sont les affichages d'erreur que vous rencontrerez probablement, tôt ou tard.

Correction automatique de formule

Notez, tout d'abord, qu'Excel dispose d'une fonction astucieuse, la **Correction automatique de formule**. Elle recherche automatiquement les fautes courantes dans une formule, opère automatiquement la correction si elle le peut, ou suggère éventuellement une correction. Vous pouvez accepter ou refuser la proposition de correction qui s'affiche dans un message d'alerte.

Par exemple, si vous saisissez une formule qui contient une parenthèse superflue, telle que la suivante, cette fonction la détecte et vous propose de la supprimer (figure 19.18) :

=2+((3 * 4)

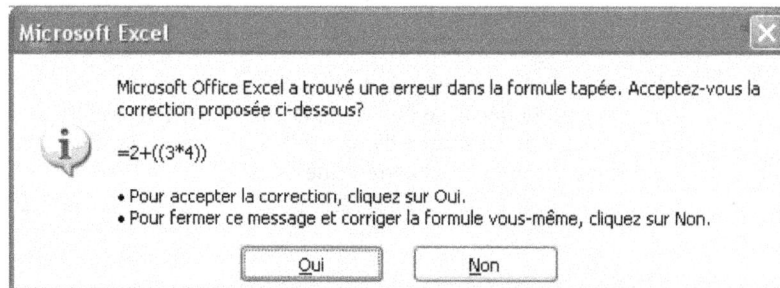

Figure 19.18. La correction automatique de formule en action.

Valeur d'erreur

Une valeur d'erreur ##### apparaît lorsque la cellule contient un nombre, une date ou une heure plus large que la cellule, ou lorsque celle-ci renferme une formule de date ou d'heure qui produit un résultat négatif. Les solutions sont évidentes, selon les cas :

▸ Augmentez la largeur de la colonne.

▸ Appliquez un format numérique différent. Dans certains cas, vous pouvez modifier le format numérique de la cellule pour ajuster le nombre à la largeur de la cellule existante. Par exemple, diminuez le nombre de décimales.

▸ Vérifiez l'exactitude des formules de date et d'heure. Lorsque vous soustrayez des dates et des heures, vérifiez la validité de la formule. Si vous utilisez le calendrier depuis 1900, les dates et les heures doivent être des valeurs positives. La soustraction, dans une date ou une heure antérieure, d'une date ou d'une heure postérieure engendre l'erreur #####. Si la formule est correcte bien que le résultat soit négatif, vous pouvez afficher la valeur obtenue en mettant en forme la cellule avec un format qui ne soit ni de date, ni d'heure.

Valeur d'erreur #VALEUR!

La valeur d'erreur #VALEUR! apparaît lorsqu'un type d'argument ou d'opérande impropre est utilisé, ou bien lorsque la fonction **Correction automatique de formule** est incapable de corriger la formule. Les principales causes et leurs remèdes probables sont listés dans le tableau 19.2.

Pour une bonne compréhension de ces termes, rappelez-vous que :

▸ Un **argument** est une valeur utilisée par une fonction pour effectuer des opérations ou des calculs. Le type d'argument est spécifique de la fonction. Il peut s'agir de valeurs numériques ou de texte, de références de cellules ou de plages de cellules, de noms, d'étiquettes...

▸ Un **opérande** est un élément accompagnant un opérateur dans une formule représentant une valeur, des références de cellules, des noms, des étiquettes ou des fonctions.

▸ Une **formule matricielle** est une formule permettant d'exécuter plusieurs calculs, puis de renvoyer un ou plusieurs résultats. Les formules matricielles agissent sur un ou plusieurs jeux de valeurs, ces derniers étant appelés arguments matriciels. Chaque argument matriciel doit être rectangulaire et comporter le même nombre de lignes et/ou de colonnes. Pour renvoyer plusieurs résultats, la formule doit être saisie dans plusieurs cellules. Pour saisir une formule matricielle, appuyez sur **Ctrl + Maj + Entrée** au lieu d'**Entrée** tout simplement. Les formules matricielles sont automatiquement placées entre accolades { }.

▸ Une **matrice** est constituée par un ensemble rectangulaire de valeurs ou de plages de cellules. Associée à d'autres matrices ou plages, elle engendre des sommes ou des produits.

Tableau 19.2. Valeur d'erreur #Valeur!

Cause probable	Solution suggérée
Une entrée de texte quand la formule exige un nombre ou une valeur logique, telle que VRAI ou FAUX. Excel ne peut convertir le texte dans le type de donnée approprié.	Vérifiez que la formule ou la fonction est correcte pour l'argument ou l'opérande nécessaire et que les cellules auxquelles la formule fait référence contiennent des valeurs valides (figure 8.41).
Entrée ou modification d'une formule matricielle suivie de la frappe de la touche Entrée.	Sélectionnez la cellule ou la plage de cellules contenant la formule matricielle, appuyez sur la touche F2 pour modifier la formule, puis appuyez sur Ctrl + Maj + Entrée.
Entrée d'une référence de cellule, d'une formule ou d'une fonction en tant que constante matricielle.	Vérifiez que la constante matricielle n'est pas une référence de cellule, une formule ou une fonction.
Vous avez spécifié une plage à un opérateur ou à une fonction qui exige une valeur unique et non une plage.	Transformez la plage en valeur unique. Ou modifiez la plage pour y inclure soit la même ligne soit la même colonne contenant la formule.
Vous utilisez une matrice non valide dans l'une des fonctions de feuille de calcul de matrices.	Vérifiez que les dimensions de la matrice sont appropriées aux arguments de matrice.
Exécution d'une macro qui entre une fonction renvoyant la valeur d'erreur #VALEUR!.	Vérifiez que la fonction n'utilise pas un argument incorrect.

Valeur d'erreur #DIV/o!

La valeur d'erreur #DIV/0! apparaît lorsqu'une formule effectue une division par zéro (figure 19.19). On sait qu'une telle division est strictement interdite (voyez le tableau 19.3).

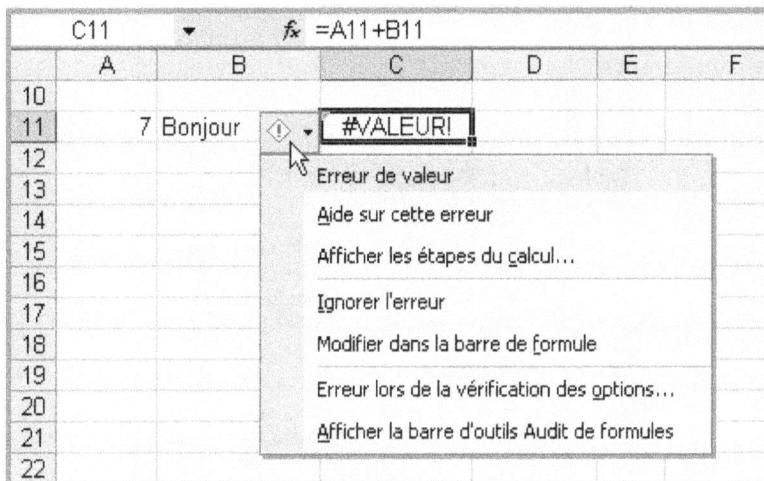

Figure 19.19. Valeur d'erreur. La cellule A11 contient un nombre et la cellule B11, du texte. La formule =A11+B11 dans C11 renvoie l'erreur #VALEUR!. Une balise apparaît. Utilisez la fonction SOMME dans la formule pour ajouter les deux valeurs (cette fonction SOMME ignore le texte) : =SOMME(A17:B17).

Tableau 19.3. Valeur d'erreur #DIV/0!

Cause probable	Solution suggérée
Utilisation d'une référence de cellule pour une cellule vide ou une cellule contenant 0 comme diviseur. (Si un opérande est une cellule vide, Microsoft Excel interprète celle-ci comme contenant 0.)	Modifiez la référence de cellule ou entrez une valeur autre que zéro dans la cellule utilisée comme diviseur. Entrez la valeur #N/A dans la cellule utilisée comme diviseur pour faire passer le résultat de la formule de #DIV/0! à #N/A pour indiquer que la valeur du diviseur est manquante. Pour empêcher l'affichage d'une valeur d'erreur, utilisez la fonction SI. Si la cellule utilisée comme diviseur est vierge ou contient un zéro (0), la fonction SI peut ne rien afficher plutôt que d'effectuer le calcul. Si, par exemple, la cellule B5 contient le diviseur et la cellule A5, le dividende, utilisez =SI(B5=0," ",A5/B5). Les deux guillemets représentent une chaîne de texte vide.
Entrée d'une formule contenant une division par 0 explicite, par exemple =4/0.	Donnez au diviseur une valeur non nulle.
Exécution d'une macro utilisant une fonction ou une formule qui renvoie #DIV/0!.	Vérifiez que le diviseur de la fonction ou de la formule n'est ni nul ni absent.

Valeur d'erreur #NOM ?

La valeur d'erreur #NOM? apparaît lorsque Excel ne reconnaît pas le texte dans une formule (tableau 19.4).

Tableau 19.4. Valeur d'erreur #NOM ?

Cause probable	Solution suggérée
Suppression d'un nom utilisé dans la formule ou utilisation d'un nom qui n'existe pas.	Vérifiez l'existence du nom. Dans le menu Insertion, pointez sur Nom puis cliquez sur Définir. Si le nom n'est pas dans la liste, ajoutez-le à l'aide de la commande Ajouter.
Mauvaise orthographe du nom.	Corrigez l'orthographe. Pour insérer le nom correct dans la formule, sélectionnez-le dans la barre de formule, pointez sur Nom dans le menu Insertion puis cliquez sur Coller. Dans la boîte de dialogue Coller un nom, cliquez sur le nom que vous voulez utiliser, puis sur OK.
Utilisation d'une étiquette dans une formule.	Dans le menu Outils, cliquez sur Options, puis sur l'onglet Calcul. Sous Options de classeur, activez la case à cocher Accepter les étiquettes dans les formules.
Mauvaise orthographe du nom d'une fonction.	Corrigez l'orthographe. Insérez le nom de la fonction correct dans la formule en utilisant la Palette de formules.
Entrée de texte dans une formule sans l'encadrer de guillemets. Excel essaie d'interpréter l'entrée comme s'il s'agissait d'un nom alors que vous avez souhaité entrer un texte.	Encadrez le texte de la formule de guillemets.
Omission des deux-points (:) dans la référence à une plage.	Vérifiez que toutes les références de plages utilisent les deux-points (:).

Valeur d'erreur #N/A

La valeur d'erreur #N/A apparaît lorsqu'une valeur n'est pas disponible pour une fonction ou une formule. Si certaines cellules de votre feuille de calcul doivent contenir des données non disponibles, tapez #N/A dans ces cellules. Les formules faisant référence à ces cellules renvoient alors #N/A plutôt que d'essayer de calculer une valeur (tableau 19.5).

Tableau 19.5. Valeur d'erreur #N/A

Cause probable	Solution suggérée
Affectation d'une valeur impropre à l'argument valeur_cherchée des fonctions de feuille de calcul RECHEREH, RECHERCHE, EQUIV ou RECHERCHEV.	Vérifiez que l'argument valeur_cherchée est de type approprié, par exemple une valeur ou une référence de cellule, mais pas une référence de plage.
Utilisation de la fonction de feuille de calcul RECHERCHEV, RECHERCHEH ou EQUIV pour trouver une valeur dans une table non triée.	Par défaut, les fonctions qui recherchent des informations dans les tables doivent être triées en ordre croissant. Toutefois, les fonctions de feuille de calcul RECHERCHEV et RECHERCHEH possèdent un argument valeur_proche qui impose à la fonction de rechercher une correspondance exacte même si la table n'est pas triée. Pour rechercher une correspondance exacte, donnez à l'argument valeur_proche la valeur FAUX. La fonction de feuille de calcul EQUIV contient un argument type qui spécifie l'ordre dans lequel la liste doit être triée pour trouver un équivalent. Si la fonction ne trouve aucun équivalent, essayez de modifier la valeur de l'argument type.
Utilisation d'un argument dans une formule matricielle qui ne possède pas le même nombre de lignes ou de colonnes que la plage contenant cette formule matricielle.	Si la formule matricielle a été entrée dans plusieurs cellules, vérifiez que les plages référencées par la formule possèdent le même nombre de lignes et de colonnes, ou bien tapez la formule matricielle dans un plus petit nombre de cellules.
Omission d'un ou de plusieurs arguments d'une fonction de feuille de calcul prédéfinie ou personnalisée.	Tapez tous les arguments nécessaires à la fonction.
Utilisation d'une fonction de feuille de calcul personnalisée non disponible.	Vérifiez que le classeur contenant la fonction de feuille de calcul est ouvert et que la fonction est correcte.
Exécution d'une macro qui entre une fonction renvoyant #N/A.	Vérifiez que les arguments de la fonction sont corrects et au bon endroit.

Valeur d'erreur #REF!

La valeur d'erreur #REF! apparaît lorsqu'une référence de cellule n'est pas valable (tableau 19.6).

Tableau 19.6. Valeur d'erreur #REF!

Cause probable	Solution suggérée
Suppression des cellules auxquelles d'autres formules font référence, ou collage de cellules déplacées dans des cellules auxquelles d'autres formules font référence.	Modifiez les formules ou rétablissez-les dans la feuille de calcul en cliquant sur le bouton Annuler immédiatement après avoir supprimé ou collé les cellules.
Exécution d'une macro qui entre une fonction renvoyant la valeur #REF!.	Examinez la fonction pour vérifier si un argument fait référence à une cellule ou à une plage de cellules non valide.
Utilisation d'une référence hors programme à une application fermée ou à une rubrique DDE non disponible.	Lancez l'application. Vérifiez si vous utilisez la rubrique DDE appropriée.

Valeur d'erreur #NOMBRE!

La valeur d'erreur #NOMBRE! apparaît lorsqu'un problème se produit avec un nombre dans une formule ou une fonction (tableau 19.7).

Tableau 19.7. Valeur d'erreur #NOMBRE!

Cause probable	Solution suggérée
Utilisation d'un argument impropre dans une fonction qui exige un argument numérique.	Vérifiez si les arguments utilisés dans la fonction sont appropriés.
Utilisation d'une fonction de feuille de calcul qui fait une itération, telle que TRI ou TAUX, sans que cette fonction parvienne à trouver un résultat.	Utilisez une valeur de départ différente pour la fonction de feuille de calcul.
Entrée d'une formule qui produit un nombre trop grand ou trop petit pour être représenté dans Excel.	Modifiez la formule de sorte que son résultat soit compris dans les valeurs admises.

Valeur d'erreur #NUL!

La valeur d'erreur #NUL ! apparaît lorsque vous spécifiez une intersection de deux zones qui, en réalité, ne se coupent pas (tableau 19.8).

Tableau 19.8. Valeur d'erreur #NUL!

Cause probable	Solution suggérée
Utilisation d'un opérateur de plage ou d'une référence de cellule incorrects.	Pour faire référence à deux zones qui ne se coupent pas, utilisez l'opérateur d'union, c'est-à-dire la virgule (,). Si la virgule n'est pas spécifiée, Excel tente de faire la somme des cellules communes aux deux plages. Vérifiez d'éventuelles erreurs de frappe dans la référence aux plages.

Utiliser des formules matricielles

Une formule matricielle est une formule capable d'effectuer plusieurs calculs et de renvoyer des résultats simples ou multiples. Les formules matricielles interviennent sur deux ensembles de valeurs ou plus, appelés **arguments matriciels**. Chaque argument matriciel doit posséder le même nombre de lignes et de colonnes. Notez que :

▸ Lorsqu'un argument ne représente qu'une seule valeur, on parle de **constante**.

▸ Lorsqu'un argument est un tableau de valeurs, on parle de **constante de tableau**.

Vous créez des formules matricielles de la même façon que d'autres formules ; la seule différence réside dans le fait que vous devez appuyer sur **Ctrl + Maj + Entrée** pour entrer et valider la formule achevée. Elle se placera alors dans des accolades. C'est ainsi, en effet, qu'Excel identifie ce type de formule.

Calculer un résultat simple

Si vous deviez vous initier à ce type de calcul, considérez le petit tableau de la figure 19.20. On y trouve trois catégories de produits, distribués en France et en Europe, avec des chiffres pour 2002. Pour calculer la somme pour France, on pourrait poser une formule courante, mais, en mode matriciel, on peut utiliser à la fois la fonction SOMME et la fonction conditionnelle SI pour obtenir le résultat directement.

La formule à poser est :

```
=SOMME(SI(B3:B12="France";C3:C12))
```

Elle signifie, en clair : « faire la somme de la plage C3:C12 pour les lignes dans lesquelles figure le mot "France" dans la plage B3:B12 ».

La formule posée, appuyez sur Ctrl + Maj + Entrée pour la valider en tant que formule matricielle. Voyez ce que cela donne comme résultat dans la figure 19.20, cette formule ayant été entrée dans C14 ; la barre de formule confirme ce qui se trouve dans cette cellule.

	A	B	C	D
	C14		fx {=SOMME(SI(B3:B12="France";C3:C12))}	
1			2002	2003
2	Eléctroménager			
3		France	1 000	
4		Europe	5 000	
5		Total	6 000	
6	Informatique			
7		France	800	
8		Europe	3 500	
9		Total	4 300	
10	Outillage			
11		France	1 500	
12		Europe	12 000	
13		Total	13 500	
14	Total France		3300	
15				

Figure 19.20. Exemple de calcul matriciel simple.

Calculer plusieurs résultats avec la même formule

Voici un deuxième exemple montrant comment calculer plusieurs résultats en utilisant une seule formule matricielle, copiée dans diverses cellules. On veut calculer la racine carrée des nombres de la colonne A en utilisant la fonction RACINE.

Dans l'exemple de la figure 19.21, c'est la même formule qui apparaît dans toutes les cellules de la colonne B. On a ainsi établi une plage matricielle. La formule entrée est :

```
=RACINE(A6:A10)
```

Appuyez sur Ctrl + Maj + Entrée pour valider la formule matricielle, laquelle s'entoure de crochets dans la barre de formule.

B6	▼	*fx* {=RACINE(A6:A10)}		
	A	B	C	D
1	Nombre	Racine carrée		Formule dans la colonne B
2	4	2		=RACINE(A2:A6)
3	9	3		=RACINE(A2:A6)
4	250	15,81		=RACINE(A2:A6)
5	125	11,18		=RACINE(A2:A6)
6	36	6		=RACINE(A2:A6)
7				Avec Ctrl + Maj + Entrée
8				

Figure 19.21. Formule matricielle calculant plusieurs résultats.

Valeurs non modifiées dans des formules matricielles

Une formule standard avec une seule valeur procure un unique résultat à partir d'un ou de plusieurs arguments ou valeurs. Vous pouvez taper soit une référence à une cellule qui contient une valeur ou la valeur elle-même.

Dans une formule matricielle utilisant une référence à une plage de cellules, vous pouvez taper la matrice des valeurs contenues dans les cellules. Cette matrice des valeurs est appelée **constante matricielle** ; elle est utilisée lorsque vous ne souhaitez pas taper chaque valeur dans une cellule séparée.

Pour créer une constante matricielle :

▸ Tapez les valeurs directement dans la formule entre accolades { }.

▸ Séparez les valeurs dans les colonnes par des points (.).

▸ Séparez les valeurs dans les lignes par des points-virgules (;).

Par exemple, au lieu de taper 20, 30, 40, 50 dans quatre cellules sur une ligne, vous pouvez taper {20.30.40.50} dans une formule matricielle. Cette constante matricielle est appelée **matrice d'ordre 1 par 4**, ce qui signifie qu'elle fait référence à une ligne et à quatre colonnes. Pour représenter les valeurs 20, 30, 40, 50 dans une ligne et 60, 70, 80, 90 dans la ligne située immédiatement au-dessous, vous pouvez taper une constante matricielle 2 par 4 telle que {10.20.30.40;50.60.70.80}.

Contenu d'une constante matricielle

Si vous utilisez les constantes matricielles, notez que :

▸ Les constantes matricielles peuvent contenir des nombres, du texte, des valeurs logiques telles que VRAI ou FAUX ou des valeurs d'erreur telles que #N/A.

▸ Les nombres dans les constantes matricielles peuvent être au format entier, décimal ou scientifique.

▸ Le texte doit être placé entre guillemets.

▸ Vous pouvez utiliser différents types de valeurs dans la même constante matricielle, par exemple :

`{1.3.4;VRAI.FAUX.VRAI}`.

▸ Les valeurs d'une constante matricielle doivent être des constantes et non des formules.

▸ Elles ne peuvent pas contenir les symboles dollar ($), parenthèses () ou pourcentage (%), ni des références de cellules, ni des colonnes ou des lignes de longueur inégale.

ANNEXES
RACCOURCIS CLAVIER

La liste des raccourcis clavier est impressionnante ; elle couvre pratiquement toutes les opérations que vous pouvez mener sous Excel. La voici, avec un classement par catégories pour les principales d'entres elles. Vous n'en retiendrez que les plus importantes pour votre travail.

Utiliser le volet Office Aide

ALT + DROITE	Atteint le volet Office suivant.
ALT + GAUCHE	Revient au volet Office précédent.
CTRL+ESPACE	Ouvre le volet Office.
CTRL+F1	Ferme et rouvre le volet Office actif.
DROITE	Développe une liste +/-.
DROITE et GAUCHE	Dans une table des matières, développe ou réduit respectivement l'élément sélectionné.
ENTRÉE	Effectue l'action de l'élément sélectionné.
F1	Affiche le volet Office Aide.
F6	Passe du volet Office Aide à l'application active.
GAUCHE	Réduit une liste +/.
HAUT et BAS	Dans une table des matières, sélectionne respectivement l'élément suivant et l'élément précédent.
MAJ + TAB	Sélectionne l'élément précédent dans le volet Office Aide.
TAB	Sélectionne l'élément suivant dans le volet Office Aide.

Utiliser la fenêtre d'aide

ALT + DROITE	Atteint la rubrique d'aide suivante.
ALT + GAUCHE	Revient à la rubrique d'aide précédente.
ALT + U	Scinde (pas de mosaïque) ou colle (mosaïque) la fenêtre d'aide à la fenêtre de l'application active.

CTRL + P	Imprime la rubrique d'aide.
ENTRÉE	Effectue l'action du lien Afficher tout ou Masquer tout, du texte masqué ou du lien hypertexte sélectionné.
HAUT et BAS	Fait défiler la rubrique d'aide active respectivement vers le haut et vers le bas par faibles incréments.
MAJ + F10	Affiche un menu contenant les commandes pour la fenêtre Aide ; le fenêtre Aide doit avoir le focus (sélectionnez un élément dans cette fenêtre).
MAJ + TAB	Sélectionne le texte masqué ou lien hypertexte précédent, ou le bouton Aperçu dans le navigateur en haut d'un article du site Web Microsoft Office.
PG.PRÉC et PG.SUIV	Fait défiler la rubrique d'aide active respectivement vers le haut et vers le bas par incréments plus importants.
TAB	Sélectionne le texte ou le lien hypertexte masqué suivant, ou Afficher tout ou Masquer tout au début d'une rubrique.

Afficher et utiliser les fenêtres

ALT + IMPR.ÉCRAN	Copie une image de la fenêtre sélectionnée dans le Presse-papiers.
ALT + MAJ + TAB	Bascule vers le programme précédent.
ALT + TAB	Bascule vers le programme suivant.
CTRL + ÉCHAP	Affiche le menu Démarrer de Windows.
CTRL + F10	Agrandit ou restaure la fenêtre de classeur sélectionnée.
CTRL + F5	Rétablit la taille de la fenêtre de classeur sélectionnée.
CTRL + F6	Si plusieurs fenêtres de classeurs sont ouvertes, bascule vers la fenêtre suivante.

CTRL + F7	Lorsque la fenêtre d'un classeur n'est pas agrandie à sa taille maximale, exécute la commande Déplacer. Utilisez les touches de direction pour déplacer la fenêtre et appuyez sur ÉCHAP une fois l'opération terminée.
CTRL + F8	Lorsque la fenêtre d'un classeur n'est pas agrandie à sa taille maximale, exécute la commande Taille (sur le menu Contrôle de la fenêtre du classeur). Utilisez les touches de direction pour redimensionner la fenêtre et appuyez sur ÉCHAP lorsque l'opération est terminée.
CTRL + F9	Réduit une fenêtre de classeur en icône.
CTRL + MAJ + F6	Bascule vers la fenêtre de classeur suivante.
CTRL + W ou CTRL + F4	Ferme la fenêtre de classeur sélectionnée.
F6	Bascule vers le volet suivant d'une feuille de calcul fractionnée (menu Fenêtre, commande Fractionner).
IMPR.ÉCRAN	Copie une image de l'écran dans le Presse-papiers.
MAJ + F6	Bascule vers le volet précédent d'une feuille de calcul fractionnée.

Accéder aux menus et utiliser les balises actives

ALT + MAJ + F10	Affiche le menu ou le message d'une balise active. Si plusieurs balises actives sont présentes, passe à la balise active suivante et affiche son menu ou son message.
BAS	Sélectionne l'élément suivant dans un menu de balise active.
ÉCHAP	Ferme le menu ou le message d'une balise active.
ENTRÉE	Effectue l'action associée à l'élément sélectionné dans un menu de balise active.
HAUT	Sélectionne l'élément précédent dans un menu de balise active.

Accéder aux volets Office et les utiliser

CTRL + DÉBUT ou CTRL + FIN	Atteint le début ou la fin de la liste de galerie ou de bibliothèque sélectionnée.
CTRL + ESPACE	Affiche l'ensemble des commandes du menu du volet Office.
CTRL + TAB	Lorsqu'un menu ou une barre d'outils est actif, atteint un volet Office (il faut parfois appuyer plusieurs fois sur CTRL + TAB).
DÉBUT ou FIN	Lorsqu'un menu ou un sous-menu est visible, sélectionne la première ou la dernière commande du menu ou sous-menu.
ESPACE ou ENTRÉE	Ouvre le menu sélectionné ou effectue l'action affectée au bouton sélectionné.
F6	Passe à un volet Office à partir d'un autre volet de la fenêtre de programme (plusieurs fois sur F6). Si la touche F6 n'affiche pas le volet voulu, essayez en appuyant sur ALT pour activer la barre de menus, puis sur CTRL + TAB pour atteindre le volet Office en question.
HAUT ou BAS	Permet de se déplacer parmi les choix d'un sous-menu sélectionné ; de se déplacer parmi certaines options d'un groupe d'options.
MAJ+F10	Ouvre un menu contextuel ou un menu déroulant pour l'élément de galerie ou de bibliothèque sélectionné.
PG.PRÉC ou PG.SUIV	Fait défiler la liste de galerie ou de bibliothèque sélectionnée vers le haut ou vers le bas.
TAB ou MAJ + TAB	Lorsqu'un volet Office est actif, sélectionne l'option suivante ou précédente dans le volet Office.

Utiliser les boîtes de dialogue

ALT +BAS	Ouvre la liste déroulante sélectionnée.
ALT + la lettre soulignée dans l'option	Sélectionne une option ou active/désactive une case à cocher.
CTRL + MAJ + TAB ou CTRL + PG.PRÉC	Bascule vers l'onglet précédent dans une boîte de dialogue.
CTRL + TAB ou CTRL + PG.PRÉC	Bascule vers l'onglet suivant dans une boîte de dialogue.
ÉCHAP	Annule la commande et ferme la boîte de dialogue.
ENTRÉE	Exécute l'action affectée au bouton de commande par défaut de la boîte de dialogue.
ESPACE	Exécute l'action du bouton sélectionné ou active/désactive la case à cocher sélectionnée.
MAJ + TAB	Déplace vers l'option ou le groupe d'options précédent.
Première lettre d'une option dans une zone de liste déroulante	Ouvre la liste si elle est fermée et passe à cette option dans la liste.
TAB	Déplace vers l'option ou le groupe d'options suivant.
Touches de direction	Passe d'une option à l'autre dans une liste déroulante ouverte ou dans un groupe d'options.

Travailler avec les feuilles de calcul

ALT + E D	Déplace ou copie la feuille courante (menu Edition, commande Déplacer ou copier une feuille).
ALT + E M	Supprime la feuille courante (menu Edition, commande Supprimer une feuille).

ALT + T F R	Renomme la feuille courante (menu Format, sous-menu Feuille, commande Renommer).
CTRL + PG.PRÉC	Passe à la feuille précédente dans le classeur.
CTRL + PG.SUIV	Passe à la feuille suivante dans le classeur.
MAJ + CTRL + PG.SUIV	Sélectionne la feuille en cours et la feuille suivante. Pour annuler la sélection de feuilles multiples, appuyer sur CTRL + PG.SUIV ou, pour sélectionner une feuille différente, appuyer sur CTRL + PG.PRÉC.
MAJ + CTRL+PG.PRÉC	Sélectionne la feuille en cours et la feuille suivante.
MAJ + F11 ou ALT + MAJ + F1	Insère une nouvelle feuille de calcul.

Se déplacer et défiler entre feuilles de calcul

ALT + PG.PRÉC	Déplace d'un écran vers la gauche.
ALT + PG.SUIV	Déplace d'un écran vers la droite.
CTRL + touche de direction	Déplace vers le bord de la région de données en cours.
CTRL + DÉBUT	Atteint le début de la feuille de calcul.
CTRL + FIN	Passe à la dernière cellule de la feuille de calcul, dans la dernière ligne du bas utilisée de la dernière colonne de droite utilisée.
CTRL + RET.ARR	Fait défiler le contenu afin d'afficher la cellule active.
DÉBUT	Atteint le début de la ligne.
F5	Affiche la boîte de dialogue Atteindre.
F6	Bascule vers le volet suivant d'une feuille de calcul fractionnée (menu Fenêtre, commande Fractionner).

MAJ + F4	Répète la dernière action Rechercher (identique à Suivant).
MAJ + F5	Affiche la boîte de dialogue Rechercher.
MAJ + F6	Bascule vers le volet précédent d'une feuille de calcul fractionnée.
PG.PRÉC	Déplace d'un écran vers le haut.
PG.SUIV	Déplace d'un écran vers le bas.
TAB	Permet de se déplacer entre des cellules non verrouillées dans une feuille de calcul protégée.
Touches de direction	Déplace d'une cellule vers le haut, le bas, la gauche ou la droite.

Se déplacer dans une plage sélectionnée de cellules

CTRL + ALT + DROITE	Dans des sélections non adjacentes, passe à la sélection suivante à droite.
CTRL + ALT + GAUCHE	Passe à la sélection non adjacente suivante à gauche.
CTRL + POINT (.)	Déplace dans le sens des aiguilles d'une montre vers l'angle suivant de la plage sélectionnée.
ENTRÉE	Déplace de haut en bas au sein de la plage sélectionnée.
MAJ + ENTRÉE	Déplace de bas en haut au sein de la plage sélectionnée.
MAJ + TAB	Déplace de droite à gauche dans la plage sélectionnée. Si des cellules dans une seule colonne sont sélectionnées, déplace vers le haut.
TAB	Déplace de gauche à droite au sein de la plage sélectionnée. Si des cellules dans une seule colonne sont sélectionnées, déplace vers le bas.

Se déplacer ou défiler en mode Fin

FIN + ENTRÉE	Passe à la dernière cellule non vide à droite de la ligne en cours. Cette séquence de touches ne fonctionne pas si vous avez activé d'autres touches de déplacement (menu Outils, commande Options, onglet Transition).
FIN + touche de direction	Déplace d'un bloc de données dans une ligne ou une colonne.
FIN+DÉBUT	Passe à la dernière cellule de la feuille de calcul, dans la dernière ligne du bas utilisée de la dernière colonne de droite utilisée.
Touche FIN	Active ou désactive le mode Fin.

Se déplacer et défiler en mode Défilement

DÉBUT	Passe à la cellule située dans le coin supérieur gauche de la fenêtre.
DÉFILEMENT	Active ou désactive DÉFILEMENT.
FIN	Passe à la cellule située dans le coin inférieur droit de la fenêtre.
GAUCHE ou DROITE	Fait défiler d'une colonne vers la gauche ou vers la droite.
HAUT ou BAS	Fait défiler d'une ligne vers le haut ou vers le bas.

Touches de sélection des données et des cellules

CTRL + 6	Alterne entre le masquage des objets, l'affichage des objets et l'affichage des indicateurs de position des objets.
CTRL + A	Sélectionne toute la feuille de calcul.
CTRL + ESPACE	Sélectionne toute la colonne.
CTRL + MAJ + ESPACE	Sélectionne tous les objets d'une feuille lorsqu'un objet est sélectionné.

MAJ + ESPACE	Sélectionne toute la ligne.
MAJ + RET.ARR	Sélectionne uniquement la cellule active si plusieurs cellules sont sélectionnées.

Sélectionner des cellules à caractéristiques particulières

ALT + ; (point-virgule)	Sélectionne les cellules visibles dans la sélection en cours.
CTRL + /	Sélectionne la matrice contenant la cellule active.
CTRL + \	Dans une ligne active, sélectionne les cellules qui ne correspondent pas à la valeur de la cellule active.
CTRL + [(crochet ouvrant)	Sélectionne toutes les cellules auxquelles les formules font référence dans la sélection.
CTRL +] (crochet fermant)	Sélectionne les cellules contenant les formules qui font directement référence à la cellule active.
CTRL + MA J + O (la lettre O)	Sélectionne toutes les cellules contenant des commentaires.
CTRL + MAJ + * (astérisque)	Sélectionne la zone en cours autour de la cellule active. Dans un rapport de tableau croisé dynamique, sélectionne tout le rapport.
CTRL + MAJ + { (accolade ouvrante)	Sélectionne toutes les cellules auxquelles les formules font référence directement ou indirectement dans la sélection.
CTRL + MAJ + |	Dans une colonne active, sélectionne les cellules qui ne correspondent pas à la valeur de la cellule active.
CTRL+MAJ + } (accolade fermante)	Sélectionne les cellules contenant les formules qui font référence directement ou indirectement à la cellule active.

Étendre une sélection

CTRL + MAJ + FIN	Étend la sélection à la dernière cellule utilisée dans la feuille de calcul (coin inférieur droit).
CTRL + MAJ+ touche de direction	Étend la sélection à la dernière cellule non vide contenue dans la même colonne ou ligne que la cellule active.
DÉFILEMENT + MAJ + DÉBUT	Étend la sélection à la cellule située dans le coin supérieur gauche de la fenêtre.
DÉFILEMENT + MAJ + FIN	Étend la sélection à la cellule située dans le coin inférieur droit de la fenêtre.
F8	Active ou désactive le mode étendu. En mode étendu, EXT apparaît dans la barre d'état et les touches de direction étendent la sélection.
FIN + MAJ + DÉBUT	Étend la sélection à la dernière cellule utilisée dans la feuille de calcul (coin inférieur droit).
FIN + MAJ + ENTRÉE	Étend la sélection à la dernière cellule de la ligne en cours. Ne fonctionne pas si vous avez désactivé d'autres touches de déplacement (menu Outils, commande Options, onglet Transition).
FIN + MAJ+touche de direction	Étend la sélection à la dernière cellule non vide contenue dans la même colonne ou ligne que la cellule active.
MAJ + DÉBUT	Étend la sélection jusqu'au début de la ligne.
MAJ + DÉBUT	Étend la sélection jusqu'au début de la feuille de calcul.

MAJ + F8	Ajoute une plage de cellules à la sélection ; ou utiliser les touches pour aller au début de la plage à ajouter ; appuyer ensuite sur F8 et sur les touches de direction pour sélectionner la plage suivante.
MAJ + PG.PRÉC	Étend la sélection d'un écran vers le haut.
MAJ + PG.SUIV	Étend la sélection d'un écran vers le bas.
MAJ + touche de direction	Étend la sélection à une autre cellule.

Entrer, modifier, formater des données et calculer

ALT + BAS	Affiche une liste déroulante des valeurs dans la colonne en cours d'une plage.
ALT + ENTRÉE	Commence une nouvelle ligne dans la même cellule.
CTRL + ; (point-virgule)	Saisit la date.
CTRL + D	Recopie vers le bas.
CTRL + ENTRÉE	Recopie l'entrée en cours dans la plage de cellule sélectionnée.
CTRL + F3	Définit un nom.
CTRL + K	Insère un lien hypertexte.
CTRL + MAJ + : (deux-points)	Saisit l'heure.
CTRL + MAJ + F3	Crée des noms à partir d'étiquettes de lignes et de colonnes.
CTRL + R	Recopie vers la droite.
CTRL + Z	Annule la dernière action.
DÉBUT	Atteint le début de la ligne.

ECHAP	Annule la saisie de données dans une cellule.
ENTRÉE	Valide la saisie de données dans la cellule et sélectionne la cellule située en dessous.
F4 ou CTRL + Y	Répète la dernière action.
MAJ + ENTRÉE	Valide la saisie de données dans la cellule et sélectionne la cellule précédente située au-dessus
MAJ + TAB	Valide la saisie de données dans la cellule et sélectionne la cellule précédente située à gauche.
TAB	Valide la saisie de données dans la cellule et sélectionne la cellule suivante située à droite.
Touches de direction	Déplace d'un caractère vers le haut, le bas, la gauche ou la droite.

Saisir et calculer des formules

= (signe égal)	Commence une formule
ALT + = (signe égal)	Insère une formule Somme automatique en utilisant la fonction SOMME
CTRL + ' (apostrophe)	Copie une formule de la cellule située au-dessus de la cellule active dans cette dernière ou dans la barre de formule
CTRL + ` (guillemet anglais gauche)	Affiche alternativement les valeurs de cellule et les formules de cellule
CTRL + A	Lorsque le point d'insertion est à droite du nom d'une fonction dans une formule, affiche la boîte de dialogue Arguments de la fonction
CTRL + ALT + F9	Calcule toutes les feuilles de calcul de tous les classeurs ouverts, qu'elles aient ou non changé depuis le dernier calcul

CTRL + ALT + MAJ + F9	Contrôle à nouveau les formules dépendantes, puis calcule toutes les formules de tous les classeurs ouverts, y compris les cellules non marquées comme ayant besoin d'être calculées.
CTRL + MAJ + « (guillemets)	Copie la valeur de la cellule située au-dessus de la cellule active dans cette dernière ou dans la barre de formule.
CTRL + MAJ + A	Lorsque le point d'insertion est à droite du nom d'une fonction dans une formule, insère les noms d'arguments et les parenthèses.
CTRL + MAJ + ENTRÉE	Entre une formule sous la forme d'une formule matricielle (formule matricielle : formule qui effectue plusieurs calculs sur un ou plusieurs ensembles de valeurs et qui renvoie un ou plusieurs résultats. Les formules matricielles sont placées entre accolades { } et sont entrées en appuyant sur CTRL + MAJ + ENTRÉE.).
ÉCHAP	Annule la saisie de données dans la cellule ou la barre de formule.
ENTRÉE	Valide la saisie de données dans la cellule ou la barre de formule.
F2	Déplace le point d'insertion à l'intérieur de la barre de formule lorsque la modification dans une cellule est activée.
F3	Colle un nom défini (nom : mot ou chaîne de caractères qui représente une cellule, une plage de cellules, une formule ou une valeur constante.

F9	Calcule toutes les feuilles de calcul dans tous les classeurs ouverts. Lorsqu'une partie de la formule est sélectionnée, calcule la partie sélectionnée. Vous pouvez alors appuyer sur ENTRÉE ou CTRL + MAJ + ENTRÉE (pour les formules matricielles) pour remplacer la partie sélectionnée avec la valeur calculée.
MAJ + F3	Dans une formule, affiche la boîte de dialogue Insérer une fonction.
MAJ + F9	Calcule la feuille de calcul active.
RET.ARR	Dans la barre de formule, supprime un caractère à gauche.

Modifier des données

ALT + ENTRÉE	Commence une nouvelle ligne dans la même cellule.
CTRL + MAJ + Z	Lorsque les balises actives de correction automatique sont affichées, annule ou rétablit la dernière correction automatique.
CTRL + SUPPR	Supprime le texte du point d'insertion à la fin de la ligne.
CTRL + Z	Annule la dernière action.
ÉCHAP	Annule la saisie de données dans une cellule.
ENTRÉE	Valide la saisie de données dans la cellule et sélectionne la cellule située en dessous.
F2	Modifie la cellule active et positionne le point d'insertion à la fin du contenu de la cellule.
F7	Affiche la boîte de dialogue Orthographe.
MAJ + F2	Modifie un commentaire de cellule.

RET.ARR	Modifie la cellule active, puis efface ou supprime le caractère précédent dans la cellule active tandis que vous en modifiez le contenu.
SUPPR	Supprime le caractère à droite du point d'insertion ou supprime la sélection.

Insérer, supprimer et copier des cellules

CTRL + C	Copie les cellules sélectionnées.
CTRL + C, suivi d'un autre CTRL + C	Affiche le Presse-papiers de Microsoft Office (collecte et colle plusieurs éléments).
CTRL + TRAIT D'UNION	Supprime les cellules sélectionnées.
CTRL + V	Colle les cellules copiées.
CTRL + X	Coupe les cellules sélectionnées.
CTRL+ MAJ + SIGNE PLUS (+)	Insère des cellules vides.
SUPPR	Efface le contenu des cellules sélectionnées.

Utiliser les macros

ALT + F11	Affiche Visual Basic Editor.
ALT + F8	Affiche la boîte de dialogue Macro.
CTRL + F11	Insère une feuille macro Microsoft Excel 4.0.

INDEX

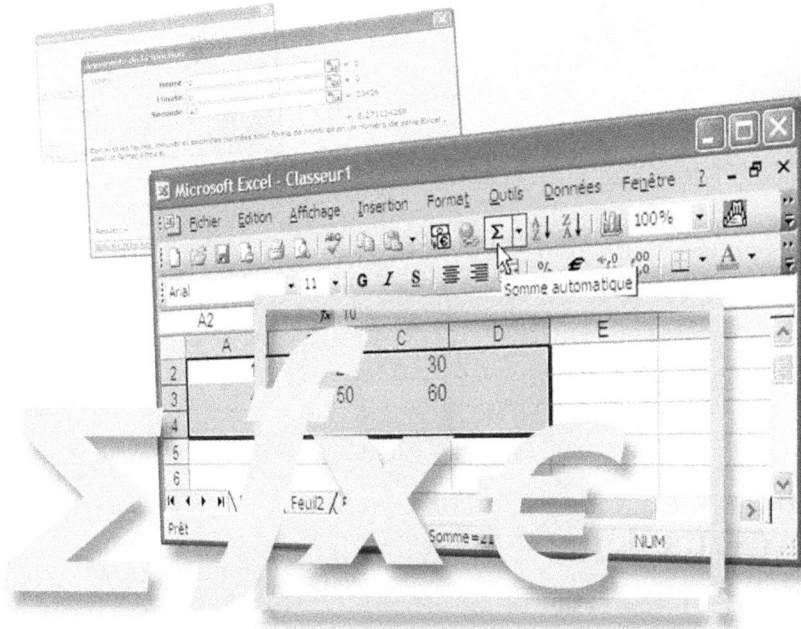

A

ABS, 174
ACOS, 175
ACOSH, 175
Additionner avec INDEX, 260
ADRESSE, 235
Afficher
   les formules dans les cellules, 485
   ou masquer les valeurs zéro, 479
ALEA, 176, 226
ALEA.ENTRE.BORNES, 176
AMORDEGRC, 107
AMORLIN, 108
AMORLINC, 109
Analyse de données (fonctions), 365
ANNEE, 67
Arguments, 17
Arithmétiques (Opérateurs), 30
ARRONDI, 177
ARRONDI.AU.MULTIPLE, 178
ARRONDI.INF, 179
ARRONDI.SUP, 180
ASC, 341
ASIN, 181
ASINH, 182
Assistant, 23
   de recherche, 261
ATAN, 183
ATAN2, 184
ATANH, 185

AUJOURDHUI, 68
AVERAGEA, 301

B

BAHTTEXTE, 341
Base de données, 41
   Rechercher, 58
   Vocabulaire, 55
BDECARTYPE, 44
BDECARTYPEP, 45
BDLIRE, 46
BDMAX, 47
BDMIN, 47
BDMOYENNE, 48
BDNB, 49
BDNBVAL, 50
BDPRODUIT, 50
BDSOMME, 51
BDVAR, 52
BDVARP, 52
BESSELJ 269
BESSELJ, 270
BESSELK, 270
BESSELY, 270
BETA.INVERSE, 302
BINDEC, 270
BINHEX, 271
BINOCT, 272

C

Calcul dans fonction SI, 166
Capital remboursé, 140

CAR, 342

Caractères (extraire), 27

CELLULE, 144

CENTILE, 302

CENTREE.REDUITE, 303

Champ calculé, 410

Champ, 41

CHERCHE, 342

CHOISIR, 236

CNUM, 344

CODE, 345

COEFFICIENT.ASYMETRIE, 303

COEFFICIENT.CORRELATION, 303

COEFFICIENT.DETERMINATION, 304

COLONNE, 237

COLONNES, 238

COMBIN, 186

Comparaison (opérateurs), 30, 34

COMPLEXE, 273

COMPLEXE.ARGUMENT, 274

COMPLEXE.CONJUGUE, 274

COMPLEXE.COS, 274

COMPLEXE.DIFFERENCE, 275

COMPLEXE.DIV, 275

COMPLEXE.EXP, 275

COMPLEXE.IMAGINAIRE, 276

COMPLEXE.LN, 276

COMPLEXE.LOG10, 276

COMPLEXE.LOG2, 277

COMPLEXE.MODULE, 277

COMPLEXE.PRODUIT, 277

COMPLEXE.PUISSANCE, 278

COMPLEXE.RACINE, 278

COMPLEXE.REEL, 278

COMPLEXE.SIN, 278

COMPLEXE.SOMME, 279

Comptage (fonctions), 157

Compteur, 19

CONCATENER, 345

Conditionnel, 34

Conditionnelles (fonctions), 157

Consolider, 417

Conversion décimale, 280

Conversion hexadécimale, 284

Conversion octale, 286

CONVERT, 279

Coordonnées, 491

COS, 187

COSH, 188

COVARIANCE, 304

Créer une fonction, 382

CRITERE.LOI.BINOMIALE, 304

Critères, 42

CROISSANCE, 305

CTXT, 346

CUMUL.INTER, 109

CUMUL.PRINCPER, 110

D

Date et heure courante dans une cellule, 85

Date et heure, 61

DATE, 68

DATE.COUPON.PREC, 111

DATE.COUPON.SUIV, 112

DATEVAL, 70

DB, 112

DDB, 113

DECALER, 238

DECBIN, 281

DECHEX, 281

DECOCT, 282

Degrés Fahrenheit en Celsius, 290

DEGRES, 188

DELTA, 282

Dernier jour du mois, 85

DETERMAT, 189

Division, 33

Données (fonctions), 337

Dossier du fichier courant, 155

DROITE, 368

DROITEREG, 305

DUREE, 113

DUREE.MODIFIEE, 114

E

ECART.MOYEN, 305

ECARTYPE, 306, 368

ECARTYPEP, 306, 369

Éditeur VBA, 381

Élever un nombre à une puissance, 26, 228

Emboîter des fonctions, 33

Enregistrement, 41

Enregistrer un classeur, 386

ENT, 190

EPURAGE, 348

EQUIV, 240

ERF, 283

ERFC, 284

Erreur de décimales, 228

ERREUR.TYPE.XY, 307

EST, 147

EST.IMPAIR, 149

EST.PAIR, 149

ET logique, 57

ET, 160

EURO, 350

EUROCONVERT, 89, 90

Euros (conversion), 92

EXACT, 349

EXP, 190

Externes (fonctions), 87

Extraire des caractères, 27

F

FACT, 191

FACTDOUBLE, 192

FAUX, 34, 161

Feuilles et claseurs (calculer), 489

FIN.MOIS, 70

Financières (fonctions), 99

FISHER, 307

FISHER.INVERSE, 307

FONCTION.APPELANTE, 92

Fonctions

    Erreur, 283

    Bessel, 269

Analyse de données, 365

Arguments, 17

Base de données, 39

Comptage, 157

Conditionnelles, 157

Date et heure, 61

Données, 337

Emboîter, 33

Externes, 87

Financières, 99

Information, 141

Listes, 39

Logiques, 157

Mathématiques, 169

Personnalisées, 377

Recherche, 241

Référence, 241

Scientifiques, 265

Statistiques, 293

Structure, 17

Texte et données, 337

Trigonométriques, 169

Formules

    Conditionnelles, 38

    Dans les cellules, 485

    Matricielles, 503

    Afficher dans les cellules, 485

    Masquer, 487

FRACTION.ANNEE, 71

FRANC, 350

FREQUENCE, 308

G

Gallons en litres, 291

GAUCHE, 351

GRANDE.VALEUR, 308

H

HEURE, 73

Heures (soustraire avec un jour de différence), 84

HEXBIN, 284

HEXDEC, 285

HEXOCT, 286
Histogramme avec REPT, 363
Hypothèses de travail, 437

I
IMPAIR, 192
INDEX, 242
INDIRECT, 245
Information (fonctions), 141
INFORMATIONS, 150
INTERET.ACC, 114
INTERET.ACC.MAT, 115
Intérêts d'un emprunt, 139
INTERVALLE.CONFIANCE, 309
INTPER, 116
INVERSE.LOI.F, 309
INVERSEMAT, 193

J
JIS, 352
JOUR, 73
JOURS360, 74
JOURSEM, 75

K
KHIDEUX.INVERSE, 309
KURTOSIS, 310

L
LIEN_HYPERTEXTE, 246
LIGNE, 247
LIREDONNEESTABCROISDYNAMIQUE, 53, 249
Listes, 41
LN, 195
LNGAMMA, 310
LOG, 196
LOG10, 196
Logiques (fonctions) 157
LOGREG, 310
LOI, 411
LOI.BETA, 311
LOI.BINOMIALE, 311
LOI.BINOMIALE.NEG, 311
LOI.EXPONENTIELLE, 312

LOI.F, 312
LOI.GAMMA, 312
LOI.GAMMA.INVERSE, 313
LOI.HYPERGEOMETRIQUE, 313
LOI.KHIDEUX, 314
LOI.LOGNORMALE, 314
LOI.LOGNORMALE.INVERSE, 314
LOI.NORMALE, 315
LOI.NORMALE.INVERSE, 315
LOI.NORMALE.STANDARD, 315
LOI.NORMALE.STANDARD.INVERSE, 316
LOI.POISSON, 316
LOI.STUDENT, 316
LOI.STUDENT.INVERSE, 317
LOI.WEIBULL, 317

M
Macros complémentaires, 36
MAINTENANT, 76
MAJUSCULE, 352
Mas, 19
Masquer les formules, 487
Mathématiques (fonctions), 169
MAX, 317, 369
MAXA, 318
MEDIANE, 320
MIDB, 352
MIN, 321, 370
Min, 9
MINA, 322
MINUSCULE, 353
MINUTE, 77
MOD, 197 , 230
MODE, 323
Mois (dernier jour), 85
MOIS, 77
MOIS.DECALER, 78
Moyenne, 18, 19
MOYENNE, 324, 371
MOYENNE.GEOMETRIQUE, 324
MOYENNE.HARMONIQUE, 325

MOYENNE.REDUITE, 326
MULTINOMIALE, 198

N

N, 151
NA, 152
NB, 326, 372
NB.COUPONS, 117
NB.JOURS.COUPON.PREC, 117
NB.JOURS.COUPON.SUIV, 118
NB.JOURS.COUPONS, 117
NB.JOURS.OUVRES, 79
NB.SI, 198
NB.VIDE, 401
NBCAR, 354
NBVAL, 327, 373
NO.SEMAINE, 80
NOMBRE, 410
    aléatoire, 226
    Date, 63
    de paiements, 139
NOMPROPRE, 354
NON, 161
NPM, 118

O

OCTBIN, 286
OCTDEC, 287
OCTHEX, 288
Opérateurs, 30
  Arithmétiques, 30
  De comparaison, 30, 34, 166
  De référence, 30
  Préséance, 32
  Texte, 30
ORDONNEE.ORIGINE, 328
OU, 162

P

PAIR, 199
Partie décimale d'un nombre, 227
PEARSON, 328
PENTE, 329
PERMUTATION, 329

Personnalisées (fonctions), 377
PETITE.VALEUR, 329
PGCD, 200
PHONETIQUE, 355
PI en degrés, 227
PI, 201
Pieds carrés, 292
Pieds en mètres, 291
PLAFOND, 202
PLANCHER, 203
PPCM, 205
Préséance des opérateurs, 30
PREVISION, 330
Principal, 101
PRINCPER, 119
PRIX.BON.TRESOR, 120
PRIX.DCOUPON.IRREG, 120
PRIX.DEC, 121
PRIX.FRAC, 121
PRIX.PCOUPON.IRREG, 122
PRIX.TITRE, 123
PRIX.TITRE.ECHEANCE, 123
PROBABILITE, 330
PRODUIT, 205, 374
PRODUITMAT, 206
PUISSANCE, 207
Puissance, 25

Q

QUARTILE, 330
QUOTIENT, 208

R

Raccourcis clavier, 507
RACINE, 209
RACINE.PI, 210
Radians en degrés, 224
RADIANS, 211
RANG, 331
RANG.POURCENTAGE, 332
Rapport de tableau croisé dynamique, 404
Recherche (fonctions), 241
RECHERCHE, 58, 251

RECHERCHEH, 58, 255

Rechercher dans une base de données, 58

RECHERCHEV, 58, 257

Référence (fonctions), 241

Référence (opérateurs), 30

Références 3D, 494

Références circulaires, 471

Références, 491

Remboursements, 140

Remplacer une formule par sa valeur, 488

REMPLACER, 355

REMPLACERB, 356

REND.DCOUPON.IRREG, 126

REND.PCOUPON.IRREG, 126

RENDEMENT.BON.TRESOR, 124

RENDEMENT.SIMPLE, 124

RENDEMENT.TITRE, 125

RENDEMENT.TITRE.ECHEANCE,125

REPT, 356

   histogramme, 363

ROMAIN, 211

RTD, 258

S

Scénarios, 447

Scientifiques (fonctions), 265

SECONDE, 377

Secondes, heures, minutes, 28

SERIE.JOUR.OUVRE, 81

SI, 33, 163

   calcul, 166

   emboîter, 166

Sigma, 19

SIGNE, 212

SIN, 213

SINH, 214

Solveur, 459

Somme, 18

SOMME, 215, 375

SOMME.CARRES, 216

SOMME.CARRES.ECARTS, 333

SOMME.SERIES, 216

SOMME.SI, 351, 217

SOMME.X2MY2, 217

SOMME.X2PY2, 218

SOMME.XMY2, 219

SOMMEPROD, 220

SOUS.TOTAL, 221

Sous-totaux, 414

SQL.REQUEST, 89

Statistiques (fonctions), 293

STDEVA, 333

STDEVPA, 333

Structure des fonctions, 17

STXT, 357

SUBSTITUE, 358

SUP.SEUIL, 283

SUPPRESPACE, 359

Supprimer un mot, 364

SYD, 127

T

T, 360

Table d'hypothèse, 438

Tableaux croisés dynamiques, 391

TAN, 222

TANH, 223

Taux de rentabilité, 140

TAUX, 127

TAUX.EFFECTIF, 129

TAUX.ESCOMPTE, 129

TAUX.INTERET, 130

TAUX.NOMINAL, 130

Temps en valeur texte, 83

TEMPS, 28

TEMPS, 365, 378

TEMPSVAL, 83

TENDANCE, 334

TEST.F, 334

TEST.KHIDEUX, 334

TEST.STUDENT, 335
TEST.Z, 226
Tests logiques, 164
Texte et données (fonctions), 337
TEXTE, 361
Transformer des secondes, 28
TRANSPOSE, 258
TRI, 131
TRI.PAIEMENTS, 133
Trigonométriques (fonctions), 169
TRIM, 132
TRONQUE, 224
TROUVE, 361
TROUVERB, 363
TYPE, 153
TYPE.ERREUR, 154

V

VA, 133
Valeur
    capitalisée, 140
    d'erreur, 495
    logique, 34
    monétaire négative, 156
    zéro, 479
VALEUR.ENCAISSEMENT, 134
VALEUR.NOMINALE, 134
VAN, 135
VAN.PAIEMENTS, 135
VAR, 335, 376
VAR.P, 336, 376
VARA, 336
VARPA, 336
VBA, 381
VC, 136
VC.PAIEMENTS, 137
VDB, 137
VPM, 138
VRAI, 164
VRAI, 34

Z

Zone de critères, 41
ZONES, 260

TABLE DES MATIÈRES

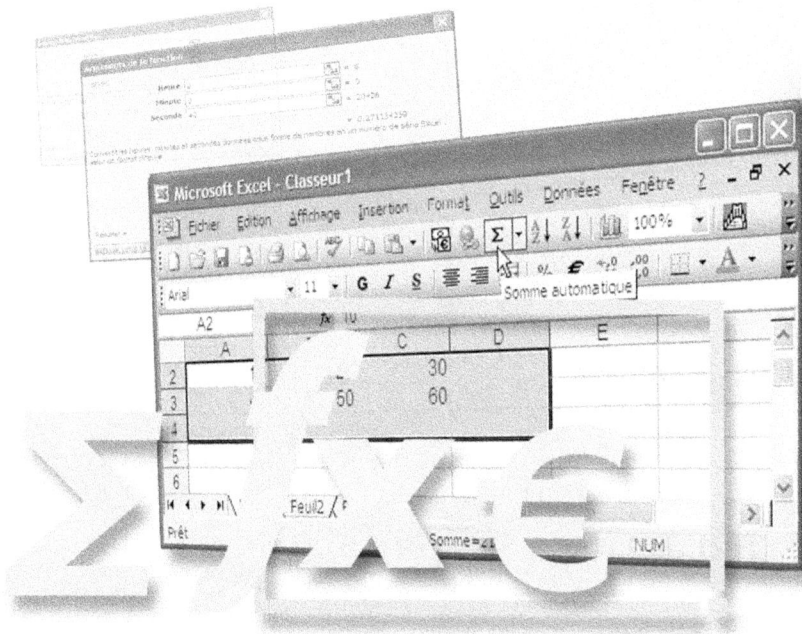

Introduction 7

PARTIE I : Les fonctions d'Excel............................... **13**

Chapitre 1 : La pratique des fonctions......................... **15**
Structure d'une fonction 17
Saisir la fonction SOMME avec son icône 18
Appliquer des fonctions courantes 19
Utiliser la boîte de dialogue Insérer une fonction 20
Poser une fonction à la main 22
Saisir une fonction avec l'assistant 23
Exemple de composition de formules avec une fonction 25
    Elever un nombre à une puissance 26
    Extraire des caractères d'une chaîne 27
    Transformer des secondes en heures, minutes et secondes 28
Opérateurs reconnus par Excel 30
    Le problème de la division 33
Emboîter des fonctions 33
Opérateurs de comparaison, valeurs logiques
et formules conditionnelles 34
Activer les macros complémentaires
pour disposer de leurs fonctions 36
    Macros complémentaires 36
Collection des fonctions 37

Chapitre 2 : Fonctions de base de données et de listes........ **39**
Fonctions de bases de données 43
BDECARTYPE 44
BDECARTYPEP 45
BDLIRE 46
BDMAX 47
BDMIN 47
BDMOYENNE 48
BDNB 49
BDNBVAL 50
BDPRODUIT 50
BDSOMME 51
BDVAR 52
BDVARP 52

LIREDONNEESTABCROISDYNAMIQUE 53

    Astuce importante 55

    Notes complémentaires 55

Applications 55

    Vocabulaire spécifique des bases de données 55

    Pour créer une base 56

    Fonctions en ET logique 57

    Rechercher dans une base de données 58

Chapitre 3 : Fonctions de date et d'heure **61**

Fonctions Date et Heure 65

ANNEE 67

AUJOURDHUI 68

DATE 68

DATEVAL 70

FIN.MOIS 70

FRACTION.ANNEE 71

HEURE 73

JOUR 73

JOURS360 74

JOURSEM 75

MAINTENANT 76

MINUTE 77

MOIS 77

MOIS.DECALER 78

NB.JOURS.OUVRES 79

NO.SEMAINE 80

SECONDE 80

SERIE.JOUR.OUVRE 81

TEMPS 82

TEMPSVAL 83

Applications 83

    Ramener TEMPS en valeur texte formatée 83

    Soustraire des heures avec un jour de différence 84

    Trouver le dernier jour du mois 85

    Afficher la date et l'heure courantes dans une cellule 85

Chapitre 4 : Fonctions externes **87**

EUROCONVERT 90

FONCTION.APPELANTE 92

SQL.REQUEST 93
Application 95
   Convertir les euros avec la commande du menu 95

Chapitre 5 : Fonctions financières **99**
Fonctions financières 103
AMORDEGRC 107
AMORLIN 108
AMORLINC 109
CUMUL.INTER 109
CUMUL.PRINCPER 110
DATE.COUPON.PREC 111
DATE.COUPON.SUIV 112
DB 112
DDB 113
DUREE 113
DUREE.MODIFIEE 114
INTERET.ACC 114
INTERET.ACC.MAT 115
INTPER 116
NB.COUPONS 117
NB.JOURS.COUPONS 117
NB.JOURS.COUPON.PREC 117
NB.JOURS.COUPON.SUIV 118
NPM 118
PRINCPER 119
PRIX.BON.TRESOR 120
PRIX.DCOUPON.IRREG 120
PRIX.DEC 121
PRIX.FRAC 121
PRIX.PCOUPON.IRREG 122
PRIX.TITRE 123
PRIX.TITRE.ECHEANCE 123
RENDEMENT.BON.TRESOR 124
RENDEMENT.SIMPLE 124
RENDEMENT.TITRE 125
RENDEMENT.TITRE.ECHEANCE 125
REND.DCOUPON.IRREG 126
REND.PCOUPON.IRREG 126
SYD 127

TAUX 127

TAUX.EFFECTIF 129

TAUX.ESCOMPTE 129

TAUX.INTERET 130

TAUX.NOMINAL 130

TRI 131

TRIM 132

TRI.PAIEMENTS 133

VA 133

VALEUR.ENCAISSEMENT 134

VALEUR.NOMINALE 134

VAN 135

VAN.PAIEMENTS 135

VC 136

VC.PAIEMENTS 137

VDB 137

VPM 138

Applications 139

    Calculer le montant des intérêts d'un emprunt 139

    Calculer le nombre de paiements pour rembourser un emprunt . . . 139

    Calculer le montant des remboursements 140

    Calculer le capital remboursé d'une période 140

    Calculer le taux de rentabilité interne d'un investissement 140

    Calculer la valeur capitalisée d'un investissement 140

Chapitre 6 : Fonctions d'information **141**

Fonctions d'informations 143

CELLULE 144

EST 147

EST.IMPAIR 149

EST.PAIR 149

INFORMATIONS 150

N 151

NA 152

TYPE 153

TYPE.ERREUR 154

Applications 155

    Trouver le dossier du fichier courant 155

    Trouver les cellules avec valeurs monétaires négatives 156

Chapitre 7 : Fonctions logiques, de comptage et conditionnelles . . . 157

Fonctions logiques 159

ET 160

FAUX 161

NON 161

OU 162

SI 163

VRAI 164

Applications 164

    Tests logiques avec la fonction SI 164

    Opérateurs de comparaison 166

    Introduire un calcul dans une fonction SI 166

    Emboîter des fonctions SI 166

Chapitre 8 : Fonctions mathématiques et trigonométriques 169

Fonctions mathématiques et trigonométriques 171

ABS 174

ACOS 175

ACOSH 175

ALEA 176

ALEA.ENTRE.BORNES 176

ARRONDI 177

ARRONDI.AU.MULTIPLE 178

ARRONDI.INF 179

ARRONDI.SUP 180

ASIN 181

ASINH 182

ATAN 183

ATAN2 184

ATANH 185

COMBIN 186

COS 187

COSH 188

DEGRES 188

DETERMAT 189

ENT 190

EXP 190

FACT 191

FACTDOUBLE 192

IMPAIR 192
INVERSEMAT 193
LN 195
LOG 196
LOG10 196
MOD 197
MULTINOMIALE 198
NB.SI 198
PAIR 199
PGCD 200
PI 201
PLAFOND 202
PLANCHER 203
PPCM 205
PRODUIT 205
PRODUITMAT 206
PUISSANCE 207
QUOTIENT 208
RACINE 209
RACINE.PI 210
RADIANS 211
ROMAIN 211
SIGNE 212
SIN 213
SINH 214
SOMME 215
SOMME.CARRES 216
SOMME.SERIES 216
SOMME.SI 217
SOMME.X2MY2 217
SOMME.X2PY2 218
SOMME.XMY2 219
SOMMEPROD 220
SOUS.TOTAL 221
TAN 222
TANH 223
TRONQUE 224
Applications 224
    Convertir des radians en degrés avec la fonction PI 224
    Convertir des radians en degrés avec la fonction DEGRES 225

Créer un nombre aléatoire compris entre deux valeurs 225

Créer un nombre aléatoire constant avec ALEA 226

Afficher l'équivalence en degrés du nombre pi 227

Renvoyer la partie décimale d'un nombre positif réel 227

Élever à une puissance quelconque 228

Éviter une erreur de décimales 228

Remplacer MOD par ENT 230

Chapitre 9 : Fonctions de recherche et de référence **231**

Fonctions de recherche et de référence 233

ADRESSE 235

CHOISIR 236

COLONNE 237

COLONNES 238

DECALER 238

EQUIV 240

INDEX 242

Forme matricielle 242

Formule référentielle 243

INDIRECT 245

LIEN_HYPERTEXTE 246

LIGNE 247

LIGNES 247

LIREDONNEESTABCROISDYNAMIQUE 249

Astuce importante 250

RECHERCHE 251

Forme vectorielle 251

Forme matricielle 253

RECHERCHEH 255

RECHERCHEV 257

RTD 258

TRANSPOSE 258

ZONES 260

Applications 260

Additionner le contenu d'une zone avec INDEX 260

Utiliser l'assistant de recherche 261

Chapitre 10 : Fonctions scientifiques **265**

Fonctions scientifiques 267

Fonctions de Bessel 269

BESSELI 269

BESSELJ 270

BESSELK 270

BESSELY 270

Conversion binaire à autre système de numération 270

BINDEC 270

BINHEX 271

BINOCT 272

Fonctions de nombres complexes 272

COMPLEXE 273

COMPLEXE.ARGUMENT 274

COMPLEXE.CONJUGUE 274

COMPLEXE.COS 274

COMPLEXE.DIFFERENCE 275

COMPLEXE.DIV 275

COMPLEXE.EXP 275

COMPLEXE.IMAGINAIRE 276

COMPLEXE.LN 276

COMPLEXE.LOG10 276

COMPLEXE.LOG2 277

COMPLEXE.MODULE 277

COMPLEXE.PRODUIT 277

COMPLEXE.PUISSANCE 278

COMPLEXE.RACINE 278

COMPLEXE.REEL 278

COMPLEXE.SIN 278

COMPLEXE.SOMME 279

CONVERT 279

Conversion décimale à autre système de numération 280

DECBIN 281

DECHEX 281

DECOCT 282

Fonctions de filtrage de valeurs 282

DELTA 282

SUP.SEUIL 283

Fonctions d'erreur 283

ERF 283

ERFC 284

Conversion hexadécimale à autre système de numération 284

HEXBIN 284

HEXDEC 285

HEXOCT 286

Conversion octale à autre système de numération 286

OCTBIN 286

OCTDEC 287

OCTHEX 288

Unités pour convertir des valeurs avec CONVERT 288

Applications 290

    Convertir des degrés Fahrenheit en degrés Celsius 290

    Convertir des pieds en mètres 291

    Convertir des gallons en litres 291

    Convertir des pieds carrés en mètres carrés 292

Chapitre 11 : Fonctions statistiques **293**

Fonctions statistiques 295

AVERAGEA 301

BETA.INVERSE 302

CENTILE 302

CENTREE.REDUITE 303

COEFFICIENT.ASYMETRIE 303

COEFFICIENT.CORRELATION 303

COEFFICIENT.DETERMINATION 304

COVARIANCE 304

CRITERE.LOI.BINOMIALE 304

CROISSANCE 305

DROITEREG 305

ECART.MOYEN 305

ECARTYPE 306

ECARTYPEP 306

ERREUR.TYPE.XY 307

FISHER 307

FISHER.INVERSE 307

FREQUENCE 308

GRANDE.VALEUR 308

INTERVALLE.CONFIANCE 309

INVERSE.LOI.F 309

KHIDEUX.INVERSE 309

KURTOSIS 310

LNGAMMA 310

LOGREG 310
LOI.BETA 311
LOI.BINOMIALE 311
LOI.BINOMIALE.NEG 311
LOI.EXPONENTIELLE 312
LOI.F 312
LOI.GAMMA 312
LOI.GAMMA.INVERSE 313
LOI.HYPERGEOMETRIQUE 313
LOI.KHIDEUX 314
LOI.LOGNORMALE 314
LOI.LOGNORMALE.INVERSE 314
LOI.NORMALE 315
LOI.NORMALE.INVERSE 315
LOI.NORMALE.STANDARD 315
LOI.NORMALE.STANDARD.INVERSE 316
LOI.POISSON 316
LOI.STUDENT 316
LOI.STUDENT.INVERSE 317
LOI.WEIBULL 317
MAX 317
MAXA 318
MEDIANE 320
MIN 321
MINA 322
MODE 323
MOYENNE 324
MOYENNE.GEOMETRIQUE 324
MOYENNE.HARMONIQUE 325
MOYENNE.REDUITE 326
NB 326
NBVAL 327
ORDONNEE.ORIGINE 328
PEARSON 328
PENTE 329
PERMUTATION 329
PETITE.VALEUR 329
PREVISION 330
PROBABILITE 330

QUARTILE 330
RANG 331
RANG.POURCENTAGE 332
SOMME.CARRES.ECARTS 333
STDEVA 333
STDEVPA 333
TENDANCE 334
TEST.F 334
TEST.KHIDEUX 334
TEST.STUDENT 335
TEST.Z 335
VAR 335
VARA 336
VAR.P 336
VARPA 336
Chapitre 12 : Fonctions de texte et de données 337
Fonctions Texte et Données 339
ASC 341
BAHTTEXT 341
CAR 342
CHERCHE 342
CNUM 344
CODE 345
CONCATENER 345
CTXT 346
DROITE 347
EPURAGE 348
EXACT 349
FRANC ou euro 350
GAUCHE 351
JIS 352
MAJUSCULE 352
MIDB 352
MINUSCULE 353
NBCAR 354
NOMPROPRE 354
PHONÉTIQUE 355
REMPLACER 355

REMPLACERB 356
REPT 356
STXT 357
SUBSTITUE 358
SUPPRESPACE 359
T 360
TEXTE 361
TROUVE 361
TROUVEB 363
Applications 363
   Tracer un histogramme avec REPT 363
   Extraire un texte avec STXT dont on recherche
   la position avec TROUVE 363
   Supprimer le premier mot avec TROUVE et DROITE 364

Chapitre 13 : Fonctions de synthèse pour l'analyse des données . . . 365
Fonctions de synthèse pour l'analyse des données 367
ECARTYPE 368
ECARTYPEP 369
MAX 369
MIN 370
MOYENNE 371
NB 372
NBVAL 373
PRODUIT 374
SOMME 375
VAR 376
VAR.P 376

Chapitre 14 : Fonctions personnalisées. 377
Fonctions complémentaires 379
Règles de fonctionnement de l'éditeur VBA 381
Ouvrir l'éditeur VBA 381
Créer une fonction 382
Fonction personnalisée sans argument 385
Enregistrer un classeur comme fichier de macros 386

PARTIE II : Outils mathématiques. 389

Chapitre 15 : Tableaux croisés dynamiques 391
Créer un tableau croisé dynamique 393
   En variante 397
Fonctionnement d'un tableau croisé dynamique 399

Barre d'outils pour tableau croisé dynamique 400

Options de tableau croisé dynamique 402

Rapport de graphique croisé dynamique 404

Créer un rapport de graphique croisé dynamique 405

Utiliser les champs 406

    Ajouter un champ 408

    Supprimer un champ 408

    Déplacer un champ 409

Appliquer une fonction autre que SOMME 409

Ajouter un champ calculé 410

Modifier le format des nombres d'un champ 412

Renommer un champ dynamique 413

Introduire des sous-totaux 414

Mettre automatiquement en forme un tableau croisé 415

Chapitre 16 : Consolider des données **417**

Introduction à la consolidation 419

Préparer une consolidation 420

Consolider des données par position 421

Consolider des données par catégorie 424

Consolider pour une mise à jour automatique 426

    Structure identique 427

    Structure différente 429

Pratique de la consolidation avec références 3D 430

Modifier une consolidation 432

    Ajouter une autre zone source à une consolidation 432

    Changer une référence de zone source dans une consolidation . . . 433

    Supprimer une référence de zone source 433

Fonctions de consolidation 434

Utiliser des étiquettes ou des noms 434

Chapitre 17 : Hypothèses de travail, valeurs cibles et simulation . . . **435**

Formuler des hypothèses 437

Table d'hypothèse à une variable 438

    Principe de la construction d'une table d'hypothèse
    à une variable 438

    Exemple de construction d'une table d'hypothèse
    à une variable 439

Ajouter des formules ou des valeurs
dans une table à une entrée 441

Table d'hypothèse à deux variables 444

Principe du calcul d'une table à deux variables 444

Exemple de construction d'une table
d'hypothèse à deux variables 444

Effacer ou supprimer une table d'hypothèse 446

Scénarios pour l'étude de cas 447

Créer un scénario 447

Appliquer un scénario 449

Modifier un scénario 450

Supprimer un scénario 451

Fusionner des scénarios d'une autre feuille de calcul 451

Créer un rapport de synthèse des scénarios 451

Créer un rapport de synthèse multi-utilisateur 453

Chercher une valeur cible 455

Chapitre 18 : Le Solveur pour des simulations complexes **459**

Principe de fonctionnement 461

Installer le Solveur 462

Cas pratique d'utilisation du Solveur 463

Boîte de dialogue Paramètres du Solveur 466

Boîte de dialogue Résultat du Solveur 467

Enregistrer les valeurs des variables comme scénario 468

Boîte de dialogue Options du Solveur 469

Outils d'analyse de statistiques 470

Références circulaires 471

Permettre à Excel de travailler avec les références circulaires ... 474

Afficher la barre d'outils Référence circulaire 474

Chapitre 19 : Suppléments et astuces **477**

Afficher ou masquer des valeurs zéro 479

Afficher ou masquer toutes les valeurs zéro
dans une feuille de calcul 479

Utiliser un format de nombre pour masquer
les valeurs zéro dans des cellules sélectionnées 480

Utiliser une mise en forme conditionnelle pour masquer
les valeurs zéro renvoyées par une formule 481

Utiliser une formule pour remplacer les zéros
par des blancs ou des tirets 483

Masquer les valeurs zéro dans un rapport
de tableau croisé dynamique 484

Insérer rapidement des cellules 485

Afficher les formules dans les cellules 485

Masquer les formules par souci de confidentialité 487

Remplacer une formule par sa valeur calculée 488

Évaluer une partie d'une formule 488

Calculer avec d'autres feuilles ou d'autres classeurs 489

Lier à une feuille dans le même classeur 490

Lier à une feuille de calcul d'un autre classeur 490

Références relatives, absolues et mixtes 491

Références relatives 491

Références absolues 492

Références mixtes 493

Saisir des adresses absolues 494

Références 3D 494

Créer une référence 3D 495

Valeurs d'erreur 495

Correction automatique de formule 496

Valeur d'erreur ##### 496

Valeur d'erreur #VALEUR! 497

Valeur d'erreur #DIV/0! 498

Valeur d'erreur #NOM ? 500

Valeur d'erreur #N/A 500

Valeur d'erreur #REF! 502

Valeur d'erreur #NOMBRE! 502

Valeur d'erreur #NUL! 503

Utiliser des formules matricielles 503

Calculer un résultat simple 503

Calculer plusieurs résultats avec la même formule 504

Valeurs non modifiées dans des formules matricielles 505

Contenu d'une constante matricielle 506

Annexes : Raccourcis clavier. **507**

Utiliser le volet Office Aide 509

Utiliser la fenêtre d'aide 509

Afficher et utiliser les fenêtres 510

Accéder aux menus et utiliser les balises actives 511

Accéder aux volets Office et les utiliser 512

Utiliser les boîtes de dialogue 513

Travailler avec les feuilles de calcul 513

Se déplacer et défiler entre feuilles de calcul 514

Se déplacer dans une plage sélectionnée de cellules 515

Se déplacer ou défiler en mode Fin 516

Se déplacer et défiler en mode Défilement 516

Touches de sélection des données et des cellules 516

Sélectionner des cellules à caractéristiques particulières 517

Étendre une sélection 518

Entrer, modifier, formater des données et calculer 519

Saisir et calculer des formules 520

Modifier des données 522

Insérer, supprimer et copier des cellules 523

Utiliser les macros 523

Index.. **525**

www.ingramcontent.com/pod-product-compliance
Lightning Source LLC
Chambersburg PA
CBHW082118210326
41599CB00031B/5804